地球物理基础丛书

地球物理力学基础简明教程

申文斌　编著

科学出版社
北　京

内 容 简 介

本书阐述与地球物理学密切关联的力学分支，为后续专业学习奠定基础。内容包括运动学和参考系、理论力学、电动力学、热力学、张量分析和弹性力学、狭义相对论、国际单位制、物理学基本常数等。本书注重内在逻辑联系，力求简明扼要、循序渐进，从尽可能少的原理出发推演出常用的基本方程和公式，有利于读者系统地掌握相关力学知识，锻炼逻辑推演能力，培养创新能力。书中配有练习题和注释等内容，一方面丰富、拓展本书内容，另一方面便于读者进一步深入学习。

本书可作为地球物理学、大地测量学、天文学、物理学、时频科学等领域科研人员及相关科技工作者和工程技术人员的参考用书，也可作为教科书，供相关大学教师、本科生和研究生参考。

图书在版编目（CIP）数据

地球物理力学基础简明教程/申文斌编著. —北京：科学出版社，2023.11
（地球物理基础丛书）
ISBN 978-7-03-076729-5

Ⅰ.① 地… Ⅱ.① 申… Ⅲ.①地球物理学-物理力学-教材 Ⅳ.① P3

中国国家版本馆 CIP 数据核字（2023）第 200927 号

责任编辑：孙寓明　刘　畅/责任校对：高　嵘
责任印制：彭　超/封面设计：苏　波

科学出版社 出版
北京东黄城根北街 16 号
邮政编码：100717
http://www.sciencep.com
武汉市首壹印务有限公司印刷
科学出版社发行　各地新华书店经销
*
开本：787×1092　1/16
2023 年 11 月第　一　版　　印张：18 1/2
2023 年 11 月第一次印刷　　字数：439 000
定价：78.00 元
（如有印装质量问题，我社负责调换）

“地球物理基础丛书”序

地球物理学是地球科学领域最古老、最重要而又最充满活力的分支之一。自两千多年前亚里士多德开始，就已经出现了地球物理学的萌芽。在《物理学》中，亚里士多德阐述了很多与地球及其周围空间相关的自然现象，诸如风、雨、雷、电、火山、地震等自然现象。这些现象与地球系统密切关联，其解释又涉及物理学本身。地球系统包括固态内核、液态外核、熔融地幔、黏弹地壳、固态冰川和液态海洋、地球液态固态体（简称地球本体）周围的大气层、电离层、月球以及所有绕地卫星；此外，地球系统与太阳、太阳系内的所有行星、卫星及星际物质密切关联，因而，广义地，也可将后者纳入地球系统之中。地球物理学，就其本意而言，是研究地球系统内各种物性参数、各种物理场、各种物质变化运移、各圈层相互作用及环境变化以及地球系统中发生的各种自然现象的物理学。或者简单而不太严密地说，地球物理学，是利用物理学原理、方法、实验手段研究地球系统本身及其内部发生的各种自然现象的学说。随着科学技术的进步，地球物理学也在不断拓展其研究范围，现在已包含非常广泛的分支学科，如太阳系起源、行星学、地球形状学、地球自转学、地球重力学、地电学、地磁学、地热学、地球年代学、地壳形变学、地球动力学、地震学、地球内部物理学等。

地球物理学是研究地球的物理学，因此，随着物理学新进展或新发现的出现，其理论体系或方法论必将影响、渗透到地球物理学。从亚里士多德的宇宙地心说和自由落体重者下落较快说到哥白尼的宇宙日心说和伽利略不同重物其自由下落速率相等说，从开普勒三大定律到牛顿万有引力定律，从法拉第电磁感应定律到麦克斯韦电磁场统一方程，从伽利略的温度计到开尔文的热力学系统，从牛顿的经典力学体系和绝对时空观到爱因斯坦的相对论理论和相对论时空观，从微观世界的连续性理论到不连续量子理论，从古老的简单机械计算到现代的大型计算机，无一不在影响和逐步推动着地球物理学的发展进程。比如，没有牛顿的万有引力定律，就没有对天体运行规律的完美描述；没有爱因斯坦的广义相对论，就难以解释行星的近日点剩余进动效应；没有热力学定律，地热学就难以发展。当今地球物理学，仅凭理论推演、不付诸实践检验而构建模型的时代已几乎一去不复返了。构建地球物理模型，解释各种自然现象，理论预测与实际观测比对，修改模型，进一步比对，不断循环往复，这是地球物理学的发展逻辑；不断拓展地球系统研究对象，包括利用物理学新理论新方法、新实验结果研究地球系统物性参数及各种自然现象，并向其他领域交叉渗透，这是当今地球物理学的发展趋势。

尽管历经两千多年的发展，但在地球物理学领域仍有很多悬而未决的重大科学难题，例如：太阳系起源，地磁场起源，内核的年龄，内核超速旋转速率，Chandler 晃动机理，十年尺度日长变化机理，厄尔尼诺现象的机理，地球膨胀/收缩机理，地震预报等。奥秘无穷，探索无尽。地球物理学没有终结，只有起点。

国内已有30多所大学开设了地球物理学本科专业，但尚缺乏系统性的循序渐进的适合于理科的地球物理专业教科书。因此，我们认为有必要出版地球物理基础丛书。该丛书面向地球物理专业、大地测量专业及相关专业，在内容选择方面，注重基础性和系统性，注重从第一性原理出发，强调理论的系统性、严密性和逻辑性；注重阐述基本概念、基本原理，在描述现象的基础上，诠释现象的本质；注重理论联系实践及启发式教学，注重培养学生的实际动手能力和科学研究能力。这套丛书以偏重于理科的教科书为主，兼顾偏重于应用的教科书以及实践教程，可供地球物理专业、大地测量专业本科生学习，也可供研究生及相关教学和科研人员参考。

申文斌

2016年1月26日于武昌

前　言

地球物理的力学基础，狭义地讲，是指牛顿力学及牛顿力学的某些延伸（包括弹性力学和流体力学）；但广义地讲，还应包括电动力学、热力学、天体力学、量子力学及相对论理论（狭义相对论和广义相对论）。尽管在解释地球内部的物质结构及探讨地球的起源方面，量子力学和广义相对论具有不可忽视的作用，但考虑其内容难度相对较大，因而只将狭义相对论纳入了本教程，而将量子论和广义相对论留到《近代物理基础》一书中专门讨论。为了不使内容过于分散，本教程没有包含天体力学和流体力学部分，这两部分内容可参考相关专著或教科书。剩下的部分，就每一个分支（如热力学）而言，都是一个庞大的体系，不要说用一个学期的时间讲述所有上述分支，就是详细深入地讲述其中的任意一个分支都是不可能的。因此，本教程只讲述对研究地球物理来说最重要的力学基础部分，使学生在较短时间掌握最基本的力学知识。

基于上述原因，本教程主要介绍对研究地球物理来说最基础、最重要的力学定律及其应用，其目的是，一方面使读者以较容易接受的方式为后续专业课程打下良好基础，另一方面使读者知道哪些知识可以最直接地应用于地球物理学。

不可否认，现在认为对研究地球物理学不重要或者说不迫切的内容，比如量子力学，并不意味着将来也是如此。科学在发展，量子力学无处不在。可以预见，在不远的将来，量子力学将成为研究地球物理学的重要基础之一。实际上，量子力学已被应用于解释地球深部物质的某些物理特性。

我在撰写本教程的过程中，除了第 7 章狭义相对论，其他章节均以牛顿的时空观为支撑，以欧几里得（Euclid）三维空间为基础。狭义相对论是广义相对论的基础，很有必要学习掌握，这是因为相对论是近代物理学基础两大支柱之一。本教程力求简明扼要，注重内在的逻辑联系，从尽可能少的原理出发推演出尽可能多的结果。确切地说，在一般情况下，首先陈述公认的定律并加以解说，在定义了若干所需的对象以形成明确的概念之后，通过一系列推理及推演获得较系统的知识体系，而不是对定律的简单罗列及对公式的简单陈述。这对读者系统地掌握知识，强化逻辑推演能力，具有良好的引导作用；同时，本教程力求读者在学习过程中不会感到乏味，因为很多结果都是为数不多的几条基本原理的自然推论，不必死记硬背大量的公式。习题分散在行文之中，有助于读者理解和更好地掌握本教程内容，同时又是对本教程内容的进一步扩充。本教程还有一部分内容是补充性的，用比正文小一号的字体刊印，主要是注释和评论，对教程中的有关内容作进一步的解释或补充，或对某些内容进行评述，或补充较有影响力的实验结果或思想实验，拓展读者更广阔的视野，激发创造性思维；有的内容是作者本人的思想，旨在提供一种独立思考或创造性活动的范例，增进读者的独立思考能力及评判能力，激发其创造动力。此外，打星号“*”的章节在阅读时可以暂时跳过，等有兴趣或需要时再阅读。

讲授本教程内容大约需要 50 个学时。我本人主要采用演讲加讨论形式讲授。当然，讲授者可根据具体情况对讲授内容作适当补充或增减。但无论如何，每次讲授都应根据实际情况力求使学生真正受益，不必照本宣科。

本教程初稿“地球物理力学基础”完成于 2004 年，是为武汉大学地球物理专业本科生撰写的讲义，自 2004 年开始讲授，后来断断续续地修改，直到最近。原本想进一步扩充内容，但考虑到无论如何扩充内容，其中的任何一个独立章节都不及单一力学教程（如经典力学教程、电动力学教程等）丰富、详细；加之内容太多，也难以在约 50 个学时的时间讲完，违背了“一门课”原则，遂放弃了这一想法，改为以“简明教程”形式出版。虽然如此，我还是补充了部分内容，包括国际单位制、物理学基本常数等内容，因为这些内容非常基础而重要，但往往又被很多教科书忽视。对于非物理学专业的学生，特别是地球科学类（包括地球物理类、大地测量类）的学生来说，精心研读本教程，并以此为导引阅读相关参考文献，将给后续相关专业课学习及将来的研究工作带来裨益。

感谢张朋飞博士，他将我原来用 LaTeX 文本撰写的版本转成了 Word 版本，其公式的转换非常烦琐、费力，他做了大量编辑工作，并整理了参考文献，付出了辛勤的劳动；感谢吴一凡、郭志亮、张惠凤、邓小乐对不同的章节进行了初步的编辑和校对；感谢刘星晨制作了索引。在出版前的编辑、整理、补充过程中，第 1～9 章和索引，分别由周沛、张文颖和郭志亮、张朋飞和张江龙、许锐、宁安、武矿超、李立弘、汪雷、谢友超、赵森炀进一步编辑、修改和补充；张江龙和李晓博对文稿作了全面编辑、检核工作；在此对他们的辛勤付出深表感谢。

本书的出版得到了国家自然科学基金重点项目（No. 42030105）、国家自然科学基金创新研究群体项目（No.41721003）、国家自然科学基金面上项目（No.41874023）、国家自然科学基金海外及港澳学者合作研究基金项目（No.41429401）及湖北省武汉市“双一流”建设项目的资助，在此一并致谢。

申文斌
2023 年 5 月 1 日于武汉

目　录

第 1 章　绪论……1

1.1　参考系……1

1.2　运动学……4

1.2.1　粒子的运动……4

1.2.2　内禀运动方程……6

1.2.3　不同参考系中的粒子运动规律……8

1.2.4　绝对导数法则……11

1.2.5　欧拉运动学方程……13

练习题……14

参考文献……14

第 2 章　理论力学……17

2.1　伽利略惯性定律……17

2.2　质点动力学……18

2.2.1　作用力分析……18

2.2.2　牛顿第二定律……21

2.2.3　动量定理……21

2.2.4　动量矩定理……22

2.2.5　冲量定理……22

2.3　功和能……23

2.4　牛顿第三定律及惯性力……23

2.4.1　牛顿第三定律……23

2.4.2　惯性及惯性力……24

2.5　万有引力定律……25

2.5.1　万有引力定律的表述……25

2.5.2　一般二体问题……27

2.5.3　引力质量与惯性质量……28

2.5.4　构建万有引力定律的思路……29

2.5.5　位函数……32

2.5.6　保守力场……33

2.6　刚体动力学……34

2.6.1　刚体状态的确定……34

2.6.2　刚体的平动……35

2.6.3　刚体的转动 ………… 36
2.6.4　刚体的转动能定理 ………… 37
2.6.5　转动惯量 ………… 37
2.6.6　欧拉动力学方程 ………… 38
2.7　地球旋转运动的考察 ………… 39
2.7.1　刚性地球的旋转运动 ………… 40
2.7.2　实际地球的整体旋转运动 ………… 41
2.7.3　三轴分层地球旋转运动* ………… 44
练习题 ………… 50
参考文献 ………… 51

第 3 章　电动力学 ………… 55

3.1　电磁基本规律 ………… 55
3.1.1　库仑定律 ………… 55
3.1.2　向量空间及场的定义* ………… 56
3.1.3　电场和电位场 ………… 57
3.1.4　相对性假设* ………… 58
3.1.5　高斯定理 ………… 59
3.1.6　泊松方程 ………… 59
3.1.7　电荷守恒定律 ………… 60
3.1.8　梯度算符的运算规则* ………… 61
3.1.9　毕奥-萨伐尔定律 ………… 63
3.1.10　磁场的散度和旋度 ………… 64
3.1.11　法拉第电磁感应定律 ………… 64
3.1.12　麦克斯韦方程组 ………… 65
3.1.13　电磁场的能量和能流 ………… 66
3.2　静电场及稳恒电流磁场 ………… 67
3.2.1　静电场边值条件 ………… 68
3.2.2　稳恒电流磁场的矢势 ………… 69
3.2.3　稳恒电流磁场的能量 ………… 70
3.2.4　电偶极矩和磁偶极矩 ………… 70
3.3　介质和原子 ………… 72
3.3.1　介质 ………… 73
3.3.2　介质的极化 ………… 74
3.3.3　介质的磁化 ………… 75
3.3.4　原子的辐射与吸收 ………… 76
3.3.5　原子的内部结构 ………… 77
3.3.6　原子核的衰变及其衰变规律 ………… 78
3.3.7　地球年龄估算 ………… 80

练习题……83
参考文献……85

第 4 章　热力学……87

4.1　引论……87
4.1.1　温度……88
4.1.2　物态方程……89
4.1.3　喀拉氏定理……91
4.1.4　温度计……92
4.2　热力学第一定律……93
4.2.1　过程……93
4.2.2　热力学第一定律的表述……94
4.2.3　热容量及比热……96
4.2.4　卡诺循环……98
4.3　热力学第二定律……101
4.3.1　热力学第二定律的表述……101
4.3.2　卡诺定理……104
4.3.3　熵函数的引入……105
4.3.4　理想气体的熵变……107
4.3.5　均匀物质系统的热力学关系……109
4.3.6　热力学函数……109
4.3.7　不可逆过程的熵变……111
4.3.8　吉布斯佯谬*……114
4.3.9　熵增加原理及热寂说……115
4.4　热力学第三定律……116
4.4.1　第三定律发展史……116
4.4.2　热力学第三定律的表述……117
4.4.3　实验检验……120
4.4.4　讨论……122
4.5　热力学第零定律……123
练习题……123
参考文献……124

第 5 章　张量分析*……126

5.1　引论……126
5.2　拓扑、映射及群……127
5.2.1　集合……127
5.2.2　映射……128
5.2.3　群……131

5.3 微分流形……132
5.3.1 流形……132
5.3.2 流形的几个例子……134
5.3.3 流形上的曲线和函数……134
5.4 向量场及一次形式……135
5.4.1 切向量……136
5.4.2 基向量……136
5.4.3 一次形式……137
5.5 张量及张量场……138
5.5.1 张量的定义……139
5.5.2 张量的构造……140
5.5.3 张量基及张量的分量表示……141
5.6 张量分析及应用……143
5.6.1 张量的运算……143
5.6.2 度规张量……144
5.6.3 讨论……144
5.6.4 张量方程的不变性……145
练习题……147
参考文献……149

第 6 章 弹性力学……150

6.1 引论……150
6.2 张量初步运算……152
6.2.1 张量……152
6.2.2 关于张量指标的一些说明……155
6.3 应变分析……156
6.3.1 伸长度……156
6.3.2 位移与形变……157
6.3.3 应变和应变分量……157
6.3.4 沿任意方向的伸长度……159
6.3.5 辅助应变状态构成张量……161
6.3.6 体膨胀系数……161
6.3.7 主应变……162
6.3.8 谐和条件……164
6.4 应力分析……165
6.4.1 体力和力矩……165
6.4.2 面力……166
6.4.3 应力矢量……167
6.4.4 应力张量……167

6.4.5 论应力张量 ……168
6.4.6 任意面上的应力矢量……168
6.4.7 平衡方程……169
6.4.8 应力张量分量的变换……170
6.4.9 主应力……172
6.5 应力与应变的关系 ……173
6.5.1 广义胡克定律 ……173
6.5.2 应变的非张量特性……174
6.5.3 应变能……175
6.5.4 各向同性弹性体……177
6.6 弹性力学边值问题 ……184
6.6.1 各类方程的归纳……184
6.6.2 弹性力学基本方程……185
6.6.3 地球振荡方程及弹性波……186
6.7 几个定理……187
6.7.1 应变能定理 ……187
6.7.2 唯一性定理 ……188
6.7.3 互换定理……190
6.7.4 最小势能定理 ……190
练习题……191
参考文献……194

第 7 章 狭义相对论……195

7.1 伽利略相对性原理 ……195
7.2 两个基本假设 ……197
7.3 洛伦兹变换及推论 ……198
7.3.1 洛伦兹变换 ……198
7.3.2 时间膨胀及双生子佯谬……200
7.3.3 长度收缩……202
7.3.4 事件次序……203
7.4 洛伦兹变换的应用 ……204
7.4.1 速度变换……204
7.4.2 多普勒效应和光行差……205
7.4.3 惯性质量公式 ……209
7.4.4 爱因斯坦质能公式……210
7.5 四维时空形式发展 ……211
7.5.1 闵可夫斯基空间……211
7.5.2 光速单位制 ……211
7.5.3 事件间隔 ……212

7.5.4 一般洛伦兹变换表示……213
7.6 相对论动力学……214
7.6.1 相对论力……214
7.6.2 能量和动量……214
7.7 张量变换……215
7.8 能量动量张量……219
7.9 粒子的自旋……221
练习题……224
参考文献……224

第 8 章 国际单位制……228

8.1 7 个基本单位……228
8.1.1 长度单位……228
8.1.2 质量单位……230
8.1.3 时间单位……232
8.1.4 电流单位……233
8.1.5 热力学温度单位……234
8.1.6 物质的量单位……236
8.1.7 亮度单位……237
8.2 导出单位……239
练习题……243
参考文献……243

第 9 章 物理常数及其测量……246

9.1 基本物理常数概述……246
9.2 基本物理常数的确定……249
9.2.1 真空中光速……249
9.2.2 牛顿万有引力常数……256
9.2.3 阿伏伽德罗常数……257
9.2.4 玻尔兹曼常数和普适摩尔气体常数……258
9.2.5 其他物理常数……259
9.2.6 精细结构常数……272
练习题……276
参考文献……277

索引……281

第1章 绪　　论

地球物理学是以物理学的实验结果及基本定律为基础，研究探索地球奥秘的一门学科。地球物理学主要包括几个主要分支（Stacey，1981；Jacobs，1974）：地球的起源（包括太阳系的起源乃至宇宙起源）、地球自转（包括地核及地幔的旋转）、地球重力场（包括潮汐作用）、地电场、地磁场、地热场、地震、地壳形变、地球动力学、海洋、大气（包括对流层和电离层）、近地空间环境等。毫无疑问，经典牛顿力学（包括牛顿三大定律和万有引力定律）是研究地球自转体系及地球重力场的理论基础；电动力学和热力学则分别构成研究地电、地磁和地热的基础。没有弹性力学，要研究地壳形变和地震是不可能的。流体力学不仅构成研究海洋环境及近空环境的基础，而且在研究地球自转体系时也有重要应用，因为地核由内核和外核组成，而外核是液态的。

牛顿（Newton，1643—1727年）力学的基础是牛顿三大定律及万有引力定律，由此可以推演出整个牛顿力学体系（当然需要加上一些概念性的定义，如时间、空间、长度、质量等）。电动力学的基础可以归结为麦克斯韦（Maxwell）方程（Maxwell，1865）及洛伦兹（Lorentz）力方程（Lorentz，1904a，1904b）。热力学以热力学四大定律为基础。弹性力学则以牛顿力学、胡克定律等为基础。狭义相对论（Einstein，1905）则基于两条基本假设——光速不变假设和狭义相对性假设。

地球是一个非常复杂的系统。人类对地球的认识还远远不够。从化学组分来看，地球包含90多种元素，但以铁、氧、镁、硅等元素及其合成，以及相应的化合物为主。从物理特性来看，地球具有引力场、电磁场、温度场等。从地球的结构来看，有地壳、岩石圈、软流圈、下地幔、液态外核及固态内核。从动力学角度来看，地球是一个相互作用的体系：与外天体的相互作用、板块相互作用、物质升降作用、热对流作用、核幔之间的耦合作用及电磁相互作用等。对于如此复杂的地球系统，有很多奥秘等待人类的探索和解释。

1.1　参考系

为了描述一个事件的变化过程、为了确定一个粒子的位置及其运动过程、为了描述一个质点体系的运动规律，都必须选定一个参考系。所谓参考系，就是以此为基础描述粒子运动规律、各种物理自然现象的参考系统。例如，在地面考察运动的火车、汽车等，火车的速度为每小时100 km，这显然是相对地面固定的参考系而言的。如果选太阳中心准惯性参考系（以太阳质心为原点、坐标轴指向固定的恒星的参考系），则上述火车的运动速度就远远大于100 km/h。由于参考系的重要性，后面章节会对其进行更详细的讨论。

因此，没有参考系，难以描述一个粒子的运动规律。然而，参考系的选取完全具有人为性，视研究问题的方便而定，如可以选加速运动的参考系、旋转的参考系、静止的或匀速运动的参考系等。参考系与坐标系的区别在于，参考系只着重于考虑参照物，不考虑坐标系本身所采用的形式。例如，以地球质量中心为原点建立一个与地球固结在一起的参考系，可称为地心地固参考系。在这个参考系之下，为了描述一个粒子或质点体系的运动规律，可以采用笛卡儿直角坐标系，也可以采用球面坐标系、柱面坐标系或其他坐标系，只要这些坐标系的原点都在地心，而且它们相对于上述地心地固参考系静止，那么所描述的粒子的运动规律（包括粒子的位置）就会完全相同，不会因为选用不同的坐标系（在上述意义下）而改变。也就是说，一种参考系包含了很多本质上相同的坐标系，可将它们称为等价同类坐标系，从其中任意选取一个坐标系都不会影响对客观规律的描述，或者说从中任意选取两个坐标系是完全等价的。正是由于这种原因，重要的是选定参考系；一旦选定了参考系，选用什么样的坐标系就无关紧要了。以后，如果选定了一个坐标系，那么同时暗示着选定了参考系。反之，如果选定了参考系，那么意味着选定了该参考系下的任意一个坐标系（随便用哪种坐标系都可以）。显然，选定了一个坐标系，不仅表明选定了参考系，而且指出了所采用的坐标系的形式（直角坐标或球面坐标等）；选定了一个参考系，则表明不注重坐标系的选取。不过，为了以后应用方便起见，将来若选定了参考系，则意味着同时选定了一个坐标系。注意上述坐标系与参考系的区别是有益的，否则，往往会导致概念模糊，从而影响对客观规律的把握。

绝对静止的参考系是不存在的，至少是无法得知的，因为人们的确不知道哪个参考系是绝对静止的，除非知道宇宙的中心，并且假定该中心是静止的，或者，除非人们找到相对于整个宇宙静止的参考系。尽管宇宙大爆炸学说及宇宙微波背景辐射的观测结果提供了一种选取静止参考系的可能性，但尚不能定论。

虽然可以人为地选取不同的参考系，但任何参考系必须满足几个条件：①有稳定的守时系统——时钟；②有稳定的长度度量系统——标尺；③有已知的原点；④具有方位度量工具。

任何参考系都必须具有已知的原点，否则仅确定粒子的位置都无法实现。守时系统和长度度量系统是必需的，否则就无法确定粒子的运动速度及加速度。方位度量工具的意义在于能够给某个确定的事件定向，以避免不必要的混乱，如区分正向运动和反向运动的粒子。由于守时系统和长度度量系统分别是由时钟和标尺来实现的，如何选取时钟和标尺就变得极为重要，因为如果选择不当，就会对客观事物的描述造成扭曲。例如，如果时钟的运行速率不稳定，由此确定的粒子的速度就不可靠，对标尺来说也是如此。目前，守时系统是靠原子钟来实现的，其稳定性可以达到 10^{-16} 左右（Bize et al.，2005；Heavner et al.，2005a，2005b；Parker et al.，2005；Diddams，2004）。光钟则更进了一步，可达到 10^{-18}～10^{-19} 量级（Bothwell et al.，2022；Zhang et al.，2022；Young et al.，2020；Katori，2011；Chou et al.，2010a，2010b；Rosenband et al.，2008；Ma et al.，2004）。标尺则采用储存在巴黎的国际计量局的铂铱合金棒（国际米原器，其中有 90%的铂和 10%

的铱）作为标准（CGPM，2018；卢敬叁，2003）。但新的标尺定义已发生变化，见第8章。然而，无论是采用原子钟守时度量时间的流逝还是采用标准量杆度量空间的广延，均不能保证它们是稳定的。因为假如构成标准量杆的原子随时间而演变（这是很有可能的），那么标准量杆就不标准了。另外，如果原子本身随时间而演变，就不能保证由原子钟所得到的时间系统恒定不变，因为原子钟的守时是依据原子的能级跃迁来实现的。由此可见，以任何实体所制成的时钟或量杆，都不能保证恒定性。为此，需要定义理想的标准时间和理想的标准量杆，它们具有绝对性，不依赖任何物质的运动形式，也不依赖人的主观意志。这就是牛顿的绝对时空观。

任何事件的发生，必在空间与时间中进行。于是，空间和时间构成了描述一切事物的基础。然而，人们习以为常的“空间”概念和“时间”概念并不简单。

牛顿于1687年指出：“绝对的、真实的和数学的时间，其自身均匀地流逝，与一切外在的事物无关，又名延续；相对的、表象的和普通的时间是可感知和外在的（不论是精确的或是不均匀的）对运动之延续的度量，它常被用以代替真实时间，如一小时、一天、一个月、一年。”在定义了（绝对的和相对的）时间之后，牛顿又给出了空间的定义：“绝对空间，其自身特性与一切外在事物无关，处处均匀，永不移动；相对空间是一些可以在绝对空间中运动的结构，或是对绝对空间的度量，通过它与物体的相对位置来感知。”

根据牛顿的定义可以推论，理想的时钟应该是一种均匀的流逝，与任何外在事物无关。理想的量杆也是如此。再进一步推论即可得到结论：理想的时钟和量杆与参考系的选取无关，不依赖参考系而变。这一结论当然与爱因斯坦（Einstein，1879—1955年）的相对论（Einstein，1915，1905）不相容。不过，爱因斯坦的相对时间观和相对空间观并不一定完全正确（申文斌，1994），但有关这方面的讨论已超出了本书所界定的范畴。本书（除了第7章）将时间和空间视为绝对的，也即在绝对的意义上采用时间和空间概念。这样，在参考系所应满足的前两个条件中，时钟和标尺分别指理想的、绝对的时钟和标尺；另外，时间与空间是完全独立的（第7章除外）。

假定现实的空间是三维的（四维空时是相对论的结果，与牛顿框架不相容，见第7章）。任何事件或粒子的运动过程必定在空间中发生，可将这种意义下的空间称为真实空间。但为了描述运动规律，必须事先选定参考系。选定参考系之后，可将相应的空间称为参考空间。参考空间的意义在于，该空间是在所选参考系中考察的结果。一个参考系除了满足前面提到的4个条件，还需附加假定：在参考空间中的任何一个足够小的邻域之中，都配备有理想时钟和标尺。这时，参考系为完备的。只有参考系是完备的，才有可能在任何时刻的任何地点确定一个粒子（或质体）的速度、加速度等量，或者说，可以完整地确定粒子的状态。

为了描述一个粒子的运动状态，只要能指出在任意一个时刻 t，该粒子位于何处即可。在三维参考空间中，粒子的位置可以用点 P 来标记。给定了点 P，也即给定了一个从参考系原点至上述给定点的有向线段，可称为点 P 的位矢（或位置向量，也简称向径），用 $\boldsymbol{r}$ 来表示。$\boldsymbol{r}$ 是向量，属于一阶（逆变）张量[参阅第5章或申文斌等（2016）、Schutz

(1980)、Weinberg(1972)等文献],在参考系固定的情况下,它与坐标系的选取无关。在选定了某种坐标系(如笛卡儿坐标系或球面坐标系)之后,$\boldsymbol{r}$ 可以用 3 个相互独立的坐标(也只有 3 个相互独立的坐标)$x^i (i=1,2,3)$ 来表示。如果将时间视为参数,那么粒子的运动轨迹可以用如下参数方程来描述:

$$x^i = x^i(t), \quad i=1,2,3 \tag{1.1}$$

粒子的运动速度(即单位时间的位置改变)v^i 则可用如下方程来描述:

$$v^i = \frac{\mathrm{d}x^i(t)}{\mathrm{d}t}, \quad i=1,2,3 \tag{1.2}$$

实际上,速度矢量是粒子沿轨迹运动的切向量,后面还要详细阐述。

假定在一个参考系 K 中考察粒子 A 的运动规律,当粒子 A 不受任何外力时,该粒子保持静止状态或匀速直线运动状态,则称参考系 K 为惯性参考系,简称惯性系。或者说,惯性系是使伽利略惯性定律成立的参考系。假定 K 是惯性系,K' 是相对于 K 做匀速直线运动的参考系,那么 K' 也是惯性系(试论证:**习题 1.1**)。不是惯性系的参考系统称非惯性系。

宇宙中是否存在惯性系呢?回答这一问题,其难易程度正如回答:宇宙中是否存在绝对静止的参考系?这里,绝对静止的含义是指相对于宇宙总物质的中心而言,而宇宙总物质的中心可以认为是固定不动的,或者说只做匀速运动。实际上,这两个问题是完全等价的。如果存在绝对静止的参考系,当然就存在惯性系,因为这个绝对静止的参考系就是惯性系。假定宇宙中存在一个惯性系 K,那么它相对于宇宙总物质或者静止,或者做匀速直线运动。若为前者,则命题已得到证明;若为后者,显然也存在一个绝对静止的参考系,因为 K 做匀速直线运动,速度 $\boldsymbol{v}$ 必定有限,于是相对于 K 以 $-\boldsymbol{v}$ 做匀速直线运动的参考系必为绝对静止参考系。

1.2 运 动 学

1.2.1 粒子的运动

描述一个粒子的运动规律时,事先必须选定一个参考系 K。参考系 K 可以是任意的(不必假定它是惯性系)。只要给定在任意一个时刻 t 上述粒子的位置矢量 $\boldsymbol{r}(t)$,即可求出粒子在任意时刻 t 的速度矢量 $\boldsymbol{v}(t)$:

$$\boldsymbol{v}(t) = \frac{\mathrm{d}\boldsymbol{r}(t)}{\mathrm{d}t} \tag{1.3}$$

假定在参考系 K 下选定了坐标系 x^i,可将式(1.3)写成分量:

$$v^i = \frac{\mathrm{d}x^i(t)}{\mathrm{d}t}, \quad i=1,2,3 \tag{1.4}$$

考察式（1.3）不难发现，若将 t 视为参数，$\boldsymbol{r}(t)$ 就代表一条光滑的连续曲线（本章假定粒子的运动轨迹是连续且光滑的），因而，$\boldsymbol{v}(t)$ 就是 t 时刻粒子所在处的轨道上的切向量。如果粒子做匀速直线运动，则 $\boldsymbol{v}(t)$ 是常矢；如果粒子做变速直线运动，则 $\boldsymbol{v}(t)$ 的方向不变，但大小发生变化；如果粒子做一般曲线运动，则 $\boldsymbol{v}(t)$ 是变矢（一般情况下大小和方向均有变化）。

粒子的加速度矢量是粒子在单位时间内的速度矢量的变化。为此，粒子的加速度矢量 $\boldsymbol{a}$ 可表示成

$$\boldsymbol{a}(t)=\frac{\mathrm{d}\boldsymbol{v}(t)}{\mathrm{d}t}=\frac{\mathrm{d}^2\boldsymbol{r}(t)}{\mathrm{d}t^2} \tag{1.5}$$

写成分量形式为

$$a^i=\frac{\mathrm{d}v^i(t)}{\mathrm{d}t}=\frac{\mathrm{d}^2x^i(t)}{\mathrm{d}t^2},\quad i=1,2,3 \tag{1.6}$$

在坐标系 x^i 中选定基矢量 $\boldsymbol{e}_j$，最方便的选取方法是每一个 $\boldsymbol{e}_i$ 正好沿坐标 x^i 的增值方向，并且满足正交性条件：

$$\boldsymbol{e}_i\cdot\boldsymbol{e}_j=\delta_{ij} \tag{1.7}$$

其中：“·”表示通常的“点积”运算；δ_{ij} 为克罗内克（Kronecker）符号，它的对角元均为+1，而非对角元均为 0。这时，粒子的位置、速度及加速度可分别表示成

$$\boldsymbol{r}=x^1\boldsymbol{e}_1+x^2\boldsymbol{e}_2+x^3\boldsymbol{e}_3\equiv x^i\boldsymbol{e}_i \tag{1.8}$$

$$\boldsymbol{v}=v^1\boldsymbol{e}_1+v^2\boldsymbol{e}_2+v^3\boldsymbol{e}_3\equiv v^i\boldsymbol{e}_i \tag{1.9}$$

$$\boldsymbol{a}=a^1\boldsymbol{e}_1+a^2\boldsymbol{e}_2+a^3\boldsymbol{e}_3\equiv a^i\boldsymbol{e}_i \tag{1.10}$$

其中：x^i、v^i、a^i 为位置、速度及加速度矢量在基矢 $\boldsymbol{e}_i$ 之下的分量表示，通常为了方便起见，在不致引起混淆的情况下，也将它们称为矢量，如位置矢量 $\boldsymbol{x}$（也可用 $\boldsymbol{r}$ 表示）、速度矢量 $\boldsymbol{v}$ 等。

为方便记，全书引入爱因斯坦求和约定：在同一项中，若遇到两个指标相同，其中一个是上指标，另一个是下指标，则表示从 1 到 3 求和，如式（1.8）～式（1.10）所示。在其他情形下，均不代表求和，除非特别说明。求和标记的一个特例是自身求和（缩并）：$T^i_i=T^1_1+T^2_2+T^3_3$ 或 $T^i_{ij}=T^1_{1j}+T^2_{2j}+T^3_{3j}$。但若两个相同的指标均为上指标或均为下指标，则不表示求和。比如式（1.7），当指标 i 和 j 相同时不求和，因为它们都是下指标。如果考察 n 维向量空间而不是三维欧几里得（Euclid，约公元前 330 年—公元前 275 年）空间，那么求和表示从 1 到 n 进行。例如，在四维空间中，求和表示从 1 到 4（或从 0 到 3）进行。这在具体应用中是很容易分辨的。

以上讨论了粒子在参考系 K 中的运动形态，其运动规律是完全确定的。这里并没有涉及粒子运动的原因，而只考察它的运动状态。如果在另外一个参考系 K'（如它相对于 K 做旋转运动）中考察上述同一个粒子的运动规律，一般情况下，表述将有所不同（试论证：**习题 1.2**）。在 1.2.3 小节将详细讨论一个粒子的运动规律在不同参考系中的表示。

1.2.2 内禀运动方程

内禀运动方程，就是根据粒子自身的轨道来描述粒子的运动规律。一个粒子的运动规律，尽管在不同的参考系考察有不同的表示（详见 1.2.3 小节），但就粒子的运动规律本身而言，应该是完全确定的。这当然隐含着一个假定，那就是承认客观实在性原理：一切运动规律从本质上讲具有客观实在性，不会因为观测者的观测行为而改变，换句话说，就是不会因为变换参考系而改变。然而，客观实在性原理在量子论中没有地位。以玻尔（Bohr，1885—1962 年）为代表的量子论认为（曾谨言，2000a，2000b），只有观测者观察到的现象才是一种客观实在，离开观测者谈论客观实在是没有意义的。正是这种观点，导致了爱因斯坦与玻尔之间长达 20 多年的激烈争论（申文斌，1994；惠勒，1982）。这种争论仍然在延续。不过，只有涉及微观领域（粒子的尺度与原子相当或比原子更小）时，量子论才显示出强大的生命力。由于经典力学是量子力学的极限（特例），对描述宏观粒子来说，量子力学就退化为经典力学。目前所谈论的粒子，包括以后要谈论的，是指宏观粒子，虽然可以很小，但比原子尺度要大得多。于是假定，对（宏观）粒子的运动规律而言，客观实在性原理成立。这就是说，粒子在真实的空间中有一条确定的轨迹（曲线），将这一轨迹记为 Γ_t，其中，下标 t 表示这个轨迹（曲线）以时间 t 为参数。

然而，正如一再强调的，就目前的认知而言，尚不能证实在宇宙中存在绝对静止的参考系，或者说尚不能证实存在惯性系。因此，一个粒子的真实轨迹即使存在，人们也无法得知，这当然是从绝对的意义上来说的。既然如此，就选取一个准惯性系 K，这样就把粒子在上述准惯性系中的轨迹规定为真实轨迹，记为 $\Gamma_t(K)$。在任何其他参考系中考察，粒子的轨迹都是表观的。

跟随运动的粒子选一个基矢量标架$(\boldsymbol{i},\boldsymbol{j},\boldsymbol{k})$，它们是按右手螺旋定则构造的相互正交的单位矢量，其中 $\boldsymbol{i}$ 沿轨道的切线方向，$\boldsymbol{j}$ 沿轨道的主法线方向，$\boldsymbol{k}$ 沿轨道的副法线方向。主法线垂直于切线，并且位于密切面内，密切面是轨道上无限逼近的相邻两点的两条切线（通常为两个不同的切线）所决定的平面；副法线垂直于密切面，因而同时垂直于切线和主法线。值得注意的是，所有上述概念都是对应于 t 时刻粒子所在的轨道上的 P 点。随着时间的推移，粒子不断更新位置，因而切线、主法线及副法线均随时间而变。有一种特例值得注意，那就是粒子的轨迹是直线。在此情形下，密切面是不定的，或者说密切面有无数多个。这时可以任意选取一个包含了粒子的轨迹（直线）的平面作为密切面。如果该粒子的轨迹在经历了一段时间之后变成了曲线，或者反过来在经历了一段曲线之后变为直线，那么直线上的密切面就不能随便选取，而是以转折点处的曲线上的密切面为准。

有了上述概念之后，就可以建立粒子的内禀运动方程。

由于粒子的速度正好沿着轨道的切向，速度可以表示成

$$\boldsymbol{v}=v_s\boldsymbol{i} \tag{1.11}$$

其中：v_s 为粒子沿轨道的速率，可以表示成

$$v_s = \frac{\mathrm{d}s}{\mathrm{d}t} \tag{1.12}$$

其中：ds 为微元弧长。粒子的运动速率是速度的模，而粒子的速度可根据位置矢量 $\boldsymbol{r}$ 求出，即由式（1.3）给出，因而有

$$v_s = |\dot{\boldsymbol{r}}| = \left|\frac{\mathrm{d}\boldsymbol{r}}{\mathrm{d}t}\right| \tag{1.13}$$

其中：一个量的上方加一点，表示该量相对于时间的变化率，也即对时间的导数。这种特殊表示法以后会经常用到。值得注意的是，一个量对时间取偏导数不能用上述特殊表示法。顾及式（1.4），速率可以表示成

$$v_s = \left(\frac{\mathrm{d}x^1}{\mathrm{d}t} + \frac{\mathrm{d}x^2}{\mathrm{d}t} + \frac{\mathrm{d}x^3}{\mathrm{d}t}\right)^{\frac{1}{2}} \tag{1.14}$$

或者简记为

$$v_s = \sqrt{\delta_{ij}\dot{x}^i\dot{x}^j} \tag{1.15}$$

这里采用了爱因斯坦求和约定。

根据式（1.11）来求粒子的加速度。由于 $\boldsymbol{i}$ 与时间有关，加速度应写成

$$\boldsymbol{a} = \frac{\mathrm{d}\boldsymbol{v}}{\mathrm{d}t} = \frac{\mathrm{d}(v_s\boldsymbol{i})}{\mathrm{d}t} = \dot{v}_s\boldsymbol{i} + v_s\dot{\boldsymbol{i}} \tag{1.16}$$

由式（1.16）可以看出，关键的问题是求出 $\boldsymbol{i}$ 对时间的导数 $\dot{\boldsymbol{i}}$。为此，设想在 t 时刻有一个与弧段 ds 吻合得最好的大圆 K_ρ，ρ 表示该圆的半径（实际上就是曲率半径），该大圆必定在密切面内，因而可以称为密切大圆（简称密切圆）。上述问题转化为求解粒子在瞬时（t 时刻）作以半径为 ρ 的圆周运动情形的加速度问题。由于加速度可以分解为两个分量，切向分量 a_t 和主法向分量 a_n，它们可分别表示成

$$a_t = \dot{v}_s, \quad a_n = \frac{v_s^2}{\rho} \tag{1.17}$$

上述两个分量也分别称为线加速度和向心加速度。为了表示它们的方向性，有

$$\boldsymbol{a} = a_t\boldsymbol{i} + a_n\boldsymbol{j} \equiv \boldsymbol{a}_t + \boldsymbol{a}_n \tag{1.18}$$

将式（1.16）与式（1.18）进行比较，同时顾及式（1.17）即可发现，$v_s\dot{\boldsymbol{i}}$ 应该正好对应于 $a_n\boldsymbol{j}$，即有

$$v_s\dot{\boldsymbol{i}} = a_n\boldsymbol{j}$$

将式（1.17）的第二式代入，即得

$$\dot{\boldsymbol{i}} = \frac{a_n}{v_s}\boldsymbol{j} = \frac{v_s}{\rho}\boldsymbol{j} \tag{1.19}$$

若不想引入熟知的式（1.17），则需要直接求出 $\boldsymbol{i}$ 对时间的导数 $\dot{\boldsymbol{i}}$。然而，当引进了（瞬时）密切圆的概念之后，就不难推导出下面的关系（试证明：**习题 1.3**）

$$\dot{\boldsymbol{i}} = \frac{\mathrm{d}\theta}{\mathrm{d}t}\boldsymbol{j} = \frac{\mathrm{d}s}{\rho\mathrm{d}t}\boldsymbol{j} \tag{1.20}$$

其中：dθ 为对应于微元弧段 ds 的密切圆上的圆心角。

注释 1.1 在构造随粒子一起移动的基矢标架时，切向基矢沿着粒子的运动方向，这是确定的。但法线方向可以有两种取向（这两种取向正好相反），究竟选哪个方向呢？这实际上无关紧要，关键的问题是要有连贯的一致性。这就涉及曲线是否可定向问题[关于曲线乃至曲面的定向问题，可参阅申文斌等（2016）、Schutz（1980）等文献]。如果一条曲线（有很多节点）不可定向，那么讨论就失去了严密性。幸运的是可以假定，宏观粒子的轨迹总是可以定向的，因为它的运动规律是完全确定的。对于微观粒子，由于它的运动的随机性，没有确定的轨道，也就无法谈论对轨道的定向。还是回到宏观粒子的运行轨道，它是一条光滑曲线（这又是一个假定，但这种假定是合理的）。在粒子运动的起始点附近邻域，选定一个法向，然后跟踪粒子的运动轨迹，要求法向始终保持连续（没有跳跃）。在这种规定下，粒子的轨迹就有了完全确定的定向（申文斌 等，2016；Schutz，1980），因而也就有了完全确定的移动基矢标架。值得注意的是，在确定了移动基矢标架$(\boldsymbol{i}, \boldsymbol{j}, \boldsymbol{k})$之后，法向基矢$\boldsymbol{j}$有可能指向瞬时密切圆的中心，也有可能正好反向。在反向情形下，规定法向加速度分量为负，因为向心加速度总是指向瞬时密切圆的中心。

1.2.3 不同参考系中的粒子运动规律

到目前为止，已经给出了描述粒子在一般参考系K中的运动方程（即速度和加速度的表达式）。至于内禀运动方程，则是基于这样一个观点：粒子在某个准惯性系中的运动轨迹是完全确定的，它不依赖参考系的选取。这是就粒子的客观实在性而言的。实际上，在不同的参考系考察，粒子的运动形式有所不同。例如，在火车中考察（以火车为参考系），坐在火车中的人处于静止状态；但在地面固结参考系考察，坐在火车中的人处于运动状态。由于牛顿第二定律（包括第一定律）只适用于惯性系，因而假定，只有在惯性系中考察，粒子的运动规律才是本征运动规律；在非惯性系中考察，粒子的运动规律是一种表现形式。

在惯性系K与相对于K做匀速直线运动的另一个惯性系K'之间，运动方程的变换是简单的，只需采用如下的伽利略（Galileo，1564—1642年）变换即可实现：

$$\boldsymbol{r}' = \boldsymbol{r} - \boldsymbol{u}t \tag{1.21}$$

其中：$\boldsymbol{r}$和$\boldsymbol{r}'$分别为粒子在惯性系K和K'中的位矢；$\boldsymbol{u}$为惯性系K'的原点在惯性系K中考察的速度，这里假定在$t=0$时，上述两个惯性系的原点重合，同时还假定，惯性系K'的每一个坐标轴与惯性系K相应的坐标轴始终相互平行（否则总可以通过适当的旋转变换而达到）。值得指出的是，由于采用了牛顿的绝对时间观，时间变换是恒等变换，即$t' \equiv t$。因此，在任何参考系中，时间都是统一的，以后不再强调这一点。

假定在惯性系K中考察，粒子的运动速度和加速度分别由式（1.3）和式（1.5）给出。那么在相对于惯性系K做匀速直线运动的另一个惯性系K'中考察，上述粒子的速度和加速度如何表示?实际上，式（1.3）和式（1.5）适合于任意一个参考系。因而，在惯性系K'中有

$$v'(t)=\frac{\mathrm{d}r'(t)}{\mathrm{d}t} \tag{1.22}$$

$$a'(t)=\frac{\mathrm{d}v'(t)}{\mathrm{d}t}=\frac{\mathrm{d}^2r'(t)}{\mathrm{d}t^2} \tag{1.23}$$

将式（1.21）代入式（1.22）和式（1.23）即可得到（试证明：**习题 1.4**）

$$v'(t)=v-u \tag{1.24}$$

$$a'(t)=a(t) \tag{1.25}$$

由此可见，在两个相互做匀速运动的惯性系中考察，粒子的加速度是不变量。

如果参考系 K' 相对于惯性系 K 以一般速度 u（它不必是常量）沿直线运动（但参考系 K' 的每一个坐标轴与惯性系 K 相应的坐标轴始终保持平行），那么在参考系 K' 中考察，粒子的位矢可表示成（试证明：**习题 1.5**）

$$r'=r-\int_0^t u\mathrm{d}t \tag{1.26}$$

这一变换关系也可称为推广的伽利略变换。于是，在上述变换之下，不难求出粒子在 K' 中的速度和加速度分别为

$$v'=v-u \tag{1.27}$$

$$a'=a-\dot{u} \tag{1.28}$$

一般情况下，参考系 K' 的原点在惯性系 K 中考察做一般曲线运动，但参考系 K' 的每一个坐标轴与惯性系 K 相应的坐标轴始终保持平行(即参考系本身没有旋转)。用 $r_{O'}$ 表示 O' 在惯性系 K 中的位矢，那么，粒子在参考系 K' 中的位矢可以表示成

$$r'=r-r_{O'} \tag{1.29}$$

其中：r 仍然表示粒子在惯性系 K 中的位矢。根据上述坐标变换方程，可以求出粒子在参考系 K' 中的速度和加速度分别为

$$v'=v-u_{O'} \tag{1.30}$$

$$a'=a-a_{O'} \tag{1.31}$$

其中：$u_{O'}$ 和 $a_{O'}$ 分别为参考系 K' 的原点 O' 在惯性系 K 中的运动速度和加速度。

如果把粒子在惯性系 K 中的速度 v 和加速度 a 分别称为绝对速度和绝对加速度，那么粒子在参考系 K' 中的速度 v' 和加速度 a' 就分别称为相对速度和相对加速度，而将 $u_{O'}$ 和 $a_{O'}$ 分别称为牵连速度和牵连加速度。

注释 1.2 式（1.29）至式（1.31）有一个很好的刚体平动对应：假想一个刚体与参考系 K' 固结在一起，并将刚体上的某一点（通常可取刚体的质心）选为 O'。这时，尽管刚体上的不同点具有不同的位矢，但它们的绝对速度及绝对加速度都是完全相同的[由式（1.30）和式（1.31）可看出，因为 v' 和 a' 均为零]，也就是说，刚体上任意一点的绝对速度和绝对加速度都分别与刚体上 O' 点的绝对速度和绝对加速度相同。把具有这种运动特性的刚体的运动，称为刚体的平动。

最为一般的情形是，不仅参考系 K' 的原点 O' 在惯性系 K 中做一般曲线运动，而且参考系 K' 本身（相对于惯性系 K）又做旋转运动（即参考系 K' 的坐标轴的方向不固定）。这时，可以引进一个中间参考系 K_{m}，它的原点 O_{m} 与 K' 的原点 O' 始终重合在一起，但

K_m的坐标轴相对于惯性系K的坐标轴始终保持平行。于是可以利用式（1.29）、式（1.30）及式（1.31）先将粒子的运动规律从惯性系K转换到中间参考系K_m，然后再从K_m系转换到K'系。这样看来，只要找到了从K_m系变换到K'系的变换方程式，问题就解决了。如果将K_m系看成静止系，那么K'系就是相对于K_m系的旋转系了。

为简明记，并且不失一般性，只要讨论如下的问题就可以了：假定K系是惯性系，K'系是非惯性旋转参考系，它们的原点始终重合。现在的任务是寻求粒子的运动规律在K'系中的表示，即假定粒子的运动规律在K系中是已知的。当然，反过来也是一样。

首先研究一种比较简单然而是非常重要的情形，那就是K'系的第三个轴与K系的第三个轴始终重合，并且K'系的旋转角速度ω是恒定值（K'系绕K系的第三个轴以恒定的角速度旋转）。之所以说这种情形重要，是因为可将地心恒星参考系近似地看成惯性系K，而地心地固参考系可近似地认为正好是上述的K'系。在此情形下，两个参考系之间的坐标变换可以用下面的式子表示（试证明：**习题 1.6**）

$$x'^1 = x^1\cos\theta + x^2\sin\theta,\quad x'^2 = -x^1\sin\theta + x^2\cos\theta,\quad x'^3 = x^3 \tag{1.32}$$

其中，$\theta=\omega t$称为自转角。这里假定了在$t=0$时刻，K'系的每一个轴$O'x'^i$与K系的相应的轴Ox^i重合（O是K系的原点）。

可以将式（1.32）写成矩阵形式：

$$\boldsymbol{x}' = \boldsymbol{R}\boldsymbol{x} \tag{1.33}$$

其中：$\boldsymbol{x}$和$\boldsymbol{x}'$分别为以列矩阵（3×1）形式表示的向量，而

$$\boldsymbol{R} = \begin{pmatrix} \cos\theta & \sin\theta & 0 \\ -\sin\theta & \cos\theta & 0 \\ 0 & 0 & 1 \end{pmatrix} \tag{1.34}$$

称为旋转变换矩阵（注意$\theta=\omega t$是时间的函数）。由于式（1.34）定义的旋转变换矩阵是绕Ox^i轴的，因而有时为了明确起见，可将它记为$\boldsymbol{R}_{x^1}(\theta)$。若将旋转变换矩阵$\boldsymbol{R}$的分量记为$R^i_j$，那么，式（1.33）可以写成分量形式：

$$x'^i = R^i_j x^j \tag{1.35}$$

根据式（1.35），可以求出粒子在K'系中的速度（分量）和加速度（分量）分别为

$$v'^i = \dot{R}^i_j x^j + R^i_j v^j \tag{1.36}$$

$$a'^i = \ddot{R}^i_j x^j + 2\dot{R}^i_j v^j + R^i_j a^j \tag{1.37}$$

往往事先知道了粒子在旋转系K'中的运动形式，需要求出粒子在惯性系K中的表示。这时，可根据式（1.33）写出逆变换

$$\boldsymbol{x} = \boldsymbol{R}^{-1}\boldsymbol{x}' = \boldsymbol{R}'\boldsymbol{x}' \tag{1.38}$$

其中：$\boldsymbol{R}'$表示旋转变换矩阵$\boldsymbol{R}$的逆$\boldsymbol{R}^{-1}$，就目前所讨论的问题而言，旋转矩阵$\boldsymbol{R}$的逆很容易求出（试证明：**习题 1.7**）：

$$\boldsymbol{R}' = \boldsymbol{R}^{\mathrm{T}} \tag{1.39}$$

其中：$\boldsymbol{R}^{\mathrm{T}}$为由式（1.34）给出的$\boldsymbol{R}$的转置矩阵。若将$\boldsymbol{R}'$的分量记为$R'^i_j$，则$R'^i_j$对应于

变换式（1.38）的分量形式为

$$x^i = R'^i_j x'^j \tag{1.40}$$

根据式（1.40）即可求出粒子在 K 系的速度（分量）和加速度（分量）分别为

$$v^i = \dot{R}'^i_j x'^j + R'^i_j v'^j \tag{1.41}$$

$$a^i = \ddot{R}'^i_j x'^j + 2\dot{R}'^i_j v'^j + R'^i_j a'^j \tag{1.42}$$

可以证明，若将式（1.41）和式（1.42）写成矢量形式，则如下表示（试证明：**习题 1.8**）：

$$\boldsymbol{v} = \boldsymbol{v}' + \boldsymbol{\omega} \times \boldsymbol{r} \tag{1.43}$$

$$\boldsymbol{a} = \boldsymbol{a}' + \dot{\boldsymbol{\omega}} \times \boldsymbol{r} + 2\boldsymbol{\omega} \times \boldsymbol{v}' + \boldsymbol{\omega} \times (\boldsymbol{\omega} \times \boldsymbol{r}) \tag{1.44}$$

其中：自转角速度表示成矢量形式 $\boldsymbol{\omega} = \omega \boldsymbol{k}$； $\boldsymbol{\omega} \times (\boldsymbol{\omega} \times \boldsymbol{r})$ 是向心加速度，而 $2\boldsymbol{\omega} \times \boldsymbol{v}'$ 是科里奥利加速度。

若将地心恒星参考系看作准惯性系，将地心地固参考系看作以恒定角速度自转的旋转参考系，那么式（1.41）和式（1.42）或者式（1.43）和式（1.44）将适合于对地心地固参考空间中的任意一个质点的运动规律的描述。

注释 1.3 假定一个粒子沿半径为 ρ 的圆做圆周运动，那么粒子绕圆心旋转的角速度和角加速度可分别表示成

$$\boldsymbol{\omega} = \dot{\theta} \boldsymbol{k} \tag{1.45}$$

$$\boldsymbol{\alpha} = \ddot{\theta} \boldsymbol{k} \tag{1.46}$$

其中：$\boldsymbol{k}$ 为垂直于上述圆周并通过圆心的轴线上的单位矢量，其方向按粒子运动的右手螺旋定则确定。

下面考虑旋转参考系 K' 的旋转角速度 Ω 不是恒定矢量的情形，这当然也是最一般的旋转参考系，但 K' 系的原点与惯性系 K 的原点始终重合（否则，通过平移变换即可实现）。

假定在 t 时刻，K' 系的三个轴在 K 系中的方向余弦为 L'^i_j，这里 $L'^i_j\,(j=1, 2, 3)$表示 $O'x'^i$ 轴在 K 系的方向余弦。令 $L' = (L'^i_j)$，那么 K' 系的任意一个位矢 $\boldsymbol{r}'$ 在 K 系中表示为

$$\boldsymbol{r} = L' \boldsymbol{r}' \tag{1.47}$$

或写成分量形式：

$$x^i = L'^i_j x'^j \tag{1.48}$$

将式（1.48）与式（1.40）比较，二者形式完全一样，因而可以仿照式（1.41）和式（1.42）直接写出粒子在 K 系中的速度（分量）和加速度（分量）：

$$v^i = \dot{L}'^i_j x'^j + L'^i_j v'^j \tag{1.49}$$

$$a^i = \ddot{L}'^i_j + 2\dot{L}'^i_j v'^j + L'^i_j a'^j \tag{1.50}$$

1.2.4 绝对导数法则

绝对导数是物理量相对于事先选定的惯性系中的相对时间的变化率，涉及不同参

考系之间的转换。一个物理量相对于“中间”参考系中的相对时间的变化率，称为相对导数。

设 $o\text{-}xyz$ 是惯性系（或静止参考系），$o\text{-}x'y'z'$ 是旋转参考系，$\boldsymbol{\Omega}$ 为旋转角速度。若质点在 $o\text{-}x'y'z'$ 中静止，则在 $o\text{-}xyz$ 中的速度为

$$\boldsymbol{v} \equiv \frac{\mathrm{d}\boldsymbol{r}}{\mathrm{d}t} = \boldsymbol{\Omega} \times \boldsymbol{r} \tag{1.51}$$

实际上，对于任意一个矢量 $\boldsymbol{A}$，若 $\boldsymbol{A}$ 在 $o\text{-}x'y'z'$ 中静止，那么在 $o\text{-}xyz$ 中考察的结果应该是

$$\dot{\boldsymbol{A}} = \boldsymbol{\Omega} \times \boldsymbol{A} \tag{1.52}$$

如果质点在 $o\text{-}x'y'z'$ 中并非静止，而是有运动 $\boldsymbol{v}' = \dfrac{\mathrm{d}\boldsymbol{r}'}{\mathrm{d}t} \equiv \dfrac{\tilde{\mathrm{d}}\boldsymbol{r}}{\mathrm{d}t}$，那么，根据速度叠加原理，在 $o\text{-}xyz$ 中考察的结果应该是

$$\boldsymbol{v} = \boldsymbol{v}' + \boldsymbol{\Omega} \times \boldsymbol{r} = \frac{\tilde{\mathrm{d}}\boldsymbol{r}}{\mathrm{d}t} + \boldsymbol{\Omega} \times \boldsymbol{r} \equiv \frac{\mathrm{d}\boldsymbol{r}}{\mathrm{d}t} \tag{1.53}$$

其中：$\boldsymbol{v}'$ 为相对速度；$\dfrac{\tilde{\mathrm{d}}\boldsymbol{r}}{\mathrm{d}t}$ 为相对导数或相对微商；相应地，$\dfrac{\mathrm{d}\boldsymbol{r}}{\mathrm{d}t}$ 为绝对导数。式（1.53）对任意一个矢量都有效，即有

$$\frac{\mathrm{d}\boldsymbol{A}}{\mathrm{d}t} = \frac{\tilde{\mathrm{d}}\boldsymbol{A}}{\mathrm{d}t} + \boldsymbol{\Omega} \times \boldsymbol{A} \tag{1.54}$$

这就是绝对导数法则。

将绝对导数法则应用于粒子的位置矢量 $\boldsymbol{r}$（见注释 1.4），可得粒子在惯性系中的速度表示：

$$\boldsymbol{v} = \frac{\tilde{\mathrm{d}}\boldsymbol{r}}{\mathrm{d}t} + \boldsymbol{\Omega} \times \boldsymbol{r} \tag{1.55}$$

再将绝对导数法则应用于速度 $\boldsymbol{v}$，顾及式（1.55），即可得到加速度表示：

$$\begin{aligned} \boldsymbol{a} &= \frac{\tilde{\mathrm{d}}\boldsymbol{v}}{\mathrm{d}t} + \boldsymbol{\Omega} \times (\boldsymbol{v}' + \boldsymbol{\Omega} \times \boldsymbol{r}) \\ &= \boldsymbol{a}' + \dot{\boldsymbol{\Omega}} \times \boldsymbol{r} + 2\boldsymbol{\Omega} \times \boldsymbol{v}' + \boldsymbol{\Omega} \times (\boldsymbol{\Omega} \times \boldsymbol{r}) \end{aligned} \tag{1.56}$$

其中：$\boldsymbol{a}'$ 为相对加速度（即粒子在旋转系 $o\text{-}x'y'z'$ 中的加速度）。上述结果与式（1.49）和式（1.50）给出的结果是等价的。

注释 1.4 一个粒子的位置，在旋转系 $o\text{-}x'y'z'$ 中标记为 (x', y', z')，或以位置矢量 $\boldsymbol{r}'$ 表示；但在惯性系 $o\text{-}xyz$ 中标记为 (x, y, z)，或以位置矢量 $\boldsymbol{r}$ 表示。将任意时刻凝固，旋转参考系也处于（瞬时）静止状态。这时，任意一个矢量是不变量，与坐标系的选取无关（这实际上就是张量在坐标变换下的不变性，而位置矢量是一阶张量）。这就是说，如果不涉及对时间的求导运算，$\boldsymbol{r}'$ 与 $\boldsymbol{r}$ 可以相互替换。若涉及对时间的求导运算，它们就不可以随便替换：$\boldsymbol{r}'$ 对时间的导数是粒子的相对速度，而 $\boldsymbol{r}$ 对时间的导数是粒子的绝对速度。

1.2.5 欧拉运动学方程

一个粒子的位置可用三个坐标（如选定笛卡儿坐标系）来确定，其运动速度可用坐标相对于时间的变化率（即速度分量）来表示。一个物体的旋转状态，可用三个欧拉角来描述，该物体的旋转速度则可用欧拉角相对于时间的变化率（即角速度分量）来描述。

假定刚体固结坐标系 $o\text{-}xyz$ 在惯性参考系 $o\text{-}\xi\eta\zeta$ 中有旋转运动，瞬时旋转角速度为 ω，三个分量（即矢量 $\boldsymbol{\omega}$ 在三个坐标轴 ox、oy 和 oz 上的投影）记为 $\omega^i(i=1,2,3)$。

刚体的本体赤道面 $o\text{-}xy$（它是与刚体固结的通过原点 o 的平面）与惯性系平面 $o\text{-}\xi\eta$ 有一条交线，从原点 o 沿上述交线的一方向引出一条射线，称为节线 oN。节线 oN 与 $o\xi$ 之间的夹角称为进动角，用 ϕ 表示；瞬时轴 ox 与 oN 之间的夹角称为自转角，用 $\varPsi$ 表示；$o\zeta$ 与 oz 之间的夹角称为章动角，用 $\theta(\theta\leqslant\pi)$ 表示。自转角 $\varPsi$、进动角 ϕ 和章动角 θ 通称为欧拉角，是由欧拉（Euler，1707—1783 年）引进的。三个欧拉角可以完全描述任意一个刚体的旋转运动。一个刚体的旋转运动，就现象本身而言，由下面给出的欧拉运动学方程描述；但若涉及驱使刚体做旋转运动的原因，则需要欧拉动力学方程（见 2.6.6 小节）。

根据三个欧拉角的定义不难写出如下关系（周衍柏，1984）：

$$\begin{cases}\omega^1=\dot{\phi}\sin\theta\sin\psi+\dot{\theta}\cos\psi\\ \omega^2=\dot{\phi}\sin\theta\cos\psi-\dot{\theta}\sin\psi\\ \omega^3=\dot{\phi}\cos\theta+\dot{\psi}\end{cases}\tag{1.57}$$

其中：ω^i 为绕地固坐标系的 $x^i(x^1=x,x^2=y,x^3=z)$ 轴的旋转角速度。这就是欧拉运动学方程。欲推导上述方程，可按如下方式进行。

（1）章动角速度 $\dot{\theta}$ 处于 oN 方向：在 ox、oy 及 oz 方向的贡献为 $(\dot{\theta}\cos\psi,-\dot{\theta}\sin\psi,0)$。

（2）进动角速度 $\dot{\phi}$ 处于 $o\zeta$ 方向（在 oz 方向的分量为 $\dot{\phi}\cos\theta$，在 $o\text{-}xy$ 平面的分量为 $\dot{\phi}\sin\theta$）：在 ox、oy 及 oz 方向的贡献为 $(\dot{\phi}\sin\theta\sin\psi,\dot{\phi}\sin\theta\cos\psi,\dot{\phi}\cos\theta)$。

（3）自转角速度 $\dot{\psi}$ 处于 oz 方向：在 ox、oy 及 oz 方向的贡献为 $(0,0,\dot{\psi})$。

由上述（1）（2）（3）可列出

$$\begin{cases}\omega_x=\dot{\phi}\sin\theta\sin\psi+\dot{\theta}\cos\psi\\ \omega_y=\dot{\phi}\sin\theta\cos\psi-\dot{\theta}\sin\psi\\ \omega_z=\dot{\phi}\cos\theta+\dot{\psi}\end{cases}\tag{1.58}$$

此即式（1.57）。

类似于上述推导，也可以将旋转角速度 ω 在惯性系 $o\text{-}\xi\eta\zeta$ 中表示出来（试推导：**习题 1.9**）：

$$\begin{cases}\omega_\xi=\dot{\psi}\sin\theta\sin\phi+\dot{\theta}\cos\phi\\ \omega_\eta=-\dot{\psi}\sin\theta\cos\phi+\dot{\theta}\sin\phi\\ \omega_\zeta=\dot{\psi}\cos\theta+\dot{\phi}\end{cases}\tag{1.59}$$

练 习 题

1.1 试证明：假定 K 系是惯性系，K' 系是相对于 K 系做匀速直线运动的参考系，那么 K' 也是惯性系。

1.2 试证明：给定了一个粒子在 K 系中的运动规律，如果在另外一个参考系（它相对于 K 系做旋转运动）中考察上述粒子的运动规律，一般情况下，表述将有所不同。

1.3 试证明：

$$\dot{\boldsymbol{i}}=\frac{\mathrm{d}\theta}{\mathrm{d}t}\boldsymbol{j}=\frac{\mathrm{d}s}{\rho\mathrm{d}t}\boldsymbol{j}$$

其中：$\mathrm{d}\theta$ 为对应于微元弧段 $\mathrm{d}s$ 的密切圆上的圆心角。

1.4 假定 K 与 K' 均为惯性系，在 K' 系中有 $\boldsymbol{v}'(t)=\dfrac{\mathrm{d}\boldsymbol{r}'(t)}{\mathrm{d}t}$，$\boldsymbol{a}'(t)=\dfrac{\mathrm{d}\boldsymbol{v}'(t)}{\mathrm{d}t}=\dfrac{\mathrm{d}^2\boldsymbol{r}'(t)}{\mathrm{d}t^2}$，试证明：$\boldsymbol{v}'(t)=\boldsymbol{v}-\boldsymbol{u}$ 和 $\boldsymbol{a}'(t)=\boldsymbol{a}(t)$。

1.5 试证明：在 K' 系中考察，粒子的位矢可表示成 $\boldsymbol{r}'=\boldsymbol{r}-\int_0^t\boldsymbol{u}\mathrm{d}t$。

1.6 试证明：将地心恒星参考系近似地看成惯性系 K，而地心地固参考系可近似地认为正好是 K' 系。两个参考系之间的坐标变换可以表示为

$$x'^1=x^1\cos\theta+x^2\sin\theta,\quad x'^2=-x^1\sin\theta+x^2\cos\theta,\quad x'^3=x^3$$

1.7 试证明：用 $\boldsymbol{R}'$ 表示旋转变换矩阵 $\boldsymbol{R}$ 的逆 $\boldsymbol{R}^{-1}$，求出旋转矩阵 $\boldsymbol{R}$ 的逆，$\boldsymbol{R}'=\boldsymbol{R}^{\mathrm{T}}$。

1.8 试证明：将 $v^i=\dot{R}'^i_j x^j+R^i_j v^j$ 和 $a^i=\dot{R}'^i_j x^j+2\dot{R}^i_j v'^j+R'^i_j a'^j$ 写成矢量形式为

$$\boldsymbol{v}=\boldsymbol{v}'+\boldsymbol{\omega}\times\boldsymbol{r}$$

$$\boldsymbol{a}=\boldsymbol{a}'+\dot{\boldsymbol{\omega}}\times\boldsymbol{r}+2\boldsymbol{\omega}\times\boldsymbol{v}'+\boldsymbol{\omega}\times(\boldsymbol{\omega}\times\boldsymbol{r})$$

1.9 试推导：将旋转角速度 ω 在惯性系 o-$\xi\eta\zeta$ 中表示为

$$\begin{cases}\omega_\xi=\dot{\psi}\sin\theta\sin\phi+\dot{\theta}\cos\phi\\ \omega_\eta=-\dot{\psi}\sin\theta\cos\phi+\dot{\theta}\sin\phi\\ \omega_\zeta=\dot{\psi}\cos\theta+\dot{\phi}\end{cases}$$

参 考 文 献

惠勒, 1982. 惠勒演讲集: 物理学与质朴性. 合肥: 安徽科学技术出版社.

卢敬叁, 2003. 长度单位米的发展历程. 工业计量, 13(1): 2.

申文斌, 1994. 空间与时间探索. 武汉: 武汉测绘科技大学出版社.

申文斌, 宁津生, 刘经南, 等, 2003. 关于运动载体引力与惯性力的分离问题. 武汉大学学报(信息科学版), 28(S1): 52-54.

申文斌, 张朝玉, 2016. 张量分析与弹性力学. 北京: 科学出版社.

曾谨言, 2000a. 量子力学(卷Ⅰ). 北京: 科学出版社.

曾谨言, 2000b. 量子力学(卷Ⅱ). 北京: 科学出版社.

周衍柏, 1984. 理论力学. 南京: 江苏科学技术出版社.

Bize S, Laurent P, Abgrall M, et al., 2005. Cold atom clocks and applications. Journal of Physics B: Atomic Molecular & Optical Physics, 38(9): 449-468.

Brennan B J, Stacey F, 1979. A thermodynamically based equation of state for the lower mantle. Journal of Geophysical Research, 84(B10): 5535-5539.

Bothwell T, Kennedy C J, Aeppli A, et al., 2022. Resolving the gravitational redshift across a millimetre-scale atomic sample. Nature, 602: 420-424.

Chou C W, Hume D B, Rosenband T, et al., 2010a. Optical clocks and relativity. Science, 329: 1630-1633.

Chou C W, Hume D B, Koelemeij J C J, et al., 2010b. Frequency comparison of two high-accuracy Al^+ optical clocks. Physical Review Letters, 104(070802): 1-4.

CGPM, 2018. 26th CGPM, Resolution 1: On the revision of the International System of Units(SI). http://www. bipm. org/en/CGPM/ db/26/1/.

Diddams S A, 2004. Standards of time and frequency at the outset of the 21st century. Science, 306(5700): 1318-1324.

Einstein A, 1905. Zur Elektrodynamik bewegter Köper. Annalen der Physik, 17: 891.

Einstein A, 1915. Zur Allgemeinen Relativitätstheorie. Berlin: Preussische Akademie der Wissenschaften.

Heavner T P, Jefferts S R, Donley E A, et al., 2005a. NIST-F1: Recent improvements and accuracy evaluations. Metrologia, 42: 411-422.

Heavner T P, Jefferts S R, Donley E A, et al., 2005b. Recent improvements in NIST-F1 and a resulting accuracy of $\delta f/f = 0.61\times10^{-15}$. IEEE Transactions on Instrumentation & Measurement, 54: 842-845.

Jacobs J A, 1974. Quantitative measurement of food selection: A modification of the forage ratio and ivlev's electivity index. Oecologia, 14(4): 413-417.

Jacobs J A, 1979. A textbook on geonomy. London: Adam Hilger.

Katori H, 2011. Optical lattice clocks and quantum metrology. Nature Photonics, 5: 203-210.

Lorentz H A, 1904a. Electromagnetic phenomena in system moving with any velocity less than that of light. Proceedings of the Academy of Sciences of Amsterdam, 6: 809-831.

Lorentz H A, 1904b. Weiterbildung der Maxwell'schen Theorie: Elektronentheorie. Enzyklopadie der Mathematischen Wissenschaften, Band, 14: 145-288.

Ma L, Bi Z, Bartels A, et al., 2004. Optical frequency synthesis and comparison with uncertainty at the 10^{-19} level. Science, 303: 1843-1845.

Maxwell J C, 1865. A dynamical theory of the electromagnetic field. Philosophical Transactions of the Royal Society, 155: 459-512.

Newton I, 1687. Philosophiae naturalis principia mathematica. London: The Royal Society.

Newton I, 1966. Philosophiae naturalis principia mathematica. Berkley: University of California.

Parker T E, Heavner T P, Jefferts S R, et al., 2005. Operation of the NIST-F1 caesium fountain primary frequency standard with a maser ensemble, including the impact of frequency transfer noise. Metrologia, 42: 423-430.

Rosenband T, Hume D B, Schmidt P O, et al., 2008. Frequency ratio of Al^+ and Hg^+ single-ion optical clocks: Metrology at the 17th decimal place. Science, 319: 1808-1812.

Schutz B F, 1980. Geometrical method of mathematical physics. Cambridge: Cambridge University Press.

Stacey F D, 1981. Physics of the Earth. New York: John Wiley and Sons.

Weinberg S, 1972. Gravitation and cosmology. New York: John Wiley and Sons.

Young A W, Eckner W J, Milner W R, et al., 2020. Half-minute-scale atomic coherence and high relative stability in a tweezer clock. Nature, 588: 408-413.

Zhang A, Xiong Z, Chen X, et al., 2022. Ytterbium optical lattice clock with instability of order 10-18. Metrologia, 59: 1-10.

第 2 章　理 论 力 学

本章讨论理论力学中最基础的部分——运动力学。第 1 章介绍了运动学，只考虑运动规律，不考虑运动原因。运动力学则解决运动的动力机理问题。地球（或行星）围绕太阳公转，其运动规律可总结为开普勒三大定律。但为什么会有这些定律？其动力学机理则需要牛顿第二定律和牛顿万有引力定律来解释。地球在公转的同时也在自转。地球自转的运动状态，可利用欧拉运动学方程[式（1.57）]来描述。但若要追究地球为什么会按目前的方式自转，则需要研究欧拉动力学方程，以解决地球自转的机理问题。目前得到广泛应用的全球导航卫星系统（global navigation satellite system，GNSS）与地球自转和公转密切关联，而地球运动轨迹的确定又依赖对运动力学基础的深刻理解。

2.1　伽利略惯性定律

第 1 章讨论了粒子（包括刚体）的运动形式及其在不同参考系中的表示，其中并没有涉及运动的原因。也就是说，并没有讨论粒子为何运动。尽管粒子的运动形式多种多样，但总可以归结为某些原因。确切地说，粒子的运动可以归结为作用。作用具有多种形式，诸如碰撞作用、摩擦作用、引力作用及电磁作用等。然而，有些运动不需要作用，或者说它们并不需要用作用来解释，又或者说作用并不是构成这类运动的原因。例如，由于参考系的选取而产生的运动差异部分，或者说由纯粹参考系效应而引起的运动形式。对于一个惯性系中静止的粒子，当在一个运动而又旋转的参考系中考察时，上述粒子做复杂的曲线运动，但这种运动并非受到某种作用所致，完全是一种表观运动形式。还有一种情况，那就是在惯性系中，不受任何作用的粒子的匀速直线运动。当不受任何作用时，粒子在惯性系中的匀速直线运动，可称为自然运动，无须任何作用来解释，而这正是牛顿第一定律或伽利略惯性定律（以后简称牛顿第一定律）所陈述的。作为定律，假定它成立或者承认其正确，是否能给上述匀速直线运动找到（作用）原因呢？这自然就涉及因果律及第一性原理问题。如果承认因果律，就等于承认任何结果必有原因。对于匀速直线运动这一结果，也肯定存在原因。人们把这一原因归结为不受任何作用。然而，这实际上仅仅是一个假定，即假定粒子在不受任何作用时（在惯性系中）是做匀速直线运动的（静止状态当然是一种特例）。当粒子不受任何作用时，没有任何理由认为粒子的运动状态会改变，或者说当粒子不受任何作用时，认为粒子的运动状态不会改变这一陈述比起粒子的运动状态会改变这一陈述更为可信。于是便有了牛顿第一定律：当不受任何力的作用时，粒子（或物体）的运动状态不会改变（或者说粒子将保持原有的运动状态不变）。

那么，牛顿第一定律有什么应用呢？为此，考察任意一个粒子的运动。假定知道有一个惯性系 K，在相应的惯性系中，上述粒子做匀速直线运动，那么根据牛顿第一定律便知，该粒子不受任何力的作用。反过来，如果事先知道了一个粒子不受任何力的作用，那么该粒子在某个惯性系中的运动必定是匀速直线的。至于粒子在其他参考系中的运动形式，则可利用第 1 章所给出的变换公式（1.21）来描述。还有一种情况，那就是事先知道了粒子在某个非惯性系 K' 中的运动形式。这时，可以将这种运动形式转换到某个惯性系 K 中来考察。如果在惯性系 K 中考察的结果是该粒子做匀速直线运动，那么便得知该粒子不受任何力的作用；反之，粒子肯定受到了某种力的作用。

牛顿第一定律只提供了一种判定是否存在力的作用的准则，并不回答这样的问题：当存在力的作用时，粒子如何运动。这就需要牛顿第二定律来回答。

2.2 质点动力学

2.2.1 作用力分析

在惯性系中，粒子若不受任何力的作用，则其运动状态不变，这是它的自然属性；一旦粒子的运动状态改变，必起源于某种力的作用。因此，可以认为，力的作用是使粒子的运动状态改变的原因。粒子的运动状态可以用速度 $\boldsymbol{v}(t)$ 来表征，而粒子的运动状态的改变则可用加速度 $\boldsymbol{a}(t)$ 来表征（因加速度是速度的变化率）。于是，力的作用与加速度之间必定存在某种内在的联系。为了简化问题，可以说力与加速度之间必定存在某种联系。为了明确力的概念，可将力定义为度量作用强度或大小的有向矢量，其方向与作用方向相同，记为 $\boldsymbol{F}$。这里需要指出，在空间任意一点，力矢量构成（三维）矢量空间，如同加速度矢量构成（三维）矢量空间一样。既然力 $\boldsymbol{F}$ 与加速度 $\boldsymbol{a}$ 有某种联系，它们之间必定存在某种对应关系。若用 T 表示一种对应关系（可以看作函数关系或映射），则有

$$\boldsymbol{F} = T\boldsymbol{a} \tag{2.1}$$

既然加速度的改变完全起源于力，那么如果在某个方向没有力，该方向就不会有加速度。这就是说，力的方向与加速度的方向必定相同。于是，式（2.1）即可简化为如下的函数关系：

$$\boldsymbol{F} = \lambda\boldsymbol{a} \tag{2.2}$$

式中：λ 为有待确定的标量函数（简称系数 λ）。这里，先验地假定了 $\boldsymbol{F}$ 与 $\boldsymbol{a}$ 之间存在线性关联（但这未必正确）。

导出系数λ的推理*

在惯性系中，对于确定的粒子，这一标量函数应该只可能与时间有关，因为惯性系中的任意两点都是等价的，粒子的运动规律不会因为处于不同的空间位置而变。严格说来，标量函数λ有可能是t、$|\boldsymbol{v}|=v$及$|\boldsymbol{a}|=a$的函数，其中，根据同样的理由，λ不可能与$\boldsymbol{v}$和$\boldsymbol{a}$的方向有关；但v和a最终是t的函数，因而可认为，λ只可能是t的函数。

于是，一种自然的假定就是，任何（宏观）粒子的运动规律都服从式（2.2）的形式。然而，对于不同的粒子（如大小及重量都不一样），当然不能期望λ相同。实际上，通过简单的推理即可证明，对于具有不同的量（如质量）的粒子，式（2.2）中的系数λ是不同的（试证明：**习题2.1***）。

假定有两个全同粒子A和B，其中全同的意思是指只要它们所处的外部环境相同，它们的所有性质就一样（这里只考虑宏观粒子，不考虑微观粒子）。于是，就单独考察上述两个全同粒子中的任意一个，它都满足

$$\boldsymbol{F}_A=\lambda_A\boldsymbol{a}_A \tag{2.3}$$

或

$$\boldsymbol{F}_B=\lambda_B\boldsymbol{a}_B \tag{2.4}$$

对于全同粒子，下标A或B是无关紧要的。假定作用于粒子A的力与作用于粒子B的力相同，那么，对于每个粒子都有

$$\boldsymbol{F}=\lambda_A\boldsymbol{a}=\lambda_B\boldsymbol{a} \tag{2.5}$$

将上述两个粒子合二为一[相应的式（2.4）和式（2.5）也合二为一]，则有

$$2\boldsymbol{F}=(\lambda_A+\lambda_B)\boldsymbol{a} \tag{2.6}$$

若将上述两个粒子看作一个粒子AB，作用于该粒子的力仍然是$\boldsymbol{F}$，那么该粒子的量增加了一倍（关于粒子的“量”的界定见8.1.6小节），而其加速度则正好减小到原值的一半：

$$\boldsymbol{F}=(\lambda_A+\lambda_B)\frac{\boldsymbol{a}}{2}=\lambda_{AB}\frac{\boldsymbol{a}}{2} \tag{2.7}$$

这里，假定粒子的量具有线性叠加性

$$\lambda_A+\lambda_B=\lambda_{AB} \tag{2.8}$$

反过来，如果将一个原始粒子一分为二，变为两个全同的分离粒子，而作用于每个分离粒子的力保持为作用于原始粒子的力$\boldsymbol{F}$，那么分离粒子所获得的加速度将是原始粒子所具有的加速度的两倍，而每个分离粒子的量也正好是原始粒子的量的一半。沿着这条思路推演下去就会发现，一个粒子在力$\boldsymbol{F}$的作用下所获得的加速度与该粒子所含有的某种量成反比，而且这种量正好就是待定标量函数。于是，可写出

$$\boldsymbol{a}=\frac{\boldsymbol{F}}{\lambda} \tag{2.9}$$

那么，这种量究竟是什么呢？它是否粒子的体积或面积呢？回答是否定的，否则可立即推出矛盾结果（试论证：**习题2.2***）。显然，这种量不可能是任何几何量。可以设想，使粒子不断变形或使粒子膨胀或压缩，式（2.9）应该没有变化，而对应的量λ也应该保持不变（更严格的讨论涉及空间的性质，将专门研究）。于是，一种自然的推论就是，λ是一种与自身形状无关的描述粒子本质属性

* 初读此书，可略去本小节内容。等将来有兴趣时，再阅读。

的量，称为质量。这实际上也是对粒子的质量的一种定义。要想更为严格地定义质量几乎是不可能的，这正如无法严格定义长度一样（参见第8章）。例如，牛顿对质量的定义为（Newton，1687）：物质的量（质量）是物质的量度，可由其密度和体积共同求出。分析牛顿的上述定义即可发现，上半句话等于什么也没有说，因为物质的量这一概念本身就是物质的量度；而下半句话则处于封闭式循环定义之中：质量的定义用到了密度，而密度的定义又必须借助于质量（密度是单位体积内所包含的质量）。

狄拉克（Dirac，1902—1984年）曾经给质量下了一个定义：物质的质量是物质所含的基本粒子的（质量的）总和。基本粒子一般是指电子、中子、质子等。基本粒子的质量只能通过规定和比较的方式来定义。比如，规定电子的质量为 m_e，则可通过实验方法比较而确定质子的质量。然而，狄拉克的定义有一个缺陷：物质是否仅仅由基本粒子构成？在给出这一定义的时候，隐含了一个假定，那就是仅由基本粒子即可构成任何物质。这又涉及上述假定的可靠性问题。实际上，即令基本粒子的基本构成不变，但若改变了系统的状态（如粒子之间的结合能等），也会影响到质量（参见第8章）。

虽然不能严格定义质量，但却对质量形成了某种概念，它是刻画物质的本质属性的一种物理量。如果定义或规定了力（因为力是可以通过经验感知的东西），就可以根据式（2.9）定义质量。将一个粒子的质量记为 m，式（2.9）可写成

$$\boldsymbol{a}=\frac{\boldsymbol{F}}{m} \tag{2.10}$$

然而，仔细考察上述一系列推理过程即可发现，并没有排除质量 m 随时间而变的可能性。在惯性系中处于静止状态的粒子的质量可以认为是不变的，称为静止质量。相应地，处于式（2.10）中的质量可称为运动质量。如果假定粒子的运动质量与静止质量相等（这正是牛顿力学所假定的），或者说粒子的质量与粒子的运动状态无关，那么式（2.10）中的质量 m 就是常数（对确定的粒子而言）。

基于推理分析和实验，可得出结论，系数 λ 就是粒子的质量。因此，可将式（2.2）写成

$$\boldsymbol{F}=m\boldsymbol{a} \tag{2.11}$$

这就是牛顿第二定律：一个质量为 m 的粒子在力 $\boldsymbol{F}$ 的作用下，粒子将获得加速度 $\boldsymbol{a}$。

注释 2.1 牛顿第二定律的产生：先观察到物体受力时速度越来越快的物理现象，然后引入数学符号 $\boldsymbol{F}$ 表示力，$\boldsymbol{a}$ 表示加速度，这二者成比例关系，引入一个比例系数，并称之为质量 m。这里最核心的是作用力与加速度成比例关系，并可由实验证明。几乎所有的物理定律都是这样创造的或构建的。

注释 2.2 如果把质量的单位规定为千克（kg），并取加速度的单位为米/秒^2（m/s^2），那么力的单位就可以用 $kg{\cdot}m/s^2$ 来表示，并将它称为牛顿（N）。如果把质量的单位规定为克（g），并取加速度的单位为厘米/秒^2（cm/s^2），称为伽（Gal），那么力的单位就可以用 $g{\cdot}cm/s^2$ 来表示，称为达因（dyne）。“伽”是为了纪念意大利科学家伽利略（Galileo）而采用的单位，在地球重力场理论及应用中经常采用。

2.2.2 牛顿第二定律

在惯性系 K 中，一个质量为 m 的粒子在力 $\boldsymbol{F}$ 的作用下，其运动规律受牛顿第二定律的制约，即由式（2.11）决定。假定在 t 时刻，粒子位于 $\boldsymbol{r}$ 处，那么，此时粒子的速度矢量及加速度矢量分别为 $\frac{\mathrm{d}\boldsymbol{r}}{\mathrm{d}t}$ 和 $\frac{\mathrm{d}^2\boldsymbol{r}}{\mathrm{d}t^2}$。于是，粒子的运动方程为

$$\boldsymbol{F}=m\frac{\mathrm{d}^2\boldsymbol{r}}{\mathrm{d}t^2} \tag{2.12}$$

这是牛顿第二定律的坐标表达形式。将式（2.12）写成分量形式：

$$F^i=m\frac{\mathrm{d}^2x^i}{\mathrm{d}t^2},\quad i=1,2,3 \tag{2.13}$$

这是由 3 个二阶微分方程构成的方程组，在给定了粒子的初始位置和初始速度的情况下，即可得到粒子的确定轨道。这是根据作用于粒子的已知力求解粒子的运动形式（在惯性系之中）的基本方法。

反过来，假定知道了质量为 m 的粒子在惯性系 K 中的运动形式：

$$x^i=x^i(t),\quad i=1,2,3 \tag{2.14}$$

那么只要求出 3 个加速度分量 $\mathrm{d}^2x^i/\mathrm{d}t^2$，即可根据式（2.13）求出粒子所受到的力。显然，解决反问题要比解决正问题容易得多。

注释 2.3 根据牛顿第二定律可以推论出牛顿第一定律。因为在惯性系中，当粒子不受力时，由式（2.11）得知粒子的加速度为 0。既然加速度为 0，粒子必以恒定的速度运动（或处于静止状态）。也就是说，在没有力的作用时，粒子或者保持静止状态，或者以恒定的速度运动，但以恒定的速度运动即表示沿直线做匀速运动，这正是牛顿第一定律所陈述的。

2.2.3 动量定理

将粒子的质量 m 与速度 $\boldsymbol{v}$ 的乘积定义为动量 $\boldsymbol{p}$，即

$$\boldsymbol{p}=m\boldsymbol{v} \tag{2.15}$$

由于假定粒子的质量与运动状态无关，即有 $\frac{\mathrm{d}m}{\mathrm{d}t}=0$，根据式（2.11）可以写出[注意 $\boldsymbol{a}=\frac{\mathrm{d}\boldsymbol{v}}{\mathrm{d}t}$ 并引进动量的定义式（2.15）]

$$\boldsymbol{F}=\frac{\mathrm{d}(m\boldsymbol{v})}{\mathrm{d}t}=\frac{\mathrm{d}\boldsymbol{p}}{\mathrm{d}t} \tag{2.16}$$

此即动量定理。动量定理表明，一个粒子所受到的力可以用该粒子所具有的动量的变化率来度量。反过来，知道了粒子在 t 时刻的动量变化率，也就知道了粒子在 t 时刻所受到的作用力。值得注意的是，动量定理也是在惯性系中的表述。动量的单位用千克·米/秒（kg·m/s）来表示。

2.2.4　动量矩定理

仍然在惯性系中讨论。将如下方程

$$\boldsymbol{M}=\boldsymbol{r}\times\boldsymbol{p} \tag{2.17}$$

确定的量 $\boldsymbol{M}$ 定义为动量矩，通常也称为角动量，因为它的方向与由位矢 $\boldsymbol{r}$ 和速度 $\boldsymbol{v}$ 所决定的平面垂直，有一种旋转效应。在定义了动量矩之后，根据动量定理[式（2.16）]写出

$$\boldsymbol{r}\times\boldsymbol{F}=\boldsymbol{r}\times\frac{\mathrm{d}\boldsymbol{p}}{\mathrm{d}t} \tag{2.18}$$

由于

$$\boldsymbol{r}\times\frac{\mathrm{d}\boldsymbol{p}}{\mathrm{d}t}=\frac{\mathrm{d}(\boldsymbol{r}\times\boldsymbol{p})}{\mathrm{d}t}-\boldsymbol{v}\times\boldsymbol{p}$$

而

$$\boldsymbol{v}\times\boldsymbol{p}=\boldsymbol{v}\times(m\boldsymbol{v})=0$$

式（2.18）可写成

$$\boldsymbol{r}\times\boldsymbol{F}=\frac{\mathrm{d}\boldsymbol{M}}{\mathrm{d}t} \tag{2.19}$$

其中动量矩 $\boldsymbol{M}$ 由式（2.17）给出。如果将

$$\boldsymbol{L}=\boldsymbol{r}\times\boldsymbol{F} \tag{2.20}$$

定义为力矩，那么式（2.19）就可简写成

$$\boldsymbol{L}=\frac{\mathrm{d}\boldsymbol{M}}{\mathrm{d}t} \tag{2.21}$$

将式（2.19）或式（2.21）所表述的规律称为动量矩定理，或者称为角动量定理。力矩的单位为米·牛顿（m·N），动量矩的单位为米·千克·米/秒（m·kg·m/s）。

2.2.5　冲量定理

将 Δt 时间内动量的改变量定义为冲量 $\boldsymbol{I}$：

$$\boldsymbol{I}=\boldsymbol{p}(t+\Delta t)-\boldsymbol{p}(t) \tag{2.22}$$

根据动量定理有

$$\boldsymbol{F}\mathrm{d}t=\mathrm{d}\boldsymbol{p} \tag{2.23}$$

对式（2.23）从 t 到 $t+\Delta t$ 积分即得

$$\boldsymbol{I}=\boldsymbol{p}(t+\Delta t)-\boldsymbol{p}(t)=\int_{t}^{t+\Delta t}\boldsymbol{F}\mathrm{d}t \tag{2.24}$$

这个方程描述的就是冲量定理。冲量的单位与动量的单位相同，或者采用牛顿·秒（N·s）。

有时，也将式（2.23）视作冲量定理，而将冲量 $\boldsymbol{I}$ 的定义式写成

$$\boldsymbol{I}=\boldsymbol{F}\mathrm{d}t=\mathrm{d}\boldsymbol{p} \tag{2.25}$$

实际上，式（2.22）与式（2.25）是等价的。

2.3 功 和 能

如果一个粒子在力 $\boldsymbol{F}$ 的作用下移动了一段距离 d$\boldsymbol{r}$，就说该粒子被做了大小为

$$\mathrm{d}W = \boldsymbol{F} \cdot \mathrm{d}\boldsymbol{r} \tag{2.26}$$

的功。功是标量，其单位是牛顿·米（N·m），可用焦耳（J）表示；或达因·厘米（dyne·cm），也可用尔格（erg）表示：1 J=10^7 erg。

当粒子在外力 $\boldsymbol{F}$ 的作用下从 A 点移动到 B 点，外力对粒子所做的总功 W 可以通过对式（2.26）进行积分得到：

$$W = \int_{\boldsymbol{r}_A}^{\boldsymbol{r}_B} \boldsymbol{F} \cdot \mathrm{d}\boldsymbol{r} \tag{2.27}$$

式中：$\boldsymbol{r}_A$ 和 $\boldsymbol{r}_B$ 分别为粒子处于 A 点和 B 点的位矢。在知道了力的表达式及粒子的运动轨迹的情况下可以采用式（2.27）计算力对粒子所做的功。

如果将表述动量定理的式（2.16）代入式（2.27），即可得到（试证明：**习题 2.3**）

$$W = \frac{1}{2}mv_B^2 - \frac{1}{2}mv_A^2 \tag{2.28}$$

其中：v_A 和 v_B 分别为粒子处于 A 点和 B 点时的运动速度的模（速率）。通常，将

$$T = \frac{1}{2}mv^2 \tag{2.29}$$

定义为粒子的动能，它表征了粒子由于运动而产生的能量。式（2.28）表明外力对粒子做正功，可以转化为粒子的动能，使粒子的动能增加。反过来，通过对粒子的动能的变化的考察，可以推知外力对粒子所做的功。这表明功与能是可以相互转化的。值得注意的是，有外力作用于粒子，未必就一定对粒子做了功（试论证：**习题 2.4**）。反过来，如果粒子的动能有了变化，那么粒子肯定受到了力的作用。能量的单位通常采用焦耳或尔格。

2.4 牛顿第三定律及惯性力

2.4.1 牛顿第三定律

当一个粒子或物体受到外力 $\boldsymbol{F}$（其中 $\boldsymbol{F}$ 是所有外力的合力）的作用时，前者将对外力的施力者施加一个大小相等、方向相反的反作用力。这就是牛顿第三定律。

这里需要注意几点：①反作用力来源于作用力，没有作用力，也就谈不上反作用力；②反作用力与作用力的大小相等，方向相反；③反作用力与作用力必同时作用于同一点上。

注释 2.4 关于第③点，如果是一个有形实体（质体或粒子）接触性地作用于另外一个有形实体，则不难理解。然而，如果论及两个实体 A 和 B 间的非接触性的作用力与反作用力（这时假定两个实体之间有一段空间距离，比如两个粒子之间的万有引力作用或电磁作用），则存在两种不同的观念。第一种观念是 A 和 B 之间存在超距瞬间作用，这时在通常意义下的作用力与反作用力并非同时作用于同一点上，而是同时作用于 B 和 A 上（即 A 施以 B 一个作用力，而同时 B 又施以 A 一个反作用力）。不过，这种超距瞬间作用观念难以令人接受，因为它有点像万能的“幽灵”。第二种观念则认为，A 作用于 B 是因为 A 产生了一种场，这种场作用于 B，因而对 B 的施力者是场；A 所产生的场作用于 B，后者又对场施以大小相等、方向相反的反作用力；这时可以认为，反作用力与作用力同时作用在同一点上（可以将注意力集中到对质点的考察上）。

注释 2.5 在三维欧几里得空间中，或者说在普通惯性系 K 中，一个粒子具有三个自由度，因而需要三个独立坐标来表示一个粒子的运动状态。至于选用什么坐标系来表示，那完全是人为的，可依方便而定（参见第 1 章）。但粒子的自由度也有可能受到某种约束（相应地，粒子的运动也会受到约束），从而减少自由度。例如，只允许粒子在一个二维平面或二维曲面（广义地说是二维流形）上运动，这时只有两个自由度；或者，只允许粒子在一条直线或一条曲线（广义地说是一维流形）上运动，这时只有一个自由度；再或者，不允许粒子在任何方向运动，这时粒子没有自由度（处于零维流形），因而处于静止状态。一个粒子的自由度的多少完全取决于它赖以运动的空间形式，或者说空间形式决定了粒子的自由度。以后只要提到对粒子的自由度有约束，则意味着粒子的自由度降低（至少小于 3）。另外，如果说对一个粒子的运动有约束，则未必意味着对粒子的自由度有约束。例如，将粒子的运动限制在一个正方体空盒之中，就是对粒子的运动有约束的例子，但自由度仍然是三个，并没有减少。因此，必须特别小心地使用上述两个概念。

2.4.2 惯性及惯性力

空间是粒子赖以运动的基础，没有空间就不可能有运动；粒子的运动唯有在空间中才能进行（申文斌 等，1994）。于是将考察范围限定在一个真实的空间中，或者将考察范围限定在惯性系中。在惯性系中，牛顿三大定律均成立（更严格的讨论涉及空间性质）。

根据牛顿第二定律，当一个粒子在惯性参考系（或惯性系）中做加速运动时，它必然是因为受到了外力的作用，外力的方向与加速度的方向一致。又根据牛顿第三定律，在粒子受到外力（因而粒子获得了加速度）的同时，它又反作用于外力的施力者，其大小与外力相等，方向与外力相反。结果是，就好像粒子“感受”到了一个与加速度方向相反的力（其大小由牛顿第二定律确定）。这种力称为惯性力。

惯性力起源于相对于绝对空间的加速度还是相对于宇宙总物质的加速度？根据著名的水桶旋转实验，牛顿断言，惯性起源于物体相对于绝对空间的加速度，与相对于周围物质的加速度无关（Weinberg，1972；Newton，1687）。然而，马赫则声称惯性并非起源于物体相对于绝对空间（或惯性系）的加速度，而是起源于相对遥远星系的加速度，也就是说，惯性起源于物体相对于宇宙总质量的加速度（Mach，1883）。究竟谁正确呢？

注释 2.6 反驳牛顿的一种论证：没有物质的空间必为虚空，而在虚空中，一个粒子无论受到多么小的力，它都将获得无限大的加速度；换句话说，牛顿第二定律不再保持有效，因而也就无法推论出惯性力的存在，因为作用力与反作用力均可假定为无限小。

然而，无论谁正确，下边的陈述是人们普遍接受的（申文斌，2020）：假定存在一个惯性参考系（它是一种使伽利略惯性定律保持有效的参考系），如果一个粒子在上述参考系中做加速运动，它将“感受”到惯性反作用，后者来源于施加在该粒子上的主动力（粒子只有受到主动力之后才能产生加速度）。为了以后应用方便，将上述陈述称为惯性陈述（注意这一陈述不同于惯性定律）。因此，从实用的观点来看，谁是谁非（牛顿或马赫）的问题并不重要。近代物理学更倾向于支持马赫的观点。如此，惯性力与引力之间就存在某种关联，这种关联在爱因斯坦构建广义相对论（Einstein，1915）过程中起到了重要作用。

2.5 万有引力定律

2.5.1 万有引力定律的表述

基于第谷（Tycho，1546—1602 年）长期的天文观测资料，开普勒（Kepler，1572—1630 年）总结出了行星绕中心天体运动的三个定律，分别称为开普勒第一定律、第二定律和第三定律。在上述三个定律的基础上，牛顿通过考察月球相对于地球的运动，提出了万有引力定律（Newton，1687）：任意一个粒子（质体）对另外一个粒子（质体）都有吸引力作用（简称引力），引力的大小与两个粒子的质量成正比，与它们之间距离的平方成反比，引力的方向在它们的连线上。若用 F_{AB} 表示粒子 A 对粒子 B 的引力模（即引力的大小），则有

$$F_{AB} = G\frac{m_A m_B}{l^2} \tag{2.30}$$

其中：G 为万有引力常数；l 为两个粒子之间的距离；m_A 和 m_B 分别为粒子 A 和 B 的质量。显然，根据对称性，粒子 B 对粒子 A 的引力模为

$$F_{BA} = G\frac{m_B m_A}{l^2} \tag{2.31}$$

欲将引力的方向同时表示出来，事先选定一个坐标系，并用 $\boldsymbol{r}_A$ 和 $\boldsymbol{r}_B$ 分别表示粒子 A 和 B 的向径（即坐标原点至粒子所在的向量）。这时，对应于标量引力方程式（2.30）和式（2.31）的矢量引力方程可分别表示成

$$\boldsymbol{F}_{\mathrm{AB}}=G\frac{m_{\mathrm{A}}m_{\mathrm{B}}}{\left|\boldsymbol{r}_{\mathrm{A}}-\boldsymbol{r}_{\mathrm{B}}\right|^{3}}(\boldsymbol{r}_{\mathrm{A}}-\boldsymbol{r}_{\mathrm{B}}) \tag{2.32}$$

$$\boldsymbol{F}_{\mathrm{BA}}=G\frac{m_{\mathrm{B}}m_{\mathrm{A}}}{\left|\boldsymbol{r}_{\mathrm{B}}-\boldsymbol{r}_{\mathrm{A}}\right|^{3}}(\boldsymbol{r}_{\mathrm{B}}-\boldsymbol{r}_{\mathrm{A}}) \tag{2.33}$$

式（2.32）和式（2.33）表示了万有引力定律的全部内容。由式（2.32）和式（2.33）可以看出，$\boldsymbol{F}_{\mathrm{BA}}=-\boldsymbol{F}_{\mathrm{AB}}$。但需要注意，引力的作用点并不在一处。另外，万有引力定律与参考系的选取无关，这当然是在绝对空间和绝对时间的观念之下。

若令坐标原点始终与粒子 B 固结，并用 M 和 m 分别表示粒子 B 和 A 的质量，那么，式（2.33）可写成

$$\boldsymbol{F}=m\boldsymbol{g} \tag{2.34}$$

将

$$\boldsymbol{g}=-G\frac{M}{r^{3}}\boldsymbol{r} \tag{2.35}$$

称为粒子 B 产生于粒子 A 处的引力场强度，其方向与粒子 A 所受到的引力 $\boldsymbol{F}$ 的方向相同。

注释 2.7 开普勒是德国天文学家，曾在奥地利格拉茨大学从事了 4 年的研究工作，其间，通过对前人（特别是天文学家第谷）的天文观测资料的分析研究，总结并提出了著名的天体运行三大定律，即开普勒三大定律。为了纪念开普勒的卓越贡献，格拉茨市政府在格拉茨城市公园中专门建立了一座开普勒铜像，并在铜像的前面（用大理石）镶嵌了一个能形象地反映行星绕太阳公转规律的图案，由此人们马上可以联想起开普勒三大定律。细读开普勒铜像之下的碑文便知，开普勒三大定律可陈述如下。

开普勒第一定律：行星绕太阳运行的轨道是（平面）椭圆，太阳位于上述椭圆的一个焦点处。

开普勒第二定律：在行星绕太阳运行的过程中，太阳至行星的连线在单位时间内扫过的面积是常量。

开普勒第三定律：行星绕太阳运行的周期的平方与椭圆轨道的长半轴的立方成正比（从图案并不能直接看出第三定律，需要凭借记忆或翻阅教科书）。

如果 M（如太阳的质量）比 m（如地球的质量）大得多，则可假定粒子 B 固定不动，它所产生的引力场由式（2.35）给出，而粒子 A 受到的引力由式（2.34）给出。在此情形下，与粒子 B 固结的参考系是惯性系。粒子 A 在引力作用下产生运动，其运动规律由牛顿第二定律决定。于是，有

$$m\boldsymbol{g}=m\boldsymbol{a} \tag{2.36}$$

式中：$\boldsymbol{a}$ 为粒子 A 在由 B 产生的引力作用下所获得的加速度。将式（2.35）代入式（2.36），并注意 $\boldsymbol{a}=\dfrac{\mathrm{d}^{2}\boldsymbol{r}}{\mathrm{d}t^{2}}$，可得

$$-G\frac{M}{r^{3}}\boldsymbol{r}=\frac{\mathrm{d}^{2}\boldsymbol{r}}{\mathrm{d}t^{2}} \tag{2.37}$$

或者写成分量形式为

$$-G\frac{M}{r^3}x^i=\frac{\mathrm{d}^2x^i}{\mathrm{d}t^2},\quad i=1,2,3 \tag{2.38}$$

根据式（2.37）可以导出开普勒三大定律[**习题 2.5；提示：**将式（2.37）改化成平面极坐标形式]。

2.5.2 一般二体问题

二体问题是指两个天体相互环绕运动的情形。忽略其他行星，只考虑地球绕太阳运动（太阳也绕地球运动）的情形，属于二体问题。

当讨论二体问题时，如果任意选取一个参考系，或者为了简单，将参考系的原点与其中的一个质体固结在一起，那么所论参考系未必是惯性系（一般情况下不是惯性系），因而在上述参考系下，尽管牛顿的万有引力定律成立，但牛顿第二定律不成立（牛顿第二定律只在惯性系中保持有效），从而无法直接写出形如式（2.37）的运动方程。为了解决这一问题，首先要选取一个惯性系。为了简单，可以选取一个其原点与二体体系的质量中心 C 重合的无旋转的参考系 K_C（这里所说的无旋转是相对于遥远的恒星而言的）。如此选取的参考系 K_C 是一个惯性系（试证明：**习题 2.6**）。

在上述惯性参考系下，两个质体的受力（即万有引力）方程仍然由式（2.32）和式（2.33）给出，而运动方程则分别为

$$\boldsymbol{F}_{\mathrm{AB}}=m_{\mathrm{B}}\frac{\mathrm{d}^2\boldsymbol{r}_{\mathrm{B}}}{\mathrm{d}t^2} \tag{2.39}$$

$$\boldsymbol{F}_{\mathrm{BA}}=m_{\mathrm{A}}\frac{\mathrm{d}^2\boldsymbol{r}_{\mathrm{A}}}{\mathrm{d}t^2} \tag{2.40}$$

将式（2.32）和式（2.33）分别代入式（2.39）和式（2.40），并用 l 表示 A 与 B 之间的距离，则有

$$G\frac{m_{\mathrm{A}}}{l^3}(\boldsymbol{r}_{\mathrm{A}}-\boldsymbol{r}_{\mathrm{B}})=\frac{\mathrm{d}^2\boldsymbol{r}_{\mathrm{B}}}{\mathrm{d}t^2} \tag{2.41}$$

$$G\frac{m_{\mathrm{B}}}{l^3}(\boldsymbol{r}_{\mathrm{B}}-\boldsymbol{r}_{\mathrm{A}})=\frac{\mathrm{d}^2\boldsymbol{r}_{\mathrm{A}}}{\mathrm{d}t^2} \tag{2.42}$$

然而，式（2.41）和式（2.42）并不独立，只要解出其中的一个就够了，这是因为体系的质心始终位于两个质体的连线上，$\boldsymbol{r}_{\mathrm{B}}$ 与 $\boldsymbol{r}_{\mathrm{A}}$ 总是反向，并且满足如下关系：

$$m_{\mathrm{B}}\boldsymbol{r}_{\mathrm{B}}=m_{\mathrm{A}}\boldsymbol{r}_{\mathrm{A}},\quad |\boldsymbol{r}_{\mathrm{A}}+\boldsymbol{r}_{\mathrm{B}}|=l \tag{2.43}$$

需要指出的是，式（2.41）或式（2.42）中的 l 并非常量（一般情况下）。若 l 为常量（某种特殊情形），则质体 A 和 B 分别以半径为 $|\boldsymbol{r}_{\mathrm{A}}|$ 和 $|\boldsymbol{r}_{\mathrm{B}}|$ 的圆形轨道运动。在一般情况下，质体 A 和 B 的运行轨迹均为椭圆。

对于三体及三体以上的问题，目前尚无法给出严密的解（即求不出封闭的分析解）。就天体的运行规律而论，详细研究二体及多体问题属于天体力学范畴，可参阅有关天体力学方面的文献，如易照华（1993）。

2.5.3 引力质量与惯性质量

在以前的讨论中，先验地假定了出现在万有引力定律中的质量与出现在牛顿第二定律中的质量是一致的。然而，这种先验的假定并不具备充足的理由。从本质上来讲，出现在牛顿第二定律中的质量是作用于粒子的力与由此而获得的加速度的比值，而出现在万有引力定律中的质量则是产生引力的源。因此，它们很有可能不同。为此，物理学家将出现在牛顿第二定律中的质量称为惯性质量，而将出现在万有引力定律中的质量称为引力质量。于是，出现一个著名的猜测：引力质量与惯性质量等效。

如果引力质量与惯性质量不同（牛顿也考虑过这一问题并进行了实验检验），会产生什么可观测的效应呢？为此，可以将牛顿第二定律和万有引力定律分别重写为

$$\boldsymbol{F} = m_{\mathrm{I}}\boldsymbol{a} \tag{2.44}$$

$$\boldsymbol{F} = m_{\mathrm{G}}\boldsymbol{g} \tag{2.45}$$

式中：m_{I} 和 m_{G} 分别为粒子的惯性质量和引力质量。式（2.45）给出了粒子在引力场中所受到的引力，而式（2.44）给出了粒子在上述引力作用下所获得的加速度。于是，由式（2.44）和式（2.45）得

$$\boldsymbol{a} = \frac{m_{\mathrm{G}}}{m_{\mathrm{I}}}\boldsymbol{g} \tag{2.46}$$

假定 $\boldsymbol{g}$ 是地球外部引力场，因而是确定的，则由式（2.46）可以看出，如若引力质量与惯性质量不等效，则对于由不同材料构成的粒子（或质体），引力质量与惯性质量的比值 $\frac{m_{\mathrm{G}}}{m_{\mathrm{I}}}$ 未必相同（否则便等效了），因而对于不同的粒子（特别是由不同材料构成的粒子），它们未必具有相同的加速度。通过对不同的粒子的自由下落加速度的考察，可以检验引力质量与惯性质量是否等效。实验表明，如果引力质量与惯性质量不等效，它们的相对差异不会超过 10^{-13}（Ohanian，1976）。

在引力质量与惯性质量等效的前提下，由式（2.46）得出

$$\boldsymbol{a} = \boldsymbol{g} \tag{2.47}$$

正是这一原因，有时也把引力场强度 $\boldsymbol{g}$ 称为引力加速度（如果引力质量与惯性质量不等效，那么引力加速度这一称谓就不可取）。式（2.47）表明，所有粒子（质体）在引力场中的下落加速度相同，即为伽利略的自由落体定律。如果将引力质量与惯性质量等效这一陈述称为弱等效原理（Misner et al.，1973；Weinberg，1972），那么，在真空无阻尼假定下，伽利略的自由落体定律与弱等效原理等价（试证明：**习题 2.7**）。关于引力质量与惯性质量是否等效这一问题的更进一步的讨论，可参阅申文斌（2020）。

式（2.47）实际上给出了测定地球表面上的重力的原理，因此该式可以写成

$$\frac{\mathrm{d}^2\boldsymbol{r}}{\mathrm{d}t^2} = \boldsymbol{g} \tag{2.48}$$

式（2.48）左边是可以通过观测测定的量：精确地跟踪一个粒子的下落过程即可得到 $\frac{\mathrm{d}^2\boldsymbol{r}}{\mathrm{d}t^2}$，

因而也就得到了 $\boldsymbol{g}$。绝对重力仪正是根据上述原理制成的。近些年，甚至有人制成了高精度的原子自由下落绝对重力仪，精度达到了微伽级（1 μGal=10^{-6} Gal=10^{-6} cm/s^2）。中国科学院精密测量科学与技术创新研究院研制出了可搬运高精度的铷-85 冷原子绝对重力仪，其重力测量绝对值的偏差约为 3 μGal（Huang et al.，2019）。

注释 2.8 在弱等效原理的基础上，物理学家又提出了强等效原理：在空时中的任意一点，总可以选取一个局部惯性系，其中，所有的物理学定律保持有效。强等效原理是为了推演广义相对论而提出的（Weinberg，1972；Einstein，1915）。强等效原理是否成立，完全取决于是否能够在空时中的任意一点 (x^0,x^1,x^2,x^3) 找到一个局部惯性系，其中，空时是指爱因斯坦空间和时间观之下的四维空间（空间与时间不再相互独立）。

评论 2.1 伽利略是意大利科学家，在物理学和天文学领域均有卓越贡献。伽利略自由落体定律在物理学中具有重要地位。据说，伽利略曾在意大利比萨城的比萨斜塔（该塔呈倾斜状，目前仍然倾斜而立，若不是后人采取防护措施可能早就倾倒了）做了一个实验：他让大小及重量不同的球从斜塔顶部同时自由下落，发现它们下落的速度（加速度）完全相同。这一实验结果推翻了曾统治物理学达一千八百多年之久的亚里士多德（Aristotle，公元前 384—前 322 年）理论：重物体比轻物体下落得快一些。伽利略是否真正做过斜塔实验无法考证。实际上，他很有可能是通过斜板实验来构想斜塔实验的（Hawking，1990）。利用倾斜且光滑的斜板可以完成类似的实验。

然而，有一点是确定的，那就是伽利略曾在《关于托勒密和哥白尼两大世界体系的对话》一书中陈述了一个极具创造力的思想实验：将两个自由下落的重物 A 和 B 捆绑在一起，即可简单地证明亚里士多德的论断是错误的。由此，仅仅根据上述思想实验即可推翻亚里士多德的论断，建立伽利略自由落体定律。

2.5.4 构建万有引力定律的思路

本小节之所以冠以“构建万有引力定律的思路”的标题，是因为万有引力定律是无法被发现的，人们能发现的只是引力现象，而描述引力现象所遵循的规律模型（数学公式）称为引力定律（或万有引力定律），需要科学家构建。有不少学者认为，万有引力定律是观察发现的。但实际上，可能存在不同的引力定律，从中选出一种，它能更好地解释引力现象。比较牛顿万有引力定律和爱因斯坦引力定律（场方程）就会发现，二者不同，但后者能更好地解释已发现的各种引力现象。爱因斯坦经过近 10 年的努力，构建了描述引力规律的爱因斯坦场方程。

人们有一种普遍的看法：牛顿因为看到了苹果落地才提出了万有引力定律。这完全是一种误导（Hawking，1990）。伽利略曾经提出了自由落体定律，所有的物体（包括离开树枝的苹果）都以同样的加速度向地球下落，肯定是由于地球的引力作用。但伽利略并不知道地球引力的表达形式或数学表达式。牛顿是第一个建立了地球引力表达形式的人。也许，正当牛顿在苹果树下苦思冥想而终于找到了如何精确描述物体自由下落的运动规律的那一瞬间（在此之前，肯定已经历了长期的思考），或之前或之后，有一颗苹果落地。

自由落体定律给予人们一个启示：地球对任何物体都有一种吸引作用，简称吸引力或引力。吸引力的概念早在亚里士多德时代就已形成（因为物体总是趋向于落到地面，而不是飞离远去），可以推广为任何物体之间都具有引力作用。然而，物体之间的引力规律如何表述呢？一种自然的推理就是物体的质量越大，引力也越大。这是一种经验感觉。也就是说，引力与物体的质量成正比。又根据对称性，两个物体之间的引力应该与两个物体的质量成正比。这一对称性分析是基于基本的逻辑思维。另一方面也容易推测，两个物体离得越远，它们之间的引力会越小，这一点当然可以通过实验来证明（不需要特别精确）。两个物体之间的引力随着它们之间的距离的增加而减小。将空间设想为各向同性，那么引力不可能与方位有关。于是，两个物体 A 和 B 之间的引力是它们的质量 m_{A} 和 m_{B} 及它们之间的距离 l 的函数，即

$$F = F(m_{\mathrm{A}}, m_{\mathrm{B}}, l) \tag{2.49}$$

根据前述引力与质量关系的推理及引力与距离关系的猜测（这一猜测可以通过简单的实验证实），可将式（2.49）改写成

$$F = Gm_{\mathrm{A}} m_{\mathrm{B}} f(l) \tag{2.50}$$

如何从式（2.49）变为式（2.50）呢？可以通过如下的一个思想实验来完成。设想两个大小及质量相同的球 A 和球 B，它们相距一段距离，它们之间的吸引力为 F。今固定球 A 不变，只是将球 B 不断切割，由此即可推断引力 F 必与球 B 的质量 m_{B} 成正比。根据对称性，引力 F 也必与球 A 的质量 m_{A} 成正比。通过这一思想实验，完全有理由将式（2.49）写成式（2.50）。

既然 $f(l)$ 是 l 的递减函数，一种自然的推测就是 $f(l)$ 可以表示成

$$f(l) = \frac{1}{l^{\mu}} \tag{2.51}$$

其中：μ 为一个大于 0 的实数。于是，问题又转化为如何确定正实数 μ。其实，根据后面的推理即可发现，没有必要假定 $f(l)$ 具有式（2.51）的形式，只要假定 $f(l)$ 是 l 的函数即可，具体的函数形式根据后面的分析即可确定。

考察一个粒子绕定点做圆周运动的情形。假定粒子的运行速率是常量，那么使该粒子做匀速圆周运动的原因是有一个向心力[向心力的明确概念最先由牛顿提出（Newton，1687）]。向心力的大小可以表示成

$$f_n = m\frac{v^2}{R} \tag{2.52}$$

其中：v 为粒子沿圆形轨道运行的速率；R 为圆形轨道的半径。假定粒子运行一周所需的时间为 T，并将它称为周期，那么有

$$v = \frac{2\pi R}{T} \tag{2.53}$$

将式（2.53）代入式（2.52）得

$$f_n = 4m\pi^2 \frac{R}{T^2} \tag{2.54}$$

这就是说，向心力与轨道半径成正比，与粒子的运行周期的平方成反比。

地球绕太阳的运行轨道可近似地认为是圆形轨道。地球之所以绕太阳运动，是因为太阳对地球有引力作用，这一引力作用可看成提供地球做（近似）圆周运动的向心力。根据开普勒第三定律：地球绕太阳运行的周期的平方与轨道半径的立方成正比。于是，根据式（2.54），向心力与轨道半径的平方成反比。由于向心力正好是太阳给予地球的引力，因而可以说，太阳对地球的引力与它们之间的距离的平方成反比。将这一结论推广，那就是任何两个物体之间的引力与它们之间的距离的平方成反比。于是，式（2.51）可改写成

$$f(l) = \frac{1}{l^2} \tag{2.55}$$

将式（2.55）代入式（2.50）即得

$$F = G\frac{m_A m_B}{l^2} \tag{2.56}$$

这就是任意两个物体之间的万有引力。至于引力的方向，总是由一个物体（被吸引物）指向另外一个物体（引力源）。

注释 2.9 前面的推导指出了一种思路，那就是通过推测建立初步模型，再根据已有的定律及观测事实完善模型，最终形成定律（即万有引力定律）。但更为严格的构建需要从椭圆轨道出发，这时的向心力指向椭圆的（一个）焦点，并且可以证明，该向心力（实际上是引力，但事先并不知道引力的表述形式）与质体至上述焦点的距离的平方成反比（Newton，1687）。这样就更有理由确信万有引力定律形如式（2.56）；若考虑了方向，则万有引力定律由式（2.32）或式（2.33）给出。

注释 2.10 伽利略在 1632 年实际上已经提出离心力和向心力的初步想法。随后，布利奥（Bullialdus，1605—1694 年）在 1645 年提出了引力平方比关系的思想。胡克（Hooke，1635—1703 年）在 1670 年也曾经给牛顿写信，认为天体之间的引力应该满足平方反比规律，可惜他自己无法证明。牛顿在 1665～1666 年的手稿中，用自己的方式证明了离心力定律，但向心力这个词首先出现在他的《论运动》的第一个手稿中。目前较公认的看法是，离心力定律是惠更斯（Huyghens，1629—1695 年）在 1673 年发表的《摆钟论》一书中提出来的。根据 1684 年的《论回转物体的运动》手稿，牛顿在这个手稿中第一次明确地提出了向心力的概念及其定义。牛顿力学体系（包括牛顿三大定律和万有引力定律）是在 1687 年正式出版的。从历史发展进程可以看出，科学上的每一项成果，都是在前人研究成果的基础上不断发展而来的。

不过，如果在太阳系中，行星绕太阳的运行轨道并非严格的椭圆或圆（不考虑摄动因素），那么牛顿的万有引力定律就需要修正。这时，假定式（2.51）成立，或将它写成

$$f(l) = \frac{1}{l^{2+\delta}} \tag{2.57}$$

其中：δ 为一较小的实数（或正或负），因为行星绕太阳的运行轨道是椭圆（圆是椭圆的

特例）这一结论已相当精确，其差异是很小的，因而可预见$|\delta|$很小。

实际上，水星剩余进动（其他行星也有剩余进动）的发现表明，万有引力定律并非严格正确（或者说并不精确）。剩余进动是指在扣除了由所有摄动因素引起的进动效应之后剩余下来的已无法用牛顿万有引力定律来解释的进动效应。爱因斯坦的广义相对论能够解释水星剩余进动[这也是广义相对论的三大预言之一，参见 Einstein（1916；1915）、Weinberg（1972）]。然而，是否有可能通过确定式（2.57）中的δ得到一个改进的牛顿万有引力定律，从而解释太阳系中所有行星（主要是八大行星）的剩余进动呢？

更深入的研究表明（Weinberg，1972），式（2.57）或式（2.51）是不可取的，因为它们不能同时解释水星、金星和地球的剩余进动。

2.5.5 位函数

在给定的任意一个空间中（该空间未必无限大），如果一个函数（它有可能是矢量函数或张量函数）在上述空间中的每一点都按某种确定的法则有定义，则说上述函数构成一个场[见第 5 章或 Schutz（1980）、申文斌等（2016）文献]，并将上述函数称为场函数。如果上述场函数可以表示成一个标量函数的梯度，就将这种标量函数称为位函数。标量函数（包括标量）在坐标系变换之下保持不变（注意并非参考系变换之下保持不变，见第 1 章）。

考察一个静止的质量为M的粒子产生的引力场$\boldsymbol{g}$，它是按式（2.35）在粒子的外部空间很好地定义的。若令

$$V = G\frac{M}{r} \tag{2.58}$$

则有

$$\boldsymbol{g} = \nabla V \tag{2.59}$$

其中：∇为梯度算符（也称 Nabla 算符）。因而，由式（2.58）给出的是位函数，称为引力位。这里采用地球物理中常用的定义，引力位取正值，与物理学中的定义有区别（物理学中引力位取负值）。引力位具有相当好的性质，比如它在所论粒子的外部空间是调和的正则函数（试证明：**习题 2.8**）。所谓调和，是指它满足拉普拉斯（Laplace）方程：

$$\Delta V = 0 \tag{2.60}$$

其中：Δ为拉普拉斯算符（$\Delta \equiv \frac{\partial^2}{\partial x^2} + \frac{\partial^2}{\partial y^2} + \frac{\partial^2}{\partial z^2} \equiv \partial_i \partial^i$，这里$\partial_i \equiv \frac{\partial}{\partial x^i} \equiv \partial^i \equiv \frac{\partial}{\partial x_i}$）；所谓正则，是指它随着离开粒子的距离越远而（绝对值）越小并最终趋于 0：

$$\lim_{r\to\infty} V(\boldsymbol{r}) = 0 \tag{2.61}$$

如果是一个物质体产生的引力位，则可表示成如下的积分形式：

$$V = G\int_{\Omega} \frac{\rho}{l} \mathrm{d}\tau \tag{2.62}$$

其中：$l = |\boldsymbol{r} - \boldsymbol{r}'|$为积分元至场点的距离；$\Omega$为物质体所占据的空间域；$\rho$为物质体的（质量）密度。

根据式（2.62）不难证明，质体产生的引力位在质体外部同样满足拉普拉斯方程（只要上述积分存在），也就是说引力位在没有物质的空间是调和的。至于正则性也是明显的。如果假定密度是连续函数，则可导出泊松（Poisson）方程（试推导：**习题 2.9**）：

$$\Delta V(P) = -4\pi G\rho(P), \quad P \notin \partial\Omega \tag{2.63}$$

$$\Delta V(P) = -2\pi G\rho(P), \quad P \in \partial\Omega \tag{2.64}$$

式中：$\partial\Omega$ 为质体的边界。[**提示**：先求均质圆球的内部引力位，然后在物质体中挖一个以场点为中心的非常小的以致可以认为是均质小球（这也是为什么要求密度函数连续的理由）即可完成证明；但在边界上只能挖出半个均质小球，因而在边界上方程右边的系数有所不同。例如，证明均质圆球的内部引力位可以表示成 $V = 2G\pi\rho R^2 - 2G\pi\rho r^2/3$]。

通常将形如式（2.63）或式（2.64）的方程称为泊松方程。显然，在没有物质的空间，密度为零，因而泊松方程退化为拉普拉斯方程。从这种意义上来说，拉普拉斯方程是泊松方程的特例。这里需注意的是，在物质体的边界上，泊松方程右边的常系数是 -2π 而不是 -4π 。不过，在一般情况下，只需写出式（2.63）。

现在提出一个反问题：如果给定了式（2.63），是否能解出 $V(P)$ 呢？回答是肯定的，因为式（2.62）便是其中的一个解。如果加上正则性条件，则式（2.62）是唯一的解。不过，如果不知道密度分布，就无法得到泊松方程的解了。然而，若只限于求解质体外部的引力位，即使不知道密度分布，也有办法求出外部空间的引力位场（因为引力位在外部空间满足拉普拉斯方程），只要给定边界上的引力位（或引力）即可，而边界上的引力位是可以通过测量手段得到的（如利用重力频移测位法）。解决这样一个问题，实际上就是所谓的边值问题。给定不同种类的边值条件，即得不同种类的边值问题。至于如何求解不同种类的边值问题，可以参阅任何一本标准的数学物理方法教程或数学物理方程教程，如谷超豪（1979）。

注释 2.11　地球作为一个质体，它产生的引力位可以用式（2.62）来表示，其中 Ω 表示地球域。不过，由于并不知道地球内部确切的质量密度分布，无法根据式（2.62）求出引力位。最令人感兴趣的实际上是如何求出（确定）地球外部的引力场（或重力场）。这可以通过求解边值问题来实现。然而，由于地球的边界并非规则面（实际上是方程复杂的曲面），要想获得精确解并非易事。重力学的一个重要任务就是如何精确确定地球外部的重力场（或者说引力场，因为二者只是相差一个已知的离心力场）。一种能精确确定地球外部引力场的方法称为引力位虚拟压缩恢复法（申文斌，2004）。地球的边界极为不规则，这是关键的问题；否则，若地球是圆球或标准椭球之类则可用其他方法（甚至多种方法）求出精确解。

2.5.6　保守力场

假定有一力函数 $F(x^i)$ 在整个空间 U 中构成一个场（如静止的中心天体产生的引力函数就构成引力场）。对于空间中的任意两点 P 和 Q，如果一个质量为 m 的粒子在从 P 移动到 Q 的过程中，上述力函数对该粒子所做的功与粒子所行进的路径无关，则称该力函数所构成的场为保守力场。与时间无关的引力场是保守力场；与时间无关的离心力场也是保守力场。实际上，任何与时间无关的有心力场都是保守力场。任何力场，若与时间有关，则不可能构成保守力场（一般情况）。

对于保守力场，由于它对粒子所做的功与路径无关，可以定义位函数。假想一个单位质量的粒子，在从 P 移动到 Q 的过程中，保守力场 $F(x^i)$ 对该粒子所做的功 $W(P,Q)$ 可表示为

$$W(P,Q)=\int_P^Q \boldsymbol{F}\cdot\boldsymbol{t}\mathrm{d}l \tag{2.65}$$

式中：$\boldsymbol{t}$ 为沿路径方向的单位矢量；$\mathrm{d}l$ 为路径上的微元。根据保守力场的定义，$W(P,Q)$ 与路径无关，当把 Q 点固定下来，令 $Q=(0,0,0)$，则 $W(P,Q)$ 仅仅是点 $P=(x^1,x^2,x^3)$的函数，记为 $W(P)$。由于 $W(P)$ 具有能量单位，可称之为位能函数，简称位函数。位函数是标量函数，在空间 U 中也构成场（因为在空间中的每一点都根据确定的法则给出了一个确定的实数），称为位场。

对于一个在位场中自由运动的粒子，可以建立如下的能量守恒定理（试证明：**习题 2.10**）：

$$T(P)+E(P)=C \tag{2.66}$$

其中：$T(P)$和 $E(P)$分别为粒子在 P 点所具有的动能和位能，显然 $E(P)=mW(P)$，其中 m 是粒子的质量；C 为常数。

2.6 刚体动力学

2.6.1 刚体状态的确定

一个质体称为刚体，是指其中的任意两点都不发生相对位移。要确定一个刚体在空间中的瞬时状态（位置），需要刚体上的 3 个不共线的点（即 9 个坐标）才能确定。然而，上述 3 个点之间存在 3 个相互独立的约束方程（即点与点之间的距离方程是不变量），从而使 9 个坐标减少为 6 个独立的坐标。一般说来，3 个坐标用来确定刚体所在的空间位置，另外 3 个坐标用来确定刚体的方位。如果在刚体中选定一点并将其作为参考系原点，那么只需要 3 个独立的坐标（如 3 个独立的欧拉角）即可描述刚体的状态（见第 1 章）。

在一个惯性系中（相应的惯性参考系记为 K，以 O 表示该惯性系的原点），一个刚体无论如何运动，总可以将它分解为两种运动的叠加：刚体的平动和刚体的旋转（见第 1 章）。为了看清这一点，在刚体中任意选定一点 O'，并以该点为原点建立两个坐标系 K_1 和 K_2，其中 K_1 的 3 个坐标轴与惯性系 K 的 3 个坐标轴始终保持平行，而 K_2 则与刚体固结在一起。于是，参考系 K_2 相对于参考系 K_1 的旋转实际上就是刚体相对于惯性系 K 的旋转，而参考系 K_1 相对于惯性系 K 的平动实际上就是刚体在惯性系（也可以说在惯性系 K）中的平动。于是，描述刚体的运动可以转化为描述两个参考系 K_1 和 K_2 的运动

（前者是平动，后者是旋转）。

2.6.2　刚体的平动

刚体的平动有两种情况，一种是沿直线平动，另一种是沿曲线平动。

刚体沿直线平动时，作用在刚体上的总的外力必定等价于作用于该刚体质量中心（简称质心）的一个沿上述直线方向的合力（试证明：**习题 2.11**）。合力是指将所有外力平移到一个起点之后取它们的代数和（即平移后的力矢量之和）。一个刚体的质心可按下述公式确定（试证明：**习题 2.12**）：

$$x_C^i = \frac{1}{M}\int_\tau x^i \rho \mathrm{d}\tau, \quad i = 1,2,3 \tag{2.67}$$

其中：M 为刚体的质量；τ 为刚体所占据的空间区域；ρ 为刚体的质量密度。因此，描述刚体沿直线的运动实际上就等价于描述其质心的运动。而描述质心的运动规律就如同描述一个质量为 M 的粒子的运动规律。也就是说，可以直接根据牛顿第二定律写出质心的运动规律：

$$\boldsymbol{F} = M\frac{\mathrm{d}^2\boldsymbol{r}_C}{\mathrm{d}t^2} \tag{2.68}$$

其中：$\boldsymbol{r}_C$ 为质心的向径。

接下来考虑刚体沿一般曲线的运动，但与刚体固结在一起的参考系 K_2 与惯性系 K 之间没有旋转运动。此时称刚体做一般性的平动。由于刚体不存在旋转运动，也就不存在使刚体发生旋转的力矩，刚体所受的合力必通过其质心。于是描述刚体的运动规律同样可以用描述其质心的运动规律来代替，而刚体质心的运动规律仍然由式（2.68）来描述。当然，也可以采用内禀运动方程来描述。这时，将力分解为两个：一个沿质心的运动轨迹的切线方向，记为 $\boldsymbol{F}_t$；另一个沿上述轨迹的主法线方向，记为 $\boldsymbol{F}_n$。于是根据粒子运动的内禀运动方程[式（1.17）]，借助牛顿第二定律可以写出

$$\begin{cases} \boldsymbol{F}_t = M\boldsymbol{a}_t = M\dot{v}_s\boldsymbol{t} \\ \boldsymbol{F}_n = M\boldsymbol{a}_n = M\dfrac{v_s^2}{\rho}\boldsymbol{n} \end{cases} \tag{2.69}$$

其中：$\boldsymbol{t}$ 和 $\boldsymbol{n}$ 分别为沿切线和主法线方向的单位矢量；$\boldsymbol{a}_t$ 和 $\boldsymbol{a}_n$ 分别为切线和主法线方向的加速度。注意，式（2.69）描述的是刚体质心的运动规律。由于刚体没有旋转，知道了刚体质心的运动规律也就等于知道了刚体本身的运动规律。

考虑一种特殊情形，平动的刚体的运动轨迹（即质心的运动轨迹）是半径为 R 的圆。在此情形下，如果单独考察刚体上的任意一点 A，从表面上看，似乎该点的运动轨迹不再是圆，但实际上，A 点的运动轨迹也是半径为 R 的圆，但圆心不同（试证明：**习题 2.13**）。每个质点都有自己的圆心，所有圆心构成的空间形状正好是刚体的形状。这是刚体做圆周平动时的极为重要的特征。

判定一个运动的刚体是否做平动，关键是考察与该刚体固结的参考系与惯性参考系

之间有没有旋转运动；若没有旋转运动，则为平动，否则就不是平动。平动的刚体上的任意一点都具有与刚体质心相同的速度和加速度（试证明：**习题 2.14**）。

2.6.3 刚体的转动

本小节研究刚体的纯转动，即假定与刚体固结在一起的参考系 K' 的原点 o' 与惯性系 K 的原点 o 始终重合，当然，参考系 K' 相对惯性系 K 有旋转。

首先考虑较简单的情形，刚体绕定轴转动。为了明确起见，将该定轴选为 oz 轴。假定刚体绕定轴的旋转角速度为 $\boldsymbol{\omega}$，那么刚体上任意一点的速度可表示成

$$\boldsymbol{v}=\boldsymbol{\omega}\times\boldsymbol{r} \tag{2.70}$$

其中：$\boldsymbol{r}$ 为上述（任意）质点在惯性系 K 中的向径，当然它也是同一瞬间上述质点在旋转参考系 K' 中的向径 $\boldsymbol{r}'$。可以根据内禀运动方程直接写出上述质点的加速度（切向和法向），也可以根据式（2.70）直接求导而推出（试推导：**习题 2.15**）。

根据牛顿第二定律导出了粒子 A（质点）的角动量定理[式（2.21）]

$$\boldsymbol{L}_A=\frac{\mathrm{d}\boldsymbol{M}_A}{\mathrm{d}t} \tag{2.71}$$

其中：$\boldsymbol{L}_A$ 为作用在粒子 A 上的力矩；$\boldsymbol{M}_A=\boldsymbol{r}_A\times\boldsymbol{p}_A$ 为作用在粒子 A 上的动量矩。对式(2.71)在整个刚体上进行积分，得

$$\boldsymbol{L}=\frac{\mathrm{d}\boldsymbol{J}}{\mathrm{d}t} \tag{2.72}$$

其中

$$\boldsymbol{L}=\int_\tau \boldsymbol{L}_A\mathrm{d}\tau=\int_\tau \boldsymbol{r}_A\times\boldsymbol{F}_A\mathrm{d}\tau \tag{2.73}$$

是作用在刚体上的总的力矩（其中 $\boldsymbol{F}_A$ 是作用在粒子 A 上的力），而

$$\boldsymbol{J}=\int_\tau \boldsymbol{M}_A\mathrm{d}\tau=\int_\tau \boldsymbol{r}_A\times\boldsymbol{p}_A\mathrm{d}\tau \tag{2.74}$$

是作用在刚体上的总的角动量。由式（2.72）可以看出，如果力矩为 0，则角动量为常数。由于刚体绕定轴转动，角动量沿 ox 和 oy 方向的分量为 0，沿上述两个方向的力矩的分量也必为 0。

现在考虑刚体的一般旋转运动。假定刚体的旋转角速度为 $\boldsymbol{\Omega}$。这时，刚体上任意一点的速度可表示成（见第 1 章）

$$\boldsymbol{v}=\boldsymbol{\Omega}\times\boldsymbol{r} \tag{2.75}$$

加速度则可表示成

$$\begin{aligned}\boldsymbol{a}&=\dot{\boldsymbol{\Omega}}\times\boldsymbol{r}+\boldsymbol{\Omega}\times\boldsymbol{v}\\&=\dot{\boldsymbol{\Omega}}\times\boldsymbol{r}+\boldsymbol{\Omega}\times(\boldsymbol{\Omega}\times\boldsymbol{r})\end{aligned} \tag{2.76}$$

作用在刚体上的力矩与角动量仍然满足式(2.72)，因而将此方程称为刚体的角动量定理。

在角动量的定义式（2.74）中，粒子（质点）A 的线动量 $\boldsymbol{p}_A$ 可表示成

$$\boldsymbol{p}_A=m_A\boldsymbol{v}=m_A\boldsymbol{\Omega}\times\boldsymbol{r}_A \tag{2.77}$$

2.6.4 刚体的转动能定理

刚体的转动能等于将刚体上每一点的动能累加之和。刚体上任意一点 A（将它看成密度为 ρ 的很小的一个区域 $\mathrm{d}\tau$ ）的动能可以表示成

$$T_A = \frac{1}{2}(\rho \mathrm{d}\tau) v_A^2$$

对上式在整个刚体上进行积分，即得刚体的转动动能（略去下标 A）

$$T = \frac{1}{2}\int_\tau \rho v^2 \mathrm{d}\tau \tag{2.78}$$

考虑

$$v^2 = \boldsymbol{v}\cdot\boldsymbol{v} = \boldsymbol{v}\cdot(\boldsymbol{\Omega}\times\boldsymbol{r}) = \boldsymbol{\Omega}\cdot(\boldsymbol{r}\times\boldsymbol{v})$$

因而可得（试推导：**习题 2.16**）

$$T = \frac{1}{2}\boldsymbol{\Omega}\cdot\boldsymbol{J} \tag{2.79}$$

此方程即刚体的转动能定理。对于定轴转动，由于角动量与角速度同向，有

$$T = \frac{1}{2}\Omega J$$

但在一般情况下，应采用式（2.79）。

2.6.5 转动惯量

首先考察一个质量为 m 的质点的圆周运动。这时，质点的线速率为

$$v = r\omega \tag{2.80}$$

其中：ω 为角速率。质点的动能（实际上也是转动动能）为

$$T = \frac{1}{2}mr^2\omega^2 \tag{2.81}$$

令

$$I = mr^2 \tag{2.82}$$

并将其称为转动惯量，则有

$$T = \frac{1}{2}I\omega^2 \tag{2.83}$$

考察刚体绕固定坐标轴（如 oz 轴）的旋转。这时，刚体中的每一个质点都以角速率 ω 做圆周运动，因而每一个质点的转动能都可用如式（2.81）的形式来表示，但其中 I 是质点的转动惯量，记为 $\mathrm{d}I$；相应地，质点的转动能记为 $\mathrm{d}T$，即有

$$\mathrm{d}T = \frac{1}{2}\mathrm{d}I\omega^2 \tag{2.84}$$

对上式进行积分，整个刚体的转动能仍然可以用式（2.83）表示，其中的 I 由下列方程给出[注意单点质量粒子的转动惯量由式（2.82）给出]：

$$I=\int_{\tau}(x^2+y^2)\rho\mathrm{d}\tau \tag{2.85}$$

式（2.85）实际上也就给出了刚体绕 oz 轴的转动惯量。显然，也不难写出刚体绕 ox 轴和 oy 轴的转动惯量。为了便于区别，将刚体绕 oN 节线的转动惯量记为 I_{oN}。于是，刚体绕三个坐标轴的转动惯量可分别表示成

$$I_x=\int_{\tau}(y^2+z^2)\rho\mathrm{d}\tau,\quad I_y=\int_{\tau}(z^2+x^2)\rho\mathrm{d}\tau,\quad I_z=\int_{\tau}(x^2+y^2)\rho\mathrm{d}\tau \tag{2.86}$$

若考虑刚体对任意一个定轴 oN 的转动惯量，则有（试证明：**习题 2.17**）

$$I_{oN}=I_x\alpha^2+I_y\beta^2+I_z\gamma^2-2I_{yz}\beta\gamma-2I_{zx}\gamma\alpha-2I_{xy}\alpha\beta \tag{2.87}$$

其中：α,β,γ 为定轴 oN 的方向余弦；I_{yz}、I_{zx}、I_{xy} 分别定义为

$$I_{yz}=\int_{\tau}yz\rho\mathrm{d}\tau,\quad I_{zx}=\int_{\tau}zx\rho\mathrm{d}\tau,\quad I_{xy}=\int_{\tau}xy\rho\mathrm{d}\tau \tag{2.88}$$

分别称为刚体对 yz 面、zx 面及 xy 面的惯量积。

若将 oN 的方向余弦记为 $\alpha_i\,(i=1,2,3)$，将坐标(x,y,z)记为(x^1,x^2,x^3)，令

$$I_x\equiv I_{xx},\quad I_y\equiv I_{yy},\quad I_z\equiv I_{zz}$$

以及

$$I_{x^ix^i}\equiv I^{ii},\quad I_{x^ix^j}\equiv -I^{ij}\,(i\neq j)$$

则式（2.87）可写成

$$I=I^{ij}\alpha_i\alpha_j \tag{2.89}$$

由此可以看出，I^{ij} 构成二阶对称张量 I 的分量（见第 5 章）。由于这一原因，通常将 I 称为惯量张量。不过，要证明 I 的确是二阶对称张量已超出了目前的讨论范围（申文斌 等，2016）。

现在，可以将角动量用惯量张量的分量表示出来（试证明：**习题 2.18**）：

$$J^i=I^{ij}\Omega_j,\quad i=1,2,3 \tag{2.90}$$

注意，式(2.90)对 j 指标从 1 到 3 求和。[**提示**：$\boldsymbol{J}=\int\boldsymbol{r}\times\boldsymbol{p}\mathrm{d}\tau=\int\rho\boldsymbol{r}\times(\boldsymbol{\Omega}\times\boldsymbol{r}\mathrm{d}\tau)$，其中 $\boldsymbol{p}=\rho\boldsymbol{v}$ 称为动量密度]

2.6.6 欧拉动力学方程

欧拉运动学方程只描述一个质体的旋转规律，没有给出该旋转规律的动力学驱动机制，后者由欧拉动力学方程实现。

为了比较简明地导出欧拉动力学方程，采用绝对导数观点（见第 1 章）。假定一个矢量 $\boldsymbol{q}$ 是在与刚体固结在一起的参考系中的表示，那么在惯性系中考察，该矢量的导数（强元棨 等，2005；强元棨，2003；周衍柏，1986）为

$$\frac{\mathrm{d}\boldsymbol{q}}{\mathrm{d}t}=\dot{q}^{i}\boldsymbol{e}_{i}+\boldsymbol{\Omega}\times\boldsymbol{q} \tag{2.91}$$

其中：$\boldsymbol{e}_i$为旋转参考系中的基矢（在惯性系中考察随时间而变）。要证明式（2.91）并不难，只要注意到旋转参考系中的任意一个基矢$\boldsymbol{e}_i$在惯性系中随时间变化，并且有

$$\dot{\boldsymbol{e}}_{i}=\boldsymbol{\Omega}\times\boldsymbol{e}_{i} \tag{2.92}$$

根据式（2.91）可以写出

$$\frac{\mathrm{d}\boldsymbol{J}}{\mathrm{d}t}=\dot{j}^{i}\boldsymbol{e}_{i}+\boldsymbol{\Omega}\times\boldsymbol{J} \tag{2.93}$$

根据角动量定理，有

$$\dot{j}^{i}\boldsymbol{e}_{i}+\boldsymbol{\Omega}\times\boldsymbol{J}=\boldsymbol{L} \tag{2.94}$$

将式（2.94）写成分量形式为

$$\dot{j}^{i}+\varepsilon_{jk}^{i}\Omega^{j}J^{k}=L^{i} \tag{2.95}$$

式中：$\Omega_{i}\equiv\Omega^{i},J_{i}\equiv J^{i},\varepsilon_{jk}^{i}\equiv\varepsilon^{ijk}$是莱维-齐维塔符号，当$ijk$是123的偶置换时取+1，奇置换时取-1，其他情形为0。

将式（2.90）代入式（2.95）即得欧拉动力学方程：

$$I^{ij}\dot{\Omega}_{j}+\varepsilon_{jk}^{i}\Omega^{j}I^{kl}\Omega_{l}=L^{i} \tag{2.96}$$

2.7 地球旋转运动的考察

地球在绕太阳公转的同时，其自身还在旋转。地球绕太阳公转的规律属于二体问题，可用牛顿万有引力定律和牛顿第二定律描述。地球自身的旋转规律非常复杂，这是因为地球质量分布不均，而且质量分布随时间变化，导致极为复杂的地球旋转现象。从简入繁，本节致力于讨论如何描述地球旋转规律。

在人类观测所及的宇宙中，一切物体都在运动，银河系围绕其中心旋转，太阳系作为银河系中的一个星系围绕银河系中心旋转，而地球不仅围绕太阳公转，自身也在自转（相对于恒星参考系）。

地球绕太阳的公转运动，满足开普勒三大定律，可由万有引力定律和牛顿第二定律描述。如果将地球视为刚体，则其旋转规律可由欧拉运动学方程和欧拉动力学方程描述。但实际地球非常复杂，具有三层结构（粗略划分）：固态内核、液态外核和地幔（连同地壳）。每一层也不具有旋转对称性。因此，需要考察三轴三层地球旋转运动。

本节将讨论地球的旋转运动。更为详尽的研究可参阅 Lambeck（1980）、周衍柏（1986）、强元棨（2003），以及其他相关文献（Li et al.，2022；Zhang et al.，2021；Guo et al.，2020；Chen et al.，2010；Moritz et al.，1987）。

2.7.1 刚性地球的旋转运动

一个绕定点（原点）做旋转运动的刚体可以完全由欧拉运动学方程[式（1.57）]和欧拉动力学方程[式（2.96）]来描述。若令 $I^{11}=A,\ I^{22}=B,\ I^{33}=C$，则式（2.96）可以表示成

$$\begin{cases}A\dot{\Omega}_1-(B-C)\Omega_2\Omega_3=L_1\\B\dot{\Omega}_2-(C-A)\Omega_3\Omega_1=L_2\\C\dot{\Omega}_3-(A-B)\Omega_1\Omega_2=L_3\end{cases}\tag{2.97}$$

式中：$L_i\equiv L^i$。

如果假定地球关于第三个轴 oz 旋转对称，则有 $A=B$，式（2.97）变为

$$\begin{cases}A\dot{\Omega}_1-(A-C)\Omega_2\Omega_3=L_1\\A\dot{\Omega}_2-(C-A)\Omega_3\Omega_1=L_2\\C\dot{\Omega}_3=L_3\end{cases}\tag{2.98}$$

首先讨论不存在外力矩的情形，即先不考虑日月行星对地球的作用。这时，式（2.98）具有如下的简明形式（自由欧拉动力学方程）：

$$\begin{cases}A\dot{\Omega}_1-(A-C)\Omega_2\Omega_3=0\\A\dot{\Omega}_2-(C-A)\Omega_3\Omega_1=0\\\dot{\Omega}_3=0\end{cases}\tag{2.99}$$

这属于欧拉-潘索（Euler-Poinsot）情形，其解由 Poinsot（1851）给出[参见周衍柏（1986）、强元棨（2003）]。式（2.99）中的第三方程有一个明显解：

$$\omega_3=\Omega=\text{常数}\tag{2.100}$$

若令

$$\sigma=\frac{(C-A)\Omega}{A}\tag{2.101}$$

则不难求出式（2.99）中的前面两个方程的解：

$$\begin{cases}\omega_1=\omega_0\cos(\sigma t+\epsilon)\\\omega_2=\omega_0\sin(\sigma t+\epsilon)\end{cases}\tag{2.102}$$

式中：ω_0 和 ϵ 均为常数。由式（2.100）和式（2.102）可知，地球旋转的总的角速度 ω 的模为常数，但方向有变化：地球旋转角速度（即地球瞬时旋转角速度）绕 oz 轴做圆周运动，其周期为

$$\tau=\frac{2\pi}{\sigma}\tag{2.103}$$

由于 $\sigma=\dfrac{(C-A)\Omega}{A}$ 大约是每天 $\dfrac{2\pi}{305}$，可求出 $\tau=305$ 天，即欧拉自由进动，或称钱德勒（Chandler）自由进动（通称钱德勒自由摆动）。

尽管地球的旋转角速度有变化，但地球的角动量 $\boldsymbol{J}$ 在惯性系中是一个恒定矢量。取

$O\zeta$ 的方向与 $\boldsymbol{J}$ 方向一致，则可列出如下方程：

$$\begin{cases} J\sin\theta\sin\psi = A\omega_1 \\ J\sin\theta\cos\psi = A\omega_2 \\ J\cos\theta = C\Omega \end{cases} \tag{2.104}$$

由上述方程中的第三式知 θ 是不变量，也就是说，章动角速度为 0，不存在章动。令 $\theta=\theta_0$，将式（2.102）代入式（2.104）即得

$$\begin{cases} J\sin\theta_0 = A\omega_0 \\ \psi = \dfrac{\pi}{2} - (\sigma t + \epsilon) \\ J\cos\theta_0 = C\Omega \end{cases} \tag{2.105}$$

由式（2.105）并联合欧拉运动学方程[式（1.57）]即可求得

$$\begin{cases} \cos\theta_0 = \dfrac{C\Omega}{J} \\ \psi = \dfrac{\pi}{2} - (\sigma t + \epsilon) \\ \phi = \phi_0 + (\Omega + \sigma)\sec\theta_0 t \end{cases} \tag{2.106}$$

由式（2.106）知，进动角速率和自转角速率分别为 $-\sigma$ 和 $(\Omega+\sigma)\sec\theta_0$。由此可以看出，地球瞬时轴的进动是逆向进行的，进动周期由式（2.101）给出，即大约 305 天。这是理论估算值，因为真正说来，对 A 和 C 的了解并不完全，这当然是由于对地球物质密度的了解还远远不够。另外，即使知道 A 和 C 的精确值，其结论也不能代表真实情况，因为地球并非刚体。由于 θ_0 很小，σ 又远远小于 Ω，自转周期大约为 $2\pi/\Omega$。

若考虑日月引力，刚性地球将受到外力矩的作用，黄赤交角约为 23.5°，白赤交角约为 5°，赤道隆起部分受到不对称的力的作用。这时，需要求解式（2.98），这属于拉格朗日-泊松（Lagrange-Poisson）情形。首先必须计算出外力矩，然后再解欧拉动力学方程式（2.96）和欧拉运动学方程式（1.57），整个求解过程比较繁杂，可参阅 Moritz 等（1987）。

本来，若没有外力矩的作用，刚性旋转地球的瞬时轴没有章动，只有自由进动，而瞬时轴的平均位置是恒定的；但外力矩的作用导致了瞬时轴的章动，其周期大约为 19 年；同时，瞬时轴除了绕 oz 轴的进动即钱德勒摆动（它的周期已不同于钱德勒自由进动的周期），还有一个附加的由外力矩作用而引起的更大范围的进动效应，这实际上也即平均自转轴绕黄极轴的进动效应，其周期大约为 25 800 年，这也是春分点或秋分点运动的周期。于是，春分点每年的移动量为 2π =25 800 rad（相当于 50.2″），此即岁差。

2.7.2 实际地球的整体旋转运动

由于地球并非刚体，前一小节关于刚体地球旋转的描述只能作为一种近似描述。真实地球的旋转与刚体地球的旋转存在 2 个差异（Lambeck，1980）：①惯量张量 I^{ij} 与时间

有关；②不存在相对于地球完全固定的坐标系。这时，总的角动量可表示为

$$J^{ij} = I^{ij}(t)\omega_j + \lambda^i \tag{2.107}$$

其中

$$\lambda^i = \int_\Omega \rho(t)\varepsilon^{ijk} x_j u_k \mathrm{d}\tau \tag{2.108}$$

是非刚性地球物质相对于地固坐标系变化的小量，$\rho(t)$ 是物质的密度，u_i 是质量元 $\rho(t)\mathrm{d}\tau$ 在坐标系 x^i 中的速度，Ω 是物质所占据的空间域。对于任意一个逆变矢量 $\boldsymbol{A}$，可用地固坐标系的基底 $\boldsymbol{e}_i$ 表示出来（注意 $\boldsymbol{e}_i$ 是基矢）：

$$\boldsymbol{A} = A^i \boldsymbol{e}_i \tag{2.109}$$

在准惯性系 $o\text{-}\xi\eta\zeta$ 中，$\boldsymbol{e}_i$ 随时间变化。在式（2.109）两边对时间求导数（见第 1 章），即得

$$\frac{\mathrm{d}\boldsymbol{A}}{\mathrm{d}t} = \frac{\mathrm{d}A^i}{\mathrm{d}t}\boldsymbol{e}_i + \varepsilon^i_{jk}\omega^j A^k \boldsymbol{e}_i \tag{2.110}$$

其中：$\varepsilon^i_{jk} \equiv \varepsilon_{ijk}$。将式（2.110）中的 $\boldsymbol{A}$ 替换为角动量 $\boldsymbol{J}$，同时应用角动量定理，顾及 $\boldsymbol{J}$ 的分量表示形式（2.107），则有

$$\frac{\mathrm{d}[I^{ij}(t)\omega_j + \lambda^i]}{\mathrm{d}t} + \varepsilon^i_{jk}[I^{jl}(t)\omega_l + \lambda^j]\omega^k = L^i \tag{2.111}$$

此即著名的刘维尔（Liouville）方程（Liouville，1858），它是欧拉方程式（2.96）的推广，适用于研究非刚性地球的旋转运动。不过，要想得到式（2.111）的解析解几乎不可能，只能采用近似方法或数值计算方法处理。通常的处理方法是将惯量张量 $\boldsymbol{I}^{ij}(t)$ 分解为不随时间变化的主项 I_0^{ij} 与随时间变化的扰动项 μ^{ij}（Lambeck，1980）：

$$I^{ij}(t) = I_0^{ij} + \mu^{ij}, \quad i \neq j \tag{2.112}$$

式中：$I^{11} = I^{22} = A,\ I^{33} = C,\ I^{ij} = 0(i \neq j)$。另外，若设 Ω 为地球旋转的平均角速率（平均周期约为 1 天），用 $\delta_{3i} + l_i$ 表示瞬时旋转角速度 ω 相对于 x^3 轴的方向余弦，则有

$$\omega_i = \Omega(\delta_{3i} + l_i) \tag{2.113}$$

式中：$\omega^i \equiv \omega_i$，ω_1 和 ω_2 为地极的移动分量，$\omega_3 = \Omega l_3$ 表示周日自转加速度（Lambeck，1980）。对于许多研究，如研究进动或章动周期，只需要保留到一阶小量，因为观测精度只能达到相应的水平（大约 1 天）。但对于更精细的研究，如研究摆动的椭率，则需要考虑更高阶的小量。将式（2.112）和式（2.113）代入式（2.111），保留到一阶小量，则刘维尔方程转化为（Lambeck，1980）

$$\begin{cases} i_1 / \sigma + l_2 = \psi_2 \\ i_2 / \sigma - l_1 = -\psi_1 \\ l_3 = \psi_3 \end{cases} \tag{2.114}$$

其中

$$\begin{cases} \psi_1 = \dfrac{\Omega^2\mu^{13} + \Omega\dot{\mu}^{23} + \Omega\lambda_1 + \dot{\lambda}_2 - L_2}{\Omega^2(C-A)} \\ \psi_2 = \dfrac{\Omega^2\mu^{23} - \Omega\dot{\mu}^{13} + \Omega\lambda_2 - \dot{\lambda}_1 + L_1}{\Omega^2(C-A)} \\ \psi_3 = \dfrac{1}{\Omega^2(C-A)}(-\Omega^2\mu^{23} - \Omega\lambda_3 + \Omega\int_0^t L_3 \mathrm{d}t) \end{cases} \tag{2.115}$$

而σ由式（2.101）给出。

引进复数运算往往是方便的。为此，令

$$\begin{aligned} &l = l_1 + \mathrm{j}l_2,\ \ \psi = \psi_1 + \mathrm{j}\psi_2,\ \ \mu = \mu_1 + \mathrm{j}\mu_2 \\ &\psi = \lambda_1 + \mathrm{j}\lambda_2,\ \ L = L_1 + \mathrm{j}L_2 \end{aligned} \tag{2.116}$$

其中：$\mathrm{j} = \sqrt{-1}$，则有

$$\mathrm{j}\frac{i}{\sigma} + l = \psi,\ \ i_3 = \psi_3 \tag{2.117}$$

$$\lambda = \frac{\Omega^2\mu - \mathrm{j}\Omega\dot{\mu} + \Omega\lambda - \mathrm{j}\dot{\lambda} + \mathrm{j}L}{\Omega^2(C-A)} \tag{2.118}$$

当$\psi=0$时，可直接给出式（2.117）中第一个方程的齐次解：

$$l = l_0 \mathrm{e}^{\mathrm{j}\sigma t} \tag{2.119}$$

至于式（2.115）中的第二个方程，可以通过直接积分得到。在一般情况下，式（2.117）中的第一个方程的解是齐次解与非齐次解的叠加（Lambeck，1980）：

$$l = \mathrm{e}^{\mathrm{j}\sigma_0 t}\left[l_0 - \mathrm{j}\sigma_0\int_{t_0}^{t}\Psi(\tau)\mathrm{e}^{\mathrm{j}\sigma\tau}\mathrm{d}\tau\right] \tag{2.120}$$

式中：$\mathrm{j} = \sqrt{-1}$，$\sigma_0 = \sigma(t_0)$。由式（2.115）表述的函数ψ_i称为激发函数，反映了外力矩对地球旋转的影响及弹塑性地球本身的形变（即物质迁移）对地球旋转的影响。物质迁移包括多种效应：核幔电磁耦合作用，地幔对流，板块运动，离心力及潮汐（固体潮和海潮）作用，风、水的运动（如风、雨、雪等），河水涨落及河道变迁等，相当于地球物质的重新分布。由式（2.101）给出的σ则表示钱德勒自由进动的频率。自由进动的周期为$\tau = 2\pi/\sigma$，此即式（2.103）。

式（2.111）的简化形式[式（2.114）和式（2.115）或式（2.117）和式（2.118）]是目前研究地球旋转运动的基础方程，它只保留了扰动项的一阶量，属于近似方程。如若研究更为精细的旋转运动，则须考虑二阶扰动项甚至三阶扰动项。但就基本原理及处理方法而言，并没有本质性的区别。下面着重讨论由式（2.115）表示的激发函数，因为它是引起地球不规则旋转运动的起因。

如果激发函数ψ_i为 0，则回到了自由欧拉动力学方程式（2.99），也即欧拉-潘索情形，很容易给出解析解，表征了旋转对称刚性地球的旋转运动规律。这时，只有自转和进动，没有章动。自转周期大约为 1 天，进动周期大约为 305 天，此即钱德勒自由摆动。如果地球没有物质迁移，则表示刚性地球；这时，惯量张量I^{ij}与时间无关。在旋转对称的假定之下，通过适当选取地固坐标轴，可使激发函数ψ_i正好与由日月引力引起的外力

矩 L_i 恒等（$L_i \equiv L^i$）。于是，式（2.114）和式（2.115）就回到了刚性旋转对称地球的欧拉动力学方程式（2.98），这属于拉格朗日-泊松情形。在此情形下，地球瞬时旋转轴同时具有自转、进动和章动，其中，进动包括钱德勒摆动和长期进动（岁差）。这里需要注意，在此情形下的钱德勒摆动虽然从概念上与钱德勒自由摆动相同，但二者的周期并非一致，这当然是由外力矩的作用所致。另外，外力矩是随时间变化的，因此赤道隆起部分相对于太阳和月球的位置及方位随时间而变。

2.7.3 三轴分层地球旋转运动*

实际地球具有分层结构，即固态内核、液态外核、黏弹性地幔和近似刚性的地壳，每一层都有不同的旋转角速度。由于地壳与地幔之间耦合紧密，通常考虑三层地球自转：内核、外核和地幔。由于每一层都不是旋转对称的，考虑三轴三层地球自转。此外，每一层的旋转都不是独立的，它们之间相互耦合，包括电磁耦合、引力耦合、摩擦耦合、形状耦合等，因此考虑最一般的顾及各种耦合的三轴三层地球自转。

无论是来自地震学的横向不均匀性的观测（Deuss，2014；Soldati et al.，2003；Dziewonski et al.，1993），还是来自地球主惯性矩的观测（Sun et al.，2016；Chen et al.，2015，2010；Groten，2004；Burša，1992），都表明不但整体地球具有三轴性，并且它的每一分层（如地幔、外核、内核）都具有三轴性。目前国际上已建立三轴弹性地球自转理论、三轴两层地球自转理论（Chen et al.，2010；Mathews et al.，2002，1991a；Dumberry，2009）及三轴三层地球自转理论（Guo et al.，2020）。

下面阐述三轴三层地球自转理论（Guo et al.，2020），因为三轴弹性地球自转理论、三轴两层地球自转理论均为其特例。

定义一个标准地球，它由弹性地幔、流体外核和弹性内核组成，该标准地球以平均自转速度 $\boldsymbol{\Omega}_0$ 绕平均自转轴 $\boldsymbol{I}_3$ 转动，平均自转轴 $\boldsymbol{I}_3$ 一般是地心天球参考系（geocentric celestial reference system，GCRS）的 z 轴。正如在 Mathews 等（1991a）中讨论的那样，真实地球相对标准地球的位移场可被分为刚体自转和变形场两部分。将刚体自转条件应用于标准地球的固体内核上以定义内核瞬时形状轴 $\boldsymbol{i}_3'$，将刚体自转条件应用于标准地球的地幔和流体外核以定义幔固 $\boldsymbol{i}$ 坐标系 $(\boldsymbol{i}_1,\boldsymbol{i}_2,\boldsymbol{i}_3)$，并称此时的地球模型为平衡地球。这两个坐标系用于分离刚性自转引起的主惯性矩及变形引起的惯性矩和惯性积，刚性自转引起的主惯性矩构成两个独立的准主轴坐标系，而由潮汐和非均匀自转引起的变形导致的惯性矩和惯性积是对平衡状态的偏离。这样内核的倾斜为 $\boldsymbol{n}_s = \boldsymbol{i}_3' - \boldsymbol{i}_3 = (n_1^s, n_2^s, n_3^s)$。由于地幔中还存在因地幔热对流等引起的相对角动量，因其量级为 $O(m\varepsilon^2)$，在后续推导中可略去，幔固 i 坐标系接近于但并不等于笛士兰坐标系（Mathews et al.，1991a，b）。在一个惯性系中，地幔、流体外核和弹性内核的角速度可以分别表示为（Mathews et al.，1991a）

---

* 初读此书，本节内容可跳过，等将来需要时再阅读。

$$
\begin{cases}
\boldsymbol{\Omega} = \boldsymbol{\Omega}_0 + \boldsymbol{\omega} = \Omega_0(\boldsymbol{i}_3 + \boldsymbol{m}) \\
\boldsymbol{\Omega}_{\mathrm{f}} = \boldsymbol{\Omega} + \boldsymbol{\omega}_{\mathrm{f}} = \Omega_0(\boldsymbol{i}_3 + \boldsymbol{m} + \boldsymbol{m}_{\mathrm{f}}) \\
\boldsymbol{\Omega}_{\mathrm{s}} = \boldsymbol{\Omega} + \boldsymbol{\omega}_{\mathrm{s}} = \Omega_0(\boldsymbol{i}_3 + \boldsymbol{m} + \boldsymbol{m}_{\mathrm{s}})
\end{cases}
\tag{2.121}
$$

其中：$\Omega_0 = 7.292115 \times 10^{-5}\,\mathrm{rad/s}$ 为平衡地球的平均自转速率；$\boldsymbol{\Omega}$ 为整体地球随时间变化的自转角速度；$\boldsymbol{\Omega}_{\mathrm{f}}$ 为流体外核随时间变化的自转角速度；$\boldsymbol{\Omega}_{\mathrm{s}}$ 为弹性内核随时间变化的自转角速度；$\boldsymbol{i}_3$ 为地幔和外核的瞬时形状轴；$\boldsymbol{m}$ 为地幔的自转相对于平衡地球稳定自转的偏离；$\boldsymbol{m}_{\mathrm{f}}$ 和 $\boldsymbol{m}_{\mathrm{s}}$ 分别为流体外核和弹性内核相对于地幔的较差自转，如图 2.1 所示。

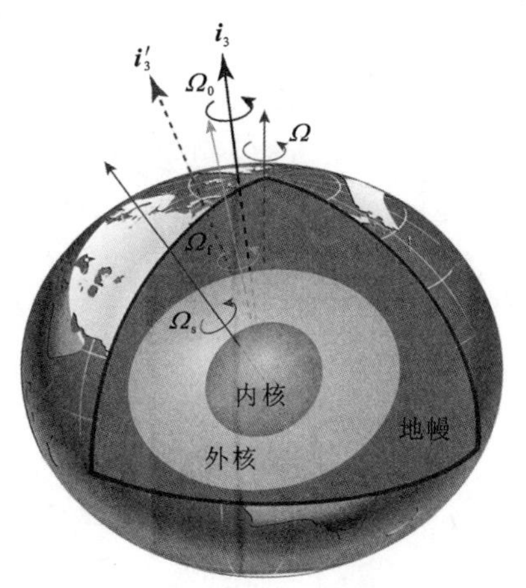

图 2.1　三层地球自转模型

$\boldsymbol{i}'_3$ 为弹性内核的瞬时形状轴，并且 $\boldsymbol{n}_{\mathrm{s}} = \boldsymbol{i}'_3 - \boldsymbol{i}_3$ 是内核形状轴相对地幔形状轴的倾斜（Guo et al.，2020）

在构建三轴三层地球自转理论时，根据 Mathews 等（1991a），只考虑一阶项 $O(m)$、$O(m\varepsilon)$，忽略了高阶项，因为在三轴三层地球自转理论中考虑二阶及以上项是非常复杂的，如考虑二阶动力学扁率和二阶几何扁率的三轴三层地球自转理论，以及二阶自转效应的三轴三层地球自转理论，前者量阶为 $O(m\varepsilon^2)$，后者量阶为 $O(m^2)$。另外，Mathews 等（2005）扩展了 Mathews 等（2002）的电磁耦合模型，使其包含黏滞耦合，形成黏滞电磁耦合模型。本节中三轴三层地球自转理论采用了扩展的 Mathews 等（2002）黏滞电磁耦合模型（Mathews et al.，2005）。

基于以上假定，三轴三层地球的联合自转方程可在幔固 $\boldsymbol{i}$ 坐标系中表示为（Dumberry，2009；Koot et al.，2008；Mathews et al.，2002；Mathews et al.，1991a）

$$
\begin{cases}
\dfrac{\mathrm{d}\boldsymbol{H}}{\mathrm{d}t} + \boldsymbol{\Omega} \times \boldsymbol{H} = 0 \\
\dfrac{\mathrm{d}\boldsymbol{H}_{\mathrm{f}}}{\mathrm{d}t} - \boldsymbol{\omega}_{\mathrm{f}} \times \boldsymbol{H}_{\mathrm{f}} = \boldsymbol{\Gamma}_{\mathrm{CMB}} - \boldsymbol{\Gamma}_{\mathrm{ICB}} \\
\dfrac{\mathrm{d}\boldsymbol{H}_{\mathrm{s}}}{\mathrm{d}t} + \boldsymbol{\Omega} \times \boldsymbol{H}_{\mathrm{s}} = \boldsymbol{\Gamma}_{\mathrm{s}} + \boldsymbol{\Gamma}_{\mathrm{ICB}} \\
\dfrac{\mathrm{d}\boldsymbol{n}_{\mathrm{s}}}{\mathrm{d}t} = \Omega_0 \boldsymbol{m}_{\mathrm{s}} \times \boldsymbol{i}_3
\end{cases}
\tag{2.122}
$$

其中：$\boldsymbol{H}$ 和 $\boldsymbol{\Omega}$ 分别为整体地球的角动量和自转角速度；$\boldsymbol{H}_\mathrm{f}$ 为流体外核的角动量；$\boldsymbol{\omega}_\mathrm{f}$ 为外核相对于地幔的角速度；$\boldsymbol{\Gamma}_\mathrm{CMB}$ 为地幔作用于流体外核的黏滞电磁耦合力矩；$\boldsymbol{\Gamma}_\mathrm{ICB}$ 为流体外核作用于弹性内核的黏滞电磁耦合力矩；$\boldsymbol{H}_\mathrm{s}$ 为黏弹性内核的角动量；$\boldsymbol{\Gamma}_\mathrm{s}$ 为黏流体外核和地幔作用于弹性内核的压力与引力耦合力矩。

弹性内核、流体外核和整体地球的角动量可分别表示为（Mathews et al.，1991a）

$$\begin{cases}\boldsymbol{H}_\mathrm{s}=[\boldsymbol{C}_\mathrm{s}]\boldsymbol{\Omega}_\mathrm{s}\\ \boldsymbol{H}_\mathrm{f}=[\boldsymbol{C}_\mathrm{f}]\boldsymbol{\Omega}_\mathrm{f}\\ \boldsymbol{H}=[\boldsymbol{C}]\boldsymbol{\Omega}+[\boldsymbol{C}_\mathrm{f}](\boldsymbol{\Omega}_\mathrm{f}-\boldsymbol{\Omega})+[\boldsymbol{C}_\mathrm{s}](\boldsymbol{\Omega}_\mathrm{s}-\boldsymbol{\Omega})+\boldsymbol{H}^{(R)}\end{cases} \tag{2.123}$$

这里流体外核和弹性内核采用了笛士兰坐标系，幔固 $\boldsymbol{i}$ 坐标系不是但接近于笛士兰坐标系，$\boldsymbol{H}^{(R)}$ 的量级为 $O(m\varepsilon^2)$，于是在一阶近似下可以忽略相对角动量 $\boldsymbol{H}^{(R)}$。仿照 Mathews 等（1991a），在三轴情形下，弹性内核、流体外核和固体地幔的惯性矩张量可表示为

$$\begin{cases}[\boldsymbol{C}_\mathrm{s}]=A_\mathrm{s}\boldsymbol{i}_1\boldsymbol{i}_1+B_\mathrm{s}\boldsymbol{i}_2\boldsymbol{i}_2+C_\mathrm{s}\boldsymbol{i}_3\boldsymbol{i}_3+\left(C_\mathrm{s}-\dfrac{A_\mathrm{s}+B_\mathrm{s}}{2}\right)(\boldsymbol{i}_3'\boldsymbol{i}_3'-\boldsymbol{i}_3\boldsymbol{i}_3)+\sum\limits_{ij}c_{ij}^\mathrm{s}\boldsymbol{i}_i\boldsymbol{i}_j\\ [\boldsymbol{C}_\mathrm{f}]=A_\mathrm{f}\boldsymbol{i}_1\boldsymbol{i}_1+B_\mathrm{f}\boldsymbol{i}_2\boldsymbol{i}_2+C_\mathrm{f}\boldsymbol{i}_3\boldsymbol{i}_3+\left(C_\mathrm{s}'-\dfrac{A_\mathrm{s}'+B_\mathrm{s}'}{2}\right)(\boldsymbol{i}_3\boldsymbol{i}_3-\boldsymbol{i}_3'\boldsymbol{i}_3')+\sum\limits_{ij}c_{ij}^\mathrm{f}\boldsymbol{i}_i\boldsymbol{i}_j\\ [\boldsymbol{C}]=A\boldsymbol{i}_1\boldsymbol{i}_1+B\boldsymbol{i}_2\boldsymbol{i}_2+C\boldsymbol{i}_3\boldsymbol{i}_3+\left[\left(C_\mathrm{s}-\dfrac{A_\mathrm{s}+B_\mathrm{s}}{2}\right)-\left(C_\mathrm{s}'-\dfrac{A_\mathrm{s}'+B_\mathrm{s}'}{2}\right)\right](\boldsymbol{i}_3'\boldsymbol{i}_3'-\boldsymbol{i}_3\boldsymbol{i}_3)+\sum\limits_{ij}c_{ij}\boldsymbol{i}_i\boldsymbol{i}_j\end{cases} \tag{2.124}$$

其中：A_s、B_s 和 C_s 为弹性内核的主惯性矩；A_f、B_f 和 C_f 为流体外核的主惯性矩；A_s'、B_s' 和 C_s' 为将内核替换为密度为 ρ_f（$1.2166\times10^4\ \mathrm{kg/m^3}$）的均匀内核的主惯性矩；$\rho_\mathrm{s}$ 为外核在内外核边界处的密度；A、B 和 C 为整体地球的主惯性矩；c_{ij}^s、c_{ij}^f 和 c_{ij} 分别为潮汐位和离心力位导致弹性内核、流体外核和整体地球变形产生的惯性积。

根据 Mathews 等（2005，2002），由地幔作用于流体外核上的黏滞电磁耦合力矩 $\boldsymbol{\Gamma}_\mathrm{CMB}$ 可表示为

$$\boldsymbol{\Gamma}_\mathrm{CMB}=K_\mathrm{CMB}\Omega_0^2\begin{pmatrix}B_\mathrm{f}m_2^\mathrm{f}\\ -A_\mathrm{f}m_1^\mathrm{f}\\ 0\end{pmatrix} \tag{2.125}$$

其中：K_CMB 为地幔与流体外核之间的无量纲黏滞电磁耦合参数；A_f 和 B_f 为流体外核的赤道主惯性矩；m_1^f 和 m_2^f 为流体外核相对地幔角速度的无量纲赤道向分量。由流体外核作用于弹性内核的黏滞电磁耦合力矩 $\boldsymbol{\Gamma}_\mathrm{ICB}$ 可表示为三轴的形式：

$$\boldsymbol{\Gamma}_\mathrm{ICB}=K_\mathrm{ICB}\Omega_0^2\begin{pmatrix}B_\mathrm{s}(m_2^\mathrm{s}-m_2^\mathrm{f})\\ -A_\mathrm{s}(m_1^\mathrm{s}-m_1^\mathrm{f})\\ 0\end{pmatrix} \tag{2.126}$$

其中：K_ICB 为流体外核与弹性内核之间的无量纲黏滞电磁耦合参数；A_s 和 B_s 为弹性内核的赤道主惯性矩；m_1^s 和 m_2^s 为弹性内核相对地幔角速度的无量纲赤道向分量。

Dumberry（2009）通过考虑内核的弹性变形扩展了 Mathews 等（2002，1991a）的理论，主要是考虑了引力耦合与离心力效应中内核的弹性变形及内核倾斜引起的变形。将 Dumberry（2009）的压力与引力耦合模型扩展成三轴的，新的压力与引力耦合力矩 $\boldsymbol{\Gamma}_{\mathrm{s}}$ 可以表示为

$$\boldsymbol{\Gamma}_{\mathrm{s}}=\Omega_0^2\begin{pmatrix}(C_{\mathrm{s}}-B_{\mathrm{s}})[\alpha_1(m_2+m_2^{\mathrm{f}})-\alpha_2^2 n_2^{\mathrm{s}}-\alpha_3\alpha_{\mathrm{g}}^2 n_2^{\varepsilon}]\\ -(C_{\mathrm{s}}-A_{\mathrm{s}})[\alpha_1(m_1+m_1^{\mathrm{f}})-\alpha_2^1 n_1^{\mathrm{s}}-\alpha_3\alpha_{\mathrm{g}}^1 n_1^{\varepsilon}]\\ 0\end{pmatrix}+\Omega_0^2\begin{pmatrix}-\alpha_2^2 c_{23}^{\mathrm{s}}\\ \alpha_2^1 c_{13}^{\mathrm{s}}\\ 0\end{pmatrix} \tag{2.127}$$

其中

$$\begin{cases}\alpha_1=1-\alpha_3=\dfrac{C_{\mathrm{s}}'-(A_{\mathrm{s}}'+B_{\mathrm{s}}')/2}{C_{\mathrm{s}}-(A_{\mathrm{s}}+B_{\mathrm{s}})/2}\\ \alpha_{\mathrm{g}}^{(1,2)}=\dfrac{3G}{a_{\mathrm{s}}^5\Omega_0^2}[(C_{\mathrm{s}}-B_{\mathrm{s}}),(C_{\mathrm{s}}-A_{\mathrm{s}})]\left[\left(1+\dfrac{5}{3}\dfrac{\bar{\rho}_{\mathrm{s}}}{\rho_{\mathrm{f}}}\right)\alpha_1-1\right]-1\\ \alpha_2^{(1,2)}=\alpha_1-\alpha_3\alpha_{\mathrm{g}}^{(1,2)}\end{cases} \tag{2.128}$$

其中：$\bar{\rho}_{\mathrm{s}}$ 为弹性内核的平均密度；α_1 和 α_3 为压力耦合参数，其中 α_3 为压力耦合的衰减因子；$\alpha_{\mathrm{g}}^{(1,2)}$ 为三轴情形下的引力耦合强度；$(n_1^{\varepsilon},n_2^{\varepsilon})$ 为地幔和外核的运动引起的相对于弹性内核的倾斜变化；a_{s} 为弹性内核的半径；G 为万有引力常数，其他变量与之前所述一致。

整体地球、流体外核和弹性内核的惯性积，以及由流体外核和地幔的运动引起的相对弹性内核的倾斜变化可表示为（Guo et al.，2020）

$$\begin{cases}c_{13}=A[\kappa m_1+\xi m_1^{\mathrm{f}}+\varsigma m_1^{\mathrm{s}}+S_{14}^{\mathrm{g}}n_1^{\mathrm{s}}+S_{14}^{\mathrm{p}}(n_1^{\mathrm{s}}-m_1-m_1^{\mathrm{s}})]\\ c_{23}=B[\kappa m_2+\xi m_2^{\mathrm{f}}+\varsigma m_2^{\mathrm{s}}+S_{14}^{\mathrm{g}}n_2^{\mathrm{s}}+S_{14}^{\mathrm{p}}(n_2^{\mathrm{s}}-m_2-m_2^{\mathrm{s}})]\\ c_{13}^{\mathrm{f}}=A_{\mathrm{f}}[\gamma m_1+\beta m_1^{\mathrm{f}}+\delta m_1^{\mathrm{s}}+S_{24}^{\mathrm{g}}n_1^{\mathrm{s}}+S_{24}^{\mathrm{p}}(n_1^{\mathrm{s}}-m_1-m_1^{\mathrm{s}})]\\ c_{23}^{\mathrm{f}}=B_{\mathrm{f}}[\gamma m_2+\beta m_2^{\mathrm{f}}+\delta m_2^{\mathrm{s}}+S_{24}^{\mathrm{g}}n_2^{\mathrm{s}}+S_{24}^{\mathrm{p}}(n_2^{\mathrm{s}}-m_2-m_2^{\mathrm{s}})]\\ c_{13}^{\mathrm{s}}=A_{\mathrm{s}}[\theta m_1+\chi m_1^{\mathrm{f}}+\upsilon m_1^{\mathrm{s}}+S_{34}^{\mathrm{g}}n_1^{\mathrm{s}}+S_{34}^{\mathrm{p}}(n_1^{\mathrm{s}}-m_1-m_1^{\mathrm{s}})]\\ c_{23}^{\mathrm{s}}=B_{\mathrm{s}}[\theta m_2+\chi m_2^{\mathrm{f}}+\upsilon m_2^{\mathrm{s}}+S_{34}^{\mathrm{g}}n_2^{\mathrm{s}}+S_{34}^{\mathrm{p}}(n_2^{\mathrm{s}}-m_2-m_2^{\mathrm{s}})]\\ n_1^{\varepsilon}=S_{\varepsilon1}m_1+S_{\varepsilon2}m_1^{\mathrm{f}}+S_{\varepsilon3}m_1^{\mathrm{s}}+S_{\varepsilon4}^{\mathrm{g}}n_1^{\mathrm{s}}+S_{\varepsilon4}^{\mathrm{p}}(n_1^{\mathrm{s}}-m_1-m_1^{\mathrm{s}})\\ n_2^{\varepsilon}=S_{\varepsilon1}m_2+S_{\varepsilon2}m_2^{\mathrm{f}}+S_{\varepsilon3}m_2^{\mathrm{s}}+S_{\varepsilon4}^{\mathrm{g}}n_2^{\mathrm{s}}+S_{\varepsilon4}^{\mathrm{p}}(n_2^{\mathrm{s}}-m_2-m_2^{\mathrm{s}})\end{cases} \tag{2.129}$$

其中：S_{14}^{g}、S_{24}^{g}、S_{34}^{g} 分别为弹性内核和流体外核及地幔的引力耦合导致内核倾斜发生变化引起的变形相关的附加粿变参量；S_{14}^{p}、S_{24}^{p}、S_{34}^{p} 分别为弹性内核和流体外核之间的压力耦合导致内核倾斜发生变化引起的变形相关的附加粿变参量；$S_{\varepsilon1}$、$S_{\varepsilon2}$、$S_{\varepsilon3}$ 分别为与整体地球、流体外核和弹性内核的自转离心力效应引起内核倾斜发生变化的粿变参量；$S_{\varepsilon4}^{\mathrm{g}}$ 为弹性内核和流体外核及地幔的引力耦合引起的内核倾斜变化相关的粿变参量；$S_{\varepsilon4}^{\mathrm{p}}$ 为弹性内核和流体外核之间的压力耦合引起的内核倾斜变化相关的粿变参量。

值得注意的是，滞弹性整体地球、可压缩流体外核和弹性内核的动力学扁率分别表

示为

$$\begin{cases} e=[C-(A+B)/2]/[(A+B)/2] \\ e_{\mathrm{f}}=[C_{\mathrm{f}}-(A_{\mathrm{f}}+B_{\mathrm{f}})/2]/[(A_{\mathrm{f}}+B_{\mathrm{f}})/2] \\ e_{\mathrm{s}}=[C_{\mathrm{s}}-(A_{\mathrm{s}}+B_{\mathrm{s}})/2]/[(A_{\mathrm{s}}+B_{\mathrm{s}})/2] \end{cases} \tag{2.130}$$

于是，将$\boldsymbol{m}$、$\boldsymbol{m}_{\mathrm{f}}$、$\boldsymbol{m}_{\mathrm{s}}$、$\boldsymbol{n}_{\mathrm{s}}$、$c_{ij}^{\mathrm{s}}$、$c_{ij}^{\mathrm{f}}$和$c_{ij}$视为一阶小量，忽略高阶小量，则考虑了内核弹性变形的新三轴三层地球自转理论可表示为（Guo et al.，2020）

$$\boldsymbol{F}\frac{\mathrm{d}\boldsymbol{y}}{\mathrm{d}t}=\Omega_0\boldsymbol{G}\boldsymbol{y},\quad \boldsymbol{y}=[m_1\quad m_2\quad m_1^{\mathrm{f}}\quad m_2^{\mathrm{f}}\quad m_1^{\mathrm{s}}\quad m_2^{\mathrm{s}}\quad n_1^{\mathrm{s}}\quad n_2^{\mathrm{s}}]^{\mathrm{T}} \tag{2.131}$$

这里$\boldsymbol{F}$可表示为

$$\boldsymbol{F}=[F_{ij}],\quad i,j=1,2 \tag{2.132}$$

同样地，$\boldsymbol{G}$可表示为

$$\boldsymbol{G}=[G_{ij}],\quad i,j=1,2 \tag{2.133}$$

以上即 Guo 等（2020）构建的三轴三层地球自转理论。通过简化或替换相关参数，Mathews 等（2002，1991a）和 Dumberry（2009）也可从三轴三层地球自转理论推导得出。

关于三轴三层地球自转，求解它的自转本征模将变得更复杂。事实上，对于三轴三层地球自转，有两种方法求解自转本征模。第一个方法是三角函数法，由 Van Hoolst 等（2002）提出，后被 Chen 等（2010）采用。第二种方法是特征值法，特征值法起源于 Mathews 等（2002）的共振频率研究，后由 Sun 等（2016）将其发展，用于三轴两层地球自转的研究。这里采用特征值法求解自转本征模。

假定σ_j是$\boldsymbol{F}^{-1}\boldsymbol{G}$的特征值，根据孙榕（2014）和 Sun 等（2016）的研究，三轴三层地球自转理论的自转本征模解将是$-\mathrm{i}\sigma_j$。根据常微分方程理论，式（2.131）的解具有$\boldsymbol{r}_i\mathrm{e}^{\sigma_j\Omega_0 t}$的形式（Sun et al.，2016），由于$\boldsymbol{y}$的运动事实上是三角函数，$\sigma_j=\mathrm{i}(-i\sigma_j)$，$-\mathrm{i}\sigma_j$是以 cpsd（每恒星日周期）为单位的。

理论上，根据式（2.132）和式（2.133）求解$\boldsymbol{F}^{-1}\boldsymbol{G}$的特征值，可以得到 8 个解（Guo et al.，2020）：

$$\sigma_1=-\sigma_2,\quad \sigma_3=-\sigma_4,\quad \sigma_5=-\sigma_6,\quad \sigma_7=-\sigma_8 \tag{2.134}$$

其中：σ_1和σ_2为钱德勒晃动（Chandler wobble，CW）的解；σ_3和σ_4、σ_5和σ_6、σ_7和σ_8分别是自由核章动（free core nutation，FCN）、自由内核章动（free inner core nutation，FICN）和内核晃动（inner core wobble，ICW）的解。假定$\sigma_{2i-1}(i=1,2,3,4)$代表正向（逆向）的解，则$\sigma_{2i}(i=1,2,3,4)$代表逆向（正向）的解。

三轴三层地球自转本征模的数值计算需要 4 类参数：动力学形状参数、核幔耦合参数、粘变参量、附加粘变参量。Guo 等（2020）设计了三个特殊的模型进行自转本征模求解和比较。模型 1 是一个包含三轴滞弹性地幔、三轴流体外核和三轴弹性内核的地球模型。模型 2 是模型 1 的旋转对称版本。模型 3 依照 Dumberry(2009)理论采用了 Mathews 等（1991b）的动力学形状参数和粘变参量，并采用了 Dumberry（2009）计算的附加粘变参量。所有的三个地球模型将会在三轴三层地球自转理论（Guo et al.，2020）下计算

其自转本征模。

下面给出三轴三层地球自转理论下模型 1、2、3 的自转本征模数值解，该地球自转理论考虑了固体内核引起的弹性变形（Guo et al.，2020）。为进行比较，将本征模数值解结果列于表 2.1，该表同时也给出了 Dumberry（2009）的结果。通过比较模型 1 和模型 2 的本征模数值解结果，可以发现三轴性使钱德勒晃动周期延长 0.005 天，使自由内核章动（FICN）周期缩短 0.071 天，使内核晃动周期延长 1.174 天，但却对自由核章动没有明显的作用，仅仅使它的品质因子有略微变化。模型 3 和 Dumberry（2009）忽略了地幔滞弹性和海潮耗散性，并且未考虑核幔边界和内外核边界附近的黏滞电磁耦合作用。通过比较模型 3 和 Dumberry（2009）的本征模数值解结果，可以发现，二者的钱德勒晃动周期都是 400.5 天，自由核章动周期分别是−455.76 天和−455.2 天，这是由于采用了较小的流体外核的动力学扁率，自由内核章动的周期分别是 478.83 天和 478.6 天，内核晃动的周期分别是 2 714.75 天和 2 715 天。在三轴三层地球自转理论框架下，采用与 Dumberry（2009）一样的模型参数，给出的结果与 Dumberry（2009）的非常接近，有力地支持了三轴三层地球自转理论。如果模型 3 有一个准刚性内核，也即需要将模型 3 中的附加粿变参量设置为零，然后再求解其本征模数值解，将具准刚性内核的模型 3 称为模型 3a。在模型 3a 中，粿变参量采用了周日粿变参量值[来自 Mathews 等（1991b）]，并且压力与引力耦合参数 α_2 的值 0.829 4 取自 Mathews 等（1991b），而不是根据 $\alpha_2 = \alpha_1 - \alpha_3\alpha_g$ 计算得到的精确结果 0.829 492，这样做是为了与 Mathews 等（1991b）的本征模数值解作对比。可以发现模型 3a 的钱德勒晃动、自由核章动和内核晃动的周期分别是 400.64 天、−455.67 天和 2 408.94 天（约 6.6 年），与 Mathews 等（1991b）的本征模数值解结果非常接近，模型 3a 的自由内核章动周期是 478.71 天，与 Mathews 等（1991b）差 3 天。

表 2.1　三轴三层地球自转理论下模型 1、2、3 的本征模数值解

模型	项目	钱德勒晃动	自由核章动	自由内核章动	内核晃动
模型 1	周期	433.239	−429.888	934.018	2 718.673
	品质因子	85.43	22 620.11	456.47	458.50
模型 2	周期	433.234	−429.888	934.089	2 717.499
	品质因子	85.43	22 620.22	456.47	458.50
模型 3	周期	400.50	−455.76	478.83	2 714.75
Dumberry（2009）的本征模	周期	400.5	−455.2	478.6	2 715
模型 3a	周期	400.64	−455.67	478.71	2 408.94
Mathews 等（1991b）的本征模	周期	400.7	−455.8	475.5	2 409

注：在模型 3 中将黏滞电磁耦合参数设为 0，同时给出 Dumberry（2009）和 Mathews 等（1991b）的本征模数值解与模型 3 和模型 3a 比较，周期单位为天（平太阳日）

地球的三轴性很小，仅对钱德勒晃动、自由内核章动和内核晃动有可察觉的周期变化，对自由核章动周期几乎没有什么影响。详细讨论可参考 Guo 等（2020）。

练　习　题

2.1* 试证明：对于具有不同的量（如质量）的粒子，方程 $\boldsymbol{F}=\lambda\boldsymbol{a}$ 中的系数 λ 是不同的。

2.2* 试证明：一个粒子在力 $\boldsymbol{F}$ 的作用下所获得的加速度与该粒子所含有的某种量成反比 $\boldsymbol{a}=\dfrac{\boldsymbol{F}}{\lambda}$，而且这种量正好就是待定标量函数，不可能与体积或面积相关。

2.3 试证明：已知动量定理 $\boldsymbol{F}=\dfrac{\mathrm{d}(m\boldsymbol{v})}{\mathrm{d}t}=\dfrac{\mathrm{d}\boldsymbol{p}}{\mathrm{d}t}$，当粒子在外力 $\boldsymbol{F}$ 的作用下从 A 点移动到 B 点，外力对粒子所做的总功为 $W=\int_{r_A}^{r_B}\boldsymbol{F}\cdot\mathrm{d}\boldsymbol{r}$，证明 $W=\dfrac{1}{2}mv_B^2-\dfrac{1}{2}mv_A^2$。

2.4 试证明：有外力作用于粒子，未必就一定对粒子做了功。

2.5 已知 $-G\dfrac{M}{r^3}\boldsymbol{r}=\dfrac{\mathrm{d}^2\boldsymbol{r}}{\mathrm{d}t^2}$，利用该公式推导开普勒三大定律。

2.6 选取一个其原点与二体体系的质量中心 C 重合的无旋转的参考系 K_C（无旋转是相对于遥远的恒星而言）。试证明：参考系 K_C 是一个惯性系。

2.7 试证明：伽利略的自由落体定律与弱等效原理等价。

2.8 试证明：引力位具有相当好的性质，它在所论粒子的外部空间是调和的正则函数。

2.9 假定密度是连续函数，试推导泊松方程。

$$\Delta V(P)=-4\pi G\rho(P),\quad P\notin\partial\Omega$$
$$\Delta V(P)=-2\pi G\rho(P),\quad P\in\partial\Omega$$

2.10 对于一个在位场中自由运动的粒子，试证明：能量守恒定理 $T(P)+E(P)=C$（常数）。

2.11 试证明：刚体沿直线平动时，作用在刚体上的总的外力必定等价于作用于上述刚体的质量中心（简称质心）的一个沿上述直线方向的合力。

2.12 试证明：合力是指将所有外力平移到一个起点之后取它们的代数和（即平移后的力矢量之和）。一个刚体的质心 $\boldsymbol{r}$ 可按公式 $x_C^i=\dfrac{1}{M}\int_\tau x^i\rho\,\mathrm{d}\tau\ (i=1,2,3)$ 确定。

2.13 试证明：平动的刚体的运动轨迹（即质心的运动轨迹）是半径为 R 的圆。如果单独考察刚体上的任意一点 A，A 点的运动轨迹也是半径为 R 的圆，但圆心不同。

2.14 试证明：平动的刚体上的任意一点都具有与刚体的质心相同的速度和加速度。

2.15 根据内禀方程或根据方程 $\boldsymbol{v}=\boldsymbol{\omega}\times\boldsymbol{r}$ 推导出质点加速度公式。

2.16 推导公式 $T=\dfrac{1}{2}\boldsymbol{\Omega}\cdot\boldsymbol{J}$。

2.17 试证明：考虑刚体对任意一个定轴 oN 的转动惯量，则有

$$I_{oN}=I_x\alpha^2+I_y\beta^2+I_z\gamma^2-2I_{yz}\beta\gamma-2I_{zx}\gamma\alpha-2I_{xy}\alpha\beta$$

2.18 试证明：已知角动量的表达式$\boldsymbol{J}=\int_\tau \boldsymbol{M}_A \mathrm{d}\tau=\int_\tau \boldsymbol{r}_A \times \boldsymbol{p}_A \mathrm{d}\tau$，则用惯量张量的分量表示出来的形式为$J^i=I^{ij}\Omega_j$，$i=1,2,3$；对指标$j$求和。

参考文献

菲赫金哥尔茨, 1953. 微积分学教程. 余家荣, 译. 北京: 商务印书馆.

谷超豪, 1979. 偏微分方程应当有多少边界条件? 自然杂志, 3: 26-28.

强元棨, 2003. 经典力学. 北京: 科学出版社.

强元棨, 程稼夫, 2005. 力学. 北京: 科学出版社.

申文斌, 2004. 引力位虚拟压缩恢复法. 武汉大学学报(信息科学版), 29(8): 720-724.

申文斌, 2020. 引力与惯性力的分离. 北京: 科学出版社.

申文斌, 晁定波, 1994. 等频大地水准面的概念及应用. 武汉测绘科技大学学报, 19(3): 232-238.

申文斌, 张朝玉, 2016. 张量分析与弹性力学. 北京: 科学出版社.

申文斌, 宁津生, 刘经南, 等, 2003. 关于运动载体引力与惯性力的分离问题. 武汉大学学报(信息科学版), 28(S1): 52-54.

孙榕, 2014. 非旋转对称地球自转理论: 本征模、受迫章动和周日极移. 武汉: 武汉大学.

许才军, 申文斌, 晁定波, 2004. 地球物理大地测量学原理与方法. 武汉: 武汉大学出版社.

易照华, 1993. 天体力学基础. 南京: 南京大学出版社.

周衍柏, 1986. 理论力学教程. 北京: 高等教育出版社.

Bjerhammar A, 1964. A new theory of geodetic gravity. Kungliga Tekniska Högskolan, 243: 76.

Breuer R A, Chrzanowksi P L, Hughes H G, et al., 1973. Geodesic synchrotron radiation. Physical Review D, 8(12): 4309-4319.

Burša M, 1992. Current estimates of the Earth's principal moments of inertia. Studia Geophysica Et Geodaetica, 36(2): 109-114.

Chen W, Shen W B, 2010. New estimates of the inertia tensor and rotation of the triaxial nonrigid Earth. Journal of Geophysical Research: Solid Earth, 115(B12419): 1-19.

Chen W, Li J C, Ray J, et al., 2015. Consistent estimates of the dynamic figure parameters of the Earth. Journal of Geodesy, 89(2): 179-188.

Crossley D J, Rochester M G, 2014. A new description of Earth's wobble modes using Clairaut co-ordinates 2: Results and inferences on the core mode spectrum. Geophysical Journal International, 198: 1890-1905.

Dehant V, Hinderer J, Legros H, et al., 1993. Analytical approach to the computation of the Earth, the outer core and the inner core rotational motions. Physics of the Earth and Planetary Interiors, 76(3-4): 259-282.

Deuss A, 2014. Heterogeneity and anisotropy of Earth's inner core. Annual Review of Earth and Planetary Sciences, 42(1): 103-126.

Ding H, Pan Y, Xu X Y, et al., 2019. Application of the AR-z spectrum to polar motion: A possible first detection of the inner core wobble and its implications for the density of earth's core. Geophysical Research

Letters, 46: 1-10.

Dumberry M, 2009. Influence of elastic deformations on the inner core wobble. Geophysical Journal International, 178: 57-64.

Dziewonski A M, Forte A M, Su W, et al., 1993. Seismic tomography and geodynamics. Washington DC American Geophysical Union Geophysical Monograph Series, 76: 67-105.

Einstein A, 1915. Zur Allgemeinen Relativitätstheorie. Berlin: Preussische Akademie der Wissenschaften.

Einstein A, 1916. Die grundlage der allgemeinen relativitätstheorie. Annalen Der Physik, 354(7): 769-822.

Förste C, Bruinsma S L, Flechtner F, et al., 2012. A preliminary update of the direct approach GOCE processing and a new release of EIGEN-6C. AGU Fall Meeting Abstracts, San Francisco: G31B-0923.

Förste C, Bruinsma S L, Shako R, et al., 2012. A new release of EIGEN-6: The latest combined global gravity field model including LAGEOS, GRACE and GOCE data from the collaboration of GFZ Potsdam and GRGS Toulouse. EGU General Assembly Conference Abstracts, 14: 2821.

Groten E, 2004. Fundamental parameters and current(2004) best estimates of the parameters of common relevance to astronomy, geodesy, and geodynamics. Journal of Geodesy, 77: 724-731.

Guo Z, Shen W B, 2020. Formulation of a triaxial three-layered Earth rotation: Theory and rotational normal mode solutions. Journal of Geophysical Research(Solid Earth), 124: 1-18.

Hawking S W, 1990. Gravitational radiation from collapsing cosmic string loops. Physics Letters B, 246(1-2): 36-38.

Heiskanen W A, Moritz H, 1967. Physical geodesy. San Francisco: W. H. Freeman.

Huang P W, Tang B, Chen X, et al., 2019. Accuracy and stability evaluation of the ^{85}Rb atom gravimeter WAG-H5-1. the 2017 International Comparison of Absolute Gravimeters. Metrologia, 56(4): 1-13.

Josephy H, 1936. Störungen der Anlage(Mißbildungen) des Gehirns. Angeborene früh Erworbene Heredo-Familiäre Erkrankungen. Berlin: Springer.

Koot L, Rivoldini A, Viron O, et al., 2008. Estimation of Earth interior parameters from a Bayesian inversion of very long baseline interferometry nutation time series. Journal of Geophysical Research(Solid Earth), 113: B08414.

Koot L, Dumberry M, Rivoldini A, et al., 2010. Constraints on the coupling at the core-mantle and inner core boundaries inferred from nutation observations. Geophysical Journal International, 182: 1279-1294.

Lambeck K, 1980. The Earth's variable rotation. Cambridge: Cambridge University Press.

Li M Y, Shen W B, 2022. Chandler period estimated from frequency domain expression solving the Liouville equation for polar motion. Geophysical Journal International, 231: 1324-1333.

Liouville J, 1858. Développements sur un chapitre de la Mécanique de Poisson. Journal de Mathématiques Pures et Appliquées, 2: 1-25.

Mach E, 1883. Die Mechanik in ihrer Entwickelung. Leipzig: F. A. Brockhaus.

Mathews P M, Buffett B A, Herring T A, et al., 1991a. Forced nutations of the earth: Influence of inner core dynamics: 1. theory. Journal of Geophysical Research: Solid Earth, 96(B5): 8219-8242.

Mathews P M, Buffett B A, Herring T A, et al., 1991b. Forced nutation of the earth: Influence of inner core dynamics: 2. numerical results and comparisons. Journal of Geophysical Research: Soild Earth. 96(B5): 8243-8257.

Mathews P M, Herring T A, Buffett B A, 2002. Modeling of nutation and precession: New nutation series for nonrigid Earth and insights into the Earth's interior. Journal of Geophysical Research(Solid Earth), 107(B4): 2068.

Mathews P M, Guo J Y, 2005. Viscoelectromagnetic coupling in precession-nutation theory. Journal of Geophysical Research(Solid Earth), 110(B02402): 1-16.

Misner C W, Thorne K S, Wheeler J A, 1973. Gravitation. San Francisco: W. H. Freeman & Co..

Molodensky M S, Eremeev V F, Yurkina M I, 1962. Methods for study of the external gravitational field and figure of the earth. Jerusalem: Israel Program for Scientific Translations.

Moritz H, Mueller I I, 1987. Earth rotation: Theory and observation. New York: The Ungar Publishing Company.

Nash E, 1953. Purchasing power of soviet workers. Monthly Labor Review, 76: 705.

Newton I, 1687. Philosophiae naturalis principia mathematica. London: The Royal Society.

Newton I, 1966. Philosophiae Naturalis Principia Mathematica. Berkley: University of California Press.

Ohanian H C, 1976. Gravitation and spacetime. New York: W. W. Norton & Company.

Pavlis N K, Holmes S A, Kenyon S C, et al., 2012. The development and evaluation of the Earth Gravitational Model 2008(EGM2008). Journal of Geophysical Research(Solid Earth), 117(B4): 1-38.

Poinsot L, 1851. Théorie nouvelle de la rotation des corps. Bachelier: Nabu Press.

Ptolemy C, 1955. The almages. Chicago: Encyclopædia Britannica.

Rochester M G, Crossley D J, 2009. Earth's long-period wobbles: A Lagrangean description of the Liouville equations. Geophysical Journal International, 176: 40-62.

Rochester M G, Crossley D J, Chao B F, 2018. On the physics of the inner-core wobble; corrections to "dynamics of the inner-core wobble under mantle-inner-core gravitational interactions" by B. F. Chao. Journal of Geophysical Research(Solid Earth), 123(11): 9998-10002.

Rosat S, Calvo M, Lambert S, 2016. Detailed analysis of diurnal tides and associated space nutation in the search of the free inner core nutation resonance// Freymueller J T, Sánchez L. International Symposium on Earth and Environmental Sciences for Future Generations. Cham: Springer International Publishing: 147-153.

Rosat S, Lambert S B, Gattano C, et al., 2017. Earth's core and inner-core resonances from analysis of VLBI nutation and superconducting gravimeter data. Geophysical Journal International, 208: 211-220.

Schleifer K H, 2009. Phylum XIII. Firmicutes Gibbons and Murray 1978, 5 (Firmacutes [sic] Gibbons and Murray 1978, 5). New York: Springer.

Schutz B F, 1980. Geometrical methods of mathematical physics. Cambridge: Cambridge University Press.

Shen W B, Moritz H, 1996. On the separation of gravitation and inertia and the determination of the relativistic gravity field in the case of free motion. Journal of Geodesy, 70(10): 633-644.

Shen W B, Yang Z, Guo Z, et al., 2019. Numerical solutions of rotational normal modes of a triaxial two-layered anelastic earth. Geodesy and Geodynamics, 10(2): 118-129.

Soldati G, Boschi L, Piersanti A, 2003. Outer core density heterogeneity and the discrepancy between PKP and PcP travel time observations. Geophysical Research Letters, 30(4): 1-4.

Sun R, Shen W B, 2016. Influence of dynamical equatorial flattening and orientation of a triaxial core on prograde diurnal polar motion of the Earth. Journal of Geophysical Research(Solid Earth), 121: 7570-7597.

Stassinopoulos E G, et al., 1977. Prediction and measurement of radiation damage to CMOS devices on board spacecraft. IEEE Transactions on Nuclear Science, 23(6): 1781-1788.

Van Hoolst T, Dehant V, 2002. Influence of triaxiality and second-order terms in flattenings on the rotation of terrestrial planets: I. formalism and rotational normal modes. Physics of the Earth and Planetary Interiors, 134(1-2): 17-33.

Weinberg S, 1972. General Relativity. New York: Wiley.

Yamada K M, Ohanian S H, Pastan I, 1976. Cell surface protein decreases microvilli and ruffles on transformed mouse and chick cells. Cell, 9(2): 241-245.

Yjelson F, 1936. Potential theory and its applications in the theory of the Earth's figure and geophysics. Ning J S, Guan Z L, Fang R S. Beijing: China Institute Press.

Zhang H, Shen W B, 2021. Core-mantle topographic coupling: A parametric approach and implications for the formulation of a triaxial three-layered Earth rotation. Geophysical Journal International. 225(3): 2060-2074.

第3章　电 动 力 学

电磁现象是基本物理现象，广泛存在于自然界之中。电磁相互作用是自然界已发现的4种基本相互作用之一（其他三种相互作用为强相互作用、弱相互作用和引力相互作用）。地球内部和周围存在电磁场，称为地电磁场，属于地球基本物理场。变化的地磁场会产生变化的地电场，反之亦然。地磁地电学是地球物理学重要分支之一。地球电磁场分布不仅与地球内部介质的运动学和动力学特性有关，而且与矿藏的种类及其分布密切关联。地磁起源机理是当今一大科学难题，吸引了无数科学家为之奋斗。因此，学习并掌握电动力学，对矿藏探测、空间环境监测、解决相关地球科学问题等有重要科学意义和广泛应用价值。

3.1　电磁基本规律

3.1.1　库仑定律

电生磁，磁生电，这是一个古老的话题。关于电的本质这一问题，至今尚无定论。然而，电起源于微观粒子（如电子、质子等）所携带的电荷。磁则产生于电荷的运动。至今，尚没有任何实验表明存在磁单极子。因此，从本质上来看，磁产生于电（至少目前可以持这种观点）。

度量电荷的量称为电量。如果将一个电子所携带的电荷的量规定为一个基本电量单位，那么电子具有一个单位的负电量，而质子具有一个单位的正电量。电荷与电荷之间满足所谓的中和定则：将带有一个单位电量的正电荷与另外的带有一个单位电量的正电荷放在一起，则显示出带有两个单位电量的正电荷的效果；将带有一个单位电量的正电荷（或负电荷）与另外的带有一个单位电量的负电荷（或正电荷）放在一起，则对外显示出不带有电量的粒子的效果。于是，通常说一个（宏观）粒子带有若干电量，是指该粒子包含很多带有一个单位电量（或若干个电量单位）的微观粒子，然后将这些微观粒子所携带的电量取代数和而得。这一做法只有限定在很小的空间域中才适用。

同性电荷相斥，异性电荷相吸，这是最基本的实验结果。但无论是相斥还是相吸，两个电荷之间的作用力与牛顿的万有引力定律极为相似。确切地说，假定在真空中有两个点电荷粒子A和B，它们分别带有电量Q_A和Q_B，如果这两个粒子不重合，那么，粒子A对粒子B的作用力为

$$\boldsymbol{F}_{\mathrm{AB}}=\frac{Q_{\mathrm{A}}Q_{\mathrm{B}}}{4\pi\varepsilon_0|\boldsymbol{r}_{\mathrm{B}}-\boldsymbol{r}_{\mathrm{A}}|^3}(\boldsymbol{r}_{\mathrm{B}}-\boldsymbol{r}_{\mathrm{A}}) \tag{3.1}$$

其中：$\boldsymbol{r}_{\mathrm{A}}$ 和 $\boldsymbol{r}_{\mathrm{B}}$ 分别为粒子 A 和 B 的向径；ε_0 为一个常系数，称为真空介电常数，单位是 F/m；在国际单位制下，$\varepsilon_0=10^7=4\pi c^2$，其中 c 是真空中光速（大约为 30 万 km/s）。这里假定事先选定了相对真空静止的惯性参考系。式（3.1）是库仑（Coulomb，1736—1806 年）在 1785 年提出的，表述了库仑定律的全部内容。显然，粒子 B 对粒子 A 的静电作用力可以表示成

$$\boldsymbol{F}_{\mathrm{BA}}=\frac{Q_{\mathrm{A}}Q_{\mathrm{B}}}{4\pi\varepsilon_0|\boldsymbol{r}_{\mathrm{B}}-\boldsymbol{r}_{\mathrm{A}}|^3}(\boldsymbol{r}_{\mathrm{A}}-\boldsymbol{r}_{\mathrm{B}})=-\boldsymbol{F}_{\mathrm{AB}} \tag{3.2}$$

注释 3.1 真空是什么？这是一个极难回答的问题。事实上，科学发展到今天，仍然无法圆满回答这一问题。真空真的是空无一物吗？物理学实验早已否定了这种观念。近代物理学实验表明，真空是充满了基本粒子的空间（申文斌，1994）。Dirac（1978）将真空设想为充满了正负电子对的海洋，一个电子（带负电）从真空中溢出，就对应于一个正电子空穴。这一观点基于这样一个实验事实：正电子与负电子碰撞后湮灭，产生光辐射；或者，用高能伽马射线（一种电磁波）扰动真空，可以产生正负电子对。然而，近代物理学的实验同时表明，真空中可能还存在除正负电子之外的其他基本粒子。也就是说，目前尚不能认为狄拉克的观点是正确的。关于真空乃至空间的本质性讨论，可参阅相关文献（申文斌，1994）。

3.1.2 向量空间及场的定义*

如果一个映射 f 将 n 维向量空间 M 中的点 $x^i(i=1,2,\cdots,n)$ 变为实数，同时满足范数公理，则称 f 是定义在 M 上的范数。在 M 上定义了范数之后，M 变成了赋范空间。如果一个赋范空间中的所有元素在普通加法之下又构成阿贝尔（Abel）群（即满足：结合律；存在右逆元；存在左逆元；满足交换律），其中的任意元 x, y 与任意实数 a,b 之间定义了普通乘法，满足公理：①$a(x+y)=ax+ay$；②$(a+b)x=ax+bx$；③$(ab)x=a(bx)$；④$1x=x$（其中 1 是阿拉伯数字，实数）；则 M 构成一个向量空间（参见 5.2 节）。

实际上，在一般空间 X 中的任意一点都可以构造出一个向量空间 T，如 X 就是现实空间。如果依据某种法则在一个向量空间中的每一个点都选且只选一个向量，那么在整个 X 中就有了一个向量场，这如同引力场或电磁场。论及向量场，值得注意的有两点：其一是在 X 中的每一点只有一个向量；其二是上述“依据某种法则”，这种法则当然不能随便人为给定，而是要依据模型及客观实在而给定。以地球引力场为例，这个法则就是由牛顿万有引力定律所决定的确定引力场的法则，或者是由爱因斯坦场方程所决定的确定引力场的法则。

对于给定的向量空间，其中的任意一组最大线性无关向量均可构成该向量空间的基

* 本小节先简要介绍场的概念，更详细的讨论参见 5.2 节。初读此文，本小节可跳过。

向量（即基底），基向量的个数正好是向量空间的维数。这就是说，向量空间中的任意一个向量均可用基向量表示。选用不同的基向量，将对应不同的向量分量。根据基向量之间的变换规律，可以求出向量分量之间的变换规律。

如果在空间 X 中的任意一点选定一组基向量，则在整个空间 X 中都有了基向量，从而构成 X 中的基向量场。这里需要注意，选定基向量不必“依据某种法则”，因为基向量可以任意选取，它并不影响所要研究的向量本身，只是改变向量的分量值。只不过为了研究方便，选基向量时应尽量使问题变得简单。关于张量的更为详细的讨论可参见第 5 章。

3.1.3 电场和电位场

两个相对静止的电荷之间之所以会产生电相互作用，肯定是因为在它们之间传递某种东西（或微粒）产生相互作用。但时至今日，科学家还无法揭示这种相互作用的本质。假定有一个带电体（电荷）位于坐标系原点，另外有一个带有单位电量的点电荷位于空间中任意一点，那么，根据库仑定律，中心带电体（电荷）对带有单位电量的点电荷的作用力可表示成

$$\boldsymbol{E}=\frac{Q}{4\pi\varepsilon_0 r^3}\boldsymbol{r} \tag{3.3}$$

其中：Q 为中心带电体所带的电量；$\boldsymbol{r}$ 为点电荷的位矢（向径）。由于点电荷可以位于除中心带电体所占据的区域以外的空间中的任意一个位置，式（3.3）在带电体的外部空间中的任意一点都唯一地定义了一个向量 $\boldsymbol{E}$，从而构成向量场（参见第 5 章）。将这个向量场称为电力场（因为它表示对单位点电荷的作用力），简称电场。可以说，一个电荷对另一个电荷产生作用，是因为前者产生了一个电场而作用于后者。不过应该清楚，电场作用的观点并没有揭示电荷与电荷相互作用的本质，只不过是借助了另外一种表象罢了，完全类似于引力相互作用。

引进一个标量函数

$$V_{\mathrm{e}}=\frac{Q}{4\pi\varepsilon_0 r} \tag{3.4}$$

它与电场的关系可以用如下的梯度方程来表示：

$$\boldsymbol{E}=-\nabla V_{\mathrm{e}} \tag{3.5}$$

其中：∇ 为梯度算符。显然，V_{e} 在中心带电体的外部构成一个标量场，称为电位场（或电势场）。电位场与引力位场极为相似。由于函数 $\dfrac{1}{r}$ 在中心体外部满足拉普拉斯方程，V_{e} 在中心带电体外部也满足拉普拉斯方程。

如果假定中心带电体占有一定的体积 τ（即不能看成点电荷），其中，电荷（电量）分布密度记为 ρ_{e}，那么，电位场可以表示成

$$V_{\mathrm{e}}=\frac{1}{4\pi\varepsilon_0}\int_{\tau}\frac{\rho_{\mathrm{e}}}{l}\mathrm{d}\tau \tag{3.6}$$

其中：l 为积分元至场点的距离。电场则根据式（3.5）求出。由式（3.6）给出的电位场在中心体的外部同样满足拉普拉斯方程。于是，在很多情形下，即使不知道带电体内部的电荷分布，但如果知道带电体边界上的电位，即可通过解边值问题[参见相关数学物理方法方面的教科书，如谷超豪等（2002）]求出带电体外部的电位场，从而可以求出带电体外部的电场。当然，若知道了边界上的三个电场分量，同样可以通过解边值问题（如采用球谐展开法）求出外部的电场（申文斌 等，2006；谷超豪 等，2002）（试证明：**习题 3.1**）。如果边界是任意的，最有效的边值问题解法之一是采用虚拟压缩恢复法（申文斌，2004）求解。

与引力位类似，电位函数具有能量特征，因而也将电位函数称为电位能函数。由于静止中心带电体产生的电位场是有心力场，与时间无关，电位场是保守场。

注释 3.2 若将地球看作一个带电体，则可通过地面上的电场观测值求出地球外部的电场。然而观测表明，地球边界上的电场（几乎）为 0。因而地球外部（几乎）不存在（由地球所生成的）电场。这也就是说，整个地球体系没有净电荷。当然，这并非意味着地球的任何局部区域都不存在净电荷，只是说地球作为整体而言对外不显电性。

3.1.4 相对性假设*

由于对真空的本质并不清楚，只能是理论上设想的一种不存在能直接观测到物质介质的空间。另外，尚无法找到静止参考系。于是，假定库仑定律在真空惯性系中有效。然而，建立库仑定律的实验是在地面上进行的，因而有理由认为，库仑定律在任意一个惯性系中都成立。这里需注意，地面参考系并非惯性系，只是因为电相互作用比非惯性系效应要大得多，从而可以忽略非惯性系效应而将地面参考系近似地认为是惯性系。为了看清这一点，考察两个电子 e 之间的库仑力与引力之比（Dirac，1978）：

$$\alpha = \frac{e^2}{4\pi\varepsilon_0 r^2} : \frac{Gm_e m_e}{r^2} \approx 2\times10^{39}$$

其中：e 为电子电量；m_e 为电子的质量；r 为两个电子之间的距离；ε_0 为介电常数。由此可见静电相互作用比引力相互作用大得多。

伽利略相对性原理只适用于牛顿力学，即在两个做相互匀速运动的惯性系中，牛顿的力学规律完全相同。这当然是根据经验感觉总结出来的一种假设，之后上升为原理，因为目前尚无法证明它是错的（即无法证伪）。如果将伽利略相对性原理继续提升，使之适用于物理学中的任何一个分支，则得到一种广义的伽利略相对性原理，或称为相对性原理（假设），因为这种提升很有可能不真。将相对性假设与光速不变假设联合起来，即可推出洛伦兹变换。爱因斯坦的狭义相对论正是基于上述两个基本假设（参见第 7 章）。

* 初读此书，可跳过本小节内容。

评论 3.1 电磁规律在洛伦兹变换下保持不变。牛顿第二定律在洛伦兹变换下是变化的。将牛顿第二定律进行修正，使其在洛伦兹变换下也保持不变，便出现了相对论力学体系（但尚不涉及引力理论），或称为狭义相对论理论（Einstein，1905），其中，惯性质量随速度的增加而增大；光速成为不可逾越的极限速度；单独的空间与时间已不复存在，而是结合为明科夫斯基（Minkowski）四维空时；由于运动，时钟变慢、量杆缩短。尽管有不少实验支持狭义相对论，但仍然存在一些令人困惑而值得探讨的问题（申文斌，1994）。关于惯性质量随速度的增加而增大这一结论，也可以用其他观点来解释。狭义相对论理论是否正确，最有效的判定性实验当属时间膨胀效应实验（参见第 7 章）。由于守时精度的不断提高，目前已有可能给出最终的实验判定。

3.1.5 高斯定理

假定在空间中有任意一个封闭曲面，高斯（Gauss，1777—1855 年）定理解决曲面所包围的总电量与流出该曲面的电场通量的关联问题。

假定有一个带有电量 Q 的点电荷位于坐标系原点，那么上述电荷所产生的电场由式（3.3）给出。如果作一个以原点为中心、半径为 R 的圆球 K，则有

$$\varPhi = \int_{\partial K} \boldsymbol{E} \cdot \boldsymbol{n} \mathrm{d}\sigma \tag{3.7}$$

其中：$\mathrm{d}\sigma$ 为球面 ∂K 上的积分微元；$\boldsymbol{n}$ 为球面上的外法线，而将 $\varPhi$ 称为（通过球面的）电场通量。将式（3.3）代入式（3.7），立即可以得出

$$\varPhi = \frac{Q}{\varepsilon_0} \tag{3.8}$$

也就是说，通过球面的电场通量与球的大小无关，只要该球面包围上述电荷（位于圆球中心）即可。但可以证明，假如有一电荷 Q' 位于圆球的外部，那么由它所产生的电场对通过球面的电场通量没有贡献（试证明：**习题 3.2**）。于是，通过球面的电场通量只与该球面所包围的中心电荷有关。更进一步地可以证明，对于任意一个封闭的光滑曲面 $\partial\Sigma$，式（3.8）仍然成立，只要该曲面所包围的总电量是 Q（试证明：**习题 3.3**）。这就是著名的高斯定理。

3.1.6 泊松方程

泊松（Poisson）方程描述了静态有源场的基本特征。一个具有电荷分布密度 ρ_e 的带电体产生的电位场可以用式（3.6）来描述，它适合于整个空间（包括带电体内部）。根据对牛顿引力位的讨论，立即可以写出电位场的泊松方程：

$$\Delta V_\mathrm{e} = -\frac{\rho_\mathrm{e}}{\varepsilon_0} \tag{3.9}$$

其中：Δ 为拉普拉斯算符。在无介质的真空中，电位场满足拉普拉斯方程：

$$\Delta V_\mathrm{e} = 0 \tag{3.10}$$

但在边界上，满足如下方程：

$$\Delta V_{\mathrm{e}} = -\frac{\rho_{\mathrm{e}}}{2\varepsilon_0} \tag{3.11}$$

可称为半泊松方程，恰如方程形式所示。然而，在一般情况下，不考虑边界上的半泊松方程，而是代之以其他边界条件（方程）。

由于电场可以表示成

$$\boldsymbol{E} = -\nabla V_{\mathrm{e}}$$

泊松方程可以写成

$$\nabla \cdot \boldsymbol{E} = \frac{\rho_{\mathrm{e}}}{\varepsilon_0} \tag{3.12}$$

不考虑边界上的半泊松方程，那么式（3.12）在整个空间都有效，因为在无介质空间，$\rho_{\mathrm{e}} = 0$。虽然式（3.12）是电磁场理论中的一个基本方程，但需要注意，在所选定的惯性参考系中，场源是静止的。正是由于这一点，也将式（3.12）称为静电场的散度表达式。但实验表明，即使是考虑随时间变化的电场，式（3.12）也成立。

如果对静电场$\boldsymbol{E}$作旋度运算$\nabla \times \boldsymbol{E}$，考虑$\boldsymbol{E} = -\nabla V_{\mathrm{e}}$，则有

$$\nabla \times \boldsymbol{E} = 0 \tag{3.13}$$

也就是说，静电场是无旋场。然而，实验表明，若电场随时间变化，则式（3.13）不再成立。由此可以反推，在非静电场情形下，库仑定律不再保持有效，否则，式（3.13）就成立了。

3.1.7 电荷守恒定律

在经典电动力学中，假定了电荷不生不灭，宇宙中的总电荷是守恒量。如果考察一个区域，假定该区域中的总电量为Q，那么若该区域中的总电量减少（或增加）ΔQ，则必有ΔQ这样多的电量流出（或流入）该区域。这就是自然界的普遍规律之一，即电荷守恒定律。这一定律实际上是一种先验假定，但得到了实验的支持（参见注释 3.3）。那么如何用数学方程来表述电荷守恒定律呢？下面以一个区域τ（其边界记为$\partial\tau$）的总电荷减少为例来推导数学表述。

注释 3.3 电荷不生不灭，这一观念从近代物理学的实验来看是不正确的，因为正负电子对可以湮灭而产生光辐射，而光辐射也可以通过对真空的扰动而生成正负电子对。然而，由于电荷满足中和定则，即等电量的正负电荷的代数和为零，可以假定电荷守恒定律仍然成立（但并非电荷不生不灭），这当然依赖于先验认识。既然是先验认识，就未必正确，已经有了很多这方面的经验。如果设想电子（带负电）随着时间的推移，其带电量逐渐减少（如通过辐射而转化为光子），就没有理由相信电荷守恒定律。因此，电荷守恒定律是一种先验的假定，同时加上至今为止的实验支持。

根据电荷守恒定律，在单位时间内区域中电荷的减少，必对应于单位时间内有同样多的电荷流出该区域。单位时间内区域中电荷的减少可以用$-\dfrac{\mathrm{d}Q}{\mathrm{d}t}$来表示。单位时间内流出区域$\tau$的电荷，实际上就是单位时间内流出边界$\partial\tau$的电荷，也即单位时间内流出边界

面 $\partial\tau$ 的电荷通量。如果用 $\boldsymbol{J}$ 来表示单位时间内通过单位横截面的电荷（$\boldsymbol{J}$ 的方向就是电荷流动的方向，而单位横截面的法线正好与 $\boldsymbol{J}$ 的方向重合），称为电流密度，那么流出边界面 $\partial\tau$ 的电荷通量可以表示成 $\int_{\partial\tau}\boldsymbol{J}\cdot\boldsymbol{n}\mathrm{d}\sigma$ 。于是，电荷守恒定律的数学表述为

$$\int_{\partial\tau}\boldsymbol{J}\cdot\boldsymbol{n}\mathrm{d}\sigma=-\frac{\mathrm{d}Q}{\mathrm{d}t} \tag{3.14}$$

由于

$$Q=\int_{\tau}\rho\mathrm{d}\tau$$

其中：ρ 是电荷密度，在假定区域 τ 固定不变的情况下，式（3.14）又可改写成

$$\int_{\partial\tau}\boldsymbol{J}\cdot\boldsymbol{n}\mathrm{d}\sigma=-\int_{\tau}\frac{\partial\rho}{\partial t}\mathrm{d}\tau \tag{3.15}$$

这里，假定区域 τ 固定不变是必须的，否则对时间的导数就不能随便移到积分号的内部。如果区域随时间变化，则式（3.15）不再成立，问题比较复杂。

利用高斯定理可以将式（3.15）左边的面积分转化为体积分，因而有

$$\int_{\tau}\nabla\cdot\boldsymbol{J}\mathrm{d}\tau=-\int_{\tau}\frac{\partial\rho}{\partial t}\mathrm{d}\tau$$

或者写成如下的微分方程形式：

$$\nabla\cdot\boldsymbol{J}+\frac{\partial\rho}{\partial t}=0 \tag{3.16}$$

这是电荷守恒定律的微分方程表述。

评论 3.2 如果狄拉克的大数假说是正确的（参见第 1 章），则物质会被连续不断地创造出来。为了保持电荷守恒定律，所创造出的物质就不能仅仅是质子，而是应该同时包含电子。这就是说，氢原子体系被连续不断地创造出来。如果不承认电荷守恒定律，则可假定质子被连续不断地创造出来，从而宇宙中的正电量越来越多。根据目前掌握的观测资料及理论研究结果，目前的宇宙从整体上看是呈中性状态的；若将时间反推回去，在早期宇宙时期，整个宇宙必呈负电特性，这看来是不太可能的。当然，也可假定中子被连续不断地创造出来。自由中子衰变为质子并放出电子，二者有可能形成氢原子。

3.1.8 梯度算符的运算规则*

梯度算符 ∇ 和拉普拉斯算符 Δ 分别定义为

$$\nabla=\partial_i\boldsymbol{e}^i\equiv\partial_1\boldsymbol{e}^1+\partial_2\boldsymbol{e}^2+\partial_3\boldsymbol{e}^3 \tag{3.17}$$

$$\Delta\equiv\nabla^2=\partial_i\partial^i\equiv\partial_1^2+\partial_2^2+\partial_3^2 \tag{3.18}$$

其中

$$\partial_i\equiv\frac{\partial}{\partial x^i},\quad \partial^i\equiv\partial_i \tag{3.19}$$

这里采用了爱因斯坦求和约定，其中 $i=1,2,3$。

* 本小节介绍梯度算符的运算规则，可跳过，在需要时再回到这里参考、阅读。

将∇和Δ作用于标量场 φ，得

$$\begin{aligned}\nabla\varphi &= \partial_i\varphi\boldsymbol{e}^i \equiv \partial_1\varphi\boldsymbol{e}^1+\partial_2\varphi\boldsymbol{e}^2+\partial_3\varphi\boldsymbol{e}^3\\ &= \frac{\partial\varphi}{\partial x^1}\boldsymbol{e}^1+\frac{\partial\varphi}{\partial x^2}\boldsymbol{e}^2+\frac{\partial\varphi}{\partial x^3}\boldsymbol{e}^3\end{aligned} \tag{3.20}$$

$$\Delta\varphi=\partial_i\partial^i\varphi\equiv(\partial_1^2+\partial_2^2+\partial_3^2)\varphi \tag{3.21}$$

将∇和Δ作用于矢量场 $\boldsymbol{p}$，得

$$\nabla\cdot\boldsymbol{p}=\partial_i p^i\equiv\frac{\partial p^1}{\partial x^1}+\frac{\partial p^2}{\partial x^2}+\frac{\partial p^3}{\partial x^3} \tag{3.22}$$

$$\nabla\times\boldsymbol{p}=\varepsilon_{ijk}\partial^i p^j\boldsymbol{e}^k\equiv\varepsilon_{kij}\partial^i p^j\boldsymbol{e}^k \tag{3.23}$$

$$\Delta\boldsymbol{p}=\partial_i\partial^i\boldsymbol{p} \tag{3.24}$$

其中

$$\boldsymbol{p}=p_i\boldsymbol{e}^i,\quad p^i\equiv p_i \tag{3.25}$$

而

$$\varepsilon_{ijk}=\begin{cases}1, & 若i,j,k是123偶置换\\ -1, & 若i,j,k是123奇置换\\ 0, & 其他情形\end{cases} \tag{3.26}$$

是莱维-齐维塔符号。例如：

$$\varepsilon_{123}=\varepsilon_{231}=\varepsilon_{312}=-\varepsilon_{213}=-\varepsilon_{132}=-\varepsilon_{321}=1$$

$$\varepsilon_{112}=\varepsilon_{113}=\cdots=0,\cdots$$

莱维-齐维塔符号 ε_{ijk} 与克罗内克符号 δ_{ij} 之间具有如下关系：

$$\varepsilon_{ijk}\varepsilon_{lm}^{k}=\delta_{il}\delta_{jm}-\delta_{im}\delta_{jl} \tag{3.27}$$

∇ 的运算基于式（3.17）～式（3.27），可得

$$\nabla(\varphi\psi)=(\nabla\varphi)\psi+\varphi\nabla\psi \tag{3.28}$$

$$\nabla\cdot(\varphi\boldsymbol{p})=(\nabla\varphi)\cdot\boldsymbol{p}+\varphi\nabla\cdot\boldsymbol{p} \tag{3.29}$$

$$\nabla\times(\varphi\boldsymbol{p})=(\nabla\varphi)\times\boldsymbol{p}+\varphi\nabla\times\boldsymbol{p} \tag{3.30}$$

$$\nabla(\boldsymbol{p}\cdot\boldsymbol{g})=\boldsymbol{p}\times(\nabla\times\boldsymbol{g})+(\boldsymbol{p}\cdot\nabla)\boldsymbol{g}+\boldsymbol{g}\times(\nabla\times\boldsymbol{p})+(\boldsymbol{g}\cdot\nabla)\boldsymbol{p} \tag{3.31}$$

$$\nabla\cdot(\boldsymbol{p}\times\boldsymbol{g})=(\nabla\times\boldsymbol{p})\cdot\boldsymbol{g}-\boldsymbol{p}\cdot(\nabla\times\boldsymbol{g}) \tag{3.32}$$

$$\nabla\times(\boldsymbol{p}\times\boldsymbol{g})=(\boldsymbol{g}\cdot\nabla)\boldsymbol{p}-(\nabla\cdot\boldsymbol{p})\boldsymbol{g}-(\boldsymbol{p}\cdot\nabla)\boldsymbol{g}+(\nabla\cdot\boldsymbol{g})\boldsymbol{p} \tag{3.33}$$

$$\nabla\times\nabla\varphi=0 \tag{3.34}$$

$$\nabla\cdot\nabla\times\boldsymbol{p}=0 \tag{3.35}$$

$$\nabla\times(\nabla\times\boldsymbol{p})=\nabla(\nabla\boldsymbol{p})-\nabla^2\boldsymbol{p} \tag{3.36}$$

举两个指标法推导公式的例子如下。

（1）推导式（3.28）：

$$\nabla(\varphi\psi)=\partial_i(\varphi\psi)\boldsymbol{e}^i=(\partial_i\varphi+\partial_i\psi)\boldsymbol{e}^i=(\nabla\varphi)\psi+\varphi\nabla\psi$$

（2）推导式（3.32）：

$$\begin{aligned}\nabla\cdot(\boldsymbol{p}\times\boldsymbol{g})&=\partial_l\boldsymbol{e}^l\cdot(\varepsilon_{ijk}p^ig^j\boldsymbol{e}^k)=(\varepsilon_{ijk}\partial_l p^ig^j+\varepsilon_{ijk}p^i\partial_l g^j)\boldsymbol{e}^l\cdot\boldsymbol{e}^k\\ &=(\varepsilon_{ijk}\partial_l p^ig^j-\varepsilon_{ijk}p^j\partial_l g^i)\boldsymbol{e}^l\cdot\boldsymbol{e}^k=(\nabla\times\boldsymbol{p})\cdot\boldsymbol{g}-\boldsymbol{p}\cdot(\nabla\times\boldsymbol{g})\end{aligned}$$

3.1.9 毕奥–萨伐尔定律

电荷无论是否运动，都能产生电场。但磁场却由运动的电荷所激发。至今没有发现磁单极子。电荷的定向流动形成电流。描述稳恒电流如何激发磁场的数学表述，称为毕奥-萨伐尔（Biot-Savart）定律，这是由法国物理学家毕奥（Biot，1774—1862 年）和萨伐尔（Savart，1791—1841 年）发现的物理学定律。

将讨论限定在惯性系中，因为在非惯性系中，问题会变得非常复杂。电荷移动构成电流。电流被定义为单位时间内通过单位横截面的电荷量，电流的单位用安培（A）表示。电荷运动就会产生磁场，也就是说磁场起源于电荷的运动。为了表征电荷流动的强弱，定义一种量 I，称为电流，它是通过一个固定横截面 S 的电量。根据电流密度的定义，有

$$I = \int_S \boldsymbol{J} \cdot \boldsymbol{n} d\sigma \tag{3.37}$$

其中：$\boldsymbol{n}$ 为横截面上的单位法矢（事先定向）。

运动的电荷激发磁场，这是毕奥和萨伐尔发现的定律。假定有一稳恒电流（这里的稳恒电流假设是必要的）分布 $\boldsymbol{J}$（即电流密度不随时间变化）于区域 τ 之中，则有

$$\boldsymbol{B} = \frac{\mu_0}{4\pi}\int_\tau \frac{\boldsymbol{J}(\boldsymbol{r}')\times(\boldsymbol{r}-\boldsymbol{r}')}{|\boldsymbol{r}-\boldsymbol{r}'|^3}\mathrm{d}\tau \tag{3.38}$$

其中：μ_0 为真空磁导率；$\boldsymbol{r}'$ 和 $\boldsymbol{r}$ 分别为积分元 $\mathrm{d}\tau$ 和场点的向径。由式（3.38）唯一地定义了矢量场 $\boldsymbol{B}$，称为磁感应场，或简称磁场。在上述推导过程中，假定了电流密度不随时间变化（即稳恒电流假设）。如果电流密度随时间变化，则上述推导未必成立。

这里留下了一个非常棘手的问题：由于相对性，结果不客观了。假定在一个惯性系 K 中一个带电粒子做匀速直线运动，则会诱导出一个磁场，或称感生磁场；但在随粒子运动的参考系（也是惯性系）中考察，由于带电粒子处于静止状态，没有磁场。这看起来是极为不合理的。更深入的讨论，参见关于麦克斯韦（Maxwell，1831—1879 年）方程的研究（麦克斯韦，1994）。

假定在空间中已存在磁场，那么磁场对电流或运动电荷有作用力。实验表明，一个电流元 $I\mathrm{d}\boldsymbol{l}$（其中 $\mathrm{d}\boldsymbol{l}$ 是电流方向的微元距离矢量）在磁场中所受的力可以表示成

$$\mathrm{d}\boldsymbol{F} = I\mathrm{d}\boldsymbol{l}\times\boldsymbol{B} \tag{3.39}$$

如果在式（3.39）的两边同时除以微元体积 $\mathrm{d}A\mathrm{d}l$（其中 $\mathrm{d}A$ 是微元面积），便得到

$$\boldsymbol{f} = \boldsymbol{J}\times\boldsymbol{B} \tag{3.40}$$

其中：$\boldsymbol{f}$ 为单位体积中运动电荷所受的合力，称为力密度。由于单位体积中所包含的电荷量被定义为电荷密度 ρ_e，若将电场对电荷的作用力也考虑进去，便得到著名的洛伦兹（Lorentz）力密度公式：

$$\boldsymbol{f} = \rho_\mathrm{e}\boldsymbol{E} + \boldsymbol{J}\times\boldsymbol{B} \tag{3.41}$$

如果假定在单位体积中就包含一个带电粒子，在式（3.41）的两边同时乘以单位体

积，则得到电磁场（电场与磁场的统称）作用于一个带电粒子的洛伦兹力公式（试证明：**习题 3.4**）：

$$\boldsymbol{F}=q\boldsymbol{E}+q\boldsymbol{v}\times\boldsymbol{B} \tag{3.42}$$

其中：q 为粒子所带电量；$\boldsymbol{v}$ 为粒子的运动速度。

> **注释 3.4** 洛伦兹假定式（3.42）在任何情形下都有效，而实验的确证实了这一点（至少尚未发现不符）。由于洛伦兹力公式在电磁场理论中的作用正如牛顿第二定律在经典力学中的作用一样，有理由将式（3.42）提升为定律，称为电磁作用力定律，简称洛伦兹定律。不过这一提法一方面是为了表明洛伦兹的贡献，另一方面也是为了方便，并非名副其实，因为导出式（3.42）的基础式（3.39）并非由洛伦兹提出。

3.1.10 磁场的散度和旋度

根据毕奥-萨伐尔定律[式（3.38）]，可以导出如下两个微分方程（试推导：**习题 3.5**）：

$$\nabla\cdot\boldsymbol{B}=0 \tag{3.43}$$

以及

$$\nabla\times\boldsymbol{B}=\mu_0\boldsymbol{J} \tag{3.44}$$

上述两个微分方程分别是磁场的散度和旋度，它们分别表示了磁场的无源性和有旋性。如同库仑定律只对静止电荷（从而电荷密度与时间无关）成立，毕奥-萨伐尔定律也只对稳恒电流密度（即电流密度与时间无关）成立。因此，在一般情形下，式（3.43）和式（3.44）未必正确。但实验表明，式（3.43）总是成立的，式（3.44）则需要修正。

3.1.11 法拉第电磁感应定律

既然磁场源于运动的电荷，也即运动的电荷产生磁场，现在反过来问：变化的磁场能否导致电场呢？

法拉第（Faraday，1791—1867 年）的实验表明，当磁场发生变化时，位于磁场中的导线（或导体）有电流产生。产生电荷流动的原因，必定是由于存在电场 $\boldsymbol{E}$，或者说存在电动势 ε，称为感生电动势，或称感应电动势。

假定有一闭合的导线构成一个简单光滑曲线，以此曲线为边界有一个任意的光滑曲面片 S，其边界可记为 ∂S（它就是导线构成的一闭合曲线），那么法拉第电磁感应定律可表示为

$$\varepsilon=-\frac{\mathrm{d}}{\mathrm{d}t}\iint_S\boldsymbol{B}\cdot\boldsymbol{n}\mathrm{d}\sigma \tag{3.45}$$

其中：积分量表示通过曲面片 S 的磁通量，负号表示由感应电动势所驱动的电流的右手螺旋方向总是与磁通的增加方向相反。

感应电动势 ε 是电场强度 $\boldsymbol{E}$ 沿回路的线积分（郭硕鸿，1979），因而式（3.45）可以改写成

$$\int_{\partial S} \boldsymbol{E}\cdot\boldsymbol{e}\mathrm{d}l = -\frac{\mathrm{d}}{\mathrm{d}t}\iint_S \boldsymbol{B}\cdot\boldsymbol{n}\mathrm{d}\sigma \tag{3.46}$$

其中：$\boldsymbol{e}$ 为沿环路上的单位切矢量。利用斯托克斯（Stokes）定理将环路线积分转化为面积分，并假定回路和曲面片固定不变，这时，时间微分与积分号可交换，则可将式(3.46)写成微分形式：

$$\nabla\times\boldsymbol{E} = -\frac{\partial\boldsymbol{B}}{\partial t} \tag{3.47}$$

当磁场变化时，磁场对时间的变化率不为 0，因而由此感应的电场是有旋场。

有一个值得深思的问题：为什么电磁之间能够相互产生？

> **注释 3.5**　对静电场而言，由于它是保守场，沿任意一个闭合回路的线积分必定为 0。由此可以推断，由磁场变化而感生的电场不可能是保守场，否则，式（3.47）就不成立了。

3.1.12　麦克斯韦方程组

根据前面几节的讨论，可以列出如下方程组：

$$\begin{cases}\nabla\cdot\boldsymbol{E} = \dfrac{\rho_{\mathrm{e}}}{\varepsilon_0}\\ \nabla\times\boldsymbol{E} = -\dfrac{\partial\boldsymbol{B}}{\partial t}\\ \nabla\cdot\boldsymbol{B} = 0\\ \nabla\times\boldsymbol{B} = \mu_0\boldsymbol{J}\end{cases} \tag{3.48}$$

然而，考察式（3.48）中的第 4 个方程就会发现，总是得到（试证明：**习题 3.6**）

$$\nabla\cdot\boldsymbol{J} = 0$$

但根据电荷守恒定律，电流密度的散度并非总是为 0（只有在一些特殊情况下才如此，例如稳恒电流）。这一矛盾结果指明应该修正式（3.48）中的第 4 个方程，因为电荷守恒定律更为可信。

麦克斯韦找到了一种修正办法。他假定存在一种物理量 $\boldsymbol{J}_{\mathrm{D}}$，称为位移电流密度，满足如下方程：

$$\nabla\cdot(\boldsymbol{J}+\boldsymbol{J}_{\mathrm{D}}) = 0 \tag{3.49}$$

将式（3.48）中的第 4 个方程修改为

$$\nabla\times\boldsymbol{B} = \mu_0(\boldsymbol{J}+\boldsymbol{J}_{\mathrm{D}}) \tag{3.50}$$

将式（3.50）代替式（3.48）中的第 4 个方程就不再有矛盾了。可以证明，$\boldsymbol{J}_{\mathrm{D}}$ 的一种可能的表达式为（试证明：**习题 3.7**）

$$\boldsymbol{J}_{\mathrm{D}} = \varepsilon_0\frac{\partial\boldsymbol{E}}{\partial t} \tag{3.51}$$

于是，得到真空惯性参考系中的麦克斯韦方程组：

$$\begin{cases}\nabla\cdot\boldsymbol{E}=\dfrac{\rho_{\mathrm{e}}}{\varepsilon_0}\\ \nabla\times\boldsymbol{E}=-\dfrac{\partial\boldsymbol{B}}{\partial t}\\ \nabla\cdot\boldsymbol{B}=0\\ \nabla\times\boldsymbol{B}=\mu_0\left(\boldsymbol{J}+\varepsilon_0\dfrac{\partial\boldsymbol{E}}{\partial t}\right)\end{cases}\tag{3.52}$$

在存在介质的空间中，麦克斯韦方程具有如下形式：

$$\begin{cases}\nabla\cdot\boldsymbol{D}=\rho_{\mathrm{f}}\\ \nabla\times\boldsymbol{E}=-\dfrac{\partial\boldsymbol{B}}{\partial t}\\ \nabla\cdot\boldsymbol{B}=0\\ \nabla\times\boldsymbol{H}=\boldsymbol{J}_{\mathrm{f}}+\dfrac{\partial\boldsymbol{D}}{\partial t}\end{cases}\tag{3.53}$$

其中：ρ_{f} 和 $\boldsymbol{J}_{\mathrm{f}}$ 分别为自由电荷密度和自由电流密度；为了方便起见，可将 $\boldsymbol{D}$ 和 $\boldsymbol{H}$ 分别称为介质中的电场强度（电位移矢量）和磁场强度，它们与真空中定义的电场 $\boldsymbol{E}$ 和磁场 $\boldsymbol{B}$ 分别具有如下关系：

$$\boldsymbol{D}=\varepsilon\boldsymbol{E}\tag{3.54}$$

$$\boldsymbol{H}=\frac{1}{\mu}\boldsymbol{B}\tag{3.55}$$

其中：ε 和 μ 分别为介质的介电常数和磁导率，由实验确定。式（3.54）和式（3.55）称为介质中的电磁本构方程。然而必须指出，式（3.54）和式（3.55）仅在各向同性的介质中成立。在一般线性介质中，本构关系需要用张量形式来表述（介电常数和磁导率是张量）；在非线性介质中，本构关系更为复杂。

在真空中，ε 和 μ 分别退化为真空中的介电常数 ε_0 和磁导率 μ_0，而式（3.53）也就退化为真空中的麦克斯韦方程组[式（3.52）]。

另外，在导电物质中，$\boldsymbol{E}$ 和 $\boldsymbol{J}_{\mathrm{f}}$ 之间还受如下的欧姆定律的制约：

$$\boldsymbol{J}_{\mathrm{f}}=\sigma\boldsymbol{E}\tag{3.56}$$

其中：σ 为电导率。

3.1.13 电磁场的能量和能流

电磁场具有能量，因为它可以推动带电粒子运动而做功。实际上库仑场就是一个（保守）位能场。

如果引入能量密度及能流密度的概念，则对后面的讨论特别是洛伦兹力密度公式和麦克斯韦方程的构建比较有利。能量密度就是单位体积中所含的能量，用符号 w 表示（注意它不仅与空间坐标有关，还与时间坐标有关），而能流密度是矢量，它表示单位时间内通过单位横截面的能量，其方向是能量传输方向，通常用符号 $\boldsymbol{S}$ 表示。能流密度 $\boldsymbol{S}$ 也称为坡印亭（Poynting）矢量，最先由坡印亭引入电磁场理论，在电磁波传播的研究中有重要作用。

有了能量密度及能流密度的概念，再根据能量守恒定律，对于一个确定的区域Ω（其边界记为$\partial\Omega$），即可得到如下的积分形式（试证明：**习题 3.8**）：

$$-\int_{\partial\Omega}\boldsymbol{S}\cdot\boldsymbol{n}\mathrm{d}\sigma=\int_{\Omega}\boldsymbol{f}\cdot\boldsymbol{v}\mathrm{d}\tau+\frac{\mathrm{d}}{\mathrm{d}t}\int_{\Omega}w\mathrm{d}\tau \tag{3.57}$$

其中：$\boldsymbol{n}$为边界面$\partial\Omega$上的外法线单位矢量；$\boldsymbol{f}$为场对带电粒子的作用力密度；$\boldsymbol{v}$为带电粒子（在力密度$\boldsymbol{f}$的作用下）的运动速度。利用高斯定理将面积分转化为体积分，同时注意到，在区域固定不变的假定下（否则，情况比较复杂，本小节不予讨论），有

$$\frac{\mathrm{d}}{\mathrm{d}t}\int_{\Omega}w\mathrm{d}\tau=\int_{\Omega}\frac{\partial w}{\partial t}\mathrm{d}\tau$$

因而可以写出对应于式（3.57）的微分方程形式：

$$\nabla\cdot\boldsymbol{S}+\frac{\partial w}{\partial t}=-\boldsymbol{f}\cdot\boldsymbol{v} \tag{3.58}$$

利用洛伦兹力密度公式及介质中的麦克斯韦方程组便可导出如下两个关系式（试推导：**习题 3.9**）：

$$\boldsymbol{S}=\boldsymbol{E}\times\boldsymbol{H} \tag{3.59}$$

$$\frac{\partial w}{\partial t}=\boldsymbol{E}\cdot\frac{\partial\boldsymbol{D}}{\partial t}+\boldsymbol{H}\cdot\frac{\partial\boldsymbol{B}}{\partial t} \tag{3.60}$$

[**提示**：从洛伦兹力密度公式$\boldsymbol{f}=\rho\boldsymbol{E}+\boldsymbol{J}\times\boldsymbol{B}$出发，两边点积作用速度矢量]

在真空中，由于$\boldsymbol{D}=\varepsilon_0\boldsymbol{E}$、$\boldsymbol{H}=\boldsymbol{B}/\mu_0$，立即得到能量密度和能流密度的具体表达式：

$$\boldsymbol{S}=\frac{1}{\mu_0}\boldsymbol{E}\times\boldsymbol{B} \tag{3.61}$$

$$w=\frac{1}{2}\left(\varepsilon_0\boldsymbol{E}^2+\frac{1}{\mu_0}\boldsymbol{B}^2\right) \tag{3.62}$$

在充满了各向同性介质的区域，有（试证明：**习题 3.10**）

$$\boldsymbol{S}=\frac{1}{\mu}\boldsymbol{E}\times\boldsymbol{B} \tag{3.63}$$

$$w=\frac{1}{2}\left(\varepsilon\boldsymbol{E}^2+\frac{1}{\mu}\boldsymbol{B}^2\right) \tag{3.64}$$

3.2 静电场及稳恒电流磁场

静电场是指在任意空间点，场强不随时间变化。稳恒电流激发的磁场，称为稳恒磁场，在稳恒磁场中的任意空间点，磁场不随时间变化。

3.2.1 静电场边值条件

静电场可以用一个标量位函数（即电场位）的梯度来表示。电场位在无介质的空间满足拉普拉斯方程，在无穷远处正则（总可以假定在无穷远处不存在介质）；在有介质的空间满足泊松方程。知道了静电场的电荷分布，即可根据边值条件求解电场在整个空间中的分布。为了建立边值条件，只需要考虑最一般的情形：边界面Σ由两种介质界定。将这两种介质分别记为介质 1 和介质 2，而在这两种介质中的电荷密度分别记为 ρ_1 和 ρ_2，电场位分别记为 ϕ_1 和 ϕ_2，它们分别满足介质 1 和介质 2 中的泊松方程。另外，在边界Σ上，也许会有累积电荷。为此，用 3/4 表示边界上的面电荷密度。于是根据麦克斯韦方程组，在静电场条件下，可以写出如下边值条件（试推导：**习题 3.11**）：

$$\phi_1\big|_\Sigma = \phi_2\big|_\Sigma \tag{3.65}$$

$$\left(\varepsilon_2 \frac{\partial \phi_2}{\partial n} - \varepsilon_1 \frac{\partial \phi_1}{\partial n}\right)\Bigg|_\Sigma = -\sigma \tag{3.66}$$

其中：n 为在边界面上的由介质 1 指向介质 2 的法线。[**提示**：第一个方程是连续性方程，因为电场位函数与引力位函数一样，在整个空间（包括介质内部和边界）中都是连续的。要证明第二个方程，可在边界面附近应用高斯定理]

值得注意，在整个空间有一个统一的电场位 ϕ，只不过在介质 1 和介质 2 中分别用 ϕ_1 和 ϕ_2 来表示，它们在边界面上由边值条件[式（3.65）和式（3.66）]制约。当然，ϕ 在无介质的空间满足拉普拉斯方程（泊松方程的特例），在无穷远处正则。有了上述边值条件，即可求解泊松方程了。至于如何求解，在任意一本标准的《数学物理方法》教科书中均有阐述。

然而，在空间中也许存在导体，这是一种特殊情况。由于讨论的是静电场，在导体中不能有电流存在。一个质体称为导体，是指假如在该质体中存在净电荷，上述净电荷就可以在该质体中自由移动。确切地说，在导体中不存在电荷，电荷只能分布在导体的表面（试论证：**习题 3.12**）。另外，还可以证明（试证明：**习题 3.13**）：导体内部的电场为 0，导体表面的电场位是常数（即导体表面是等位面）。

静电场的能量如何计算呢？能量密度的表达式（假定各向同性介质）为

$$w = \frac{1}{2}\left(\varepsilon \boldsymbol{E}^2 + \frac{1}{\mu}\boldsymbol{B}^2\right)$$

由于 $\boldsymbol{B} = 0$，上式可写成

$$w = \frac{1}{2}\varepsilon \boldsymbol{E}^2$$

或

$$w = \frac{1}{2}\boldsymbol{E}\cdot\boldsymbol{D}$$

注意 $\boldsymbol{E} = -\nabla\phi$，$\nabla\cdot\boldsymbol{D} = \rho$，可得到整个空间中的（静电场）总能量（试证明：**习题 3.14**）

$$W_e = \frac{1}{2}\int_{R^3}\rho\phi \mathrm{d}\tau - \frac{1}{2}\int_{R^3}\nabla\cdot(\phi\boldsymbol{D})\mathrm{d}\tau$$

其中：R^3 为（整个）三维欧几里得空间。上式等号右边的第二项可以利用高斯定理转化为对 $\phi\boldsymbol{D}$ 的面积分。由于边界面在无穷远处，而 $\phi\boldsymbol{D}$ 在无穷远处形如 $\frac{1}{r^3}$，上述面积分为 0。于是有

$$W_e = \frac{1}{2}\int_{R^3}\rho\phi \mathrm{d}\tau$$

考虑在无介质的空间 $\rho=0$，因而可将上式写成

$$W_e = \frac{1}{2}\int_{\Omega}\rho\phi \mathrm{d}\tau \tag{3.67}$$

其中：Ω 为介质所占据的区域。

在式（3.67）中，ϕ 是电场位，可由电荷分布密度 ρ 求出：

$$\phi = \frac{1}{4\pi\varepsilon_0}\int_{\Omega}\frac{\rho}{l}\mathrm{d}\tau \tag{3.68}$$

其中：l 为积分元至场点的距离。

另外，在式（3.67）中，不能将 $\frac{1}{2}\rho\phi$ 看作静电场的能量密度，因为静电场的能量密度分布于整个空间（包括无介质空间）之中。

3.2.2 稳恒电流磁场的矢势

根据麦克斯韦方程组，稳恒电流激发的磁场可以表示为

$$\nabla\cdot\boldsymbol{B} = 0 \tag{3.69}$$

$$\nabla\times\boldsymbol{H} = \boldsymbol{J} \tag{3.70}$$

其中：$\boldsymbol{J}$ 为自由电流密度。

根据式（3.69），$\boldsymbol{B}$ 必定可以表示成一个矢量函数 $\boldsymbol{A}$ 的旋度（试证明：**习题 3.15**）：

$$\boldsymbol{B} = \nabla\times\boldsymbol{A} \tag{3.71}$$

这样一个矢量函数称为磁场的矢势。显然，按上述方式定义的矢势函数并不唯一。例如，若另有一个矢势函数 $\boldsymbol{C}$ 使得 $\boldsymbol{B}=\nabla\times\boldsymbol{C}$，则 $\boldsymbol{A}+\boldsymbol{C}$ 也构成磁场 $\boldsymbol{B}$ 的矢势。为了使矢势唯一确定，就需要附加条件方程，通常称为规范条件，简称规范。规范是人为给定的，主要研究问题的方便而定。也就是说，人们可以选取不同的规范，只要保证满足式（3.69），就不会对电磁场本身产生任何影响。

在电磁场理论中，通常所选用的规范有两个：一个是库仑规范，一个是洛伦兹规范。在稳恒电流磁场的研究中取库仑规范，而在研究电磁波辐射及传播时取洛伦兹规范。这里主要研究稳恒电流磁场，因而取如下的库仑规范：

$$\nabla\cdot\boldsymbol{A} = 0 \tag{3.72}$$

之所以将上述规范称为库仑规范，是因为在此规范之下所求出的矢势表达式非常类似于库仑势（即库仑静电场的电场位）。

这里寻求矢势 $\boldsymbol{A}$ 的表达式，其满足库仑规范。由于 $\boldsymbol{B}=\mu\boldsymbol{H}$，有

$$\nabla\times(\nabla\times\boldsymbol{A})=\mu\boldsymbol{J}$$

再利用式（3.72）可推出（试推导：**习题 3.16**）

$$\Delta\boldsymbol{A}=-\mu\boldsymbol{J} \tag{3.73}$$

其中：Δ 为拉普拉斯算子。式（3.73）实际上是矢量泊松方程，将它写成分量形式为

$$\Delta A^i=-\mu J^i,\quad i=1,2,3 \tag{3.74}$$

对于上述人们熟知的泊松方程，如果规定 A^i 在无穷远处正则（这是合理的，否则也无关紧要，只是多一个不定常数而已），则可直接写出如下的解：

$$A^i=\frac{\mu}{4\pi}\int_\Omega\frac{J^i}{l}\mathrm{d}\tau,\quad i=1,2,3 \tag{3.75}$$

或者重新写成矢量形式：

$$\boldsymbol{A}=\frac{\mu}{4\pi}\int_\Omega\frac{\boldsymbol{J}}{l}\mathrm{d}\tau \tag{3.76}$$

有了矢势，即可求出磁场：

$$\boldsymbol{B}=\nabla\times\boldsymbol{A} \tag{3.77}$$

完成上述旋度运算即得毕奥-萨伐尔定律[式（3.38）]（试证明：**习题 3.17**）。

3.2.3 稳恒电流磁场的能量

根据式（3.64），可以写出稳恒电流磁场的总能量：

$$W_{\mathrm{m}}=\frac{1}{2}\int_{R^3}\boldsymbol{B}\cdot\boldsymbol{H}\mathrm{d}\tau \tag{3.78}$$

根据关系式 $\boldsymbol{B}=\nabla\times\boldsymbol{A}$ 及 $\nabla\times\boldsymbol{H}=\boldsymbol{J}$，经简单运算即可得

$$W_{\mathrm{m}}=\frac{1}{2}\int_{R^3}\boldsymbol{A}\cdot\boldsymbol{J}\mathrm{d}\tau+\frac{1}{2}\int_{R^3}\nabla\cdot(\boldsymbol{A}\times\boldsymbol{H})\mathrm{d}\tau \tag{3.79}$$

但式（3.79）等号右边的第二项为 0（试证明：**习题 3.18**），因而有

$$W_{\mathrm{m}}=\frac{1}{2}\int_\Omega\boldsymbol{A}\cdot\boldsymbol{J}\mathrm{d}\tau \tag{3.80}$$

式（3.80）中的积分域从 R^3 变成了 Ω，是因为在无介质的空间中 $\boldsymbol{J}=0$。由此可以看出，稳恒电流磁场的总磁能表达式与静电场的总电能表达式非常相似。另外，$\frac{1}{2}\boldsymbol{A}\cdot\boldsymbol{J}$ 并不代表磁场的能量密度，因为 $\boldsymbol{A}$ 在无介质的空间中为 0，而 $\boldsymbol{J}$ 在无介质的空间中也存在。

3.2.4 电偶极矩和磁偶极矩

假定有电荷密度 ρ 分布于区域 Ω 之中，那么真空中的电场位可表示成

$$\phi=\frac{1}{4\pi\varepsilon_0}\int_\Omega\frac{\rho}{l}\mathrm{d}\tau \tag{3.81}$$

其中：l 为积分元与场点之间的距离。令

$$f(\boldsymbol{r}-\boldsymbol{r}')=\frac{1}{|\boldsymbol{r}-\boldsymbol{r}'|}$$

则上式可以展开成泰勒级数：

$$\begin{aligned}f(\boldsymbol{r}-\boldsymbol{r}')&=f(\boldsymbol{r})-\boldsymbol{r}'\cdot\nabla f(\boldsymbol{r})+\frac{1}{2!}(\boldsymbol{r}'\cdot\nabla)^2 f(\boldsymbol{r})+\cdots\\&=\frac{1}{r}-\boldsymbol{r}'\cdot\nabla\frac{1}{r}+\frac{1}{2!}x'^i x'^j\frac{\partial^2}{\partial x^i\partial x^j}\frac{1}{r}+\cdots\end{aligned}\tag{3.82}$$

将式（3.82）代入式（3.81），便得

$$\phi=\frac{1}{4\pi\varepsilon_0}\left(\frac{Q}{r}-\boldsymbol{p}\cdot\nabla\frac{1}{r}+\frac{1}{6}D^{ij}\frac{\partial^2}{\partial x^i\partial x^j}\frac{1}{r}+\cdots\right)\tag{3.83}$$

其中

$$Q=\int_\Omega\rho\mathrm{d}\tau\tag{3.84}$$

是人们熟知的总电荷，由此而产生的电场位可作为真实电场位的一级近似

$$\boldsymbol{p}=\int_\Omega\rho\boldsymbol{r}'\mathrm{d}\tau\tag{3.85}$$

是电偶极矩，通常又称电偶极子，由此而产生的电场位可作为二阶近似；而

$$D^{ij}=\int_\Omega 3x'^i x'^j\rho\mathrm{d}\tau\tag{3.86}$$

是电四极矩，通常又称二阶电四极张量（参见第 2 章），由此而产生的电场位可作为三阶近似。依次还可以定义高阶极矩，但一般很少用到。

注释 3.6 级数表达式[式（3.83）]是否收敛是一个较高深的问题。粗略地说，若场点离开介质体比较远，则级数表达式肯定收敛；在介质体内部，肯定发散；在边界面附近（即使在边界面的外部），有可能收敛，有可能发散。实际上，上述级数展开在实用上未必有必要。这是因为：如果电荷密度分布已知，那么可直接进行积分而精确求出电场位；如果电荷密度未知，则必须通过解边值问题来求解，而这时最有效的办法（假如边界面是不规则面）是采用虚拟压缩恢复法（申文斌 等，2006；申文斌 等，2004；Shen，1998）。不过，采用级数展开法得到了一个副产品，那就是电偶极子的概念，而这一概念在电磁理论及其他学科中均有广泛应用。当然，如果不知道边界值，则只能采用级数展开法。采用球谐级数展开，可充分利用各种观测数据（如磁卫星观测数据）确定球谐系数。

同理，对于由稳恒电流所激发的真空中磁场的矢势：

$$\boldsymbol{A}=\frac{\mu_0}{4\pi}\int_\Omega\frac{\boldsymbol{J}}{l}\mathrm{d}\tau$$

也可以将它展开成泰勒级数形式（试证明：**习题 3.19**）：

$$\boldsymbol{A}=\frac{\mu_0}{4\pi}\int_\Omega\boldsymbol{J}\left(\frac{1}{r}-\boldsymbol{r}'\cdot\nabla\frac{1}{r}+\frac{1}{2!}x'^i x'^j\frac{\partial^2}{\partial x^i\partial x^j}\frac{1}{r}+\cdots\right)\mathrm{d}\tau\tag{3.87}$$

关于上述级数的收敛性问题，可参阅注释 3.6。对于稳恒电流，级数展开式（3.87）的右边的第一项 $\boldsymbol{A}^{(0)}$ 为 0（试证明：**习题 3.20**）；对于第二项 $\boldsymbol{A}^{(1)}$：

$$\boldsymbol{A}^{(1)}=-\frac{\mu_0}{4\pi}\int_{\Omega}\boldsymbol{J}\left(\boldsymbol{r}'\cdot\nabla\frac{1}{r}\right)\mathrm{d}\tau \tag{3.88}$$

则可化简为[化简过程比较复杂，参阅郭硕鸿（1979）]：

$$\boldsymbol{A}^{(1)}=\frac{\mu_0}{4\pi}\boldsymbol{m}\times\frac{\boldsymbol{r}}{r^3} \tag{3.89}$$

其中

$$\boldsymbol{m}=\frac{1}{2}\int_{\Omega}\boldsymbol{r}'\times\boldsymbol{J}\mathrm{d}\tau \tag{3.90}$$

称为磁偶极矩，又称磁偶极子。相应的，还有磁四极矩、磁八极矩等，但它们很少用到，这里不再讨论。

对于稳恒电流，由式（3.90）可以看出，磁偶极矩是常矢。于是根据式（3.89）和式（3.90）可以求出由磁偶极子产生的磁场（试证明：**习题 3.21**）：

$$\boldsymbol{B}^{(1)}=\nabla\times\boldsymbol{A}^{(1)}=-\frac{\mu_0}{4\pi}(\boldsymbol{m}\cdot\nabla)\frac{\boldsymbol{r}}{r^3} \tag{3.91}$$

如果引进一个标量函数

$$\phi_{\mathrm{m}}^{(1)}=\frac{\mu_0}{4\pi}\frac{\boldsymbol{m}\cdot\boldsymbol{r}}{r^3} \tag{3.92}$$

则式（3.91）又可改写成

$$\boldsymbol{B}^{(1)}=-\nabla\phi_{\mathrm{m}}^{(1)} \tag{3.93}$$

由式（3.92）定义的位函数称为稳恒电流磁场的磁标位。在上述推导过程中，需注意稳恒电流这一条件不可缺少，否则磁偶极矩将随时间而变，磁场无法表示成一个标量函数的梯度。

注释 3.7　对电磁场理论的讨论主要限定在静电场理论和稳恒电流所产生的磁场的理论上。这些内容是研究地磁及地电的最重要的基础。一般情况下，若选定地固质心参考系（即坐标系原点与地球质心重合的与地球固结在一起的参考系），则可将地球看作一个介质体，其内部的电荷密度分布与时间无关（至少在比较短的时间内），同时电流密度分布是稳恒的（至少在一个不太长的时间段内）。因此，探讨研究地球的电磁场（包括精确确定）只需要应用静电场和稳恒电流磁场理论。当然，这并不是说对地电及地磁的研究就不需要更进一步的电磁场理论了。当意识到很有必要研究随时间变化的地球电磁场时，就需要应用更深入的电磁场理论，如电磁场的传播、电磁辐射、带电粒子与电磁场的作用等。3.3 节将要讨论的内容有一部分属于电动力学，有一部分属于原子物理学；这些内容一方面具有补充性，另一方面则是构成地球物理学的重要基础。

3.3　介质和原子

本节主要讨论介质的电磁性质及原子（原子核）的衰变规律，因为这是地球物理学（特别是为了研究地球的内部结构及探讨地球的起源）的重要基础之一。

3.3.1 介质

介质实际上就是物质，通常是相对于波的传播而言的。关于物质是由什么构成的问题，历史上曾有过激烈的争论。既然要讲物质的构成，必然要涉及构成物质的东西。然而，这种东西是什么呢？从最初的经验感觉来看，物质可以一直分割下去以至无穷小。这种无穷小的单元就是构成物质的基本元件，称为元素。元素的概念在当初是一种没有大小只有特性的东西（当然现在的意义完全不同）。既然可以感知到不同的物质，就有理由假定元素不是单一的。最著名的莫过于古希腊的四元素说（水、火、土、气），以及中国的五元素说[金、木、土、水、火，通常又称五行说]。无论四元素说还是五元素说，均主张宇宙中的万事万物均由 4 种（或 5 种）元素构成。

直到道尔顿（Dalton，1766—1844 年）（1808）认为物质由不同的原子构成，原子是最小的物质单位。原子是中性的，对外不显电性。

道尔顿在化学理论中提出的定比定律和倍比定律有力地支持了原子学说。Faraday（1833）的电解定律则显示了基本带电粒子的存在。不过，直到 Thomson（1897）才证实了电子的存在。Rutherford（1911）在一系列实验的基础上提出了原子由原子核（它比原子尺度小约 5 个数量级）和电子组成的思想。确切地说，原子是由带正电的原子核和环绕原子核旋转的带负电的电子所构成的，原子核所带的正电荷数与电子数正好相等，因而对外不显电性。不过，既然电子绕原子核运动，便有环形电流，因而对外显磁性。原子核不同，原子也就不同。原子的直径约为 10^{-10}m。目前所发现的不同种类的原子大概有 100 多种。

注释 3.8 原子既然由电子和原子核组成，那么原子就不是最基本的粒子。原子还可以继续分割下去（当然分割的意义有变）。原子核也不是独立体，而是由带正电的质子和不带电的中子构成。无论是电子、质子，还是中子，均不是终极粒子，它们仍然具有内部结构，如它们均带有自旋（韦斯科夫，1979）。自旋是一种物理量，具有角动量的特征。近代物理学的实验表明，质子和中子是由更小的夸克构成的（王正行，1995）。为了解释不同的“基本粒子”的构成，到目前为止已至少提出了 36 种不同的夸克（上、下、奇、粲、顶、底；它们又分别呈现三种颜色：红、蓝、绿；而每一个夸克又有反夸克）。

然而，物质的宏观属性并非直接由原子决定，而是由分子决定。分子是由一个或若干个原子（它们可以不同）构成的物质单元。现在可以说，物质（或介质）由分子构成。分子作为一个单元对外不显电性。但在一般情况下，分子存在环形电流，也即分子具有磁偶极矩，因而对外显磁性。然而，由于分子的取向（按环形电流方向给分子定向）具有随机性（假如没有外场干扰），当取定宏观小而微观大（在一个宏观上看很小的区域有大量的分子）的区域时，也显示不出磁性。

大体上说，存在两类分子：第一类分子中总的负电中心与正电中心重合；第二类分子中总的负电中心与正电中心不重合。第二类分子虽然对外显电性(因为存在电偶极矩)，但从宏观小而微观大的区域来看，由于分子的随机排列而不显电性。

在外界电磁场作用下，分子的磁偶极矩产生有序排列从而从宏观上看对外开始显磁性；第一类分子的正负电中心分离，产生有序排列的电偶极矩；第二类分子的电偶极矩产生有序排列，于是介质从宏观上看也显电性；另外，变化的磁场导致介质中产生感生电流（由于产生了感生电动势）。这一过程称为介质的电极化（简称极化）和磁极化（简称磁化）。极化和磁化的一个显著结果就是，介质的内部和表面（或者不同介质之间的分界面）产生宏观的电荷分布和电流分布。如此产生的电荷和电流分别称为束缚电荷和诱导电流。单位体积内的束缚电荷和流过单位横截面的诱导电流分别称为束缚电荷密度和诱导电流密度，而在分界面上，将单位面积的束缚电荷定义为面束缚电荷密度，而将沿面上流动的诱导电流称为面诱导电流密度。

总体而言，介质在外界电磁场作用下产生束缚电荷和诱导电流，它们产生新的电磁场又作用于介质。但一般情况下总假定存在一种平衡态，在平衡态下具有稳定的电磁场，这当然是老场(即原来的外界场)和新场的叠加(电磁场是矢量场，满足矢量叠加原理)。

3.3.2 介质的极化

介质的介电特性是指在外场作用下介质所显示出的电场性质。根据 3.3.1 小节的讨论，在外场作用下，介质中的分子呈现出有序排列的电偶极矩分布。如果将单位体积介质所含有的总的电偶极矩的和定义为电极化强度矢量 $\boldsymbol{P}$（简称极化强度），则可表示为

$$\boldsymbol{P}=\lim_{\Delta V\to 0}\frac{\sum \boldsymbol{p}_i}{\Delta V} \tag{3.94}$$

其中：$\sum \boldsymbol{p}_i$ 为体积 ΔV 中所含的总的电偶极矩；$\boldsymbol{p}_i$ 为体积 ΔV 中所含的第 i 个分子的电偶极矩，它可以表示成

$$\boldsymbol{p}_i=q_i\boldsymbol{l}_i$$

其中：q_i 为第 i 个分子的正电荷总量（注意 $q_i\boldsymbol{l}_i$，对指标 i 不求和)，而 $\boldsymbol{l}_i$ 是第 i 个分子中由负电中心指至正电中心的（距离）矢量。如果假定 $\boldsymbol{l}_i\equiv 1$ 是常矢（否则后面的推导需要修改；对于由同样的分子构成的单一物质介质，如果忽略外场的不均匀性，则上述假定是合理的)，则可推出如下的积分表达式（试推导：**习题 3.22**）[**提示**：从介质体中截取一个长方体域进行推导]：

$$\int_{\Omega}\rho_{\mathrm{P}}\mathrm{d}\tau=-\int_{\partial\Omega}\boldsymbol{P}\cdot\boldsymbol{n}\mathrm{d}\sigma \tag{3.95}$$

其中：ρ_{P} 为束缚电荷密度；Ω 和 $\partial\Omega$ 分别为所截取的长方体的区域及边界；$\boldsymbol{n}$ 为边界面上的单位法矢。将式（3.95）写成微分形式，便得

$$\rho_{\mathrm{P}}=-\nabla\cdot\boldsymbol{P} \tag{3.96}$$

假定存在两种介质，即介质 1 和介质 2，它们有一个分界面。一般情况下，在外场作用下，分界面上产生面束缚电荷（在 3.3.1 小节已经定义了面束缚电荷密度）。在上述分界面上，可推出如下方程（试证明：**习题 3.23**）[**提示**：在分界面上取一个既包含介质 1 又包含介质 2 的薄层面来推导]：

$$\sigma_{\mathrm{P}} = -\boldsymbol{n}\cdot(\boldsymbol{P}_2 - \boldsymbol{P}_1) \tag{3.97}$$

其中：σ_{P} 为面束缚电荷密度；$\boldsymbol{n}$ 为由介质 1 指向介质 2 的单位法矢。

在介质中，电场应该满足如下关系：

$$\nabla\cdot\boldsymbol{E} = \frac{\rho_{\mathrm{f}} + \rho_{\mathrm{P}}}{\varepsilon_0} \tag{3.98}$$

其中：ρ_{f} 为自由电荷密度。引入一个新的物理量

$$\boldsymbol{D} = \varepsilon_0\boldsymbol{E} + \boldsymbol{P} \tag{3.99}$$

称为电位移矢量，式中

$$\boldsymbol{P} = \chi_{\mathrm{e}}\varepsilon_0\boldsymbol{E} \tag{3.100}$$

其中：χ_{e} 为极化率，取决于介质的性质。若令 $\varepsilon_{\mathrm{r}} = 1 + \chi_{\mathrm{e}}$，称为相对介电常数，注意式（3.96），则式（3.98）可以转化为

$$\nabla\cdot\boldsymbol{D} = \rho_{\mathrm{f}} \tag{3.101}$$

这就是介质中的麦克斯韦方程组[式（3.53）]中的第一个方程。

3.3.3 介质的磁化

在外场作用下，介质会产生磁化，这主要是由分子电流定向排列所致。假定分子电流的环形等效有向面积为 $\boldsymbol{a}$，而用 i 表示分子电流，则由此而产生的磁偶极矩为

$$\boldsymbol{m} = i\boldsymbol{a} \tag{3.102}$$

若用 $\boldsymbol{M}$ 表示单位体积内所含的所有分子磁偶极矩的和，称为磁化强度，则有

$$\boldsymbol{M} = \lim_{\Delta V\to 0}\frac{\sum \boldsymbol{m}_i}{\Delta V} \tag{3.103}$$

若用 $\boldsymbol{J}_{\mathrm{M}}$ 表示磁化电流密度，则有（试证明：**习题 3.24**）[**提示**：在介质中取一个其边界是曲线的曲面片进行证明]

$$\int_S \boldsymbol{J}_{\mathrm{M}}\cdot\boldsymbol{n}\sigma = \int_{\partial S}\boldsymbol{M}\cdot\mathrm{d}\boldsymbol{l} \tag{3.104}$$

其中：S 为一曲面片，其边界记为 ∂S（它是曲线）；$\mathrm{d}\boldsymbol{l}$ 为边界 ∂S 上的切矢微元。

对应于式（3.104）的微分方程形式[利用斯托克斯（Stokes，1819—1903 年）定理]为

$$\boldsymbol{J}_{\mathrm{M}} = \nabla\times\boldsymbol{M} \tag{3.105}$$

当电场随时间变化时，极化强度也随时间变化。变化的极化强度产生极化电流从而激发磁场。根据电偶极矩的定义式（3.85），极化强度可以表示成

$$\boldsymbol{P} = \lim_{\Delta V\to 0}\frac{e_{(i)}\boldsymbol{r}^{(i)}}{\Delta V}$$

其中：$e_{(i)}$ 为体积 ΔV 中第 i 个带电粒子的电荷；$\boldsymbol{r}^{(i)}$ 为第 i 个带电粒子的向径。于是，有

$$\frac{\partial \boldsymbol{P}}{\partial t}=\lim_{\Delta V\to 0}\frac{e_{(i)}\boldsymbol{v}^{(i)}}{\Delta V}=\boldsymbol{J}_{\mathrm{P}} \tag{3.106}$$

其中：$\boldsymbol{J}_{\mathrm{P}}$ 为极化电流。

磁化电流 $\boldsymbol{J}_{\mathrm{M}}$ 与极化电流 $\boldsymbol{J}_{\mathrm{P}}$ 之和称为诱导电流，再加上自由电流 $\boldsymbol{J}_{\mathrm{f}}$ 即构成体系的总的电流。于是，在介质中，磁场应该满足如下方程：

$$\frac{1}{\mu_0}\nabla\times\boldsymbol{B}=\boldsymbol{J}_{\mathrm{f}}+\boldsymbol{J}_{\mathrm{M}}+\boldsymbol{J}_{\mathrm{P}}+\varepsilon_0\frac{\partial \boldsymbol{E}}{\partial t} \tag{3.107}$$

引入新的物理量

$$\boldsymbol{H}=\frac{\boldsymbol{B}}{\mu_0}-\boldsymbol{M} \tag{3.108}$$

称为磁场强度（这里需注意，总是将 $\boldsymbol{B}$ 称为磁场），其中

$$\boldsymbol{M}=\chi_{\mathrm{m}}\boldsymbol{H} \tag{3.109}$$

χ_{m} 为磁化率。若令 $\mu_{\mathrm{r}}=1+\chi_{\mathrm{m}}$，称为相对磁导率，注意到电位移矢量 $\boldsymbol{D}$ 与电场强度 $\boldsymbol{E}$ 之间的关系，并顾及式（3.105）和式（3.106），可将式（3.107）改写成如下形式：

$$\nabla\times\boldsymbol{H}=\boldsymbol{J}_{\mathrm{f}}+\frac{\partial \boldsymbol{D}}{\partial t} \tag{3.110}$$

这正是介质中的麦克斯韦方程组[式（3.53）]中的第 4 个方程。

3.3.4 原子的辐射与吸收

自从卢瑟福（Rutherford，1871—1937 年）提出原子是由原子核和电子构成的思想之后，人们对原子的研究就更加深入了一步。最重要的研究成果之一就是原子可以辐射能量，也可以吸收能量，但无论是辐射还是吸收，其能量是量子化的（Feynman et al.，2010；曾谨言，2000；褚圣麟，1980；张怿慈，1979；Schiff，1968；Planck，1900）。也就是说，原子辐射（吸收）的能量是一份一份的，并不是可以辐射出任意值。究其原因，正是由绕核运动的电子发生跃迁所致（Bohr，1913）：电子从较外围的轨道（较高轨道）跃迁到内侧轨道（较低轨道）时辐射能量（电磁波）；反之，则吸收能量。由于玻尔的量子化原理（Bohr，1913），电子只能处于分立轨道上，由电子跃迁而辐射（吸收）的能量就具有了量子化特征。电子从高轨道跃迁到低轨道时损失位能并以辐射能形式放出；从低轨道跃迁到高轨道时增加位能，这是因为从外界吸收了能量（所吸收的能量正好是上述位能增量）。这一理论对光谱学的发展具有非常重要的作用。这里需要指出，原子中的电子轨道概念还属于经典模型。近代量子力学抛弃了原子中的电子轨道概念，提出了电子云及概率波概念（Feynman et al.，2010；曾谨言，2000，Schiff，1968）。

不同的物质由不同的原子所构成。不同的原子携带不同数量的电子。即使同一种原

子，由于电子所处的轨道不同（但这些轨道是量子化的而不是任意的），原子便显示出不同的态。显然，对于同一种原子，当它处于不同的态时便具有不同的能量（这里的能量是指原子的总能量）（试证明：**习题 3.25**）。这也就是通常所说的原子的能态。不同的能态之间具有能量差，与这种能量差所对应的辐射能（或吸收能）便构成一种特殊的标尺，这种标尺就是原子的能谱，或者称为光谱（因为辐射能或吸收能是一种电磁波）。每一种原子都有一种特定的光谱，这种光谱是不连续的（因为原子的能态是分立的）。不同的原子具有不同的光谱。如果将不同的原子的光谱都储存起来，那么当接收到从某个恒星（如太阳）所发出的光（电磁波）时，即可通过比对研究而推断该恒星的物质组成。这是光谱学在研究恒星演化中的一个重要应用（恒星的演化与宇宙的演化密切相关，因而与地球的演化密切相关，特别是地球的演化与太阳这颗恒星的演化密切相关）。当然，在现实中，为了探明某个物质体的组成，也可以采用光谱分析法。

3.3.5 原子的内部结构

原子是由原子核和电子构成的。原子核位于原子的中部，而电子围绕原子核旋转。这当然是一种经典描述。若采用量子力学描述，那么电子并没有确定的轨道，因而也就谈不上绕核旋转。然而，这样一来，要想描述清楚原子的内部结构，就必须作足够的量子力学方面的准备（曾谨言，2000；Schiff，1968），但对本小节的论题来说就离得太远了。为此，仍然采用经典图像（但引用量子力学的一些基本结论）。

原子核的尺度是原子尺度的十万分之一到万分之一之间。尽管原子核比原子小得多，但它集中了几乎整个原子的质量。

在一般情况下，原子显中性（即对外不显电性）。因而，原子核中的正电荷量与原子所携带的电子总电荷量相等。原子核由质子和中子构成，中子不带电，因而质子带正电。由于质子所带电量正好与电子电量的绝对值相等，原子核所包含的质子数与原子所携带的电子数正好相等。将原子的质子数定义为原子的序数，记为 Z。如果用 A 表示某种原子，那么 A^Z 则表示序数为 Z 的原子 A。原子的序数不同，当然代表不同的原子。然而，序数相同的原子也未必是同一种原子。这是因为，一个原子的中子数并非总是与质子数相等。如果两种原子具有同样的序数，但它们含有不同的中子数，则称它们是同位素，但使用同样的原子名称，因为它们具有很多相同的化学特性和物理特性。为什么会出现同位素，这涉及更深层次的物理机制，超出了本小节讨论范畴。感兴趣的读者，可参阅相关文献。

原子序数较高的原子（如钾、铀、钍、镭等），它们的核很不稳定，常常会自发地放射出 β 射线、α 射线或 γ 射线，这种现象称为原子核的衰变。β 射线就是带负电的电子；α 射线是氦原子核，它由两个质子和两个中子构成；γ 射线是光子（电磁波）。原子核的衰变规律在地球物理学中有重要应用，如测定地球的年龄。

3.3.6 原子核的衰变及其衰变规律

为了以后讨论问题方便起见，将衰变前的原子核称为母核，而将衰变后的原子核称为子核。子核是经母核衰变而来的。用 X 和 Y 分别表示母核和子核。如果写出 X^Z（或 Y^Z），则表示母核（子核）具有原子序数 Z（即质子数）。

α 衰变是母核放出一个氦核，可表示成

$$X^Z \longrightarrow Y^{Z-2} + \alpha \tag{3.111}$$

其中：α 为含有两个质子和两个中子的氦核。

β 衰变是母核放出一个电子 e，同时放出反中微子 $\overline{\nu}_e$，可表示成（杨福家 等，2002）

$$X^Z \longrightarrow Y^{Z+1} + e + \overline{\nu}_e \tag{3.112}$$

注意在式（3.112）中，原子序数从 Z 变成了 $Z+1$，这是因为母核放出一个电子，就意味着母核中的一个中子转化成了一个质子，从而原子序数增加 1。

β^+ 衰变是母核放出一个正电子 e^+，同时放出中微子 ν_e，可表示成

$$X^Z \longrightarrow Y^{Z-1} + e^+ + \nu_e \tag{3.113}$$

式（3.113）表明，母核放出一个正电子以后，母核中的一个质子转化成了一个中子，从而原子序数减少 1。质子与中子之间可以相互转化：质子放出一个正电子和一个中微子转化为中子，而中子放出一个电子和一个反中微子转化为质子，即有

$$p \longrightarrow n + e^+ + \nu_e \tag{3.114}$$

$$n \longrightarrow p + e + \overline{\nu}_e \tag{3.115}$$

其中：p 和 n 分别为质子和中子。

γ 衰变也称为 γ 跃迁，此过程放射 γ 光子（射线），这是由原子核的能态发生变化所致。通常原子核在放出 α 射线或 β 射线之后，其能态处于激发态（不稳定），随时都有可能恢复到基态（稳定态）。从激发态转化为基态，就伴随有 γ 跃迁。γ 跃迁的能量形式是 $h\nu$，其中 h 是普朗克常数，ν 是 γ 射线的频率。

如果中子衰变方程[式（3.115）]正确，就表明中子内部含有电子和同样数量的正电子（因为中子不显电性）。当然，也可以将式（3.115）改成吸收方程，即中子吸收一个正电子和一个反中微子之后变成质子。不过，如果不允许写出式（3.115），就很难想象原子核会产生 β 衰变了，而这一衰变已被实验所证实。这里需注意，是衰变还是吸收，二者有本质的不同，因为体系能量的变化方向（即母核能量是增加还是减少）完全不同。质子与中子之间的相互转化规律表明，质子和中子仍然具有内部结构，并不是终结粒子。

原子核还有一种过程，那就是轨道电子俘获：母核将某个轨道（通常是最内层轨道）上的电子俘获，使母核中的一个质子转化为一个中子，母核同时放出一个中微子而变成子核，即有

$$X^Z + e \longrightarrow Y^{Z-1} + \nu_e \tag{3.116}$$

注释 3.9 中微子是由 Pauli（1930）最先提出的一个假设（杨福家 等，2002），他当时是为了解释衰变能级为何是连续的这一实验事实。因为按照量子力学的观点（曾谨言，2000），原子核的能态也应该是分立的，所以衰变能谱不应该是连续值。但实验表明，衰变能谱是连续的。这一困境可通过泡利（Pauli）提出的中微子假设（Pauli，1930）得到解决。值得指出的是，泡利当时提出中微子假设时，认为中微子是没有静止质量的以光速运动的中性粒子（因而要证实它的存在非常困难）。直到 1956 年才证实了中微子的存在。然而，那时尚未证实中微子的静止质量为 0。只是到了近代，精确的实验才表明，中微子很有可能具有静止质量，静止质量的上限不会超过 10 eV（$1\ \mathrm{eV}=1.6\times10^{-19}\mathrm{J}$），大约相当于 $2\times10^{-32}\mathrm{g}$，这是目前在自然界中所发现的最轻的粒子 ($m_\nu < 10\ \mathrm{eV} = c^2 = 1.810^{-32}\mathrm{g}$)。不过，如果中微子的静止质量不为 0，中微子就不可能以光速运动。中微子既然具有静止质量，它的运动速度就有可能取很多不同的值。

综上所述，无论是哪种衰变，都有一个共同的特征，那就是母核变成了子核（在大多数衰变过程中，原子序数发生了变化）。下面就来讨论原子核的衰变规律。

假定在 t=0 时刻有 N_0 个母核。经过一段时间 t 之后，母核数变成了 N。于是，假定在 dt 这样一个短的时间内，有 $-\mathrm{d}N$ 个母核发生了衰变（注意 N 必定是 t 的递减函数），而 $-\mathrm{d}N = \mathrm{d}t$ 则表示衰变率。实验表明，t 时刻的衰变率与当时所存在的母核数 N 成正比，即有

$$-\frac{\mathrm{d}N}{\mathrm{d}t} = \lambda N \tag{3.117}$$

其中：λ 为一个常系数，称为衰变常数。当然，对于不同种类的母核，衰变常数不同，完全由实验确定。求解式（3.117）即得

$$N = N_0 \mathrm{e}^{-\lambda t} \tag{3.118}$$

这就是原子核的衰变规律。

物理学家已通过实验确定了几乎所有会发生衰变的（各种）原子核的衰变常数。有了衰变常数，即可根据子核的丰度来确定某种母核已经历了多长时间的衰变过程（假定在衰变之前不存在子核）。子核的丰度是指当时的子核数与母核数之比。利用子核的丰度来推算母核的衰变过程这一方法，在探索地球的起源及推估地球的年龄方面具有重要作用。下面再引出两个在地球物理学中会用到的概念。

如果将母核衰变为原有数目的一半所需要的时间定义为半衰期 T，那么不难推出（试推导：**习题 3.26**）

$$T = \frac{\ln 2}{\lambda} \tag{3.119}$$

假定母核经历了很长一段时间（可以是无限长时间）之后全部衰变成了子核，那么单独的每个母核有一定的寿命（尽管不知道指定的一个母核究竟有多长寿命）。于是可以定义一个平均寿命 τ，它是所有母核的寿命的平均值。按照这一定义可以推出（试推导：**习题 3.27**）

$$\tau = \frac{1}{\lambda} \tag{3.120}$$

3.3.7 地球年龄估算

原子核的衰变规律可应用于估计古物的成品年代，推断动物尸体或干枯植物的死亡时间，也可用于估算地球的年龄。

地球年龄的估算可分为绝对地质年代与相对地质年代两类。绝对地质年代指通过对岩石中放射性同位素含量的测定并根据其元素衰变率，计算出对应岩石的年龄。相对地质年代则指岩层生成顺序和相对新老关系（一般为新岩层覆盖、切割旧岩层），它只表示地质历史的相对顺序和发展阶段，不表示各个地质时代长短。本小节主要对绝对地质年代地球年龄估算方法展开论述，列举几种放射性元素衰变历程并讨论（Hawkesworth et al.，2005）。

早期对地球年龄的估算使用的是剥蚀法，是一种误差较大的方法，该方法通过测定海水中某种成分的总量及其年输入量就可获得海水的年龄。由于岩层实际的剥蚀速度受多种因素（如地表的坡度、降水量、温度及CO_2的含量）影响，还与岩石及土壤的类型等有关，影响因素过多，所以一般情况下已放弃这种计算方法。但是从概念及统计学意义上来讲，用该方法来推断某一时段的年龄，还是有一定的参考价值。该方法只能粗略估计某地质时段所经历的时间，如计算海、湖的年龄，但不能用于岩石年龄的测定。对地球年龄估算的方法还有（韦刚健 等，2021）：根据热流量估算地球年龄、根据沉积层速率估算地球年龄、根据元素衰变律估算地球年龄等。

对地球年龄较为精确的认识转折于同位素的发现。放射性同位素的核结合能是巨大的，而原子核大小则是如此之小，因此放射性同位素几乎不受温度、压力的影响（Valley et al.，2001）。下面介绍几种常用的定年法。

1. ^{14}C 定年法

衰减时钟是使用式（3.119）的时钟。衰变同位素的测量丰度 N 与假设初始丰度 N_0 在 t 时刻的比值进行比较。碳通过光合作用被吸收到植物中，因此可以通过测量^{14}C来确定生物来源的年代。一旦碳被固定在木头或死亡动物的骨头样本中，生物钟就会“启动”，碳固定的日期可以通过剩余的^{14}C量来确定。这种方法对半衰期为 5 730 年的材料最为有效，但对年轻和年长的样本会逐渐降低准确性（Stacey et al.，2008）。

由于过去 100 年左右的人类活动，大气中碳^{14}C的比例（通常约为 10^{12} 个原子中有 1 个）发生了巨大变化。化石燃料大规模燃烧向大气中注入了碳，而^{14}C早就消失了。在 20 世纪 50 年代，由于核武器在大气中的试验，大气中的^{14}C大约增加了一倍。幸运的是，这些并不影响较老物质的年代测定，但由于地磁场强度的变化，大气中的^{14}C也出现了自然波动，地磁场使主要粒子（主要是质子）偏转，在一定程度上保护了大气不受宇宙射线的影响。对于测量精确的年龄，需要对碳钟进行校准。^{14}C定年法在考古学中起着核心作用，并为考古学的研究提供了定量工具。

2. K-Ar 定年法

钾（K）元素有 19 个质子，其同位素有 3 种，分别是中子数为 20、21、22 的 ${}^{39}_{19}K$（丰度 93.3%）、${}^{40}_{19}K$（丰度 0.011 7%）、${}^{41}_{19}K$（丰度 6.7%），其中丰度最少的 ${}^{40}_{19}K$ 能帮助测定古老岩石，特别是火山岩年代，有一些化石会夹在不同时期的火山岩之间，这样一来就能测定出化石的年龄。${}^{40}_{19}K$ 的半衰期长达 12.5 亿年，不像 ${}^{14}C$ 只能用于较短年代事物的测定（${}^{14}C$ 半衰期仅 5 730 年）（陈文寄，1979）。

事实上，${}^{40}_{19}K$ 经过一个半衰期后，并不是简单地衰变为同一类同位素。仅有 10.5%的 ${}^{40}_{19}K$ 衰变为 ${}^{40}_{18}Ar$，其余 89.5%的 ${}^{40}_{19}K$ 则经过 β 衰变为 ${}^{40}_{20}Ca$。由此给出

$$\lambda_{Ar}/\lambda=\lambda_{Ar}/(\lambda_{Ar}+\lambda_{Ca})=0.105 \tag{3.121}$$

衰变产物中较为重要的是 ${}^{40}_{18}Ar$，根据其化学性质，${}^{40}_{18}Ar$ 是一种惰性气体，它不溶于水，不会与任何物质发生反应，也不会形成键（Fowler et al.，2002）。

现有同位素的含量（D）等于本身环境已经存在的该同位素量（D_0）与因元素衰变而得到该同位素量$[N(e^{\lambda t}-1)]$之和，即

$$D=D_0+N(e^{\lambda t}-1) \tag{3.122}$$

岩浆喷发时均处于液态，此时性质极为稳定的 ${}^{40}_{18}Ar$ 就会冒泡出来，直到岩浆冷却凝固为火山岩时，这个过程相当于重置了 ${}^{40}_{18}Ar$，此时可以近似认为式（3.122）中的 $D_0=0$，初始状态的火山岩中仅仅含有 ${}^{40}_{19}K$ 和 ${}^{40}_{20}Ca$。可以通过测定 ${}^{40}_{18}Ar$ 的含量，再根据两种衰变比率计算出初始状态下 ${}^{40}_{19}K$ 的总量，进而可以计算出岩层年龄，在两层火山岩中的化石年龄也就可以推测出来（王非 等，1997）。

3. Rb-Sr 定年法

铷（Rb）元素为元素周期表中第 37 号元素，它有两个天然同位素，分别是 ${}^{85}Rb$（丰度 72.15%）与 ${}^{87}Rb$（丰度 27.85%），其中 ${}^{85}Rb$ 是稳定同位素，${}^{87}Rb$ 是放射性同位素（Richter et al.，1988；Faure，1986）。Rb-Sr 衰变体系属于 β 衰变，衰变后核内减少一个中子，增加一个质子，新核的核质量数维持不变，核电荷数加一，${}^{87}Rb$ 衰变成元素周期表与之相邻的 ${}^{87}Sr$，在此衰变过程中质量数维持不变，${}^{87}Rb$ 和 ${}^{87}Sr$ 同时又称为同量异位素。Sr 元素作为元素周期表中第 38 号元素，它有 4 个同位素：${}^{84}Sr$（丰度 0.56%）${}^{86}Sr$（丰度 9.86%）${}^{87}Sr$（丰度 7.02%）${}^{88}Sr$（丰度 82.56%），均为稳定同位素，其中仅有 ${}^{87}Sr$ 可以由 ${}^{87}Rb$ 衰变得到，因此讨论 ${}^{87}Sr$ 的含量时，它可以看作一个初始条件已经存在的量和一个因 Rb 元素衰变而产生的变量之和，而其他三个同位素则可以视为一个定量（Jäger et al.，1979）。

想要准确测量出某一体系下核素数量的值是很困难的，由于质谱分析只能测定同一元素的同位素比值，由式（3.122）可知，需要找到子核元素的其他同位素作为参照，在等式两边同时除子核其他同位素 ${}^{86}Sr$ 的数值，得到式（3.123），通过测定同位素比值的

方式来确定衰变持续的时间，不妨设等式左边$\frac{^{87}\mathrm{Sr}}{^{86}\mathrm{Sr}}$为变量$y$，等式$\frac{^{87}\mathrm{Rb}}{^{86}\mathrm{Sr}}$为变量$x$，可列出

$$\frac{^{87}\mathrm{Sr}}{^{86}\mathrm{Sr}}=\left(\frac{^{87}\mathrm{Sr}}{^{86}\mathrm{Sr}}\right)_0+\frac{^{87}\mathrm{Rb}}{^{86}\mathrm{Sr}}(\mathrm{e}^{\lambda t}-1) \tag{3.123}$$

对于Rb元素，其半衰期$\lambda=1.4\times10^{-11}\alpha^{-1}$（$\alpha^{-1}$指母核衰减为一半时所需要的时间），若$\lambda t<0.1$，即$t<7\ \mathrm{Ga}$（1 Ga=1×10^{9}年），则$\mathrm{e}^{-\lambda t}-1\approx\lambda t$，这样的假设对地球系统而言没有问题，这样就可以把衰变率中的指数关系近似地修改成线性关系，即

$$y=kx+b \tag{3.124}$$

显然，在得到的新方程中有一项是未知也无法测量的，即初始状态下子核与其同位素含量的比值（即变量b），在该量未知的情况下也无法求解出时间变量t。假设满足4个条件：①所研究的一组样品（岩石或矿物）具有同时性和同源性；②形成Sr同位素时组成在体系内是均一的，因而有相同的$^{87}\mathrm{Sr}/^{86}\mathrm{Sr}$初始同位素比值；③体系内各部分化学成分不同，Rb/Sr比值存在差异；④自结晶以来，Rb、Sr保持封闭体系，没有与外界发生物质交换（Pankhurst et al.，2000）。通过这组样品可以分时间间隔测定出多组多对x, y的数据，此时构建一坐标系并进行描点，按组进行分类区分，对每组数据对应的点进行最小二乘加权拟合，可以得到几条正斜率的直线，称该直线为等时线。等时线的分布描述了时间尺度相对先后，斜率越大的直线经过的时间则越长，每条直线的倾角$\alpha=\tan(\mathrm{e}^{\lambda t}-1)^{-1}$，而这几条直线在$y$轴上的交点对应的值即为变量$b$。

4. ^{147}Sm-^{143}Nd 定年法

^{147}Sm-^{143}Nd定年法与Rb-Sr定年法类似，同时也需要类似Rb-Sr定年法的假设：$\lambda_{\mathrm{Sm\text{-}Nd}}=6.54\times10^{-12}\alpha^{-1}$，若$\lambda t<0.1$，则$\mathrm{e}^{-\lambda t}-1\approx\lambda t$，即$t<7\ \mathrm{Ga}$，对地球系统而言没有问题，这里的拟合线性项思想与Rb-Sr定年法相同，本小节不再赘述如何测得时间t。相关方程如下：

$$\frac{^{143}\mathrm{Nd}}{^{144}\mathrm{Nd}}=\left(\frac{^{143}\mathrm{Nd}}{^{144}\mathrm{Nd}}\right)_0+\frac{^{147}\mathrm{Sm}}{^{144}\mathrm{Nd}}(\mathrm{e}^{\lambda t}-1) \tag{3.125}$$

使用^{147}Sm-^{143}Nd法定年主要应用全岩等时线法或全岩加矿物等时线法，其等时线的构筑方法类同于Rb-Sr定年法。要获得可靠的Sm-Nd等时年龄，同样要满足一定条件。这里重点阐述Sm-Nd等时线法的优点：母子体同位素同属稀土元素，具有相似的地球化学性质，使得放射性成因的子体^{143}Nd形成后很自然地继承母体在晶格中的位置，不会逃逸；各种地质作用都很难使Sm和Nd发生分离和变迁，因而Sm-Nd体系较易保持封闭；由于^{147}Sm的衰变常数较小，Sm-Nd定年法通常适用于对古老岩石的测定并具有较高的封闭条件。该方法也存在一定缺点，如不适用于酸性岩石，在一组同源的酸性岩石中Sm-Nd比值差异更小（郑永飞 等，2013，2000）。

练 习 题

3.1 试证明：电场的三个直角坐标分量满足拉普拉斯方程。

3.2 试证明：假如有一电荷 Q' 位于圆球的外部，那么由它所产生的电场对通过球面的电场通量没有贡献。

3.3 试证明：对于任意一个封闭的光滑曲面 $\partial\Sigma$，只要该曲面所包围的总电量是 Q，方程 $\varPhi = \dfrac{Q}{\varepsilon_0}$ 成立。

3.4 试证明：假定在单位体积中就包含一个带电粒子，在方程

$$\boldsymbol{f} = \rho\boldsymbol{E} + \boldsymbol{J}\times\boldsymbol{B}$$

两边同时乘以单位体积，则得到电磁场作用于一个带电粒子的洛伦兹力公式为

$$\boldsymbol{F} = q\boldsymbol{E} + q\boldsymbol{v}\times\boldsymbol{B}$$

3.5 根据毕奥-萨伐尔定律

$$\boldsymbol{B} = \frac{\mu_0}{4\pi}\int_\tau \frac{\boldsymbol{J}(\boldsymbol{r}')\times(\boldsymbol{r}-\boldsymbol{r}')}{|\boldsymbol{r}-\boldsymbol{r}'|^3}\mathrm{d}\tau$$

导出两个微分方程 $\nabla\cdot\boldsymbol{B}=0$ 和 $\nabla\times\boldsymbol{B}=\mu_0\boldsymbol{J}$ 。

3.6 考察由方程 $\nabla\times\boldsymbol{B}=\mu_0\boldsymbol{J}$ 总是可推导出 $\nabla\cdot\boldsymbol{J}=0$ 。

3.7 麦克斯韦假定存在一种物理量 $\boldsymbol{J}_\mathrm{D}$，称为位移电流密度，满足方程 $\nabla\cdot(\boldsymbol{J}+\boldsymbol{J}_\mathrm{D})=0$ 。试证明：$\boldsymbol{J}_\mathrm{D}$ 的一种可能的表达式是 $\boldsymbol{J}_\mathrm{D}=\varepsilon_0\dfrac{\partial\boldsymbol{E}}{\partial t}$ 。

3.8 试证明：已知能量密度及能流密度，再根据能量守恒定律，对于一个确定的区域 Ω（其边界记为 $\partial\Omega$），即可得到积分形式

$$-\int_{\partial\Omega}\boldsymbol{S}\cdot\boldsymbol{n}\mathrm{d}\sigma = \int_\Omega \boldsymbol{f}\cdot\boldsymbol{v}\mathrm{d}\tau + \frac{\mathrm{d}}{\mathrm{d}t}\int_\Omega w\,\mathrm{d}\tau$$

3.9 利用洛伦兹力密度公式及介质中的麦克斯韦方程组推导

$$\boldsymbol{S} = \boldsymbol{E}\times\boldsymbol{H}$$

$$\frac{\partial w}{\partial t} = \boldsymbol{E}\cdot\frac{\partial\boldsymbol{D}}{\partial t} + \boldsymbol{H}\cdot\frac{\partial\boldsymbol{B}}{\partial t}$$

3.10 试证明：在充满了各向同性介质的区域，有 $\boldsymbol{S}=\dfrac{1}{\mu}\boldsymbol{E}\times\boldsymbol{B}$ 和 $w=\dfrac{1}{2}\left(\varepsilon\boldsymbol{E}^2+\dfrac{1}{\mu}\boldsymbol{B}^2\right)$ 。

3.11 试证明：根据麦克斯韦方程组，在静电场条件下，边界条件为

$$\phi_1|_\Sigma = \phi_2|_\Sigma$$

$$\left.\left(\varepsilon_2\frac{\partial\phi_2}{\partial n} - \varepsilon_1\frac{\partial\phi_1}{\partial n}\right)\right|_\Sigma = -\sigma$$

3.12　试证明：在导体中不存在电荷，电荷只能分布在导体的表面。

3.13　试证明：导体内部的电场为 0，导体表面的电场位是常数（即导体表面是等位面）。

3.14　试证明：已知$\boldsymbol{E}=-\nabla\phi$，$\nabla\cdot\boldsymbol{D}=\rho$，可得到整个空间中的（静电场）总能量为

$$W_{\mathrm{e}}=\frac{1}{2}\int_{R^3}\rho\phi\mathrm{d}\tau-\frac{1}{2}\int_{R^3}\nabla\cdot(\phi\boldsymbol{D})\mathrm{d}\tau$$

3.15　试证明：根据方程$\nabla\cdot\boldsymbol{B}=0$，$\boldsymbol{B}$必定可以表示成一个矢量函数$\boldsymbol{A}$的旋度。

3.16　试证明：已知库仑规范$\nabla\cdot\boldsymbol{A}=0$，可推出$\Delta\boldsymbol{A}=-\mu\boldsymbol{J}$。

3.17　试证明毕奥-萨伐尔定律。

3.18　试证明：$W_{\mathrm{m}}=\frac{1}{2}\int_{R^3}\boldsymbol{A}\cdot\boldsymbol{J}\mathrm{d}\tau+\frac{1}{2}\int_{R^3}\nabla\cdot(\boldsymbol{A}\cdot\boldsymbol{H})\mathrm{d}\tau$公式右边的第二项为 0。

3.19　试证明：稳恒电流所激发的真空中的磁场的矢势$\boldsymbol{A}=\frac{\mu_0}{4\pi}\int_{\Omega}\frac{\boldsymbol{J}}{l}\mathrm{d}\tau$展开成泰勒级数形式。

3.20　试证明：级数展开式

$$\boldsymbol{A}=\frac{\mu_0}{4\pi}\int_{\Omega}\boldsymbol{J}\left[\frac{1}{r}-\boldsymbol{r}'\cdot\nabla\frac{1}{r}+\frac{1}{2!}x'^ix'^j\frac{\partial^2}{\partial x^i\partial x^j}\frac{1}{r}+\cdots\right]\mathrm{d}\tau$$

右边的第一项$\boldsymbol{A}^{(0)}$为零。

3.21　根据$\boldsymbol{A}^{(1)}=\frac{\mu_0}{4\pi}\boldsymbol{m}\times\frac{\boldsymbol{r}}{r^3}$和$\boldsymbol{m}=\frac{1}{2}\int_{\Omega}\boldsymbol{r}'\times\boldsymbol{J}\mathrm{d}\tau$，求出由磁偶极子产生的磁场

$$\boldsymbol{B}^{(1)}=\nabla\times\boldsymbol{A}^{(1)}=-\frac{\mu_0}{4\pi}(\boldsymbol{m}\cdot\nabla)\frac{\boldsymbol{r}}{r^3}$$

3.22　试推导：假定$\boldsymbol{l}_i\equiv1$是常矢（对由同样的分子构成的单一物质介质而言，如果忽略外场的不均匀性，则上述假定是合理的），则可推出如下的积分表达式：

$$\int_{\Omega}\rho_{\mathrm{P}}\mathrm{d}\tau=-\int_{\partial\Omega}\boldsymbol{P}\cdot\boldsymbol{n}\mathrm{d}\sigma$$

3.23　一般情况下，在外场作用下，分界面上产生面束缚电荷。Ω和$\partial\Omega$分别是所截取的长方体的区域及边界，在上述分界面上，可推出方程$\sigma_{\mathrm{P}}=-\boldsymbol{n}\cdot(\boldsymbol{P}_2-\boldsymbol{P}_1)$。

3.24　试证明：用$\boldsymbol{J}_{\mathrm{M}}$表示磁化电流密度，则有$\int_S\boldsymbol{J}_{\mathrm{M}}\cdot\boldsymbol{n}\sigma=\int_{\partial S}\boldsymbol{M}\cdot\mathrm{d}\boldsymbol{l}$。

3.25　试证明：对于同一种原子，当它处于不同的态时便具有不同的能量。

3.26　试推导：将母核衰变为原有数目的一半所需要的时间定义为半衰期 T，那么不难推出$T=\frac{\ln2}{\lambda}$。

3.27　试推导：定义一个平均寿命τ，它是所有母核的寿命的平均值。按照这一定义可以推出$\tau=\frac{1}{\lambda}$。

参考文献

陈文寄, 1979. 应用钾-氩法测定新生代火山岩的同位素年龄. 地震地质译丛(3): 36-44.

褚圣麟, 1980. 原子物理学. 北京: 人民教育出版社.

谷超豪, 李大潜, 陈恕行, 等, 2002. 数学物理方程. 北京: 高等教育出版社.

郭硕鸿, 1979. 电动力学. 北京: 高等教育出版社.

杰姆斯·克勒克·麦克斯韦, 1994. 电磁通论. 戈革, 译. 武汉: 武汉出版社.

申文斌, 1994. 空间与时间探索. 武汉: 武汉测绘科技大学出版社.

申文斌, 2004. 引力位虚拟压缩恢复法. 武汉测绘科技大学学报, 29(8): 720-724.

申文斌, 晁定波, 2006. 联合两个界面的数据求解超定边值问题的途径. 黑龙江工程学院学报, 20(4): 5-9.

王非, 陈文寄, 1997. 年轻火山岩铀系不平衡研究的发展及意义. 地震地质, 3: 78-85.

王正行, 1995. 近代物理学. 北京: 北京大学出版社.

韦刚健, 黄方, 马金龙, 等, 2021. 近十年我国非传统稳定同位素地球化学研究进展. 矿物岩石地球化学通报, 40: 1250-1271.

韦斯科夫, 1979. 二十世纪物理学. 杨福家, 汤家镛, 施士元, 等, 译. 北京: 科学出版社.

杨福家, 王炎森, 陆福全, 2002. 原子核物理. 2 版. 上海: 复旦大学出版社.

张怿慈, 1979. 量子力学简明教程. 北京: 人民教育出版社.

曾谨言, 2000. 量子力学: 卷 I. 北京: 科学出版社.

郑永飞, 徐宝龙, 周根陶, 2000. 矿物稳定同位素地球化学研究. 地学前缘, 2: 299-320.

郑永飞, 杨进辉, 宋述光, 等, 2013. 化学地球动力学研究进展. 矿物岩石地球化学通报, 32: 1-24.

Bohr N, 1913. On the constitution of atoms and molecules part III: Systems containing several nuclei. Philosophical Magazine, 26: 857-875.

Dirac P A M, 1978. Mathematical foundations of quantum theory. New York: Academic Press.

Einstein A, 1905. Zur Elektrodynamik bewegter Köper. Annalen der Physik, 17: 891.

Faraday M, 1833. Experimental researches in electricity. Fourth Series. Philosophical Transactions of the Royal Society of London, 123: 507-522.

Feynman R P, Hibbs A R, Styer D F, 2010. Quantum mechanics and path integrals. New York: Dover Publications, Inc.

Faure G, 1986. Principles of isotope geology. 2nd ed. New York: John Wiley & Sons.

Fowler M, Ozima M, Podosek F A, 2002. Noble gas geochemistry. 2nd ed. Cambridge: Cambridge University Press.

Hawkesworth C J, Dickin A P, 2005. Radiogenic isotope geology. Cambridge: Cambridge University Press.

Jäger E, Hunziker J C, 1979. Lectures in isotope geology. Berlin: Springer.

Pankhurst R J, Faure G, 2000. Origin of igneous rocks: The isotopic evidence. Berlin: Springer.

Pauli W, 1930. Elektrochemisch-konstitutive Beziehungen von Eiweißkörpern und Farbstoffen. Kolloid-

Zeitschrift, 51: 27-30.

Planck M, 1900. The theory of heat radiation. Entropie, 1144(190): 164.

Richter F M, DePaolo D J, 1988. Diagenesis and Sr isotopic evolution of seawater using data from DSDP 590B and 575. Earth and Planetary Science Letters, 90(4): 382-394.

Rutherford E, 1911. Thescattering of α and β particles by matter and the structure of the atom. Philosophical Magazine, 21: 669-688.

Schiff L I, 1968. Quantum mechanics. New York: McGraw-Hill Education.

Shen W B, 1998. Relativistic physical geodesy. Graz: Graz Technical University .

Stacey F D, Davis P M, 2008. Physics of the Earth. Cambridge: Cambridge University Press.

Thomson J J, 1897. Cathode rays. Philosophical Magazine, 44(269): 293-316.

Valley J W, Cole D R, 2001. Stable isotope geochemistry. Reviews in Mineralogy & Geochemistry, 43: 662.

第4章 热 力 学

热是反映冷暖程度的一种物理量。地球的内部及其周围存在一种热场，简称地热场。与地球重力场一样，地热场也是一种物理场，是地球物理学重要分支之一。地球内部热的分布和变化规律均与热力学密切关联。因此，热力学是地热学的基础，在研究地震、地幔对流、火山喷发、地热资源开发及利用等方面均有重要作用和应用价值。

4.1 引 论

热力学所探讨和研究的是物质的一种基本属性——热。热的程度不同，会影响物质的物理特性及化学特性。不过，关于热的本质是什么这一问题，历史上曾有过激烈的争论。最有代表性的一种观点是所谓的热质说（王竹溪，1984）：热是一种流质，名曰热质，它不生不灭，可渗透到一切物质之中，而一个物质体是冷还是热，取决于该物质体所含的热质是多还是少。

对于同一种物质体，其冷热程度可以有变化。将两个冷热程度完全相同的物质体相互摩擦，它们将同时变得更热。按照热质说，只能认为上述物质体所含的热质会因为摩擦而增多。它们从何而来呢？既然热质不生不灭，整个宇宙中的热质就应该是守恒量。于是必然得出结论，通过摩擦从宇宙中获得热质，注入上述两个摩擦体之中。其结果当然是两个摩擦体变得更热。然而，热质说遇到了一个难点：通过摩擦从宇宙中获得热质难以令人信服。

较热质说更进了一步的是热运动说：一个物质体的冷热程度，取决于该物质体所含分子的（平均）运动的强弱程度，分子运动越激烈，温度就越高；当分子绝对静止时，热就消失了。用热运动说可以比较圆满地解释摩擦生热等现象。然而，热运动说尚未找出冷热程度与分子运动强弱之间的数量对应关系。例如，燃烧生热如何解释？另外，分子的平均运动速度越快就一定越热吗？是否还与分子本身的大小及质量有关呢？

直到焦耳（Joule，1818—1889年）通过一系列的实验证明了热与功相当这一结果（即给出了热功当量）之后，科学家才确信，热是能量的一种表现形式，热是一种能量，因而热与功可以相互转化，热与机械能也可以相互转化。总之，热就是能量，从而也就确立了能量守恒定律。能量守恒定律是热力学的基本定律之一，称为热力学第一定律。

4.1.1 温度

既然标志热力学的重要特征之一的量是物质的热，或者说冷热程度，首先就需要对冷热程度给定一种标度，或度量，称为温度，而测量温度的仪器就是通常所说的温度计，或量温仪器。测量温度的原理是根据一个假定（王竹溪，1984）：所有达到相互热平衡状态的物体具有相同的温度。热平衡是一种动态平衡，所有的物理参数和化学参数从宏观上看不发生变化（但从微观上看，分子、原子等微观粒子仍然运动）。将上述假定称为热动平衡原理。

一个物质体，若没有任何阻隔（如绝热板之类），则总是趋于热平衡状态。因此，当两个物质体相互接触时，温度高的一方总是逐渐降低温度，而温度低的一方总是逐渐升高温度，最终达到相互热平衡状态。热平衡态满足传递律，也就是说，假如 A 物质与 B 物质达到了热平衡，同时 B 物质与 C 物质达到了热平衡，那么 A 物质与 C 物质也必定达到了热平衡，或者说，三者相互达到了热平衡。正是由于这种传递律，人们可以利用一种中间物质（温度计）来比较两个物体 A 和 B 的温度差异。于是，为了测定某个物质体的温度，所选的温度计就必须具有 3 个特性：①与较冷的物质体接触（或处于较冷的环境中）时，它应该有较低的读数；②与较热的物质体接触（或处于较热的环境中）时，它应该有较高的读数；③这种读数应该随着温度的变化呈线性变化。显然，温度计必须带有刻度，正如度量距离的标尺也必须带有刻度一样（但温度计与距离标尺有一个重要的区别，前者无法通过测量而累加，必须一次读数到位，后者则可以通过一尺一尺地测量而累加起来）。然而，无论选用什么物质做温度计，上述特性③是难以实现的。

评论 4.1 温度计必须具有的 3 个特性。上述特性①和②，是容易理解并能接受的。唯独特性③，看起来是人为强加给自然界的，因为温度的逐渐升高未必满足线性变化规律。例如温度从 1℃升高到 2℃，从 100℃升高到 101℃，这升高的部分是等同的量吗？如果温度变化满足线性变化规律，则上述量是等同的。但如果温度是非线性变化的，则二者并不等同。这个问题有待将来专门研究。

一种比较理想的方案是选用理想气体温标。处于一个容器中的理想气体很容易达到热平衡。当容器的体积发生变化以后，在很短的时间内气体便达到热平衡。容器中气体的温度仅仅与容器的体积及气体所受到的压强有关，其中压强被定义为单位面积上所受到的力，单位是牛顿/米 ^{2}（N/m^2），称为帕斯卡（Pa）。如果假定容器的体积 V 始终保持不变，则温度仅仅是压强 p 的函数，由此而确定的温度计称为定容气体温度计，相应的温标记为 t_V，并可写出如下关系（王竹溪，1984）：

$$t_V = 100\frac{p - p_0}{p_1 - p_0} \tag{4.1}$$

其中：p_0 和 p_1 分别为气体在冰点和汽点时的压强（这里的冰点和汽点是指纯净水的冰点和汽点）。当温度升高时，要保持体积 V 始终不变，则气压会变大；反之，则气压变小。

如果假定气体所受的压强 p 始终固定不变，则温度仅仅是体积 V 的函数，由此而确定的温度计称为定压气体温度计，相应的温标记为 t_p，并可写出如下关系（王竹溪，1984）：

$$t_p = 100\frac{V - V_0}{V_1 - V_0} \tag{4.2}$$

其中：V_0 和 V_1 分别为气体在冰点和汽点时所占据的容器的体积。当温度升高时，要保持压强 p 始终不变，则容器的体积变大；反之，则体积变小。

在热力学中通常采用的温标是绝对热力学温标 T，简称热力学温度，它与气体温标具有如下关系：

$$T = t + 273.15 \tag{4.3}$$

其单位称为开，因开尔文（Kelvin，1824—1907 年）的贡献而得名，记为 K。

然而，也可以设定其他类型的温标（采用不同的物质可构成不同的温度计，从而具有不同的温标显示），或者称为温度，记为 θ 。于是，θ 是广义的温度，可以是由任意一种物质所构成的温度计所决定的温度。

4.1.2　物态方程

根据 4.1.1 小节的讨论，物质的温度相同，则表示达到了热平衡。那么温度由什么来决定呢？首先来考察限定在一个容器（容器可以变化）中的气体。实验表明，气体（物质）的温度仅仅是容器的体积和气体所受的压强的函数：

$$\theta = f(V, p)$$

或者写成隐函数形式：

$$F(V, p, \theta) = 0 \tag{4.4}$$

上述方程的优越性在于，可以将其中的任意一个变量看作其他两个变量的函数。

对于理想气体，有玻意耳-马里奥特（Boyle-Mariotte）定律：

$$pV = \theta \tag{4.5}$$

这是热力学中形式上最简单的物态方程。对于一般气体（非理想气体），式（4.5）不再保持严格有效。为此，把使式（4.5）保持有效的气体称为理想气体。对于理想气体，可以证明（试证明：**习题 4.1**）：定压气体温标 t_p 与定容气体温标 t_V 相等，即 $t_p = t_V = t$ ，并且有

$$pV = \theta_0(1 + \alpha t) \tag{4.6}$$

其中：θ_0 为温标 θ 在冰点时的取值；α 为一个常数。[**提示**：令 $\alpha = 100$ ，体积固定，冰点和汽点的温度分别记为 θ_0 和 θ_1 ，则有 $t_V = \alpha(p - p_0)/(p_1 - p_0) = \alpha(\theta - \theta_0)/(\theta_1 - \theta_0)$ 。同理，压强固定，冰点和汽点的温度仍然是 θ_0 和 θ_1 ，从而求出

$$t_p = \alpha(V - V_0)/(V_1 - V_0) = \alpha(\theta - \theta_0)/(\theta_1 - \theta_0) \equiv t_V \text{。]}$$

如果引进绝对温标 T，满足方程

$$RT = \theta_0\alpha\left(\frac{1}{\alpha} + t\right) \tag{4.7}$$

并令 $R = \theta_0\alpha$ ，称为普适摩尔气体常数，则式（4.6）可改写成

$$pV = RT \tag{4.8}$$

上述方程是 1 mol 理想气态所满足的物态方程。1 mol 任何纯的物质含有 6.023×10^{23} 个分子或原子（1 mol 物质的质量正好等于该物质的原子量，以 g 为单位）。

由于对应于冰点 $t=0$ 的热力学温度为 273.15 K，由式（4.7）可得

$$\alpha = \frac{1}{273.15}$$

对于非理想气体，昂内斯（Onnes，1853—1926 年）提出了一个一般性的物态方程[参见王竹溪（1984）]：

$$pV = A + Bp + Cp^2 + Dp^3 + \cdots \tag{4.9}$$

其中：A、B、C 等均仅为温度的函数，称为维里系数。式（4.9）显示出一般气体所满足的物态方程与理想气体所满足的物态方程之间的偏差。当压强趋于 0 时，式（4.9）转化为理想气体的物态方程式（4.8）（试证明：**习题 4.2**）。[**提示**：维里系数仅仅与温度有关。于是，可设想体积很大，压强很小，但温度保持恒定。略去高阶项，可推出 $pV=A(T)$，然后将 $A(T)$视为温标 θ 。]

对于非气体物质形态（如液体或固体），温度还可能与物质的电磁特性及化学特性有关。一般说来，温度将依赖 4 类变数：几何变数（如体积）、力学变数（如压强和表面张力）、电磁变数（如电磁场强度）及化学变数（如物质的组分）。因而，可以将温度表示成

$$\theta = f(x^1, x^2, \cdots, x^n) \tag{4.10}$$

其中：$x^1, x^2, \cdots, x^n$ 为上述 4 类独立变数（其中每一类有可能包含好几个独立变数）。

在压强保持不变的情况下，由温度变化引起的体积相对变化率称为（定压）膨胀系数 α：

$$\alpha = \frac{1}{V}\left(\frac{\partial V}{\partial \theta}\right)_p \tag{4.11}$$

式（4.11）右边的偏导数一项用下标 p 表示在求偏导数时压强不变。

在体积保持不变的情况下，由温度变化引起的压强相对变化率称为（定体）压强系数 β：

$$\beta = \frac{1}{p}\left(\frac{\partial p}{\partial \theta}\right)_V \tag{4.12}$$

式（4.12）右边的偏导数一项用下标 V 表示在求偏导数时体积保持不变。

在温度保持不变的情况下，由压强变化引起的体积相对变化率的负值称为（等温）压缩系数 κ：

$$\kappa = -\frac{1}{V}\left(\frac{\partial V}{\partial p}\right)_\theta \tag{4.13}$$

式（4.13）右边的偏导数一项用下标 θ 表示在求偏导数时温度保持不变。

上边定义的三个系数之间满足如下关系（试证明：**习题 4.3**）：

$$\alpha = \kappa\beta p \tag{4.14}$$

［**提示**：从物态方程 $F(V,p,\theta)=0$ 出发，首先写出全微分形式

$$\mathrm{d}F=\frac{\partial F}{\partial V}\mathrm{d}V+\frac{\partial F}{\partial p}\mathrm{d}p+\frac{\partial F}{\partial \theta}\mathrm{d}\theta=0$$

剩下的证明过程就不难了。］

4.1.3 喀拉氏定理

喀拉氏（Carathéodory）定理指出（王竹溪，1984；Carathéodory，1909），假定有一个均匀系达到了热平衡，因而具有确定的温度 θ，那么任何与上述均匀系互为热平衡的另一个均匀系也必定具有相同的温度 θ。简言之，互为热平衡的均匀系具有相同的温度。

在不同的物质体系相互达到热平衡时，它们具有相同的温度。但这一陈述必须精确化。关键的问题是要求每一个单独物质体系是均匀系。所谓均匀系，是指该体系中的任意一个小邻域与另外一个小邻域都具有相同的物理和化学性质。否则，就是单独一个物质体系本身也未必具有相同的温度。关于这一点，考察一下地球表面以上假想的一个封闭得很厚的理想大气层即可明了。在大气层的下部和上部分别取一个单位体积，则可根据理想气体的物态方程 $Vp=RT$ 推论出，上层温度总是比下层温度低，无法达到相同温度，由于重力作用，上层气体的密度总是比下层气体的密度小，上层气体所受的压强总是比下层气体的小。这是由（理想）大气层并非均匀系（不同高度处的密度不同）所致。但对于均匀系，系统中的任意一点都具有相同的温度。因此，喀拉氏定理是针对不同的均匀系而言的。

想要完成上述定理的证明，需要假定：①一个均匀系达到热平衡以后，必定存在一个确定的形如式（4.10）的物态方程，从而唯一地确定该均匀系的温度 θ；②两个相互达到热平衡的均匀系必定存在一个联系方程，将这两个系统的独立变数联系在一起；③联系方程关于任意一个独立变量的偏导数是连续函数（从而可以应用隐函数定理）。有了上述三个假定（当然这些假定都是合理的，但并不能保证绝对正确），证明喀拉氏定理就不难了。下面给出定理的简要证明（王竹溪，1984）。

设 A、B、C 是三个物质系统，分别具有独立变量 $x^i(i=1,2,\cdots,n)$、$y^j(j=1,2,\cdots,m)$、$z^k(k=1,2,\cdots,l)$，它们相互达到热平衡。由于假定①，对于每一个物质系统，均存在一个形如式（4.10）的物态方程。当三个系统互为热平衡时，意味着，A 与 B 平衡，A 与 C 平衡，B 与 C 平衡。于是，根据假定②，可列出如下三个联系方程：

$$F(x^i,y^j)=0,\quad \text{A与B平衡} \tag{4.15}$$

$$G(x^i,z^k)=0,\quad \text{A与C平衡} \tag{4.16}$$

$$H(y^j,z^k)=0,\quad \text{B与C平衡} \tag{4.17}$$

首先指出，至少存在一个指标 i，同时有

$$\frac{\partial F}{\partial x^i}\neq 0,\quad \frac{\partial G}{\partial x^i}\neq 0 \tag{4.18}$$

如若不然，则意味着对每一个指标 i，不是

$$\frac{\partial F}{\partial x^i}=0$$

就是

$$\frac{\partial G}{\partial x^i}=0$$

但这样一来，F 中包含的 x^i 就不可能在 G 中出现，G 中包含的 x^i 也不可能在 F 中出现，这意味着 F 与 G 之间不存在联系方程，与假设矛盾。因此，式（4.18）成立。

由于偏导数连续，存在反函数：

$$x^{i_1}=F_1(x^{\bar{i}_1};y^j),\quad x^{i_1}=G_1(x^{\bar{i}_1};z^k) \tag{4.19}$$

其中：$\bar{i}_1$ 为除去了指标 i_1 的指标集（i），即

$$\bar{i}_1=(1,2,\cdots,n)-(i_1)$$

由式（4.19）得

$$F_1(x^{\bar{i}_1};y^j)=G_1(x^{\bar{i}_1};z^k) \tag{4.20}$$

这一结果应该与 $H(y^j,z^k)=0$ 相当，因而必定有

$$F_1=a(x^{\bar{i}_1})f_1(z^k)+b(x^{\bar{i}_1})$$
$$G_1=a(x^{\bar{i}_1})g_1(z^k)+b(x^{\bar{i}_1})$$

令

$$f(x^i)=\frac{x^{i_1}-b(x^{\bar{i}_1})}{a(x^{\bar{i}_1})}$$

并将它定义为物质体系 A 的温标，则有

$$f(x^i)=\frac{F_1-b}{a}=\frac{G_1-b}{a}$$

也即

$$f(x^i)=f_1(y^j)=g_1(z^k)$$

或者写成等价形式：

$$f(x^i)=g(y^j)=h(z^k)\equiv\theta \tag{4.21}$$

至此完成了喀拉氏定理的证明。

注释 4.1 热力学是推理性很强的学科。但推理中往往夹杂着看起来是正确的经验感知。如果经验感知出了偏差，推出的结果就会具有局限性，甚至有可能出现错误。为了避免这一结果，需要大量的实验验证，以便达到通过推理而得到的结果与客观实际相符目的。

4.1.4 温度计

温度计的基本原理就是热平衡原理。但温度计需要满足 4.1.1 小节中提出的三个条件：①与低温物质体接触时读数小；②与高温物质体接触时读数大；③读数随着温度的变化呈线性变化。但第三个条件通常难以达到，因而就产生了适合于不同温度段的温度

计。通常的温度计有如下几种。

（1）液体温度计。基于热胀冷缩现象，如水银温度计，能量测的温度范围为−38～357℃。

（2）气体温度计。基于热胀冷缩现象，如氦气温度计，能量测的温度范围在−269℃以上，但在高温区测量得不准确。

（3）电阻温度计。基于电阻与温度之间的关系式 $R_t=R_0(1+At+Bt^2)$，通过冰点 0℃、汽点 100℃及硫点 445℃确定待定系数 R_0、A、B，适用于−200～631℃。

（4）温差电偶温度计。基于温差与电动势之间的关系式 $E=a+bt+ct^2$，通过锑点 631℃、银点 961℃及金点 1 063℃确定待定系数 a、b、c，适用于>600～1 063℃。

（5）高温计。当温度高于金点温度 1 063℃时，只能采用高温计。高温计有辐射高温计与光测高温计之分，前者基于斯特藩（Stefan）定律，后者基于普朗克公式。无论是斯特藩定律还是普朗克公式，它们都将温度与热辐射（光辐射）联系了起来。例如，测定太阳表面的温度，只能采用热辐射高温计或光辐射高温计。

（6）磁温度计。基于磁化率 χ_m 与热力学温度 T 之间的关系 $\chi_m=D/T$（其中 D 是常数），特别适用于 0～1 K，这也是目前唯一的一种测定温度低于 1 K 的温度计。

4.2 热力学第一定律

4.2.1 过程

过程这一概念在热力学中极为重要，特别是在讨论外力对物质体系所做的功及能量与热量的转化等专题时，更是离不开首先界定过程，因为不同的过程会产生不同的结果。谈到过程，大体上看，不是静态过程就是动态过程。这两个概念都很容易把握，静态过程是指所有的描述物态方程的变数都不随时间变化，而动态过程是指至少有一个变数随时间变化。然而，对于静态过程，只需要物态方程就够了，不存在任何功及能量的转化；而对于一般性的动态过程，若不明确物质体系处于怎样的一种动态过程，也无法研究外界对体系所做的功及能量与热量之间的转化，除非加入更明确的限定性条件。

在热力学中，过程主要有两种：其一是准静态过程；其二是稳恒过程。稳恒过程是指描述物质体系的物态方程中的物理变数不随时间变化。这里需注意，温度不包含在其中。例如，一个物质体系中存在稳恒电流这种情形就属于稳恒过程，但体系的温度在一般情况下会因电流的存在而不断升高，除非体系同时不断释放热量。

准静态过程则是指在过程中的每一步（或者说在任何时刻），体系都处于平衡态。这显然是一种理想过程，在现实中不可能存在。实际上，在现实中，不平衡是绝对的，平衡总是相对的。但在很多情况下可以用准静态平衡来逼近真实的（不平衡）过程。如果假定过程进行得足够缓慢，则可认为是准静态过程。在过程开始之时，有一个起始状态，称为过程的初态；在一个过程完结之后，得到一个过程的终止状态，称为过程的终态。如果一个过程从初态达到终态之后又可以返回初态，同时不引起外界环境的变化，则称这种过程为可逆过程。以后会讨论可逆过程的实例。如果一个从初态到达终态之后又返回初态的过程是准静态过程，同时在该过程中不存在摩擦阻力，则该过程（一般说来）必为可逆过程（试举例论证：**习题 4.4**）。因此，可逆的准静态过程是一种理想的、无摩擦的、无限缓慢的可逆过程。

在热力学中常常需要考察外界对一个特定的物质体系（或该物质体系对外界）所做的功。这里先考察一个简例：有一圆柱空腔内充有理想气体，下底封死而上底是一个可移动的活塞；将活塞向内推进一段距离而完成了一个过程。假定这一过程是无摩擦的准静态过程，在过程的初态和终态空腔分别具有体积 V_1 和 V_2，则可计算出在这一过程中，外界对该系统所做的功为（试证明：**习题 4.5**）：

$$W=-\int_{V_1}^{V_2}p\mathrm{d}V \tag{4.22}$$

其中：p 为气体在过程进行之中的压强（未必是常数），同时规定，外界对系统做功为正，系统对外界做功为负。通常，外界对系统做正功可使系统的体积缩小。

就上边的例子而言，假定初态用(V_1, p_1)表示，终态用(V_2, p_2)表示，则可看出，功的表达式（4.22）并非仅仅是态(V, p)的函数，它与过程的细节有关。如果用 V 和 p 分别表示横坐标和竖坐标，那么可以认为功与连接初态和终态的光滑曲线有关，因为由式（4.22）给出的积分正好是连接初态(V_1, p_1)和终态(V_2, p_2)的曲线向横坐标垂直投影所画出的面积，其中 V 和 p 分别为二维直角坐标系 $o\text{-}Vp$ 中的横坐标和竖坐标，其中 o 是坐标系的原点。这就是说，上述曲线一经变化，由式（4.22）决定的功也会发生变化（通常情形）。

式（4.22）仅仅是给出了一种在特定过程下计算功的例子。实际上，功的计算随过程的不同而差异甚大。

4.2.2 热力学第一定律的表述

热力学第一定律涉及热现象领域内的能量守恒和转化定律，反映了不同形式的能量在传递与转换过程中的守恒律，其表述为：物体内能的增加（或减少）等于物体吸（或放出）的热量和对物体所做的功的总和。热量可以从一个物体传递到另一个物体，也可以与机械能或其他能量互相转换，但是在转换过程中，能量的总值保持不变。

热力学第一定律的推广和本质就是能量守恒定律。能量守恒定律是自然界中普遍有效的定律之一。任何物质都有能量，能量有多种形式，如机械能、电磁能、引力位能、热能（或称内能）等。但无论能量的表现形式如何之多，它们之间均可相互转化而统称为能量。宇宙中的总能量不生不灭，保持不变，这就是能量守恒定律，也即热力学第一定律。热力学第一定律还可以用否定性陈述来表述：第一类永动机是不可能造成的。第一类永动机是指可以不停地动作对外做功而无须任何能源供给的机器。

热能是什么呢？直观地说，热能是与温度对应的物质体系的能量。然而，这一表述还不是很明确，因为物质体系总是含有不同形式的能量，很难确定哪一部分属于热能。为此，一种可能的方案是将热能定义为热量，而一个物质体系的热量直接与温度有关，当温度为 0 时，规定热量为 0。这样一来，只要清楚了热量的概念，也就清楚了热能的概念。

为了定义热量，可以从物质体系的内能入手。内能是假想物质体系静止时所具有的全部能量。至于这全部能量是多少（参见注释 4.2），无须知道，因为这并不影响对热量的定义；况且，一个物质体系的总能量是多少对热力学的研究来说并不重要，不会影响任何热力学中的结论。显然，物质体系的内能只与该体系的状态有关，因而是态函数。

注释 4.2 按爱因斯坦的质能关系，一个物质体系的总能量可以表示成 $E=mc^2$，其中 m 是体系的质量，c 是光速。如果假定爱因斯坦的质能关系正确，便得到一个表示体系的内能（也即总能量）的公式。

有了内能的概念，是否就可以定义热量了呢？为此，先假定一个物质体系在初态时具有内能 U_1，而体系的温度升高之后（终态）具有内能 U_2（$U_2>U_1$）。于是，一个直观的想法就是将热量定义为体系由于温度的升高而增加的内能。但内能包含多种能量形式，究竟哪部分内能增量属于由温度升高而增加的部分呢？假定是由纯粹温度升高而引起的内能的增量部分。然而，体系的温度升高之后，其他的物理量随之变化，因而体系内能所包含的其他能量形式也会随之变化。这样一来，仍然无法界定出热量。看来，仅仅根据体系的温度及内能尚无法定义热量（至少根据目前已有的知识）。现在换一种想法。首先假定：两个均匀物质体系 A 和 B 接触之后，温度高的一方 B 总是将能量传递给温度低的一方 A 而最终达到热平衡。这一假定是合理的，而且如果接受喀拉氏定理的话，上述假定当然是正确的（应用能量守恒定律，同时需要设定，对同一个物质体系来说，温度越高，则内能越大）。然后假定，当 A 与 B 接触时，B 对 A 只传递热而不做功（即 B 使 A 的温度升高但不做任何形式的功），同时，A 不向外部空间释放任何能量，也不从除 B 之外的外部空间吸取能量。在上述假定之下，体系 A 的能量（即内能）增加完全对应于该体系从外部（即从 B）所吸取的能量，称为热量。

于是，在上述假定之下，可以写出定义热量 Q 的方程：

$$Q=(U_2-U_1)\big|_{W=0} \tag{4.23}$$

其中：下标 $W=0$ 表示体系没有功的交换（即外界对体系不做功，同时体系对外界也不做功）。

有了热量的概念之后，可以定义一种在热力学中经常用到的过程，即物质体系的绝热过程，在该过程进行之中，物质体系既不吸收热量也不放出热量。

一个物质体系的内能发生变化，不是因为该体系从外界吸收热量（或该体系向外界放出热量），就是因为外界对该体系做了功（或该体系对外界做了功）。用数学方程表示为

$$U_2-U_1=W+Q \tag{4.24}$$

其中：规定物质体系吸收热量为正，外界对体系做功为正。无论是物质体系吸收热量还是外界对体系做功均使体系的内能增加。式（4.24）是热力学第一定律的数学表述形式。不过，式（4.24）只适用于平衡态。对于非平衡态，在式（4.24）的左边还要加上一个动能增加项 K_2-K_1，即

$$U_2-U_1+K_2-K_1=W+Q \tag{4.25}$$

由式（4.24）可以看出，内能是态函数，与过程的细节无关；但功与过程的细节有关，因而热量也与过程的细节有关。另外，如果假定外界对系统做了功，但系统的内能保持不变，那么上述功必定全部转化成热量而放出，即有 $Q=-W$。反过来也是一样，如果系统吸收了热量而内能保持不变，那么上述热量必定全部转化成系统对外界所做的功。当然，也可以采用如下观点：在系统从外界吸收热量的同时对外界做功以保持内能不变，或者在系统放出热量的同时外界对系统做功而保持内能不变。总之，系统的内能差，外界对系统所做的功及系统吸收的热量，这三者之间由式（4.24）制约。

这里有必要指出，喀拉氏（Carathéodory，1873—1950年）当初先定义了绝热过程，又定义并引入了内能，之后才定义了热量。喀拉氏对绝热过程的定义为（王竹溪，1984）：一个过程，其中物体的状态的改变完全是机械的或电的直接作用的结果，称为绝热过程。由于功的概念早已建立，可根据下式定义热量：

$$Q=U_2-U_1-W \tag{4.26}$$

然而，仔细分析喀拉氏关于绝热过程的定义就会发现，由此定义的绝热过程并不严密。因为，使一个物质体系的内能变化（或者状态变化）的方式除了吸收热量，并非只剩下机械的或电的直接作用（如化学反应和衰变过程就不属于此类）。正是基于这一理由，在引入内能概念的同时定义了热量，进而定义了绝热过程。另外，绝热过程既然与热（热量）有关，就应该先说明热（热量）的概念，然后再定义绝热过程。这也是合乎逻辑的。

4.2.3 热容量及比热

有了热量的概念之后可以定义热容量。任何一种物质体在温度升高 1℃时所吸收的热量称为这个物体的热容量，通常记为 C。显然，热容量与物质体的构成（如是液体还是固体，是氢气还是氧气等）及质量（即物质的多少）有关。1 g 物质的热容量称为该物质的比热。比热应该只与物质体的构成有关，或者说只与物质体的本质属性有关。然而，精确的实验表明，比热还会受温度的影响。也就是说，物质体处于不同的温度状态，比热也有差异。于是需要一种标准单位来度量热量。热量的单位为卡路里，简称卡（cal），它是 1 g 纯水在标准大气压下从 14.5℃升高到 15.5℃所需要的热量。热量单位与能量单位具有如下关系：

$$1\,\text{cal}=4.185\,8\times10^{7}\,\text{erg}=4.185\,8\,\text{J} \tag{4.27}$$

上述结果是焦耳通过多年实验得到的，称为热的功当量关系，简称热功当量。

由于比热是根据 1 g 物质所吸收的热量来定义的，而热量并非态函数，它与过程的

细节有关，因而严格说来，物质的比热是一个变量，它不仅与温度有关，而且与过程有关。于是就产生了定压比热 C_p 和定体比热 C_V 的概念；前者是压强保持不变时的比热，后者是体积保持不变时的比热。当然还可以定义其他形式的比热，这里不再深入讨论。显然，无论是定压比热还是定体比热，它们仍然与温度有关。为此，如果有必要，可以规定标准定压比热和标准定体比热，它们分别是物质在初始条件为标准大气压及 15 ℃时的定压比热和定体比热。

对于任意一个温标 θ，物质体的热容量 C 可按下式定义：

$$C = \lim_{\Delta\theta \to 0} \frac{\Delta Q}{\Delta \theta} \tag{4.28}$$

其中：ΔQ 为物质体在温度升高 $\Delta\theta$ 时所吸收的热量。然而，不能将式（4.28）直接写成导数形式，除非在写出导数时作出特殊说明（例如是普通导数、绝对导数，还是其他导数），因为 ΔQ 与过程的细节有关。下面主要讨论定压过程和定容过程的热容量。

当物质体的体积不变时，式（4.26）中的 W 为 0（因为没有位移，所以没有做功），因而有 $\Delta Q = \Delta U$ 。于是，根据定义式（4.28）得到定体热容量

$$C_V = \left(\frac{\partial U}{\partial \theta}\right)_V \tag{4.29}$$

当物质体的压强保持不变时，式（4.26）中的功 W 可以表示成 $W = -p\Delta V$ （外界对物质体系做功而使体积变小，故取负号）。这时，有 $\Delta Q = \Delta U + p\Delta V$ 。将式（4.29）代入热容量的定义式（4.28）之中便得到物质体的定压热容量

$$C_p = \left(\frac{\partial U}{\partial \theta}\right)_p + p\left(\frac{\partial V}{\partial \theta}\right)_p \tag{4.30}$$

若引进一个称为焓的物理量

$$H = U + pV \tag{4.31}$$

则式（4.30）可改写成

$$C_p = \left(\frac{\partial H}{\partial \theta}\right)_p \tag{4.32}$$

同时，可以将体系所吸收的热量表示成

$$\Delta Q = (\Delta H)_p \tag{4.33}$$

由式（4.33）可知，在等压过程中物质体所吸收的热量等于该物质体的焓的增加量。

可以证明，定压热容量与定体热容量之间满足如下的微分方程（试证明：**习题 4.6**）：

$$C_p - C_V = \left[\left(\frac{\partial U}{\partial V}\right)_\theta + p\right]\left(\frac{\partial V}{\partial \theta}\right)_p \tag{4.34}$$

[**提示**：令 $U = U(p,V,\theta)$，则有

$$\mathrm{d}U = \frac{\partial U}{\partial p}\mathrm{d}p + \frac{\partial U}{\partial V}\mathrm{d}V + \frac{\partial U}{\partial \theta}\mathrm{d}\theta$$

当 p 固定时，有

$$(\mathrm{d}U)_p = \left(\frac{\partial U}{\partial V}\right)_\theta \mathrm{d}V + \left(\frac{\partial U}{\partial \theta}\right)_V \mathrm{d}\theta$$

当内能 U 以 θ 和 V 为独立变数时，可以推出

$$\mathrm{d}U = C_V \mathrm{d}\theta + \left[(C_p - C_V)\left(\frac{\partial \theta}{\partial V}\right)_p - p\right]\mathrm{d}V \tag{4.35}$$

若内能 U 以 p 和 V 为独立变数，则有

$$\mathrm{d}U = C_V \left(\frac{\partial \theta}{\partial p}\right)_V \mathrm{d}p + C_p \left(\frac{\partial \theta}{\partial V}\right)_p - p\mathrm{d}V \tag{4.36}$$

]

对于理想气体，在准静态绝热过程下，有如下的微分方程（试证明：**习题 4.7**）：

$$\frac{\mathrm{d}p}{p} + \gamma \frac{\mathrm{d}V}{V} = 0 \tag{4.37}$$

其中：γ 为定压热容量与定体热容量的比值，或者说是定压比热与定体比热的比值，即

$$\gamma = \frac{C_p}{C_V} = \frac{c_p}{c_V} \tag{4.38}$$

[**提示：** $\mathrm{d}U = \mathrm{d}Q + \mathrm{d}W = -p\mathrm{d}V$，$pV = RT$]

对于理想气体，γ 变化很小，若将它视为常数，则可完成对式（4.37）的积分：

$$pV^\gamma = C \tag{4.39}$$

其中：C 为积分常数。

4.2.4 卡诺循环

本小节只讨论理想气体的卡诺（Carnot）循环。为此，首先讨论气体的内能。焦耳（Joule，1818—1889 年）通过实验测定了带有活塞的容器中的气体在做绝热自由膨胀之前及之后的温度（注意整个过程不仅没有热量交换而且没有净功），发现温度没有变化，从而证明气体的内能仅仅是温度的函数（试证明：**习题 4.8**），即

$$U = U(\theta) \tag{4.40}$$

这一方程称为焦耳定律。

然而，焦耳当初的实验并不特别精确。后来更为精确的实验表明，对一般气体来说，焦耳定律并不严格成立，而是略有偏差。于是假定，对理想气体来说，焦耳定律成立，或者把满足焦耳定律的气体称为理想气体。也就是说，对理想气体来说，内能仅仅是温度的函数，由式（4.40）表述。

对 1 mol 的理想气体来说，其物态方程为

$$pV = RT$$

这实际上就是玻意耳-马里奥特定律，其中 R 是普适摩尔气体常数（即对任何气体都保持不变）：

$$R = 8.314\,7 \times \mathrm{J/(^\circ C \cdot mol)}$$

其中：mol 为克分子（1 克分子就是 1 mol）。若利用热功当量关系，上式又可写成

$$R = 1.9864 \times \mathrm{cal/(℃ \cdot mol)}$$

若有 N 个摩尔，则玻意耳-马里奥特定律可表示成

$$pV = NRT \tag{4.41}$$

R 是普适摩尔气体常数这一事实与阿伏伽德罗定律密切相关（参见第 8、9 章）。阿伏伽德罗定律可表述为：在相同的温度和压强之下，相等的体积内所含各种气体的克分子数（即摩尔数或物质的量）相同。阿伏伽德罗定律又可表述为：在温度、压强和体积相同的条件下，容积内的气体的质量与分子量成正比。

由式（4.30）得

$$C_p = \left(\frac{\partial U}{\partial \theta}\right)_p + p\left(\frac{\partial V}{\partial \theta}\right)_p = C_V + NR \tag{4.42}$$

因 U 只是温度的函数，$\left(\frac{\partial U}{\partial \theta}\right)_p \equiv \left(\frac{\partial U}{\partial \theta}\right)_V = C_V$，同时利用了玻意耳-马里奥特定律。对 1mol 理想气体来说，有

$$c_p - c_V = R \tag{4.43}$$

普适摩尔气体常数 R 将定压比热和定体比热用非常简单的方程联系了起来。

讨论一种理想气体的热机循环过程，它由如下 4 个步骤组成。

（1）绝热膨胀：由(V_1, T_1)到$(V_2, T_2)$$(V_1<V_2)$。

（2）等温压缩：由(V_2, T_2)到$(V_3, T_2)$$(V_2>V_3)$。

（3）绝热压缩：由(V_3, T_2)到$(V_4, T_1)$$(V_3>V_4)$。

（4）等温膨胀恢复原状：由(V_4, T_1)到(V_1, T_1)。

由上述 4 个步骤构成的循环过程称为卡诺循环过程，简称卡诺循环。对理想气体而言，称为理想卡诺循环；相应的热机，称为理想卡诺热机。

衡量热机性能的一个重要标志就是热机的效率 η，它是热机对外界所做的净功，等于 $-W$ 与热机从外界所吸收的热量 Q 的比值，即

$$\eta = \frac{-W}{Q} \tag{4.44}$$

也就是说，热机效率反映热机在完成一个循环过程中的做功能力，它从外界吸取热量（从而获得能源）之后，有多少热能转化成对外界所做的（有用）净功。这里，在热机对外界做功的同时，也有可能外界对热机做功，取它们的代数和的负值即得热机的净功（取负值是因为在定义功的时候规定了外界对系统做功为正，系统对外界做功为负）。

为了求出热机效率，需要计算在一个循环过程完结之后热机所吸取的热量及对外所做的功。为此，需要对前面所给出的循环过程的 4 个步骤的每一步进行计算。

（1）绝热膨胀：由(V_1, T_1)到(V_2, T_2) $(V_1<V_2)$。在此过程没有吸收热量也没有放出热量，即有 $Q_A=0$。由于系统（热机）的体积由 V_1 膨胀到 V_2，系统对外界做功，即有

$$W_A = -\int_{V_1}^{V_2} p\mathrm{d}V \tag{4.45}$$

对于理想气体的绝热过程，有 $pV^\gamma = C$［其中 C 是常数，此即式（4.39）］，代入式（4.45），即可计算出

$$W_A = \frac{p_2V_2 - p_1V_1}{\gamma - 1} \tag{4.46}$$

利用理想气体的物态方程 $pV=RT$，上述功的计算值又可表示成

$$W_A = \frac{R(T_2 - T_1)}{\gamma - 1} \tag{4.47}$$

（2）等温压缩：由(V_2, T_2)到(V_3, T_2) $(V_2>V_3)$。在此过程中温度没有变化，因而内能没有变化（因为是理想气体）。由于体积缩小（外界压缩所致），外界对系统做功W_B，即有

$$W_B = -\int_{V_2}^{V_3} p\mathrm{d}V \tag{4.48}$$

将理想气体的物态方程 $pV=RT$ 代入式（4.48）并完成积分即得

$$W_B = RT_2 \ln\frac{V_2}{V_3}$$

又根据热力学第一定律，$\Delta U = W + Q$，但 $\Delta U = 0$，从而得到系统放出的热量

$$Q_B = -W_B = -RT_2 \ln\frac{V_2}{V_3} \tag{4.49}$$

（3）绝热压缩：由(V_3, T_2)到$(V_4, T_1)(V_3>V_4)$。此过程与过程（1）相似（只不过这一次体积由大变小，外界对系统做功），因而有 $Q_C=0$，以及

$$W_C = \frac{R(T_1 - T_2)}{\gamma - 1} \tag{4.50}$$

（4）等温膨胀恢复原状：由(V_4, T_1)到(V_1, T_1)。此过程与过程（2）相似（只不过这一次体积由小变大，系统从外界吸取热量，同时系统对外界做功），于是得

$$Q_D = -W_D = RT_1 \ln\frac{V_1}{V_4} \tag{4.51}$$

综合上述 4 个步骤，系统对外界所做的净功为

$$-W = -(W_A + W_B + W_C + W_D) = Q_B + Q_D = -RT_2 \ln\frac{V_2}{V_3} + RT_1 \ln\frac{V_1}{V_4} \tag{4.52}$$

系统从外界吸取的热量由式（4.51）给出。将式（4.51）和式（4.52）代入热机效率的定义式（4.44），即得理想卡诺循环热机的效率：

$$\eta = \frac{-W}{Q_D} = 1 - \frac{T_2(\ln V_2 - \ln V_3)}{T_1(\ln V_1 - \ln V_4)} \tag{4.53}$$

对于上述循环过程中的两个绝热分过程（1）和（3），引入绝热方程 $pV^\gamma = C$，同时顾及 $p_iV_i=RT_i(i=1,2,3,4)$，其中 $T_3=T_2$，$T_4=T_1$，则式（4.53）即可简化为（试推导：**习题 4.9**）

$$\eta = 1 - \frac{T_2}{T_1} \tag{4.54}$$

这就是理想气体的卡诺热机的效率，它只与系统的初始温度（即循环过程开始时温度）及终结温度（即循环过程结束时的温度）有关，与气体的性质（不管是什么气体）无关。

在上述循环过程中，如果系统放出的热量能（通过某种方式）自动转化为系统对外界做的有用功，那么热机的效率就会变成100%（试论证：**习题4.10**）。这一假定尽管不违背热力学第一定律，看起来有可能成立，但实际上是不可能的，因为受到了热力学第二定律的制约。

4.3 热力学第二定律

4.3.1 热力学第二定律的表述

热力学第二定律是热力学基本定律之一。热力学第二定律有好几种表述。其一，克劳修斯表述：热量不能自发地从低温物体转移到高温物体。其二，开尔文表述：不可能从单一热源取热使之完全转换为有用的功而不产生其他影响。热力学第二定律与熵增原理密切关联。熵增原理：不可逆热力过程中熵的微增量总是大于零。在自然过程中，一个孤立系统的熵不会减小。

自然界有一种特殊的规律，那就是如果系统从一种状态变为另一种不同的状态，然后又返回原初状态，在整个过程完毕之后不引起周围环境的变化是不可能的。为简便记，可将上述规律称为自然过程制约律。关于这一点，可以举出很多现实中的例证。将可逆过程定义为：系统从初态达到终态之后又可以返回初态，同时不引起外界环境的变化。自然过程制约律表明，在真实的自然界中，不存在可逆过程。也就是说，可逆过程的否定陈述与自然过程制约律是等价的。

如果承认因果律，那么任何过程的发生必有原因。所谓过程的发生，是指随着时间的推移，所考察的系统有所变化（这里并不排除经过一段时间后又回到初态的过程）。导致任何过程发生的原因有两种：一种是外界对系统的干预，即外部原因，相应的过程称为受控过程（如加热一个物体使之温度升高的过程）；一种是系统自身发生变化，也即内部原因，相应的过程称为自发过程（如自发性的原子核衰变过程）；当然，也有可能是两种原因并存，相应的过程称为混合过程（如摔打一个雷管使之爆炸的过程）。

有的过程一看就知道是不可逆的：炸弹爆炸之后无法复原；恒星因为光辐射而不断损失能量，它不可能恢复到最初的状态；任何生物从小长大之后无法恢复到原来的“初始状态”等。这些过程基本上属于自发性过程。一般说来，自发性过程是不可逆的。由此当然也可以推论，一般说来，混合过程也是不可逆的，因为它包含自发过程。不过，暂不将论断下得十分肯定，这是因为所能列举出的实例总是有限的，并不能证实一个一般性的原理或定律。

有些过程看起来好像可逆，例如：①推动一个物体沿圆周运动；②地球在太阳引力场作用下沿椭圆运动；③物体自由下落到地面之后又将其提升至原位；④将一个物体的温度升高之后又使之冷却而回到原来的温度等。这些过程基本上属于受控过程。然而，仔细分析上述实例就会发现，没有一个过程称得上是可逆过程，因为外界环境有变。

就①而言，外界推动一个物体就需要克服空气阻力和摩擦力而做功，摩擦生热而散发，外界对系统做功而损失能量，因而外界环境有变；即令在无摩擦的真空之中实现上述过程（但这在现实中是不可能的），也需要提供向心力者，它因为提供向心力而逐渐“疲劳”，因而外界环境有变。就②而言，假定太阳和地球均为均质圆球（否则，地球就永远不会恢复原状），同时假定牛顿万有引力定律正确，这时，尽管看起来地球可以恢复原状，但实际上却不能，因为太阳变得越来越“疲劳”（由于产生光辐射而逐渐损失能量，太阳正从“壮年期”走向“老年期”），因而太阳的引力场会逐渐变弱，从而一方面地球难以恢复原状，另一方面即使地球能恢复原状，外界环境也有变。就③而言，物体下落到地面之后将原有的势能转化为热能和震动能（因与地面发生碰撞），但无法收复这些能量使之全部转化为有用功而将物体提升到原位，也就是说，要想使该物体复原，就必须对该物体做功，但其中至少有一部分功不是来自上述热能和震动能的，因而外界环境有变。就④而言，使一个系统的温度升高，外界就需要对该系统做功使之升温或直接传递热量使之升温（否则，如果是系统自发生热，则必伴随有内在的类似于爆炸或燃烧的过程，而这种过程是不可逆的）；如若是通过做功形式使系统升温，之后系统又通过某种方式冷却而恢复原状，但由于热能无法在不改变外界环境的情况下完全转化为有用功，至少有一部分功无法通过系统的降温而得到补偿，于是，外界环境有变；如若是通过直接传递热量的形式使系统升温，外界传热体就必须具有比系统更高的温度，于是外界降温，系统升温，但系统要想使外界温度恢复到原状，就必须通过对外界做功的形式来完成（因为低温物体不可能直接将热量传递给高温物体），但热能又不可能在不改变外界环境的条件下全部转化为有用功，因而不可能使外界恢复原状，也就是说，虽然系统可以恢复原状，但外界环境发生了变化。

例如，在外力作用下产生绝热压缩，将功转化为热能（内能增加）；随后系统进行绝热膨胀，内能转化为功，系统恢复原状。但问题的关键是，外界环境有变。如果自然界中真能实现可逆过程，则热力学第二定律就不可能普遍有效。

因此自然界中不存在可逆过程。不过，在上述分析论证中，引入了两个结论：①低温物体不可能自发地向高温物体传递热量（经验告诉我们如此）；②热能不可能在不改变外部环境的前提下全部转化为有用功（这一点并不明显，但通过对理想卡诺循环机的考察可以相信这一点）。这里需要指出，功也不可能在不改变外界环境的条件下完全转化为热。要论证这一点并不难：在外界对系统做功而将功转化为热的过程中，外界损失能量因而改变状态。然而，可以构造一个循环系统，外界对系统做功使系统的温度升高，同时外界环境改变，之后系统再放出热能并将热能全部转化为有用功，这些有用功可使外界恢复原状。这样构造出的过程是理想的可逆循环过程，它并不违背热力学第一定律，但它违背了“低温物体不可能自发地向高温物体传递热量”这一陈述。为了证实这一点，假定自然界存在理想的可逆循环系统，可以令这个系统与低温物体连接（假定这个系统本身具有比低温物体更低的温度），它从低温物体吸收热量并将这些热量全部转化为对高温物体所做的有用功，从而使高温物体的温度继续升高，但循环系统本身恢复了原状。

其结果是，低温物体温度更低，高温物体温度更高，周围其他环境不变。这就是说，如果自然界满足“低温物体不可能自发地向高温物体传递热量”这一陈述，那么自然界就不存在可逆过程。反过来，如果自然界中不存在可逆过程，那么“低温物体不可能自发地向高温物体传递热量”这一陈述就是正确的。如若不然，可以推出在自然界中存在可逆过程，因为从高温物体向低温物体传递热量是一个基本的事实。于是，得出一个结论：“低温物体不可能自发地向高温物体传递热量”这一陈述（简称第一陈述）与“自然界中不存在可逆过程”这一陈述（简称第二陈述）是等价的。

实际上，还可以构造出很多与上述两个陈述相互等价的陈述（试构造出一例：**习题 4.11**）。之所以说能构造出不同的与上述两个陈述相互等价的陈述，是因为事先可以构想一个具体的可逆过程，然后对这一可逆过程加以否定即可得到一种等价陈述。既然是等价陈述，自然可以随便采用一个即可，这就是热力学第二定律。正因为如此，对热力学第二定律的描述就有了不同的但是相互等价的陈述，不同的陈述可能侧重于强调不同的方面。

前面已经指出，热力学第二定律可以表述为：自然界中不存在可逆过程。这一表述的优越性在于，不具体指出哪种过程，只指明自然界的一般性质。然而要想真正理解并应用这一陈述，就必须首先对可逆过程有很好的理解和把握。

热力学第二定律又可以表述为：低温物体不可能自发地向高温物体传递热量。这一表述的优越性在于，指出了一种具体的过程（实际上是对假想的可逆过程的否定性陈述），因而可以在某些具体问题中直接应用这一陈述。然而，在其他一些具体问题中却无法直接应用这一陈述。

下面列举出几个常见的关于热力学第二定律的陈述（王竹溪，1984），以便在实际应用中依方便而选用不同的陈述。

热力学第二定律的克劳修斯（Clausius，1822—1888 年）陈述：不可能把热从低温物体传到高温物体而又不引起外界环境的变化。

热力学第二定律的开尔文（Kelvin，1824—1907 年）陈述：不可能从单一热源取热使之完全变为有用功而又不引起外界环境的变化。

热力学第二定律的普朗克（Planck，1858—1947 年）陈述：不可能造一个机器，在循环动作中不引起外界环境变化，又能把一重物升高而同时使一热源冷却。

其实，普朗克陈述是开尔文陈述的一个特例。因此，通常不采用普朗克陈述。

注释 4.3 热力学第二定律的开尔文陈述又可以表述为：要想制造出第二类永动机是不可能的。这里，将第二类永动机定义为违反开尔文陈述的机器，它并不违反能量守恒定律。热力学第一定律就是能量守恒定律，而热力学第一定律的另一种表述形式就是：要想制造出第一类永动机是不可能的。所谓第一类永动机，就是违反能量守恒定律的机器。

注释 4.4 值得注意，并非热能不能全部转化为有用功，而是在周围环境不变的条件下热能不能全部转化为有用功。例如，在理想卡诺循环中的等温膨胀过程，内能没有变化，所吸收的热量全部转化为功，但体积发生了变化。

假想能够实现一个控制过程：A 通过光纤向 B 发射固定频率的光，使 B 产生电（通过光电效应）。假定 B 具有稳恒电流，流经 C，使 C 的温度逐渐升高，而 B 保持温度不变。其结果是低温物体 A 的温度下降，高温物体 C 的温度升高，实现了从低温到高温的传递。如果上述过程能够自然发生，则热力学第二定律就会失去普遍性。

热力学第二定律究竟是否正确呢？实际上，在卡诺循环中，如能实现 $T_2=0$ ($T_1>0$)，则 $\eta=1$。这表明，可将热全部转化为有用功，而又不引起周围环境的变化。然而，热力学第三定律指出，热力学温度不可能达到 0。那么，热力学第三定律是否正确呢？这又是一个值得深思的问题。不过，如果自然界中不存在可逆过程，则热力学第二定律成立。因此，热力学第二定律是自然制约律的一个推论。

4.3.2 卡诺定理

卡诺（Carnot，1824）定理的表述（王竹溪，1984）：所有工作于两个具有确定温度的物质之间的热机，以可逆机的效率最高。

假定工作于两种温度之间的热机经历了如下 4 个步骤而达到一个循环过程（参见理想气体的卡诺循环机）。

（1）绝热膨胀：由高温 θ_1 到低温 θ_2，没有热量交换，但热机对外做了功。

（2）等温压缩：外界对热机做功，热机放出热量 $Q_{放}$。

（3）绝热压缩：由低温 θ_2 到高温 θ_1，没有热量交换，但外界对热机做了功。

（4）等温膨胀恢复原状：热机从高温物质吸取热量 $Q_{吸}$ 并对外做功。

热机的效率由下式给出

$$\eta=\frac{W}{Q_{吸}} \tag{4.55}$$

其中：W 为热机对外界所做的功，这里可暂时规定，若热机对外界做净功则取正，反之取负[注意，这与当初定义的功的正负号正好相反，目前仅仅是为了方便，否则就需要在式（4.55）之中加上一个负号]。

热机对外界所做的净功应该是所吸收的热与放出的热之差，即

$$W=Q_{吸}-Q_{放} \tag{4.56}$$

式（4.56）对任何热机都是适用的（无论是可逆热机还是不可逆热机），因为这是由热力学第一定律决定的。

假定有一个可逆热机 A 和一个一般热机 B，它们的效率可分别表示成

$$\eta^{A}=\frac{W^{A}}{Q_{吸}^{A}} \tag{4.57}$$

$$\eta^{B}=\frac{W^{B}}{Q_{吸}^{B}} \tag{4.58}$$

可以假定这两个热机的吸取热量是一样的，即 $Q_{吸}^{A}=Q_{吸}^{B}\equiv Q_{吸}$。若 $\eta^{B}>\eta^{A}$，则有

$$W^{B}>W^{A} \tag{4.59}$$

根据式（4.56），同时有下列关系成立：

$$Q_{吸} - Q_{放}^{B} > Q_{吸} - Q_{放}^{A} \tag{4.60}$$

由于可逆机具有这样的功能，它可以反方向运作使周围环境保持不变，可以将可逆热机 A 与一般热机 B 串连起来使用。其结果是，联合机从低温热源吸取了热量 $Q_{放}^{A} - Q_{放}^{B}$ 并将它全部转化成了有用功 $W^{B}-W^{A}$，既得 $W^{B} - W^{A} = Q_{放}^{A} - Q_{放}^{B}$（试分析论证：**习题 4.12**）。值得注意，在上述运作过程中，唯一的效果是，从低温源吸取了热量并将它全部转化成了有用功，而外界环境（这里指联合机）并没有变化。然而，这违背了热力学第二定律的开尔文陈述（不可能从单一热源取热使之完全变为有用功而又不引起外界环境的变化）。

由此可见，必有

$$\eta^{B} \leqslant \eta^{A} \tag{4.61}$$

这就是卡诺定理所表述的内容。

根据对理想气体的卡诺循环机的讨论，可逆热机的效率可以表示成

$$\eta = 1 - \frac{T_2}{T_1} \tag{4.62}$$

它只取决于低温热源的温度 T_2 和高温热源的温度 T_1。这就表明，对固定的两个热源来说，工作于其间的所有可逆机具有相同的效率。当然，这一陈述也可以从卡诺定理直接推出：对于任意两个可逆机 A 和 B，当然同时有 $\eta^{B} \leqslant \eta^{A}$ 和 $\eta^{A} \leqslant \eta^{B}$ 成立，于是得证。

4.3.3 熵函数的引入

考虑两个分别具有温度 T_1 和 T_2 的高低温热源。工作于这两个热源之间的任意一个可逆机的效率可以表示成

$$\eta = 1 - \frac{T_2}{T_1} \tag{4.63}$$

这里已将式（4.63）中的普通温标换成了绝对温标。同时，可逆机的效率又可以表示成

$$\eta = 1 - \frac{Q_2}{Q_1} \tag{4.64}$$

其中：Q_1 和 Q_2 分别为热机吸收和放出的热量。由式（4.63）和式（4.64）得

$$\frac{Q_2}{Q_1} = \frac{T_2}{T_1} \tag{4.65}$$

若规定吸热为正、放热为负（$Q_{吸} \geqslant 0$，$Q_{放} \leqslant 0$），则可将式（4.65）改写成

$$\frac{Q_1}{T_1} + \frac{Q_2}{T_2} = 0 \tag{4.66}$$

如果将无穷多个可逆机串连起来并使其工作于一个物质体系而构成一个循环，则有

$$\oint \frac{\tilde{\mathrm{d}}Q}{T} = 0 \tag{4.67}$$

这里引入的符号 $\tilde{\mathrm{d}}$ 只有微小之意，因而 $\tilde{\mathrm{d}}Q$ 并不一定是全微分。根据式（4.67），函数 $\frac{\tilde{\mathrm{d}}Q}{T}$ 与积分路径无关，因而必存在一个状态函数 S，满足如下微分关系：

$$\mathrm{d}S = \frac{\tilde{\mathrm{d}}Q}{T} \tag{4.68}$$

或者，若选定了一个固定的状态 P_0，则任意一个状态 P 的函数 S 可以通过积分形式来表示：

$$S - S_0 = \int_{P_0}^{P} \frac{\tilde{\mathrm{d}}Q}{T} \tag{4.69}$$

其中：S 为物质体系的熵函数，简称熵。熵的概念最先由克劳修斯引入热力学之中。

由于熵只是状态的函数，与所经历的可逆过程无关，只要知道了过程的初态和终态，无论中间（可逆）过程如何复杂，总得到同样的熵。

引入熵函数之后，可以将热力学第一定律表示为

$$\mathrm{d}U = \tilde{\mathrm{d}}Q + \tilde{\mathrm{d}}W = T\mathrm{d}S + \tilde{\mathrm{d}}W \tag{4.70}$$

其中：$\mathrm{d}U$ 为系统内能（内能是态函数）的变化；$\tilde{\mathrm{d}}W$ 为外界对系统所做的功的变化；$\tilde{\mathrm{d}}Q$ 为系统所吸收热量的变化。

若 $\tilde{\mathrm{d}}Q \equiv 0$，则有 $\mathrm{d}S \equiv 0$。这表明，在可逆绝热过程中，熵是保持不变的。这一特性使我们得到熵函数的一个直接应用：假如一个系统的初态 P_0 已知（因而初态的熵已知），经历了一个很复杂的过程（这一过程不必可逆）到了某个态 P，但并不知道 P 态的熵；这时，如果有办法使系统从 P 态经历一个可逆绝热过程而达到一个具有已知熵的态 P'，就可知 P 态的熵（它与 P' 态的熵相同，也与初态 P_0 的熵相同）。当然，这一点并非总能做到。

注释 4.5 如果绝热过程是不可逆的，尽管仍然有 $\tilde{\mathrm{d}}Q \equiv 0$，但由于式（4.68）不再成立，因而推不出 $\mathrm{d}S \equiv 0$。这一点须特别注意。实际上，对于任何不可逆过程，均有 $\mathrm{d}S > \frac{\tilde{\mathrm{d}}Q}{T}$，这可以通过分析考察不可逆热机的效率而得到证实。

如果一个物质体系的状态可以用压强 p 和体积 V 来描述（均匀物质系统在一般情况下满足这一假设），那么热量微元可以表示成

$$\tilde{\mathrm{d}}Q = \mathrm{d}U + p\mathrm{d}V \tag{4.71}$$

其中：U 为系统的内能。于是，对于任意一个可逆过程，熵变可以表示成

$$\mathrm{d}S = \frac{\mathrm{d}U + p\mathrm{d}V}{T} \tag{4.72}$$

但在一般情况下（例如非均匀系），物质体系的状态可能需要用多个状态变量 (Y_i, x^i) $(i = 1,2,\cdots,n)$ 来描述，外界对系统所做的微功可以表示成

$$\tilde{W} = Y_i \mathrm{d}x^i \tag{4.73}$$

其中：Y_i 和 $\mathrm{d}x^i$ 分别为广义力和广义位移，而将 x^i 称为广义坐标。这时，系统所吸收的热量为

$$\tilde{\mathrm{d}}Q = \mathrm{d}U - Y_i \mathrm{d}x^i \tag{4.74}$$

而可逆过程的熵变可以表示成

$$\mathrm{d}S = \frac{\mathrm{d}U - Y_i \mathrm{d}x^i}{T} \tag{4.75}$$

4.3.4 理想气体的熵变

为了确定系统在某个状态下的熵，可以首先考察理想气体的可逆过程。假定理想气体从状态(p_1, V_1)经可逆过程达到状态(p_2, V_2)，则熵变为

$$S_2 - S_1 = \int_{(1)}^{(2)} \frac{\mathrm{d}U + p\mathrm{d}V}{T} \tag{4.76}$$

对于理想气体，有 $\mathrm{d}U = C_V \mathrm{d}T$ （由于$U = U(\theta)$； $\mathrm{d}U = \left(\frac{\partial U}{\partial \theta}\right)_V \mathrm{d}\theta = C_V \mathrm{d}T$ ）。考虑理想气体的物态方程 $pV = NRT$ （其中 N 是物质的量），式（4.76）可以写成

$$S_2 - S_1 = \int_{(1)}^{(2)} \frac{C_V}{T} \mathrm{d}T + NR \ln \frac{V_2}{V_1} \tag{4.77}$$

如果忽略定体热容 C_V 随温度的变化，则有

$$S_2 - S_1 = C_V \ln \frac{T_2}{T_1} + NR \ln \frac{V_2}{V_1} \tag{4.78}$$

式（4.78）已将状态(p, V)替换成(T, V)，二者是完全等价的（就理想气体而言）。于是，可以写出理想气体在任意状态(T, V)下的熵：

$$S = C_V \ln T + NR \ln V + S_0 \tag{4.79}$$

其中：S_0为一个常数，表示理想气体在初态(T_0, V_0)时的熵。通常，是否知道 S_0 的具体数值无关紧要，如有必要可以事先设定一个实数值。

不过，严格说来，由式（4.77）得

$$S = \int \frac{C_V}{T} \mathrm{d}T + NR \ln V + S_0 \tag{4.80}$$

式（4.80）同时适合于 C_V 随温度变化的情形。

作为一例，考察理想气体在真空中的绝热膨胀过程（王竹溪，1984；龚昌德，1982）。假定有一容器，容积（即体积）是 $2V$，一半装有理想气体，另一半是真空，由一隔板分离。隔板抽开前，假定系统的熵是 S_0。隔板抽开后，气体开始在真空中膨胀（但仍然在容器之中）。假定膨胀过程是绝热的，即系统与外界没有热量交换。气体达到新的平衡态之后，膨胀过程也完毕。在膨胀过程完毕之后，假定系统的熵是 S，在隔板抽开前后的熵变为 $S - S_0$。

由于熵只是状态的函数，根据前面对理想气体的可逆过程的讨论，在隔板抽开前，系统的熵为

$$S_0 = C_V \ln T + NR \ln V + S_0' \tag{4.81}$$

其中：T 为隔板抽开前气体的温度；S_0' 为一个无关紧要的常数。但值得注意，这里假定

了真空中的熵为 0，而且隐含地引入了真空熵叠加公设：如果一个系统的熵是 S，另外一个系统是真空，那么将这两个系统联合起来看作一个大系统时（但它们之间尚未进行任何能量交换），大系统的熵仍然是 S。

在隔板抽开之后，气体达到新的平衡之时，理想气体占有体积为 $2V$，温度仍然为 T，因为理想气体在系统内的膨胀过程是绝热的，没有吸收或放出热量，也没有做功（因为真空中的压强为 0），内能没有变化，而内能只与温度有关（反之亦然）。于是，可以写出隔板抽开后（气体已达到新的平衡态时）的熵：

$$S = C_V \ln T + NR \ln 2V + S_0' \tag{4.82}$$

由式（4.81）和式（4.82）最后得到熵变：

$$S - S_0 = NR \ln 2 > 0 \tag{4.83}$$

这就是说，理想气体在真空中的绝热膨胀使系统的熵增大。由此又可以推论：理想气体在真空中的绝热膨胀是一个不可逆的过程（否则，熵变为 0）。

评论 4.2 式（4.80）中出现了定体热容 C_V，它在绝热膨胀前后是一致的吗？如果不一致，就不能写出式（4.82）。在此情形下，前面的推论“理想气体在真空中的绝热膨胀是一个不可逆的过程”未必成立。

注释 4.6 是否存在一个对系统进行分割而成立的熵叠加原理呢？为此，考察一理想气体构成的体系，其状态可以用(T,V)来描述。于是，这个系统的熵可以表示为

$$S = C_V \ln T + NR \ln V + S_0$$

如果将这个系统一分为二变为两个完全相同的子系统 X_1 和 X_2，那么这两个子系统的熵可分别表示成[思考：为何分割后，等体热容变成了原来的一半？此为疑点之一。]

$$S_1 = \frac{C_V}{2}\ln T + \frac{N}{2} R \ln \frac{V}{2} + S_{01}, \quad S_2 = \frac{C_V}{2}\ln T + \frac{N}{2} R \ln \frac{V}{2} + S_{02}$$

于是有

$$S_1 + S_2 = C_V \ln T + NR \ln \frac{V}{2} + S_{01} + S_{02}$$

如果熵叠加原理成立，则必有 $S_{01}+S_{02}=S_0$[但后面的推理表明，熵叠加原理并不成立，因此并不能保证 $S_{01}+S_{02}=S_0$ 成立。如此，也就不能推演出后面的不等式。此为疑点之二]，于是推出

$$S_1 + S_2 = C_V \ln T + NR \ln \frac{V}{2} + S_0 \neq S$$

这与熵叠加原理矛盾。因此，在一般情形下，不存在对系统进行分割而成立的熵叠加原理。只有真空熵叠加原理才假定成立，因为真空被假定为既没有气体也没有能量的空间，从而可以假定真空中的熵为 0。

然而，若将容器中的气体看作两部分气体的组合，它们各自仍然占有总体积 V，则可推出熵叠加原理成立。这是值得深思的问题：或者推理存在缺陷，或者理论存在缺陷，或者在自然界中隐藏着重大未解之谜。参见 4.3.8 小节。

4.3.5 均匀物质系统的热力学关系

对于均匀物质系统，内能 U 可以通过如下的微分形式来表示：

$$dU = TdS - pdV \tag{4.84}$$

而焓可以通过如下的微分形式来表示（注意焓的定义式 $H=U+pV$）

$$dH = TdS + Vdp \tag{4.85}$$

如果引进亥姆霍兹（Helmholtz）自由能 F（简称自由能）

$$F = U - TS \tag{4.86}$$

和吉布斯（Gibbs）函数 G

$$G = F + pV = U + pV - TS \tag{4.87}$$

则可得到自由能和吉布斯函数的微分形式

$$dF = -SdT - pdV \tag{4.88}$$

$$dG = -SdT + Vdp \tag{4.89}$$

上述 4 个函数（内能、焓、自由能及吉布斯函数）的 4 个全微分形式构成了均匀物质系统的基本热力学关系，它们均为态函数。值得注意，上述 4 个全微分形式分别是以假定(S, V)、(S, p)、(T, V)及(T, p)为独立变量而得到的。显然，上述全微分形式之间并非独立，而是可以相互转化的。在实际应用中，可根据不同的独立变量选择不同的形式。

根据上述 4 个全微分形式，可以得到如下的麦克斯韦关系式（试证明：**习题 4.13**）：

$$\left(\frac{\partial T}{\partial V}\right)_S = -\left(\frac{\partial p}{\partial S}\right)_V \tag{4.90}$$

$$\left(\frac{\partial T}{\partial p}\right)_S = \left(\frac{\partial V}{\partial S}\right)_p \tag{4.91}$$

$$\left(\frac{\partial p}{\partial T}\right)_V = \left(\frac{\partial S}{\partial V}\right)_T \tag{4.92}$$

$$\left(\frac{\partial V}{\partial T}\right)_p = -\left(\frac{\partial S}{\partial p}\right)_T \tag{4.93}$$

[**提示**：例如，以(S, V)为独立变量，dU 可表示成式（4.84）。于是有

$$\left(\frac{\partial U}{\partial S}\right)_V = T, \quad \left(\frac{\partial U}{\partial V}\right)_S = -p$$

以及

$$\left(\frac{\partial^2 U}{\partial V \partial S}\right)_{VS} = \left(\frac{\partial T}{\partial V}\right)_S, \quad \left(\frac{\partial^2 U}{\partial S \partial V}\right)_{SV} = -\left(\frac{\partial p}{\partial S}\right)_V$$

由此即可推出式（4.90）成立。]

4.3.6 热力学函数

本小节只限于讨论有两个独立变数的均匀物质系统。当然，从概念上讲，推广到非

均匀物质系统也是简单的，然而写不出具体的函数表述式。

在热力学中，最基本的热力学函数有三个：物态方程、位函数（即内能函数）及熵。如果以系统的温度和压强为独立变数，则物态方程可以表述为（将体积表示成温度和压强的函数）

$$V=V(T,p) \tag{4.94}$$

内能可以通过焓来求出

$$U=H-pV \tag{4.95}$$

而焓可以表示成（试证明：**习题 4.14**）

$$H=\int C_p \mathrm{d}T+\left[V-T\left(\frac{\partial V}{\partial T}\right)_p\right]\mathrm{d}p+H_0 \tag{4.96}$$

[**提示**：由热力学关系式（4.85）得

$$\left(\frac{\partial H}{\partial T}\right)_p=T\left(\frac{\partial S}{\partial T}\right)_p,\quad \left(\frac{\partial H}{\partial p}\right)_T=T\left(\frac{\partial S}{\partial p}\right)_T+V=-T\left(\frac{\partial V}{\partial T}\right)_p+V$$

将上边的第二个关系式代入 H 的全微分表达式

$$\mathrm{d}H=\left(\frac{\partial H}{\partial T}\right)_p\mathrm{d}T+\left(\frac{\partial H}{\partial p}\right)_T\mathrm{d}p$$

并注意式（4.32）即可完成证明。]

另外，对于熵函数，有（试推导：**习题 4.15**）

$$S=\int C_p\frac{\mathrm{d}T}{T}-\left(\frac{\partial V}{\partial T}\right)_p\mathrm{d}p+S_0 \tag{4.97}$$

[**提示**：由 $S=S(T,p)$ 出发，

$$\mathrm{d}S=\left(\frac{\partial S}{\partial T}\right)_p\mathrm{d}T+\left(\frac{\partial S}{\partial p}\right)_T\mathrm{d}p$$

同时注意 $C_p=\left(\frac{\partial H}{\partial T}\right)_p=T\left(\frac{\partial S}{\partial T}\right)_p$（见习题 4.14 中的提示）即可完成证明。]

由式（4.94）、式（4.95）和式（4.97）给出的函数称为热力学基本函数。有了上述基本函数，即可完全描述均匀系处于平衡态时的性质。例如，测定了定压热容 C_p 之后，即可由式（4.96）求出焓 H，因而也就求出了内能 U。至于熵 S，则可直接由式（4.97）求出。这样，就知道了物态方程、内能及熵。不过，这一条件并非必需的。如果知道均匀系的内能 U 是 S 和 V 的已知函数，则可完全确定上述均匀系的平衡性质，无须知道热力学函数（试证明：**习题 4.16**）。这一陈述最先由麦森提出并给出了证明（王竹溪，1984），同时，他提出了特性函数这一概念：如果只给定一个已知函数即可完全求出均匀系的平衡性质，则称这样的函数为特性函数。因此，若已知内能 U 是 S 和 V 的已知函数，则内能是特性函数。当然，对于一个均匀系，未必总能找到特性函数。

[**习题 4.16** 之**提示**：设 $U=U(S,V)$，则

$$\mathrm{d}U=\left(\frac{\partial U}{\partial S}\right)_V\mathrm{d}S+\left(\frac{\partial U}{\partial V}\right)_S\mathrm{d}V$$

又知 $\mathrm{d}U = T\mathrm{d}S - p\mathrm{d}V$ ，有

$$T = \left(\frac{\partial U}{\partial S}\right)_V = T(S,V), \quad p = -\left(\frac{\partial U}{\partial V}\right)_S = p(S,V)$$

由此消去 S 即得物态方程 $V = V(T,p)\cdots$]

类似于麦森的证明，还可以证明（试证明：**习题 4.17**）：若以(S, p)为独立变量，则焓 $H=U+pV$ 是特性函数；若以(T, V)为独立变量，则自由能 $F=U-TS$ 是特性函数；若以(T,p)为独立变量，则吉布斯函数 $G=U+pV-TS$ 是特性函数。由此也可以看出（至少有部分原因），在热力学中，为什么除了内能（函数），还要引进焓、自由能及吉布斯函数。

4.3.7 不可逆过程的熵变

根据卡诺定理（见 4.3.2 小节），工作于任意两个温度源之间的热机，以可逆机的效率最高，而且所有可逆机的效率相同。既然如此，根据对理想气体的可逆卡诺循环的讨论，任何一个可逆机的效率均可表示成

$$\eta = \frac{Q_1 - Q_2}{Q_1} = \frac{T_1 - T_2}{T_1}$$

注意上式中后面一个等式只对可逆机成立，而前面一个等式是热机效率的定义，对任何热机都成立。为了明确起见，将可逆机的效率写成

$$\eta_{\mathrm{R}} = \frac{T_1 - T_2}{T_1} \tag{4.98}$$

于是，不可逆机的效率就可以表示成

$$\eta_{\mathrm{I}} = \frac{Q_1 - Q_2}{Q_1}$$

类似于以前的处理，规定吸热为正、放热为负，则上式可以改写成

$$\eta_{\mathrm{I}} = \frac{Q_1 + Q_2}{Q_1} \tag{4.99}$$

由于 $\eta_{\mathrm{I}} < \eta_{\mathrm{R}}$ ，由式（4.98）和式（4.99）得到如下的不等式：

$$\frac{Q_1}{T_1} + \frac{Q_2}{T_2} < 0 \tag{4.100}$$

上述不等式可以推广为（王竹溪，1984）

$$\sum_{i=1}^{n} \frac{Q_i}{T_i} < 0 \tag{4.101}$$

或者写成闭合积分的形式

$$\oint \frac{\tilde{\mathrm{d}}Q}{T} < 0 \tag{4.102}$$

假定一个物质系统从初态（P_0）经历一个任意的不可逆过程到达终态（P），然后又经历一个可逆过程从终态（P）返回到初态（P_0）。由于整个过程（回路）构成不可逆过程，可以根据式（4.102）写出

$$\int_{(P_0)}^{(P)} \frac{\tilde{\mathrm{d}}Q_{\mathrm{I}}}{T} + \int_{(P)}^{(P_0)} \frac{\tilde{\mathrm{d}}Q_{\mathrm{R}}}{T} < 0 \tag{4.103}$$

其中：$\tilde{\mathrm{d}}Q_{\mathrm{I}}$ 和 $\tilde{\mathrm{d}}Q_{\mathrm{R}}$ 分别为不可逆过程和可逆过程中的吸热微元。式（4.103）的左边第二项是可逆过程，因而有

$$\int_{(P)}^{(P_0)} \frac{\tilde{\mathrm{d}}Q_{\mathrm{R}}}{T} = S_0 - S \tag{4.104}$$

将式（4.104）代入式（4.103）之中可得不可逆过程的熵变（因为 P 和 P_0 点的熵是固定的）：

$$S - S_0 > \int_{(P_0)}^{(P)} \frac{\tilde{\mathrm{d}}Q_{\mathrm{I}}}{T} \tag{4.105}$$

式（4.105）就是不可逆过程的热力学第二定律的数学表述。

注释 4.7 这里需要注意，自然界中不存在可逆过程，因而对于自然界所发生的任何过程，式（4.105）均成立，这正好是热力学第二定律所界定的。从这种意义上说，式（4.105）是热力学第二定律的数学表述。不过，并非对于任意过程均有 $S-S_0>0$，因为有可能 $\tilde{\mathrm{d}}Q_{\mathrm{I}}<0$。在此情形下，$S-S_0>0$ 不成立。

由式（4.105）可以得到推论：对于不可逆绝热过程，由于 $\tilde{\mathrm{d}}Q_{\mathrm{I}}=0$，有 $\mathrm{d}S>0$，即不可逆绝热过程的熵变大于 0。由于可逆绝热过程的熵变为 0，对一个一般的绝热过程而言，有

$$\mathrm{d}S_{绝热} \geqslant 0 \tag{4.106}$$

式（4.106）表明，系统在不与外界交换热量的前提下，熵绝不减少。同时还可以证明另外一个推论：假如一个绝热过程的熵变为 0，则这一过程一定是可逆的（试用反证法证明：**习题 4.18**）。

理想气体在真空中的绝热膨胀随着膨胀过程的进行，熵增大了。由于上述过程是不可逆绝热过程，必定是熵逐渐增大（直到系统停止膨胀达到稳定态）。下面再考察一个例子：同一种理想气体做绝热扩散（王竹溪，1984）。

假定有一容器被隔板分成两个部分 A_1 和 A_2，它们分别装有 N_1 克分子和 N_2 克分子的同种理想气体（因为对于不同种类的气体的相互扩散，可以得到不同结果），容积分别为 V_1 和 V_2，但温度相同，均为 T。这时（隔板抽开之前），两个系统的压强分别为（根据理想气体的物态方程）

$$p_i = \frac{N_i RT}{V_i} \quad (i=1,2,\ 不对 i 求和)$$

而第 $i(i=1,2)$ 个系统的熵为[将物态方程代入式（4.97）即可得到]

$$S_i = N_i \int c_p \frac{\mathrm{d}T}{T} - N_i R \ln p_i + N_i s_0 \quad (i=1,2,\ 不对 i 求和) \tag{4.107}$$

其中：$C_{p_i} = N_i c_p$。于是，隔板抽开前的总系统的熵是上述两个系统的熵之和[这里利用了熵叠加原理（王竹溪，1984；龚昌德，1982）；但参见注释 4.6 就会发现，若采用式（4.80）则熵叠加原理不能成立！]：

$$S=(N_1+N_2)\int c_p\frac{\mathrm{d}T}{T}-(N_1R\ln p_1+N_2R\ln p_2)+(N_1+N_2)s_0 \tag{4.108}$$

抽开隔板以后，（两种相同的）气体开始做绝热扩散；达到新的平衡态之后，系统的熵应该为

$$S'=(N_1+N_2)\int c_p\frac{\mathrm{d}T}{T}-(N_1+N_2)R\ln p+(N_1+N_2)s_0 \tag{4.109}$$

其中：p 为同种气体扩散后达到新的平衡态时的压强，由下式给出

$$p=\frac{N_1+N_2}{V_1+V_2}RT \tag{4.110}$$

而温度保持不变，由于是绝热过程，同时没有净功，内能没有变化。由式（4.108）和式（4.109）便得到同种理想气体扩散前后的熵变为

$$\mathrm{d}S=S'-S=(N_1R\ln p_1+N_2R\ln p_2)-(N_1+N_2)R\ln p \tag{4.111}$$

或者，引进压强的表达式，式（4.111）可以写成

$$\mathrm{d}S=S'-S=R\left(N_1\ln\frac{N_1}{V_1}+N_2\ln\frac{N_2}{V_2}\right)-R(N_1+N_2)\ln\frac{N_1+N_2}{V_1+V_2} \tag{4.112}$$

可以证明，式（4.112）第二个等号右边的项在一般情况下大于 0（王竹溪，1984），于是得

$$\mathrm{d}S=S'-S>0 \tag{4.113}$$

令 $N_1=N_2=N_0$，$V_1=2V_2=2V_0$，则有 $p_1=\frac{N_0RT}{2V_0}$，$p_2=\frac{N_0RT}{V_0}$，$p=\frac{2N_0RT}{3V_0}$；将以上诸式代入式（4.112）得

$$\frac{S'-S}{R}=N_0\ln\frac{N_0}{2V_0}+N_0\ln\frac{N_0}{V_0}-2N_0\ln\frac{2N_0}{3V_0}$$

对上式进行简单运算即可得（注意 $\ln 3=1.098\,6$，$\ln 2=0.693\,1$）

$$\mathrm{d}S=S'-S=RN_0(2\ln 3-3\ln 2)>0$$

由此得到结论，对于绝热的同种气体扩散过程（注意，这一过程被认为是不可逆的，因为同种气体扩散之后无法再还原），熵将增大。实际上，对于一切自发的不可逆绝热过程，熵总会增大。这就是熵增加原理。不过值得注意，如果 $p_1=p_2=p$，则熵变为零（试论证：**习题 4.19**）。实际上，这一条件相当于 $N_1/V_1=N_2/V_2$，也就是说，A 和 B 两个容积中的单位体积中的分子数相同。又因它们具有相同的温度和压强，所以气体扩散前后没有任何变化（注意这里讨论的是同种气体的扩散过程）。由此可见，在上述条件下熵变为 0 是合理的。

注释 4.8 关于熵叠加原理，可以对处于稳恒态的均匀系给出一个一般性的证明。为此，假定均匀系的温度和压强分别为 T 和 p。将该均匀系划分成 n 个小块，则每一个小块也是均匀系，并且具有温度 T 和压强 p。对每一个小块系统来说，其熵可以表示为

$$S_i=N_i\int c_p\frac{\mathrm{d}T}{T}-N_iR\ln p+N_is_0,\quad i=1,2,\cdots,n$$

但整个系统的熵（即不划分小块时的整个系统）可以表示为

$$S = N\int c_p \frac{\mathrm{d}T}{T} - NR\ln p + Ns_0$$

考察上边两式即可看出，熵叠加原理成立：

$$S = S_1 + S_2 + \cdots + S_n$$

不过，对于一般的非均匀物质系统，尚无法证明熵叠加原理，只能假定熵叠加原理成立。

如果采用计算熵的另外一个公式：

$$S_i = N_i\int c_V \frac{\mathrm{d}T}{T} + N_i R\ln V_i + S_{0i}$$

则可证明熵叠加原理不成立。这是什么原因呢？

4.3.8　吉布斯佯谬*

吉布斯曾对带隔板容器内的同种分子组成的理想气体，计算隔板抽去前后熵的变化，发现有相互矛盾的地方，称为吉布斯佯谬。

首先考察两种不同气体在相互扩散前后的熵变。将 4.3.7 小节中的同种气体扩散之例略加修改：同种理想气体改为两种不同的理想气体，同时假定 $p_1 = p_2 = p$。若为同种气体，在等压假定下，熵变为 0。但对于不同的气体会有什么结果呢？

隔板抽开之后，两种不同的气体开始做绝热相互扩散（渗透）。由于本来它们就具有相同的温度和压强，在扩散过程之中没有做功，内能保持不变。在达到新的平衡之后，温度没有变化。根据道尔顿（Dalton）分压定律"混合气体的压强等于各种单纯气体的压强之和"（王竹溪，1984；龚昌德，1982），上述两种气体扩散完毕达到新的平衡之后，系统的压强可以表示成

$$p' = p_1' + p_2' \tag{4.114}$$

其中：p_1' 和 p_2' 分别为在新的平衡态下各种单纯气体的压强，它们可以表示成

$$p_i' = \frac{N_i RT}{V},\quad i = 1,2 \tag{4.115}$$

注意，这里假定单纯气体所占有的体积是总的气体所占有的体积。

根据熵叠加原理，气体扩散之前的熵为（注意 $p_1 = p_2 = p$）

$$S = \sum_{i=1}^{2}\left(N_i\int c_p \frac{\mathrm{d}T}{T} - N_i R\ln p + N_i s_{0i}\right) \tag{4.116}$$

根据普朗克提出的分熵原理"混合气体的熵等于各种单纯气体的熵，而假想单纯气体占有混合气体所占有的体积"（王竹溪，1984），可以求出气体扩散之后（已达到新的平衡）的熵为

$$S' = \sum_{i=1}^{2}\left(N_i\int c_p \frac{\mathrm{d}T}{T} - N_i R\ln p_i' + N_i s_{0i}\right) \tag{4.117}$$

* 初读此书，这一节内容可跳过。

于是，由式（4.116）和式（4.117），两种不同理想气体混合前后的熵变为

$$S' - S = \sum_{i=1}^{2}\left(-N_i R \ln \frac{p_i'}{p}\right) \tag{4.118}$$

根据分压定律，必有 $p_i' < p(i=1,2)$，因而 $S' - S > 0$。这就是说，两种不同的气体扩散之后，熵增加了，而增加的量由式（4.118）给出，它与气体的性质无关。

假想上述两种不同的理想气体无限接近，则仍然得到由式（4.118）给出的熵变。如果令这种接近"趋于无穷小以至两种气体变为同一种气体"，仍然得到上述熵变（即熵增加）结果。然而，对同一种气体来说（压强和温度均相同），熵变应该为0。这显然是矛盾的。这就是著名的吉布斯佯谬。

不少物理学家试图解释吉布斯佯谬，然而至今为止尚没有出现令人满意的解释结果。例如，一种解释曰（王竹溪，1984）：在得到式（4.118）时是假定两种气体可以区分；若是同种气体则无法区分，需要用到量子统计力学，因而式（4.118）不再适用。然而，这种解释之所以不能令人满意，是因为它无法说明两种气体无限逼近的情况。从无限逼近到全同，熵变突然有一个跳跃，这是真正令人困惑的地方。

解决吉布斯佯谬的根本出路在于放弃式（4.116），或者说，假定式（4.116）是不正确的，由此推出的式（4.118）也是不成立的。更深入的讨论超出了本教程范围。

4.3.9　熵增加原理及热寂说

任何一个物质系统，如果经历了一个自发的不可逆绝热过程，则系统的熵总是增加。这就是熵增加原理。比如，从高温物体向低温物体的自发的热传导过程就是不可逆过程，体系的熵随着热传导的进行而增加；气体在真空中的绝热膨胀是一种自发的不可逆过程，系统的熵随着膨胀的进行而增加；两种具有不同压强（但有相同的温度）的气体，其绝热相互扩散的过程是不可逆过程，系统的熵随着扩散的进行而增加；重物由于地球引力场的作用做自由下落的过程是一种不可逆过程，系统（由地球和重物构成）的熵随着自由下落的进行而增加（要证明这一点极为复杂，宁可假定其成立）。熵增加原理是根据热力学第二定律推演出来的。若热力学第二定律不真，就推演不出熵增加原理。

如果将整个宇宙设想成一种封闭而独立的体系，则可以将它看成是绝热的。这就是说，宇宙之中发生的任何过程都可以看作绝热过程。另外，热力学第二定律指出真正的可逆过程是不存在的。于是，就整个宇宙而言，宇宙中发生的任何过程都是绝热的、不可逆的过程，因而宇宙的熵总是在增加。但这种熵不会无限地增加下去，因为整个宇宙总会趋于热力学平衡态。一旦达到了热力学平衡态，整个宇宙就有了固定的熵，于是宇宙也不再发生任何变化，宇宙达到了热寂。这就是所谓的热寂说。

然而，热寂说不能令人信服，原因有三。其一，如果宇宙是无限的，上述推理就不能成立，因为这时无法将宇宙看作一个孤立的绝热系统。其二，假如宇宙是一个自封闭的、有限的绝热系统，则不能保证热力学第二定律对这个系统也有效，因为无法界定这

个系统的外部条件(即周围环境)，又因热力学第二定律的建立与外部环境是否变化有关。其三，自然界中还有一些过程是从无序走向有序，比如生物的生长、人类的进化及自然选择与淘汰等过程，很难说这类过程也符合热力学第二定律或熵增加原理。

如果自然界中存在具有双向选择功能的系统，它就可以使某些系统从无序走向有序。这就是说，无法排除自然界中会发生这样的（自然绝热）过程，那就是，随着（自然）过程的进行（从无序走向有序），系统的熵从大变小。

上述分析表明，热力学第二定律及熵增加原理未必是绝对正确的自然定律。因而将它们应用于整个宇宙就未必有效。

4.4 热力学第三定律

热力学第三定律是热力学的 4 条基本定律之一，描述的是热力学系统的熵在温度趋近于 0 K 时趋于定值。热力学第三定律由能斯特（Nernst，1864—1941 年）提出，其表述为：温度 0 K 不可能达到。这就是说，无论采用什么方法，都不可能使一个物体的温度达到 0 K，虽然可以无限接近。值得思考的问题是，为什么不能达到或低于 0 K？高温可以到无穷，但低温为什么不行？真空应该是 0 K，但真空又充满了物质。

4.4.1 第三定律发展史

17 世纪末期，法国物理学家阿蒙顿（Amontons，1663—1705 年）提出了类似于 0 K 的概念，这起源于他对改进仪器的兴趣。他改进了伽利略的温度计，利用水银代替水排挤空气，通过改变水银高度，但保持空气体积不变时读取温度数值。由此，温度就通过改变空气压强而不是改变空气体积的办法来测量。但这种温度计有一个缺陷：液体总是在同一温度沸腾，限制了温度计的量程。

阿蒙顿对温度计的兴趣引导他考虑温度变化对气体体积的影响，这个问题也同样引起了法国物理学家马里奥特的关注。但马里奥特（Mariotte，1620—1684 年）仅仅指出空气的体积随温度而变化，而阿蒙顿在研究了不同的气体之后指出，在给定的温度变化情况下，每种气体的体积变化量相同。阿蒙顿由此设想出“终极寒冷”这一概念。这是一种绝对的零度：在这种温度下气体收缩到不能再收缩的程度。1699 年，阿蒙顿发表了自己对气体的观察结果，根据他的推算，这个温度即后来提出的摄氏温标，约为−239 ℃。但将近一个世纪无人问津。后来，兰伯特更精确地重复了阿蒙顿实验，给出的温度为−270.3 ℃。兰伯特指出，在这个“绝对的冷”的情况下，空气将紧密地挤在一起。他们的观点一直没有得到人们的重视，直到盖·吕萨克发现气体热膨胀定律，即保持压强不变时，一定质量气体的体积跟热力学温度成正比，存在 0 K 的思想才逐步得到物理学界的普遍承认。

19 世纪中叶，英国物理学家汤姆森（Thomson，1824—1907 年，也即开尔文勋爵 Lord Kelvin）在提出热力学温标（开尔文温标）时，提出了假说：单位热量从温度为 T℃的物体 A，转移到温度为$(T-1)$℃的物体 B，将给出相同的机械作用（功），无论 T 是多少。这样的温标将独立于任何特定物质的物理性质。通过采用这样的假说（即开尔文猜想），将达到或存在一个点，在此点无法进一步转移热（热量），也即阿蒙顿猜想的 0 K。不过，开尔文猜想是否成立，值得深入思考和实验检验。

至 20 世纪初，德国物理学家能斯特（Nernst，1864—1941 年）在研究低温条件下物质的变化时，把热力学的原理应用到低温现象和化学反应过程中，发现了一个新的规律，这个规律被表述为：当热力学温度趋于零时，凝聚系统中固体和液体的熵在等温过程中的改变趋于零。后来，普朗克把这一定律改述为：当热力学温度趋于零时，固体和液体的熵也趋于零。这就消除了熵常数取值的任意性。1912 年，能斯特又将这一规律表述为 0 K 不可能达到原理：不可能使一个物体冷却到热力学温度的 0 K。这就是热力学第三定律。

1940 年，福勒（Fowler）和古根海姆（Guggenheim）还提出热力学第三定律的另一种表述形式：任何系统都不能通过有限的步骤使自身温度降低到 0 K。这一表述称为 0 K 不能达到原理。此原理与前面提到的热力学第三定律的几种表述是相互关联的。

4.4.2 热力学第三定律的表述

热力学第三定律要求在温度为 0 K 时（如果能达到），系统的熵（无论物质处于何种物态）为定值。由此，可以推出在 0 K 时，系统熔化的潜热是 0。在这一结论基础上，通过克劳修斯-克拉佩龙方程可以得到，熔化曲线在 0 K 点的切线斜率为 0。

引入热膨胀系数的概念，定义为

$$\alpha V = \frac{1}{V_m}\left(\frac{\partial V_m}{\partial T}\right)_p$$

考虑麦克斯韦关系 $\left(\frac{\partial V_m}{\partial T}\right)_p = -\left(\frac{\partial S_m}{\partial p}\right)_T$，可以推导出 $\lim\limits_{T\to 0}\alpha V = 0$，即对于任何材料，当温度趋于 0 K 时，其热膨胀系数也会趋于 0[参阅王竹溪（1994）]。

熵是体系混乱度的量度。混乱度又称为热力学概率，是指在一定条件下，系统内全部微观粒子可能具有的各种运动方式分布数的总和。熵与热力学概率的数学关系可以表示为 $S = k\ln\Omega$ [k 为玻尔兹曼（Boltzmann，1844—1906 年）常数]，这就是著名的玻尔兹曼定理。

观察一个内部处于热力学平衡的封闭系统。由于系统处于平衡，其内部进行的过程均可逆，全系统的熵的增加量为 0。

测量熵的方法之一是量度热容：

$$C_p = \left(\frac{\partial Q}{\partial T}\right)_p = T\left(\frac{\partial S}{\partial T}\right)_p,\quad S = \int\frac{C_p}{T}\mathrm{d}T \tag{4.119}$$

对式（4.119）实施定积分，考虑积分常数，有

$$S(T)=S(T_0)+\oint_{T_0}^{T}\frac{C_p}{T}\mathrm{d}T \tag{4.120}$$

由此可以看出，只能讨论“熵的改变”。但基于热力学第三定律，熵在 0 K 下趋向一个定值。

1902 年，理查德兹进行电化学电池的实验及整理相关数据时，发现焓 H 的变化量和吉布斯自由能 G 的变化量在接近 0 K 时彼此趋近，即当 $T\to 0$ 时，$\Delta G\to\Delta H$。但理查德兹并未找出此现象的意义。

能斯特则进了一步。根据热力学关系：

$$G=H-TS \tag{4.121}$$

可推导出

$$\Delta G=\Delta H-T\Delta S \tag{4.122}$$

因为两者的变化量以渐近线的方式趋近，能斯特认为在 0 K 附近，熵值的变化量也应趋于 0，也即当 $T\to 0$ 时 $\Delta S\to 0$。于是，能斯特于 1906 年提出：处于热平衡的系统，当接近 0 K 时，系统的熵值变化为 0，即

$$\log_{T\to 0}(S_1-S_2)=0 \tag{4.123}$$

1911 年，普朗克进一步提出：所有处于内部平衡状态中的系统，在 0 K 时，其熵的值都是一样的，因此可以设定为 0。这便是热力学第三定律的表述之一。而在这之前，人们只能得知熵值的变化量，无法对一个系统在特定温度时，给予一个绝对的熵值。第三定律一旦成立，则自动保证系统在 0 K 时的熵为 0，由此便能推出任何温度下绝对的熵值，由此便可以从原理上推断出许多化学平衡反应的重要化学量（例如平衡常数）。

由能斯特和普朗克对热力学第三定律的描述可推导出结论：不可能在有限步骤，将一个系统的温度降至 0 K。

假设有两个系统 X_1 和 X_2 在温度趋于零时，两者的熵值并没有同样趋于 0，则可由有限个等温过程和有限个等熵过程，将系统温度降至 0 K。但根据热力学第三定律，所有系统在 0 K 时，熵值为 0，故 X_1 和 X_2 两个系统的熵值在温度为 0 K 时会交于一点，而这是不存在的。如此一来，就需要无限个等温过程和等熵过程才能达到两系统的交点。

但真实世界中，不可能实现无限次过程，故 0 K 无法达到。由于任何真实过程可视为等温过程和等熵过程的过程组合，以上推论具有广泛性。

根据能斯特定理，凝聚系统的熵在可逆等温过程中的改变随热力学温度趋于 0，即

$$\lim_{T\to 0}(\Delta S)_T=0 \tag{4.124}$$

其中：$(\Delta S)_T$ 为一个可逆等温过程中熵的改变。

比热随着热力学温度趋于 0 表示为

$$\lim_{T\to 0}C_y=0 \tag{4.125}$$

其中：C_y 为所有广义坐标 $y_1,y_2,\cdots$ 不变时的热容量。

根据式（4.125），S 可表示为

$$S = S(T, y) = S(0, y) + \int_0^T \frac{C_y}{T} \mathrm{d}T \tag{4.126}$$

其中：y 为所有的广义坐标。

假定存在一个可逆绝热过程，y 由 y_1 到 y_2，T 则由 T_1 变为 T_2，而 S 不变。由式（4.126）得

$$S(0, y) + \int_0^{T_1} \frac{C_y}{T} \mathrm{d}T = S(0, y_2) + \int_0^{T_2} \frac{C_y}{T} \mathrm{d}T \tag{4.127}$$

$$\int_0^{T_1} \frac{C_y}{T} \mathrm{d}T - \int_0^{T_2} \frac{C_y}{T} \mathrm{d}T = S(0, y_2) - S(0, y_1) \tag{4.128}$$

设

$$S(0, y_2) > S(0, y_1)$$

则式（4.128）右边为正数。因 $\int_0^{T_1} \frac{C_y}{T} \mathrm{d}T$ 随 T_1 而变，可选择适当小的正 T_1，使

$$\int_0^{T_1} \frac{C_y}{T} \mathrm{d}T < S(0, y_2) - S(0, y_1)$$

即有

$$\int_0^{T_2} \frac{C_y}{T} \mathrm{d}T < 0 \tag{4.129}$$

根据低温极限 $T = +0$，以及可出现负热力学温度的系统有

$$\lim_{T \to \infty} (\Delta S)_T = 0 \tag{4.130}$$

易知可逆绝热过程无法使 T 变号。又因 $T > 0$ 时 $C_y > 0$，式（4.129）不可能满足。因此有

$$S(0, y_2) \leqslant S(0, y_1) \tag{4.131}$$

同理，如果

$$S(0, y_1) > S(0, y_2)$$

可取适当小的正温度 T_2，做上述绝热过程的逆过程，将得到

$$\int_0^{T_2} \frac{C_y}{T} \mathrm{d}T < 0 \tag{4.132}$$

根据同样理由，有

$$S(0, y_1) \leqslant S(0, y_2) \tag{4.133}$$

将式（4.131）和式（4.133）结合起来，得

$$S(0, y_1) = S(0, y_2) \tag{4.134}$$

也即式（4.124）

$$\lim_{T \to 0} (\Delta S)_T = 0$$

以上证明了式（4.124）与式（4.125）之间的相互转换。

4.4.3 实验检验

热力学第二定律给出了低温极限是$T=+0$。本小节讨论能否达到这个温度极限。由于$T=+0$是低温极限，不存在更低的温度，要使物体温度降至$T=+0$，最有效的降温过程只能是绝热过程。因此，只需讨论绝热过程能否达到$T=+0$。当比热不随热力学温度趋于0时，由热力学第二定律可推得$T=+0$不能达到。当比热随热力学温度趋于0时，存在能斯特定理：$T\to+0$时S趋于确定值（可取为0），表明$T=+0$的极限状态存在。此外，当$T>0$时，$C_y>0$，由此可得$T=0$状态的熵比任何$T>0$状态的熵都小。于是，由热力学第二定律，可推出该状态并不能由$T>0$的状态出发经可逆绝热过程达到，所以也就不可能由可逆过程达到。但能否由$T<0$的状态（负温状态）出发经不可逆过程达到，则不能由热力学第二定律所推出，因为热力学第二定律不能确定负温状态的熵是否一定比$T\to+0$时的大。如果某些负温状态的熵可比$T\to+0$时的小，那么就有可能从这些负温状态出发经不可逆过程达到$T=+0$。

总之，从热力学第二定律仅给出了低温极限是$T=+0$，而不能推出这个极限温度是否有可能达到，甚至也不能肯定它是否代表一种物理状态。能斯特定理肯定了它的确代表一种物理状态，但仍不能推出它是否有可能达到。因此，要确定它能否达到，还需要大量的实验和深入的理论研究。

负温状态性质的研究结果表明，热力学系统在负温状态时的熵并不比$T\to+0$时的小。因而根据热力学第二定律，也不可能从负温状态达到$T=+0$。这样就存在独立的0 K不能达到原理。

由此可见，能斯特定理与0 K不能达到原理不可互推，前者只涉及$T\to+0$时系统的性质，而后者还与$T\neq+0$状态的性质有关，特别还要涉及负温状态的性质。按照现代热力学理论观点，从0 K不能达到表述推出能斯特定理时，都需要加上比热随热力学趋于零的条件。

热力学温度T建立在热力学第二定律基础之上，后者能对T的高低温极限给出结论。根据热力学第二定律，当A和B物体做热接触时，如果热能会自发地从A物体传到B物体，那么便不可能把热从B物体传到A物体而不产生其他影响。

1911年普朗克提出了对热力学第三定律的表述：与任何等温可逆过程相联系的熵变，随着温度趋近于零而趋近于零。检验第三定律的方法则是要创造一个低温环境，并使实验品温度趋近0 K。创造低温条件，则需要降低粒子本身的振动，因为温度的传递是由物体内的粒子的振动来实现的，只有降低内在粒子之间的振动才能减少来自外部的干预。

从微观的角度，温度从本质上来讲是物体分子热运动的剧烈程度，粒子的运动剧烈程度是没有上限的，因此温度可以无限升高，但是粒子的运动却有一个下限，那便是静止。当粒子的运动剧烈程度越来越低时，温度也在不断下降。当粒子完全停止运动时，温度就下降到一个极限值，这个值就是0 K，即−273.15℃（温度为什么不能更低？**习题 4.20**）。

不过，热力学第二定律明确指出，能量的转换并非无损耗。来自外部的干扰始终无法使物体内的粒子完全停止振动（即熵难以达到 0 的水平），需要进行近乎无限次的干预才有机会达到 0 K。然而，在 0 K 下，构成物质的所有分子和原子均停止运动，但不包括量子力学概念中的“零点运动”（如真空涨落）。除非瓦解运动粒子系统，否则就不能停止这种运动。从这一定义的性质来看，0 K 是不可能在任何实验中达到的，即使达到了也无法进行观测。因此，能否达到 0 K，现阶段在实验室内仍难以通过有限的步骤实现。

因此，为了验证热力学第三定律在接近 0 K 时的行为，可观测德布罗意波长：

$$\Lambda=\sqrt{\frac{h^2}{2\pi mkT}}=\frac{h}{(2\pi mkT)^{1/2}}$$

其中：h 为普朗克常数；m 为粒子的质量；k 为玻尔兹曼常数；T 为热力学温度。

可见德布罗意波长与热力学温度的平方根成反比，当温度很低时，粒子物质波的波长很长，粒子与粒子之间的物质波有很大的重叠，因此量子力学的效应就会变得很明显。著名的现象之一就是玻色-爱因斯坦凝聚效应，该效应在 1995 年首次被实验证实，当时的温度为1.7×10^{-7} K。

利用理想气体状态方程：

$$\rho V=\frac{mRT}{M}=mrT$$

其中：$r=\dfrac{R}{M}$。

用外推的方法可以求出当温度达到-273.15℃时，气体的体积将减小到 0。如果从分子运动论的观点出发，理想气体分子的平均平动动能由温度 T 确定，那么也可以把 0 K 说成是“理想气体分子停止运动时的温度”。以上两种说法都只是一种理想的推理。事实上，一切实际气体在温度接近-273.15℃时，将表现出明显的量子特性，这时气体早已变成液态或固态。总之，气体分子的运动已不再遵循经典物理的热力学统计规律。通过大量实验及经过量子力学修正后的理论，在接近 0 K 的地方，分子的动能趋于一个固定值，这个极值称为零点能量。也就是说，0 K 时分子的能量并不为 0，而是具有一个很小的数值。这是因为全部粒子都处于能量可能最低的状态，也就是全部粒子都处于基态。

与 3 K 宇宙背景辐射温度比较，实现玻色-爱因斯坦凝聚的温度1.7×10^{-7} K 远小于 3 K，可知在实验上要实现玻色-爱因斯坦凝聚是非常困难的。要制造出如此极低的温度环境，主要的技术是镭射（激光）冷却和蒸发冷却。

由德国、美国、奥地利等国科学家组成的一个国际科研小组在实验室内创造了仅仅比 0 K 高 0.5 nK（纳开尔文，$1\,\text{nK}=10^{-9}\text{K}$）的温度纪录，这是人类历史上首次实现低于 1 nK 的极端低温。

4.4.4 讨论

根据统计物理学，热力学第三定律反映了微观运动的量子化。实际上，热力学第三定律并不像热力学第一定律和第二定律那样明白地告诉人们应该放弃制造第一类永动机和第二类永动机的企图，而是鼓励人们尽可能逼近 0 K。

有一个科学团队曾用激光和磁场将原子保持晶格排列。在正温度下，原子之间的斥力使晶格结构保持稳定。然后迅速改变磁场，使原子变成相互吸引而不是排斥。这种突然的转换，使原子还来不及反应，就从它们最稳定的状态，也即最低能态突然跳到可能达到的最高能态。在正温度下，这种逆转是不稳定的，原子会向内坍塌。该团队同时调整势阱激光场，增强能量将原子稳定在原位。结果是气体实现了从高于 0 K 到低于 0 K 的转变，约在负十亿分之几开度（思考：请论证这一现象）。这是人类在物理学上的重大突破，或许为发现暗物质提供了一条路径。

材料在导电过程中会消耗能量，表现为材料的电阻，电阻越大，消耗能量越多。一般而言，电阻随着环境温度的降低而减小。1911 年，荷兰物理学家昂内斯（Onnes，1853—1926 年）发现水银样品及其他的一些金属，在低温（4 K 左右）时电阻消失，称为超导现象。昂内斯因此获得 1913 年的诺贝尔物理学奖。后来，美国物理学家约翰·巴丁（J.Bardeen）、利昂·库珀（L.V.Coope）、约翰·施里弗（J.R.Schrieffer）三人提出了一种理论（简称 BCS 理论），解释了超导现象的微观机理。BCS 理论认为，晶格的振动，即声子，使自旋和动量都相反的两个电子组成动量为零、总自旋为零的库珀对；库珀对如同超流体一样，可以绕过晶格缺陷杂质流动从而无阻碍地形成超导电流。科学界认为，BCS 理论基本解释了低温下的超导现象，三位学者也因此获得 1972 年的诺贝尔物理学奖。

超导材料有一个临界温度，在这个温度以下，材料的电阻为 0。但是 BCS 理论所解释的常规超导现象，一般都发生在接近 0 K 的低温环境下。因为 BCS 理论认为，两两配成库珀对的电子是在低温条件下凝聚产生的。基于这个解释，美国物理学家麦克米兰（McMillan）根据实验结果和理论分析，预言超导的转变温度可能存在一个上限（40 K 左右），即所谓的麦克米兰极限，超导材料的临界温度可能都在这个上限之下。

超导材料的两个基本特性，零电阻和抗磁性使其已经有了不少实际应用。零电阻的材料，通过电流却不消耗能量，是人们制造电子器件求之若渴的材料。抗磁性又称迈斯纳效应（Meissner effect）：将一个处于超导态的超导体放置于磁场中，它内部产生的磁化强度与外磁场完全抵消，从而内部的磁感应强度为 0。也就是说，磁力线完全被排斥在超导体外面，这也是实际应用中的磁悬浮的基本原理。顺便指出，地球物理常用的超导重力仪，其原理是利用了超导材料具有极低电流阻尼的特性。

4.5 热力学第零定律

热力学第零定律，又称热平衡定律，是热力学的4个基本定律之一，是一个关于互相接触的物体在热平衡时的描述，作为进行体系测量的基本依据，其重要性在于它说明了温度的定义和温度的测量方法，并为温度提供了理论基础。

最常用的定律表述是：若两个热力学系统均与第三个系统处于热平衡状态，则这两个系统也必互相处于热平衡。或者说，热力学第零定律是指：在一个数学二元关系之中，热平衡具有传递性。

评论 4.3 热力学第零定律实际上应该提升为公理，因为该定律不仅无法从理论上证明，而且看起来是非常显然的，找不出反例。三个物质系统A、B和C，如果A和C均分别与B达到了热平衡，则A与C不可能不达到热平衡。因此，比较合理的做法应该是：热力学有一个公理（即目前陈述的热力学第零定律）、三个定律（即热力学第一、第二、第三定律）。

练 习 题

4.1 对于理想气体，可以证明：定压气体温标t_p与定容气体温标t_V相等，即$t_p = t_V = t$，并且有$pV = \theta_0(1+\alpha t)$。

4.2 试证明：当压强趋于0时，方程$pV = A + Bp + Cp^2 + Dp^3 + \cdots$转化为理想气体的物态方程$pV = RT$。

4.3 试证明：膨胀系数α、压强系数β、压缩系数κ满足关系式$\alpha = \kappa\beta p$。

4.4 试举例论证：如果一个从初态到达终态之后又返回初态的过程是准静态过程，同时在过程中不存在摩擦阻力，则该过程（一般说来）必为可逆过程。

4.5 试证明：有一圆柱空腔内充有理想气体，下底封死而上底是一可移动的活塞；将活塞向内推进了一段距离而完成了一个过程。假定这一过程是无摩擦的准静态过程，在过程的初态和终态空腔分别具有体积V_1和V_2，则可计算出，在这一过程中，外界对该系统所做的功为$W = -\int_{V_1}^{V_2} p\mathrm{d}V$。

4.6 试证明：定压热容量与定体热容量之间满足如下的微分方程

$$C_p - C_V = \left[\left(\frac{\partial U}{\partial V}\right)_\theta + p\right]\left(\frac{\partial V}{\partial \theta}\right)_p$$

4.7 试证明：对于理想气体，在准静态绝热过程下，有微分方程$\dfrac{\mathrm{d}p}{p} + \gamma\dfrac{\mathrm{d}V}{V} = 0$。

4.8 试证明：气体的内能仅仅是温度的函数。

4.9 试推导：引入绝热方程$pV^\gamma = C$，同时顾及$p_iV_i = RT_i\,(i = 1, 2, 3, 4)$，其中$T_3 = T_2$，

$T_4=T_1$，则方程$\eta=\dfrac{-W}{Q_D}=1-\dfrac{T_2(\ln V_2-\ln V_3)}{T_1(\ln V_1-\ln V_4)}$可简化为$\eta=1-\dfrac{T_2}{T_1}$。

4.10 试论证：系统放出的热量能（通过某种方式）自动转化为系统对外界做的有用功，那么热机的效率就会变成100%。

4.11 试构造与“低温物体不可能自发地向高温物体传递热量”和“自然界中不存在可逆过程”等价的陈述。

4.12 试分析论证：联合机从低温热源吸取了热量$Q_{放}^{A}-Q_{放}^{B}$并将它全部转化成了有用功$W^{B}-W^{A}$，因此$W^{B}-W^{A}=Q_{放}^{A}-Q_{放}^{B}$。

4.13 试证明：根据内能、焓、自由能及吉布斯函数的4个全微分形式态函数证明麦克斯韦关系式。

4.14 试证明：根据热力学关系及麦克斯韦关系焓可以表示成

$$H=\int C_p\mathrm{d}T+\left[V-T\left(\frac{\partial V}{\partial T}\right)_p\right]\mathrm{d}p+H_0$$

4.15 试推导：对于熵函数，有$S=\int C_p\dfrac{\mathrm{d}T}{T}-\left(\dfrac{\partial V}{\partial T}\right)_p\mathrm{d}p+S_0$。

4.16 试证明：如果知道均匀系的内能U是S和V的已知函数，则可完全确定均匀系的平衡性质，无须知道热力学函数。

4.17 试证明：若以(S,p)为独立变量，则焓$H=U+pV$是特性函数；若以(T,V)为独立变量，则自由能$F=U-TS$是特性函数；若以(T,p)为独立变量，则吉布斯函数$G=U+pV-TS$是特性函数。

4.18 试用反证法证明：假如一个绝热过程的熵变为零，则这一过程一定是可逆的。

4.19 根据熵变方程

$$\mathrm{d}S=S'-S=R\left(N_1\ln\frac{N_1}{V_1}+N_2\ln\frac{N_2}{V_2}\right)-R(N_1+N_2)\ln\frac{N_1+N_2}{V_1+V_2}$$

试论证：如果$p_1=p_2=p$，则熵变为0。

4.20 高温没有限制，但低温为什么不能低于−273.15℃？

参 考 文 献

范康年, 2005. 物理化学. 2版. 北京: 高等教育出版社.

龚昌德, 1982. 热力学与统计物理学. 北京: 高等教育出版社.

李卫, 1983. 热力学与统计物理. 上海: 上海科学技术出版社.

林海, 2000. 满足热力学第三定律的修正的黑洞的熵公式. 物理学报, 49(8): 1413-1415.

王竹溪, 1964. 热力学教程. 北京: 人民教育出版社.

王竹溪, 1984. 热力学. 北京: 高等教育出版社.

严子浚, 1981. 对热力学第三定律一些问题的探讨. 厦门大学学报(自然科学版), 2: 41-46.

Cao Y, Fatemi V, Fang S, et al., 2018. Unconventional superconductivity in magic-angle graphene superlattices. Nature, 556: 43-50.

Carathéodory C, 1909. Untersuchungen über die Grundlagen der Thermodynamik. Mathematische Annalen, 67: 355-386.

Carnot S, 1824. Reflexions sur la puissance motrice du feu et sur les machines propres a developper cette puissance. Paris: Chez Bachelier.

Clausius R, 1850. Ueber die bewegende Kraft der Wärme und die Gesetze, welche sich daraus für die Wärmelehre selbst ableiten lassen. Annalen Der Physik, 155(4): 500-524.

Hasok C, Wook Y S, 2005. The absolute and its measurement: William Thomson on temperature. Annals of Science, 62: 281-308.

Ichinokura S, Sugawara K, Takayama A, et al., 2016. Superconducting calcium-intercalated bilayer graphene. American Chemical Society, 10: 2761-2765.

Joule J, 1843. On the mechanical equivalent of heat. Abstracts of the Papers Communicated to the Royal Society of London, 5: 839.

Masanes L, Oppenheim J, 2017. A general derivation and quantification of the third law of thermodynamics. Nature Communications, 14538: 1-7.

MiKisz J, Radin C, 1987. The third law of thermodynamics. Modern Physics Letters B, 1(1-2): 61-66.

Misner C W, Thorne K S, Wheeler J A, 1973. Gravitation. San Francisco: W. H. Freeman & Co..

Planck M, 1929. Das Weltbild der neuen Physik. Monatshefte für Mathematik und Physik, 36: 387-410.

Richards T W, 1915. Concerning the compressibilities of the elements, and their relations to other properties. Journal of the American Chemical Society, 37(7): 1643-1656.

Thomson W, 1848. On an absolute thermometric scale founded on Carnot's Theory of the motive power of heat, and calculated from regnault's observations. Mathematical and Physical Papers, 1: 100-106.

Weiss P, Onnes H, 1912. Researches on magnetisation at very low temperatures. Transactions of the Faraday Society, 8: 157-159.

第 5 章　张 量 分 析*

张量是满足某种变换法则的量。张量这一术语起源于力学，它最初是用来表示弹性介质中各点应力状态的。后来，张量理论发展成为数学的一个重要分支，在自然科学（特别是物理学）中占有相当重要的地位，其应用非常广泛，如弹性力学、流体力学、相对论（包括狭义相对论和广义相对论）、地球内部物理等多个学科分支。张量之所以重要，在于它可以满足一切物理定律必须与坐标系的选择无关的特性。张量概念是矢量概念的推广。矢量是一阶张量。张量是一个可用来表示在一些矢量、标量和其他张量之间的线性关系的多线性函数。然而，张量又不像微分、积分或线性代数这样的概念易于理解。人们常常遇到张量，但真正能将张量应用自如，就不是一件易事了。究其原因有两点：其一是没有认真研究；其二是没有经常应用。一种数学工具或概念若不经常加以应用，就会令人感到难以把握。

由于本章内容相对抽象，初次阅读本书，可跳过本章内容。

5.1　引　　论

科学的进程有一个循序渐进的过程。要很好地掌握一种数学工具或理解某种概念也需要循序渐进。本章将从比较基本的概念诸如集合、映射及向量空间等概念逐渐引出张量概念。按照这种方式，理解并有效地应用张量将变得比较容易。

有的人追求严密，有的人则追求实用及效果。太严密，容易显得高深（如很多高深的数学专著），一般人会有望而却步之感；太松散，又会失其准确性（如不少漫谈式的科普读物），容易引起理解偏差甚至理解错误。为此，在撰写本章内容的过程中，选用了中庸之道：在追求容易理解的前提下尽量保持严密。在二者无法兼顾时，只好舍弃严密性。更严格的讨论，可参阅相关文献（申文斌 等，2016；黄克智 等，2003）。

张量概念是矢量概念的推广，矢量是一阶张量，标量是零阶张量。有些矩阵如果满足一些运算规则，则构成二阶张量。张量的重要性在于，如果能写出一个张量方程，那么该方程与参考坐标系的选择无关。张量方程的这一特性，是构建广义相对论的基础。

评论 5.1　张量方程究竟是与坐标系的选择无关，还是与参考系的选择无关？如果是前者，实际上是平凡的，例如向量就与坐标系的选择无关。如果是后者，则需要深入研究。按照通常的理解，应该是不成立的，也即张量方程成立与否与参考系有关。

5.2 拓扑、映射及群

拓扑是研究几何图形或空间在连续改变形状后还能保持一些性质不变的一个学科（拓扑学），它只考虑物体间的位置关系而不考虑它们的形状和大小。映射是指两个元素的集之间的元素的相互“对应”的关系，在数学及相关的领域经常等同于函数。群则表示拥有满足封闭性、结合律、有单位元、有逆元的二元运算的代数结构的集合。

拓扑处理的是原初的空间概念，在这种空间之中尚没有赋予距离、微分及积分等结构。因此，如果两个空间之间存在完全的一一对应关系，则这两个空间从拓扑的意义上讲是等价的（简称拓扑等价），无论这两个空间看起来有多么不同。例如，考察一个实心球体，将它拉伸成橄榄球状或者压缩成铁饼状，虽然三者具有不同的空间形状，但它们是拓扑等价的。换句话说，从拓扑的观点来看，上述三者没有区别。如果两个空间拓扑等价，则将这两个空间视为相同（拓扑观点）。直观地说，如果一个空间可以通过连续形变（即不撕裂）变为另一个空间，则上述两个空间是拓扑等价的。作为一个直观的实例，可以将刚性地球与发生了各种形变的实际地球进行拓扑等价类比。

空间是广义的，它可以是任意一种集合所构成的域。集合由元素构成，每个元素又可称为“点”。于是，集合的性质由其中所含的点的性质决定。映射是一种关系或法则，它将集合 M 中的点变成集合 N 中的点，其中 N 可以与 M 相同。群是一种被赋予了某种运算结构（例如加法或乘法）的特殊的集合，其中的元素满足某些法则。

5.2.1 集合

集合，简称集，是数学中的一个基本概念，也是集合论的主要研究对象。集合论的基本理论创立于 19 世纪。按照最原始的集合论中的定义，集合是“确定的一堆东西”，这里的“东西”称为元素。近代集合论则将集合定义为：由一个或多个确定的元素所构成的整体。

集合是一种数学抽象，它包含一堆点（元素）。规定空集是不包含任何点的集合。经常研究的是同性集，那是指集合中所包含的点具有相同的性质。例如，由所有正整数构成的集合 **N**; 由所有整数（包括零）构成的集合 **Z**; 由所有可能的 n 重数组 $(x_1,x_2,\cdots,x_n)$ 构成的集合 R^n; 由所有小于 10 岁的儿童构成的集合 Q 等。以后提到集合及其运算，若无特别声明，则指同性集，这是就它们的共同性质而言的（两个性质不同的集合，比如前面提到的 R^n 和 Q，一般情况下无法进行集合之间的运算）。为了以后应用方便，将集合、域及空间等同起来（数学观点），即：集合是域，域是空间，空间是集合。集合的着眼点在于元素（点）；域的着眼点在于范围；空间的着眼点在于整体（结构）。于是，空间有离散与连续之分。**N** 和 **Z** 均为离散空间。R^n 是连续空间，当它被赋予某种代数结构之后成为 n 维向量空间，因此其中的每一个点 $(x_1,x_2,\cdots,x_n)$ 可被视为一个向量。

一个空间 M 是连续的，是指对于 M 中的任意一点 A，存在一个属于 M 的可以无限

接近于 M 的点列。粗略地说，空间 M 连续，是指 M 中不存在孤立点。连续这一概念将通过对映射的研究而精确化。以后的讨论将限于连续空间，除非特别声明。

一个空间（集合）M 是开的，是指在 M 中不包含边界点，也就是说，对于 M 中的任何一点 M，如果在 M 点附近的无限小范围（邻域）考察，它不具有任何特殊性（拓扑意义下）；换句话说，对于 M 中的任何一点 A，总可以找到一个包含 A 的小邻域，后者仍然属于 M。一个空间（集合）M 是闭的，是指在 M 中所能构造出的任何一个序列（点列）的极限点也属于 M。以地球所界定的空间域 Ω 为例，如果 Ω 不包含地球的边界 $\partial\Omega$，那么它是开的；如果 Ω 包含地球的边界 $\partial\Omega$，那么它是闭的（试证明：**习题 5.1**）。

以后总假定 Ω 不包含地球的边界 $\partial\Omega$，因而它是开的。规定零空间（即不包含任何点的空间）既是开的又是闭的，记为 Φ。如果空间 N 属于 M（记为 $N \subset M$），则称 N 是 M 的子空间；若属于 M 的 N 与 M 不相等，则称 N 是 M 的真子空间。如果着眼点是整个空间 M，其中 N 是 M 的真子空间，则将满足 $N \cup \bar{N} = M$ 的 $\bar{N}$ 称为 N 的补空间（或余空间）。作为例子，着眼于三维向量空间 R^3，地球域 Ω 是 R^3 的真子空间，它不包含地球的边界 $\partial\Omega$，而 $\bar{\Omega}$ 是地球域以外的那部分空间，也是 R^3 的真子空间，但它包含地球的边界 $\partial\Omega$。显然，$R^3 = \Omega \cup \bar{\Omega}$。

一旦在空间上规定了距离，或者说赋予了范数之后便成为更为特殊的空间，称为赋范空间（Schutz，1980；夏道行，1979）。规定不同的范数，空间性质有异。显然，赋范空间已具有了人为性，因为范数是人为地加上去的，并不是空间本身所固有的。为了减少人为性，对范数的规定又有限制。如何限制？这要在研究了映射之后才能精确表述。举例说明，如果在 n 维向量空间 R^n 之上规定欧几里得距离（范数），R^n 就变成了 n 维欧几里得空间 E^n。

5.2.2 映射

映射 f 是一种关系法则，它将空间 M 中的点 A 对应到空间 N 中确定的一点 B，即有

$$B = f(A) \tag{5.1}$$

B 称为 A 的像点，而 A 是 B 的源像（或像源）。空间 N 与空间 M 的性质可以完全相同，也可以完全不同（但就感兴趣的论题而论，以后的研究对象是同性集）；N 可以与 M 相等，也可以是 M 的真子空间。如果对于 M 中的任意一点 A，都能在 N 中找到确定的一点 B 使式（5.1）成立，则映射 f 在 M 上有定义，并称 f 是 M 到 N 中的一个映射，即有

$$f(M) \subset N \tag{5.2}$$

其中：$\subset$ 表示被包含关系（而 $\supset$ 则表示包含关系）。如果对于 N 中的任意一点 B，都可以在 M 中找到源像点 A（无须要求唯一），使式（5.1）成立，即

$$f(M) = N \tag{5.3}$$

则称 f 是 M 到 N 上的映射，或称为满映射。如果对于 N 中的任意一点 B，都可以在 M 中找到唯一的源像点 A，则称 A 是可逆映射，这时，由关系式（5.1）可以得到

$$A = f^{-1}(B) \tag{5.4}$$

如果f是满映射，同时又是可逆映射，则称f是双射，或称一对一映射。双射f将M中的点与N中的点一一对应了起来（试证明：**习题5.2**）。

几个映射的例子如下。

（1）将空间M映为一点P：$f(M)=P$。

（2）将空间R^n映射为非负实数a：$f(M)=a$，其中a属于实数集$\mathbf{R}$。

（3）将球面或椭球面S^2映射为常数（距离）c：$f(S^2)=c$。

（4）同一个空间中的恒等映射I：$I(M)=M$。

空间M中任意一点A的邻域，是指包含A而又属于M的任意一个单连通的开子空间。一个空间是开的，将满足如下公理（Schutz，1980）：

（1）任意两个开空间的交是开空间。

（2）任意多个开空间的并是开空间。

（3）零空间Φ是开空间。

一个空间M是单连通的，是指对于M中的任意两点A_1和A_2，至少存在一条属于M的不间断的曲线能将A_1和A_2连接起来。

下面建立关于映射的连续的概念。直观地说，映射连续，是指对任意两个原本靠得很近的点（源像）的映射（像）也靠得很近。对于空间M中的任意一点A，映射f将它变为空间N中的点B，由式（5.1）决定。选定空间M中的一点A，对于M中的任意以A为极限点的序列，如果映射f将该序列变为空间N中的以B为极限点的序列，则称映射f在A点连续。如果映射f在空间M中任意一点都连续，则称映射f在M上连续。精确地说，对于N中的任意一个包含像点B的邻域N_τ，总可以在M中找到一个包含源像A的邻域M_δ，使$f(M_\delta)=N_\tau$，则称f在A点连续；若f在M中的每一点都连续，则f在M上连续（试将这一定义与数学分析中对连续函数的定义进行比较，有何异同：**习题5.3**）。更抽象地说，对于N中的任意一个开子空间，其源像是M中的开子空间，则称f在M上连续。

连续映射不一定可逆，可逆映射也不一定连续（试举例证明：**习题5.4**）。但可逆映射一定是双射。如果f是M到N的双射，同时它又在M上连续，则逆映射f^{-1}在N上连续（试证明：**习题5.5**）。

极限概念比连续概念更为原初，因为极限可以对不连续序列进行运算。假定用C表示所有连续映射所构成的空间，用C^{-1}表示包含所有任意映射序列的极限的空间，则C是C^{-1}的一个真子空间，因为对于C中的任意一个元，均可以构造出一个映射序列使得上述元是所构造序列的极限点。反过来当然不真：将极限序列$\dfrac{1}{n}$映射为另一极限序列$\dfrac{1}{2n}$的映射函数q就不属于C，因为q可以在连续空间中没有定义，因而不属于连续映射（函数）。

有了极限及连续概念之后，可以研究映射的导数。一般地，用$C^k(k\geqslant 0)$表示所有具有连续k阶导数的映射所构成的空间（规定$C^0\equiv C$）。显然，k越大，相应的空间越小。当k为无穷大时，用C^∞表示其中的元（映射）具有任意阶导数。所有能表示成泰勒级数的映射属于解析映射，由此构成的空间记为 C^{ω}。C^{∞} 是 C^{ω} 的一个真子空间。在实际应用中，常常可以假定映射是解析的，因为有一个著名的龙格（Runge，1856—1927 年）定理：只要所考察的映射连续（原始条件更宽，只需要平方可积），则可以找到一个能够逼近上述映射的解析映射（龙格定理在物理大地测量中有重要应用）。解析映射具有很多优越性，在实际应用中不必过分注意对映射的限制性条件。

映射是非常广义的概念，它仅仅是一种对应关系，一种关系法则，一种可以人为给定的任意对应形式。首先，对空间进行限制，只考察连续空间，因为这是人们最感兴趣的，于是映射便定义在连续空间上（若空间本身不连续，谈论连续映射就没有意义）。其次，假定映射是连续的，使映射类的范围大大缩小。随着限制性条件的不断增加，可供选择的映射类范围也就越来越小，但映射本身的可应用性却越来越高，因为它具有了更多的特性。

对于空间 M 中的每一个点 P，可以指定一个坐标 $(x_1,x_2,\cdots,x_n)$，其坐标分量 x_i 的个数取决于空间的维数。目前能直观感觉到的空间是三维空间。相对论专家也许能感觉到四维空间。数学家则不管能否感觉得到空间的维数，只管研究多维甚至无限维空间；通常，无限维的维数是可数的[如希尔伯特（Hilibert，1862—1943 年）空间]。研究不可数无限维空间极为困难，因为难以指定坐标基。以后把讨论限定在 n 维，如有必要，令 n 趋于无穷（因而必定是可数无限维空间）。映射 f 将空间 M 中的一点 $(x_1,x_2,\cdots,x_n)$ 变为空间 N 中的一点 $(y_1,y_2,\cdots,y_m)$，其中，m 与 n 未必相同（试举出两例：**习题 5.6**）。

要想指定坐标，就必须选定坐标系（参考框架）。坐标系的选取是人为的，可以选用不同的坐标描述空间性质及空间中所发生的任何事件。但对于给定的空间，其性质应该不因坐标系的选取而变（客观实在性原理）。也就是说，坐标系的选取并不影响空间的性质及对事件的描述。然而，坐标系本身的标度并非无关紧要。所谓标度，实际上就是一种刻度，就是一种标尺，或者说是一种度规。给定度规即可决定任意两点之间的距离。距离应该与坐标系的选取无关。但选用不同的度规，便会影响距离，从而影响空间性质。任意两个相互靠得很近的点之间的距离 $\mathrm{d}l$ 可表述为

$$(\mathrm{d}l)^2 = g^{ij}\mathrm{d}x_i\mathrm{d}x_j \tag{5.5}$$

其中：g^{ij} 为度规；$\mathrm{d}x_i$ 为两点之间第 i 个坐标之差（注意在 n 维空间求和）。规定距离是不变量，因为它与坐标系的选取无关，仅仅取决于空间本身的性质。规定距离由标尺来度量。对于给定的空间，可选定一个特定的标尺，它是不变量。然而，由于坐标系可以人为选择，选择不同的坐标系便会有不同的度规。如果选定了坐标系 x_i，其度规是 g^{ij}，空间中任意相邻两点之间的距离由式（5.5）决定。假定选取另一个坐标系 x_i'，其度规是 g'^{ij}，那么上述空间中任意相邻两点之间的距离为

$$(\mathrm{d}l)^2 = g'^{ij}\mathrm{d}x_i'\mathrm{d}x_j' \tag{5.6}$$

如果知道了两种坐标系之间的变换关系，则可由式（5.5）和式（5.6）求出上述两种度规之间的变换系。

因为已涉及对微小量的处理，而这些内容将在后面的几节中讨论。仍然回到映射，考察下面的映射关系：

$$d=\sqrt{x^i x_i} \tag{5.7}$$

这实际上是一个距离函数（其中 $x^i \equiv x_i$），它将 n 维向量空间 R^n 中的点 $(x_1,x_2,\cdots,x_n)$ 映射为非负实数轴上的点。还可以定义另外一种距离函数：

$$d_a=\sqrt{a_1x_1^2+a_2x_2^2+\cdots+a_nx_n^2},\quad a_i>0,\quad i=1,2,\cdots,n \tag{5.8}$$

它同样将 n 维向量空间 R^n 中的点 $(x_1,x_2,\cdots,x_n)$ 映射为非负实数轴上的点。显然，上述两种距离函数并非完全相同，但它们均满足如下范数公理。

（1）$f(\boldsymbol{x})\geqslant 0$（$f(\boldsymbol{x})=0$，当且仅当 $\boldsymbol{x}=0$），$\boldsymbol{x}\in R^n$。

（2）$f(\alpha\boldsymbol{x})=|\alpha|f(\boldsymbol{x})$，对于任意 $\alpha\in R$，$\boldsymbol{x}\in R^n$。

（3）$f(\boldsymbol{x}+\boldsymbol{y})\leqslant f(\boldsymbol{x})+f(\boldsymbol{y})$，对于任意 $\boldsymbol{x},\boldsymbol{y}\in R^n$。

其中：$\boldsymbol{x}$ 为从坐标系原点指至点 $(x_1,x_2,\cdots,x_n)$ 的向量，简称点 $(x_1,x_2,\cdots,x_n)$ 的向径；$\in$ 表示属于关系(而 $\notin$ 表示不属于关系)。本章论及向量，不再使用黑体，因而向量 $(x_1,x_2,\cdots,x_n)$ 可直接用 x 表示，当然它同时也表示空间中的一点。

如果一个映射 f 将 n 维向量空间 R^n 中的点 $(x_1,x_2,\cdots,x_n)$ 变为实数，同时满足上述范数公理，则称 f 是定义在 R^n 上的范数。在 R^n 上定义了范数之后，R^n 就变成了赋范空间 R_f^n，下标 f 表示赋范空间与在其上定义的范数有关。如果在 R^n 上按式（5.7）定义范数，则 R^n 称为 n 维欧几里得空间，记为 E^n，相应的范数[即由式（5.7）定义的范数]称为欧几里得范数。

前面引进了向量空间的概念。但一个空间要能成为向量空间，还必须附加群结构及代数结构。

5.2.3 群

如果一个空间（集合）G 中的元素（点），在一个二元运算“·”之下（“·”也许是加法或减法算符，也许是乘法或除法算符，也许是其他算符），满足如下公理（熊全淹，1984）。

（1）结合律：$x\cdot(y\cdot z)=(x\cdot y)\cdot z$，对于任意 $x,y,z\in G$。

（2）右单元 $x\cdot e=x$，存在 $e\in G$。

（3）右逆元：$x\cdot x=e$，对于任意 $x\in G$，存在 $x^{-1}\in G$。

则称 G 为空间群，简称群。

（4）一个群 G 如果满足：$x\cdot y=y\cdot x$，对于任意 $x,y\in G$，则将该群称为阿贝尔群。

实数域 **R** 在普通加法运算之下构成阿贝尔群，在普通减法运算下不构成群，在普通乘法或除法运算下也不构成群（试证明：**习题 5.7**）。所有 $n\times n$ 满秩矩阵所构成的空间 $A^{n\times n}$ 在普通矩阵乘法下构成群，但不是阿贝尔群；在普通加法或减法运算下不构成群（试证明：**习题 5.8**）。

一个空间 V，如果在普通加法运算下构成阿贝尔群，其中的元与实数之间定义了普通乘法，满足如下公理（熊全淹，1984）。

（1）$a(x+y)=ax+ay$，对于任意 $a\in R,x,y\in V$。

（2）$(a+b)x=ax+bx$，对于任意 $a,b\in R,x\in V$。

（3）$(ab)x=a(bx)$，对于任意 $a,b\in R,x\in V$。

（4）$1x=x$，对于任意 $x\in V$，其中 $1\in R$；

则构成一个向量空间。

5.3 微 分 流 形

空间这一概念本身极为抽象，也极为原初，它实际上是点的集合。给空间赋予不同的结构，便得到不同性质的空间。

通常有两种研究空间结构的方法。其一是将空间镶嵌在更高维数的欧几里得空间之中（如同在三维欧几里得空间中研究二维曲面的结构），然后研究其空间结构。然而这并非一个非常自然的方法，因为想要研究一个空间本身，需要借助更高维数的欧几里得空间。其二是直接研究空间的内禀性质，不考虑将它镶嵌到更高维空间之中。这一方法基于流形观点。

流形是一种特殊的空间类，其中任意一点的邻域与 R^n 中某点的某个邻域具有一一对应关系。显然，R^n 本身是一种 n 维流形。

5.3.1 流形

直观地说，一个 n 维流形就是由若干个或许多局部 n 维空间 R^n 构成的一个集合，它们可以被光滑地黏合在一起（Schutz，1980；Misner et al.，1973）。更精确一点讲，一个空间 M 是 n 维流形，是指其中任意一点的邻域与 R^n 中的一个开子空间拓扑等价。两个空间拓扑等价，是指这两个空间之间存在一个连续双射。于是，可以将流形定义为：一个空间 M 是 n 维流形，如果对于 M 中的任意一点 P，至少可以找到一个包含 P 的开子空间（开邻域），同时找到一个连续双射将上述开子空间映射成 R^n 中的一个开子空间。

这里，流形的着眼点在于局部。从局部看，n 维流形 M 与 n 维空间 R^n 是类似的。M 中任意一点 P 的坐标则通过它在连续双射 f 下的像 $f(P)$ 显示出来：

$$f(P)=(x_1,x_2,\cdots,x_n)\in R^n \tag{5.9}$$

当 P 点（在附近）连续变化时，其像也连续变化。显然，P 的像点坐标 $(x_1,x_2,\cdots,x_n)$ 不仅与 P 有关，而且与所选取的连续双射 f 有关。若选定 f，则 $(x_1,x_2,\cdots,x_n)$ 是 P 的函数，即有

$$x_i=x_i(P),\quad P\in M,\quad i=1,2,\cdots,n \tag{5.10}$$

为了以后应用方便，可将坐标的下指标换成上指标，即坐标的第 i 个分量用 x^i 表示

（因为向量空间中的坐标构成逆变矢量）。于是，式（5.9）和式（5.10）可写成

$$f(P)=(x^1,x^2,\cdots,x^n)\in R^n$$
$$x^i=x^i(P),\quad P\in M,\quad i=1,2,\cdots,n \tag{5.11}$$

注意到，对于 n 维流形 M 中的任意一点 P，可以找到一个包含 P 的开子空间 U，同时找到一个连续双射 f，使得下式成立：

$$f(P)=(x^1,x^2,\cdots,x^n),\quad P\in U$$
$$x^i=x^i(P),\quad P\in U,\quad i=1,2,\cdots,n \tag{5.12}$$

于是，f 和 U 的联合(f, U)便构成一个卡，或称图，或者说，(f, U)是 P 点的一个局部卡或局部图。对于不同的 P，(f, U)未必相同。为此，用(f_P, U_P)表示 P 点的局部图。假定 Q 是 M 中的另外一点，其局部图可表示成(f_Q, U_Q)。假定 U_P 与 U_Q 的交不是零空间：

$$V=U_P\cap U_Q\neq\Phi \tag{5.13}$$

其中：$\cap$表示交汇（因而 $U_P\cap U_Q$ 表示由 U_P 和 U_Q 交汇出的公共空间，它同时属于 U_P 和 U_Q），而用$\cup$表示求和（例如，$U_P\cup U_Q$ 表示由 U_P 和 U_Q 联合或合并构成的空间，因而它既包含 U_P 又包含 U_Q）；那么，存在点 $T\in V\subset M$，它在局部图(f_P, U_P)之下可表示成

$$f_P(T)=(x^1,x^2,\cdots,x^n),\quad T\in V$$
$$x^i=x^i(T),\quad T\in V,\quad i=1,2,\cdots,n \tag{5.14}$$

在局部图(f_Q, U_Q)之下可表示成

$$f_Q(T)=(y^1,y^2,\cdots,y^n)$$
$$y^i=y^i(T),\quad T\in V,\quad i=1,2,\cdots,n \tag{5.15}$$

由于 f_P（f_Q 也是一样）为连续双射，其逆必定存在[由式（5.14）]：

$$T=f_P^{-1}(x^1,x^2,\cdots,x^i),\quad (x^1,x^2,\cdots,x^i)\in f_P(V) \tag{5.16}$$

由式（5.15）和式（5.16）便可得到两种坐标$(x^1,x^2,\cdots,x^i)$与$(y^1,y^2,\cdots,y^i)$之间的变换关系：

$$y^i=y^i(f_P^{-1}(x^1,x^2,\cdots,x^i)),\quad (x^1,x^2,\cdots,x^i)\in f_P(V),\quad i=1,2,\cdots,n \tag{5.17}$$

有了上述坐标变换，就可以将任意两个局部图联系起来。

y^i 是$(x^1,x^2,\cdots,x^i)$的连续函数（试证明：**习题 5.9**）。如果 y^i 对于每个 x^i 具有直到 k 阶的连续偏导数，则称局部图(f_P, U_P)与(f_Q, U_Q)是 C^k 相关的。如果流形 M 中的任意两个具有公共交点的局部图都是 C^k 相关的，则称 M 是 C^k 流形。一个 C^1 流形通常称为微分流形。在实际应用中，通常假定 M 是一个解析流形，或 C^ω 流形。如果 M 是 C^∞ 流形，则称它是光滑流形。解析流形自然是光滑流形。

流形从局部看足够光滑，基于流形的可微性引进切矢量、导数、张量等概念。以切矢量为例，它应该只与流形的内禀性质有关，无须考虑在高维空间中的镶嵌。在欧几里得空间中我们比较熟悉矢量概念及如何将矢量平行移动。然而在流形中没有这样一种直观的图像。事实上，基于欧几里得空间的矢量空间概念已经不适用于流形，因其关键的问题是没有一种自然的方法能将两个矢量相加。不过，关于一点的无限小位移，基于欧

几里得空间的矢量空间概念可以在流形中使用。值得注意的是，到目前为止，尚没有给流形赋予距离（长度）、方位（角度）等概念，这些概念是必要时才附加上去的。

5.3.2 流形的几个例子

下面考察三个例子。

（1）普通球面 S^2 中的任意一个邻域与无限二维平面空间 R^2 中的某个邻域（例如一个开圆盘）之间均存在一个连续双射。如果从 S^2 中挖掉一个闭球冠，则剩下的部分 S_0^2 是一个开域，它与 R^2 中的一个开圆盘之间存在一个连续双射。当然，它与整个空间 R^2 之间也存在一个连续双射。然而，S^2 与 R^2 之间不存在连续双射（试证明：**习题 5.10**）。实际上，从整体上看，S^2 与 R^2 是两个完全不同的拓扑空间。但从局部看，它们具有同样的微分（解析）流形。由此也可以看出，流形本身对长度及角度没有限制。

（2）三维空间中刚体的所有转动构成一个流形 T^3。刚体的转动可以用三个独立的欧拉角 (ϕ,ψ,θ) 来描述（这 3 个角分别称为进动角、自转角和章动角），它们可以与进动角 R^3 中的三重数组 (x^1, x^2, x^3) 建立一一对应关系。因此，T^3 是一个三维流形，其内禀结构与 R^3 完全相似。

（3）所有的洛伦兹变换构成一个三维流形 L^3，其变数是三个速度分量（但速度不可达到光速）。L^3 的内禀结构与 T^3 一致（试证明：**习题 5.11**）。

还可以举出更多的例子。但从上面三个例子来看，同维数的流形之间从局部来看是无法区分的，只要它们具有同样的微分结构（即同属于 C^k 流形）。但从整体来看，两个同维数的流形可以完全不同。球面与圆环面有别，球面与开圆盘也不一样。球面与光滑的瓷碗表面是一样的，圆环面与光滑的带柄茶杯的表面也是一样的。如果有两个同维数的流形 M 和 N，它们都是 C^∞ 流形，而在 M 与 N 之间又存在一个 C^∞ 双射 f，则称 M 与 N 微分同胚。两个微分同胚的流形无论从局部看还是整体看都是无法区分的。微分同胚的概念当然也适用于邻域。

5.3.3 流形上的曲线和函数

在流形 M 中，单点流动而构成曲线 Γ（Schutz，1980）。假定 Γ 足够光滑，并且曲线自身没有交点（可称为简单曲线），因而可以将 Γ 看作一个一维可微流形。于是，从局部看，曲线 Γ 上的任何一段开曲线 Γ_P 与 R 中的一个开区间 (a, b) 没什么区别。这就是说，存在一个连续双射 ϕ_P，使得

$$\phi_P(\lambda)=T,\quad \lambda\in(a,b),\quad T\in\Gamma_P\subset M \tag{5.18}$$

由于 T 是流形 M 中的点，可通过一个连续双射 f 用 R^n 中的点 $x^i (i=1,2,\cdots,n)$ 表示，即有

$$f(\phi_P(\lambda))=f(T)=(x^1,x^2,\cdots,x^n) \tag{5.19}$$

或者表示成

$$x^i = x^i(\lambda), \quad \lambda \in (a,b), \quad i = 1,2,\cdots,n \tag{5.20}$$

这就是说，可以将流形 M 中的任意一条光滑曲线 Γ 看成一维可微流形，其中的任意一个开弧段可以用式（5.20）表示。如果 Γ 是简单光滑曲线，则 Γ 本身可以用式（5.20）表示。值得注意的是，如果 Γ 不是简单光滑曲线（曲线自身至少有一个交点），则整个曲线 Γ 未必能用式（5.20）表示出来（试证明：**习题 5.12**）。一个简单的例证：考察闭合圆线 S^1，它是一个一维可微流形，其中的任意一个开弧段与 R 中的开区间 (a, b) 没有什么区别。然而，从整体上看，S^1 与 (a, b) 完全不同，因而不可能找到一个连续双射将 S^1 用式（5.20）表示出来（如果不要求双射，或者采用分段表示，则可以用形如式（5.20）的方程来表示）。

如果一条曲线可以用式（5.20）表示，而每一个 x^i 具有任意阶的连续导数，则称该曲线为光滑曲线。

如果一个映射 f 将流形 M 中的任意一点 P 变成一个实数 $f(P) \in R$，则称 f 是 M 上的函数。P 点的坐标是通过一个连续双射 g 用 R^n 中的 n 重数组 $(x^1, x^2, \cdots, x^n)$ 来表示的：

$$(x^1, x^2, \cdots, x^n) = g(P), \quad P \in M \tag{5.21}$$

再构造一个连续映射 h 将 $(x^1, x^2, \cdots, x^n)$ 变成实数域中的点：

$$h(x^1, x^2, \cdots, x^n) = a, \quad a \in R \tag{5.22}$$

这里需注意 h 不可能是双射（试证明：**习题 5.13**）。综合式（5.21）和式（5.22）可看出，f 实际上是一种复合映射 hg（它当然不可能是双射），它将 M 中的点变为实数，即

$$f(P) = hg(P) = a \in R \tag{5.23}$$

5.4 向量场及一次形式

向量是带有方向的线段。重要的一点是，不同位置的向量（只要它们具有同样的起点或首尾相连）可以进行代数运算，满足向量空间的运算规则（公理，见 5.3 节）。另外，对于不同位置的向量，即使首尾不相连，也可通过普通平移之后进行代数运算。在向量空间中，向量满足向量空间运算公理，并不存在平移概念。在流形 M 中，即使谈论向量本身也必须特别小心，流形本身并不是向量空间，在其中，向量尚没有定义。向量的定义必须依赖对流形中曲线的相切概念来实现。

一次形式是向量空间上的一个线性实值函数，也就是说，一次形式作用于向量之后可给出实数，而且这种作用是线性的。一次形式也构成一种向量空间，称为被作用向量空间的对偶空间。

5.4.1　切向量

考虑在流形 M 中如何定义向量。由于在流形中尚没有关于长度及角度（方位）的定义，无法谈论两点之间的有向线段。所以必须把着眼点放在一点的非常小的邻域之内。流形中的曲线提供了一种可能的定义。

假定 P 是流形 M 中的任意一点。过 P 点的流形中的某条曲线 Γ 可以用式（5.20）表示出来。

假定曲线 Γ 是光滑的，则可以进行微分运算。再假定 f 是曲线 Γ 上的实值连续函数，即实数值在曲线 Γ 上的每一点都有定义并且连续可微（注意，f 最终是 λ 的函数）：

$$\frac{\mathrm{d}f}{\mathrm{d}\lambda}=\frac{\mathrm{d}x^i}{\mathrm{d}\lambda}\frac{\partial f}{\partial x^i} \tag{5.24}$$

由于式（5.24）中的 f 可以是任意的，得

$$\frac{\mathrm{d}}{\mathrm{d}\lambda}=\frac{\mathrm{d}x^i}{\mathrm{d}\lambda}\frac{\partial}{\partial x^i} \tag{5.25}$$

将 $\frac{\mathrm{d}}{\mathrm{d}\lambda}$ 定义为 P 点的切向量（简称向量），它当然是对指定的曲线而言，其中 $\frac{\partial}{\partial x^i}$ 可被看作自然坐标基向量，而 $\frac{\mathrm{d}x^i}{\mathrm{d}\lambda}$ 是上述切向量的分量。P 点的切向量可以是无限短的直线，也可以是无限长的直线，其关键在于相切，长短并不重要。一个切向量，可以是过 P 点的无数条曲线的切向量（试证明：**习题 5.14**）。同时，由于过 P 点的曲线可以是任意的，P 点的切向量有可能沿不同方位构成一个向量空间 T_P，也就是说，T_P 是 P 点的所有可能的切向量所构成的集合，它是一个向量空间（试证明：**习题 5.15**）。T_P 的维数与 P 点所在的流形 M 的维数正好相同（试用归纳法证明：**习题 5.16**）。这里需注意，切向量并不在流形本身之中。

由于在流形中的每一点 P 都有一个向量空间 T_P，如果依据某种法则在每一个 T_P 中选一个向量，那么在整个流形上就定义了一个向量场，如同引力场或电磁场。论及向量场，值得注意的有两点：其一是在流形中的每一点 P 只存在一个向量（它是 P 点切向量空间 T_P 中的一个向量）；其二是上述的“依据某种法则”，这种法则当然不能随便人为给定，而是要依据应用模型及客观实在而给定。以地球引力场为例，这个法则就是由牛顿万有引力定律所决定的确定引力场的法则，或者是由爱因斯坦场方程所决定的确定引力场的法则。若人为随便给定一个场，那它可能不具有任何意义（试用列举证伪法证明：**习题 5.17**）。

5.4.2　基向量

对于给定的向量空间 T_P，其中的任意一组最大线性无关向量 e_i 可构成该向量空间的基向量（即基底），基向量的个数正好是向量空间 T_P 的维数。这就是说，T_P 中的任意一

个向量 V 均可用基向量 e_i 表示出来，即有

$$V = V^i e_i \tag{5.26}$$

其中，V^i 为上述向量在基向量 e_i 下的分量。由于一个向量又可以通过自然基用式（5.20）表示出来，有

$$V = V^i e_i = \frac{\mathrm{d}x^i}{\mathrm{d}\lambda}\frac{\partial}{\partial x^i} \tag{5.27}$$

选用不同的基向量，将对应有不同的向量分量。若选用另外一组基向量 e_i'，则有 $V' = V'^i e_i'$，其中 V'^i 是同一向量在基向量 e_i' 下的分量。

如果在流形上的每个向量空间 T_P 中选定一组基向量，则在整个流形上都有了基向量，从而构成流形上的基向量场。这里需注意，选定基向量无须依据某种法则，因为基向量可以任意选取，它并不影响所要研究的向量本身，只是改变向量的分量值。但为了研究方便，通常选基向量时应尽量使问题变得简单。例如，选自然坐标基 $\dfrac{\partial}{\partial x^i}$ 为基向量场，往往是比较方便的。

对于流形 M 中的任意一条光滑曲线，在其上的每一点都可以找到一个切向量，它在该点的切向量空间之中。如果给定了 M 上的向量场，是否对于 M 中的任意一点 A，都可以在 M 中找到一条过点 A 的曲线，使得在该曲线上的任意一点处的向量场向量正好是上述曲线的切向量？一般说来，回答是否定的（试论证：**习题 5.18**）。然而，如果回答是肯定的，那么在 M 上所给定的向量场必定具有某种特殊性，这种特殊性足以保证上述曲线的存在，这种曲线称为积分曲线，而具有上述特殊性的向量场称为可积向量场。以地球重力场为例，它是可积向量场，因为对于任意一点 A（暂时可将它视为三维流形中的点），都存在一条过该点的积分曲线，这条积分曲线就是过点 A 的重力铅垂线。

5.4.3 一次形式

一次形式是一种线性映射，它将向量变为实数（陈省身 等，1983；Misner et al.，1973）。或者说，一次形式是向量的线性函数。对于流形中的任意一点，有一个切向量空间 T_P。能将 T_P 中的任意一个向量 V 变为实数的线性映射 V^* 的全体构成一个向量空间 T_P^*（试证明：**习题 5.19**），称为 T_P 的对偶空间或共轭空间（Schutz，1980）。这样，就可以写出如下方程：

$$V^*(V) = \alpha \in R, \quad 对于任意 V^* \in T_P^*, V \in T_P \tag{5.28}$$

式（5.28）中的括号在不致引起混淆的情况下可以去掉，即可写成（但前后顺序不能随便更改）

$$V^* V = \alpha \in R, \quad 对于任意 V^* \in T_P^*, V \in T_P \tag{5.29}$$

在线性代数中实际上已经接触过对偶空间的概念。既然 T_P^* 是向量空间，就可以在其中选定一组基底 e^{*i}（注意 e^{*i} 构成 T_P^* 的最大向量线性无关组，其中每一个 e^{*i} 是基向量，基

向量当然可以任意选择，只要保证最大向量线性无关即可），使得T_P^*中的任意一个向量均可在上述基底下表示出来：

$$V^* = V_i^* e^{*i} \tag{5.30}$$

其中：V_P^*为向量V^*在上述基底之下的向量分量。既然e^{*i}是T_P^*中的向量（因而是一次形式），它作用于T_P^*中的任意向量之后必定给出实数，当然包括作用于其中的基向量e_i。

假定在T_P中选定了一组基向量e_i（它们构成T_P的基底），那么在对偶空间T_P^*中选取基向量e^{*i}时要求下式成立：

$$e^{*i} e_j = \delta_j^i \tag{5.31}$$

其中：$\delta_j^i \equiv \delta^{ij} \equiv \delta_{ij}$为克罗内克（Kronecker）符号（$\delta_{ij} = 1$，当且仅当 i=j；在其他情形下，$\delta_{ij} = 0$）。按上述方式选取的基底e^{*i}称为在e_i诱导之下的基底，简称诱导基（Schutz，1980）。于是，可以立即写出（试推导：**习题 5.20**）：

$$e^{*i} V = V^i，\quad 对于任意 V \in T_P \tag{5.32}$$

更一般的情况下，有

$$V^* V = V_i^* V^i，\quad 对于任意 V^* \in T_P^*, V \in T_P \tag{5.33}$$

下面举几个一次形式的例子（Schutz，1980）。

（1）假定T_P是由列向量构成的n维向量空间，那么T_P^*就是由行向量构成的n维向量空间，T_P^*中的任意一个向量 V^*（即一次形式）按普通矩阵乘法作用于T_P中的任意一个向量V之后给出实数，正如式（5.20）所给出的。

（2）假定T_P是由所有在区间(a, b)上解析的实值函数$f(x)$所构成的无限维向量空间（为什么要求函数解析？为什么是无限维的？试说明：**习题 5.21**），那么，T_P^*仍然可以是上述无限维空间，而映射关系是对分别从上述两个空间中各取一个函数的乘积再从a到b进行积分，其结果是一个实数。

（3）任意一条光滑曲线本身构成一个一维流形，曲线上形如$\dfrac{\mathrm{d}}{\mathrm{d}\lambda}$的切向量构成一维向量空间$T_P$。

5.5 张量及张量场

张量有两种定义方法：一种是通过坐标变换来定义张量，具有相同指标的张量方程在坐标变换之下保持不变；另一种定义方法则是将张量看成作用在向量空间和形式空间上的映射。前一种定义方法依赖坐标系，而后一种定义方法与坐标系无关。考虑张量本身是与坐标系无关的量，因而采用后一种定义方法。一般说来，总是推迟使用坐标系，除非有必要。

能否将张量的定义推广到参考系之间的变换？如同广义相对论（Weinberg，1972；

Einstein，1915）中采用的观点，需要深入研究。因为如果仅仅限定在同一个参考系中不同的坐标系变换，则不会产生新的物理内容。

5.5.1 张量的定义

对于给定的 n 维流形 M，在其中的任意一点 P 有一个 n 维（切）向量空间 T_P 及对偶空间 T_P^*。假定有一个线性映射 $\boldsymbol{Z}$，它作用于 l 个属于 T_P^* 的一次形式及 m 个属于 T_P 的向量之后给出实数，则称 $\boldsymbol{Z}$ 为$(^l{}_m)$型张量，或称 $l+m$ 阶混合型张量。如果 $\boldsymbol{Z}$ 是 $l+m$ 阶混合型张量，则有下式成立（Stephani，1982；Schutz，1980）：

$$\begin{gathered}\boldsymbol{Z}(V^{*(1)},V^{*(2)},\cdots,V^{(l)};V^{(1)},V^{(2)},\cdots,V^{(m)})=a\in R\\ \text{对于任意}V^{*(j)}\in T_P^*,\quad V^{(k)}\in T_P,\quad j=1,2,\cdots,l;\ \ k=1,2,\cdots,m\end{gathered}\tag{5.34}$$

也就是说，一个$(^l{}_m)$型的 $l+m$ 阶混合张量 $\boldsymbol{Z}$ 是 l 个一次形式和 m 个向量的线性实值函数。

上面的定义比较抽象，下面举几个例子以具体化。

（1）考察一个一次形式 $V^*\in T_P^*$，它作用于一个 T_P 中的向量 V 之后产生一个实数，也就是说，V^* 是向量 V 的函数，其线性是显然的，因而一次形式 V^* 是$(^0{}_1)$型（一阶）张量，或称一阶协变张量（又称协变向量）。按类似的推理可以证明，向量 V 是$(^1{}_0)$（一阶）张量（试证明：**习题 5.22**），或称一阶逆变张量（又称逆变向量）。

（2）考察一个 $n\times n$ 实矩阵 $A_{n\times n}$，它（正向）作用于 T_P 中的向量 V（可将它看作 $n\times 1$ 列向量）之后产生一个 $n\times 1$ 向量，再（反向）作用于 T_P^* 中的一个一次形式 V^*（可将它看作 $1\times n$ 行向量）之后产生一个实数，也就是说，实矩阵 $A_{n\times n}$ 是一个一次形式和一个向量的实值函数，其线性是明显的，因而 $n\times n$ 实矩阵 $A_{n\times n}$ 是一个$(^1{}_1)$型（二阶）张量。

（3）考察一个 $n\times n\times n$ 实方阵 $A_{n\times n\times n}$，它可能是一个一次形式和两个向量的线性实值函数，因而是$(^1{}_2)$型（三阶）张量，也有可能是两个一次形式和一个向量的线性实值函数，因而是$(^2{}_1)$型（三阶）张量（试证明：**习题 5.23**）。

（4）考察一个实值常数 $a\in R$，可以将它看成自身到自身的映射，或者说，它是零个一次形式和零个向量的线性实值函数，因而它是$(^0{}_0)$型（零阶）张量，即标量。也就是说，标量是零阶张量。

（5）考察一个与坐标系的选取无关的实值函数 $f(x)\in R$（这种函数称为标量函数），按类似于（4）的推理，可以证明它是$(^0{}_0)$型（零阶）张量，即实值标量函数是零阶张量（试证明：**习题 5.24**）。

在流形中的每一点 P 都存在一个任意阶的$(^l{}_m)$型张量空间（其定义与向量空间的定义相同，即该空间在普通加法下构成阿贝尔群，同时用实数定义了普通乘法，见 5.2 节），如果依据某种法则在流形中的每一点 P 选定一个$(^l{}_m)$型张量，则称在上述流形上给定了$(^l{}_m)$型张量场。

在普通三维欧几里得空间中考察地球的重力位 W（三维欧几里得空间是一种特殊的

流形，其中赋予了欧几里得范数)，它是地球引力位与离心力位的和，是一个标量函数(因为它与坐标系的选取无关，请注意，并非与参考系的选取无关，参见第1章)，因而是零阶张量。如果它在整个空间都有定义，则 $W(P)$构成零阶张量场（也即标量场），其中 P 是空间中任意一点。若令

$$\frac{\partial W}{\partial x^i} = W_i \equiv g_i \tag{5.35}$$

其中：g_i 为重力分量，而重力本身是一次形式，因而是$\binom{0}{1}$型张量（试证明：**习题 5.25**）。重力是一次形式这一表述与传统的概念不同，按传统表述，重力是向量。显然，按式(5.35)定义的一次形式构成一个$\binom{0}{1}$型张量场。如果对式（5.35）再做一次梯度运算，则得到重力梯度场，它是$\binom{0}{2}$型张量场，在空间的每一点给出一个$\binom{0}{2}$型张量，其分量是 $\frac{\partial^2}{\partial x^i \partial x^j} = W_{ij}$。这里需要强调指出的是，之所以能称为张量场，是因为在依据了某种确定的法则下，流形中的每一点都确切地给定了一个（且仅有一个）张量。

5.5.2 张量的构造

在熟悉了张量的定义之后，接下来的问题是如何构造张量。由于张量本身具有一些非常独特的性质（例如张量与坐标系的选取无关，张量方程在坐标变换下保持不变，等等)，在研究问题时，如果这样做是可能的话常常可以考虑将某种表述（或表示）转化成张量表述形式。

构造法一：从一个具有无限可微的标量函数 $f(P)$（其中 P 是流形 M 中的任意一点）出发，对它作梯度运算，则得到一次形式场（Schutz，1980；Misner，1973）；再做一次梯度运算，得到$\binom{0}{2}$型张量场；若对 $f(P)$ 连续做 k 次梯度运算，则得到一个$\binom{0}{k}$型张量场。也就是说，通过梯度运算可以从标量场构造$\binom{0}{k}$型张量场。可以将这种构造法推广一下。假定 Z 为$\binom{l}{m}$型张量场。对 Z 作一次梯度运算，即意味着对 Z 的每一个分量作一次梯度运算，从而得到一个新的$\binom{l}{m+1}$型张量场；若对 Z 连续做 k 次梯度运算，则得到一个新的$\binom{l}{m+k}$型张量场。

构造法二：利用所谓的张量积$\otimes$形式。假定 V 和 U 是两个向量，对于任意两个一次形式 V^*和 U^*，定义 V 与 U 的张量积为

$$V \otimes U(V^*, U^*) = V(V^*)U(U^*) \tag{5.36}$$

这样就从两个$\binom{0}{1}$型张量（即向量）得到了新的$\binom{0}{2}$型张量。如果对两个一次形式[它们是$\binom{0}{1}$型张量]做张量积运算，则得到新的$\binom{0}{2}$型张量。张量积运算可以推广到任意两个张量。假定 Z 是$\binom{l}{m}$型张量，Z' 是$\binom{l'}{m'}$型张量，则张量积 $Z\otimes Z'$是$\binom{l+l'}{m+m'}$型张量。

构造法三：通过对两个张量的指标进行缩并可以得到新的张量（陈省身 等，1983；Weinberg，1972）。举例来说，向量 V 具有分量 V^i，一次形式 V^*具有分量 V_i^*，它们的缩并 $V^iV_i^*$是一个标量，即新的零阶张量。假定 T_k^{ij} 是一个$\binom{2}{1}$型张量的分量，Q_{lm}^k 是$\binom{1}{2}$型张

量的分量，它们的缩并 $T_k^{ij}Q_{lm}^k$ 是一个新的$\binom{2}{2}$型张量的分量。如果写出缩并 $T_k^{ij}Q_{im}^k$ 则它是一个新的$\binom{1}{1}$型张量的分量。这里需注意，缩并只能对相同的上下指标成对进行，上指标与上指标或下指标与下指标不能进行缩并。一般说来，假定张量 T 的分量具有 m 个指标，张量 Q 的分量具有 l 个指标，如果它们有 k 对相同的上下指标进行缩并，则产生一个新的张量，新张量的分量具有 $m+l-2k$ 个指标。

应该注意，虽然给出了构造张量的几种方法，但这并不意味着由此就能构造出所有张量（试论证：**习题 5.26**）。用上述三种构造法给出的肯定是张量，但并非任意一个张量。这正如可以构造出很多调和函数，但并非任意一个调和函数。

5.5.3 张量基及张量的分量表示

向量与坐标系的选取无关，但向量的分量则与坐标系有关。张量也是如此。尽管张量与坐标系无关，但张量的分量与坐标系有关。确切地说，张量的分量随着张量基的变化而变化。张量基是张量空间中的基底，如同向量基是向量空间中的基底一样。假定在 n 维流形上讨论问题，那么在流形中的每一点，都存在一个任意阶的张量空间。一个同类的 m 阶张量空间的维数是 n^m（试证明：**习题 5.27**）；同类的意思是指，所有同类张量的分量具有同样形式的上下指标，如 T_k^{ij} 与 Q_t^{ls} 是同类，因而属于同一个张量空间；但 T_k^{ij} 与 T_s^l 非同类也非同阶，因而它们属于不同的张量空间。另外需注意，指标的次序往往是重要的，不可随意更改。对于同类 m 阶张量空间 X，如果能找到一个最大线性无关基底 $t(i_1,i_2,\cdots,i_m)\in X$（组成基底的张量的个数应该正好是张量空间的维数），那么上述张量空间中的任意一个张量均可用基底 $t(i_1,i_2,\cdots,i_m)$ 表示出来，即有

$$T=T(i_1,i_2,\cdots,i_m)t(i_1,i_2,\cdots,i_m),\quad \text{对于任意} T\in X \tag{5.37}$$

其中：$T(i_1,i_2,\cdots,i_m)$为张量 T 在基 $t(i_1,i_2,\cdots,i_m)$下的分量表示。这里需注意，$t(i_1,i_2,\cdots,i_m)\in X$ 由张量空间 X 中的 n^m 个相互独立的张量构成。比如，考察同类三阶张量空间 X，假定其中的任意一个张量的分量具有形式 T_k^{ij}，那么式（5.37）就应该写成

$$T=T_k^{ij}t_{ij}^k,\quad \text{对于任意 } T\in X \tag{5.38}$$

其中：T_k^{ij} 为张量 T 在基底 t_{ij}^k 下的分量，每一个 t_{ij}^k 是一个张量而不是分量，共有 n^3 个形如 t_{ij}^k 的张量构成 X 的基底。如果令

$$t_{ij}^k=\omega^k\otimes e_i\otimes e_j \tag{5.39}$$

其中：e_i 为向量空间 T_P 的基底，而 ω^k 是对偶空间 T_P^*的基底，那么按式（5.39）给出的张量共有 n^3 个，而且它们相互独立，因而可构成上述三阶同类张量空间的基底。于是，X 中的任意一个张量都可通过基底[式（5.39）]表示出来，即有

$$T=T_k^{ij}\omega^k\otimes e_i\otimes e_j,\quad \text{对于任意 } T\in X \tag{5.40}$$

利用张量积可以构造张量，但并不能构造任意一个张量。然而，利用张量积却可以构造任意一个张量空间 X 的一组基底（当然基底可以有很多组，这里只是构造出一组）。

于是，张量空间 X 中的任意一个张量均可通过所构造出的基底表示出来。理解这一点并不难，只要参照一下解析函数空间 C^{ω}（它是由所有解析函数构成的空间）即可：可以构造出很多解析函数，但并不能构造出所有解析函数，但任意一个解析函数均可用泰勒级数形式表示出来。这里可以把形如 $(x-x_0)^n(n=0,1,2,\cdots,\infty)$ 的乘子理解为空间 C^{ω} 的基底，同时，改变基底是直截了当的，例如，可以用形如 $\left(\dfrac{x-x_0}{q}\right)^n(n=0,1,2,\cdots,\infty)$ 的乘子作为空间 C^{ω} 的基底，其中 q 是非零实数，这时解析函数的级数展开式中的第 n 项的系数因子还需乘以 q^n（即改变基底之后系数也会改变）。

上述讨论旨在说明，任意一个张量可以通过选定的一组张量基表示出来。改变张量基之后，张量的分量也会改变。那么，张量的分量如何随张量基的变化而变呢？这是下面要讨论的问题。

假定 X 是同类 m 阶张量空间，其中任意一个张量 T 都可以通过式（5.37）表示出来，仍然用 $t(i_1,i_2,\cdots,i_m)$ 表示选定的一组张量基。假定选取另外一组张量基 $t'(i_1,i_2,\cdots,i_m)$，那么上述 X 中的同样一个张量 T 可表示为

$$T=T'(i_1,i_2,\cdots,i_m)t'(i_1,i_2,\cdots,i_m),\quad \text{对于任意}T\in X \tag{5.41}$$

其中：$T'(i_1,i_2,\cdots,i_m)$ 为张量 T 在基 $t'(i_1,i_2,\cdots,i_m)$ 下的分量表示。由式（5.37）和式（5.41）得

$$T'(i_1,i_2,\cdots,i_m)t'(i_1,i_2,\cdots,i_m)=T(i_1,i_2,\cdots,i_m)t(i_1,i_2,\cdots,i_m) \tag{5.42}$$

如果知道了新基底 $t'(i_1,i_2,\cdots,i_m)$ 与老基底 $t(i_1,i_2,\cdots,i_m)$ 之间的变换关系，那么，根据式（5.42）即可得知新的张量分量 $T'(i_1,i_2,\cdots,i_m)$ 与老的张量分量 $T(i_1,i_2,\cdots,i_m)$ 之间的变换关系。为简明记，考察式（5.40）。假定选定一组新的基 $\omega'^k\otimes e_i'\otimes e_j'$，那么张量 T 可表示成

$$T=T_k'^{ij}\omega'^k\otimes e_i'\otimes e_j',\quad \text{对于任意}T\in X \tag{5.43}$$

假定新向量基 e_i' 及新一次形式基 ω'^k 分别与老向量基 e_i 及老一次形式基 ω^i 之间的变换由下式决定：

$$e_i'=\varLambda_i^j e_j,\quad \omega'^i=\varOmega_j^i\omega^j \tag{5.44}$$

其中：$\varLambda_i^j$ 和 $\varOmega_j^i$ 均为满秩矩阵。于是有

$$\omega'^k\otimes e_i'\otimes e_j'=\varOmega_s^k\omega^s\otimes\varLambda_i^l e_l\otimes\varLambda_j^m e_m=\varOmega_s^k\varLambda_i^l\varLambda_j^m\omega^s\otimes e_l\otimes e_m \tag{5.45}$$

将式（5.45）代入式（5.43），然后与式（5.40）比较，便得到新老张量分量之间的变换关系：

$$T_k'^{ij}\varOmega_s^k\varLambda_i^l\varLambda_j^m=T_s^{lm} \tag{5.46}$$

由于 $\varLambda_i^j$ 和 $\varOmega_j^i$ 均为满秩矩阵，其逆存在并分别记为 $\varLambda_j'^i$ 和 $\varOmega_i'^j$，式（5.46）可写成

$$T_k'^{ij}=\varLambda_l'^i\varLambda_m'^j\varOmega_k'^s T_s^{lm} \tag{5.47}$$

如果一次形式基是诱导基，则有

$$e_i=\varLambda_i'^j e_j',\quad \delta_j^i=\omega'^i e_j'=\varOmega_k^i\omega^k\varLambda_j^l e_l=\varOmega_k^i\varLambda_j^l\delta_l^k=\varOmega_k^i\varLambda_j^k \tag{5.48}$$

于是有

$$\Omega_k^i = \Lambda_k'^j \delta_j^i = \Lambda'^i{}_k, \quad \Omega_i'^k = \Lambda_i^k \tag{5.49}$$

将式（5.49）分别代入式（5.44）和式（5.47），得

$$e_i' = \Omega_i'^j e_j, \quad \omega'^i = \Lambda'^i{}_j \omega^j \tag{5.50}$$

以及

$$T_k'^{ij} = \Lambda_l'^i \Lambda_m'^j \Lambda_k^s T_s^{lm} \tag{5.51}$$

由变换式（5.50）及式（5.51）可以看出，张量分量的上指标与基一次形式具有相同的变换规律，或者说与基向量的逆变规律$(e_i = \Lambda_j'^i e_j')$相同，而张量分量的下指标与基向量的变换规律$(e_i' = \Lambda_i^j e_j)$相同。正是由于这一点，通常将张量分量的上指标称为逆变指标，而将张量分量的下指标称为协变指标。由于一次形式是$\binom{0}{1}$型张量，而向量是$\binom{1}{0}$型张量，所以它们被分别称为协变向量和逆变向量。

5.6 张量分析及应用

张量是一种映射。一个$\binom{l}{m}$型张量Z是这样一个映射，它作用于l个一次形式及m个向量之后给出一个实数。张量Z与坐标系的选取无关。如果选定了坐标系，那么张量Z可通过张量的分量来表示。在选定的某一个坐标系下确定了所有的张量分量就意味着确定了张量本身。向量和一次形式均为一阶张量。不随坐标系变化的标量以标量函数是零阶张量。

当n维流形M中的任意一点P有一个向量空间T_P及对偶空间T_P^*（也即一次形式空间），同时也有一个形如$\binom{l}{m}$的任意类型的张量空间。张量（当然包括向量场、一次形式场及标量场）则是依据某种确定的法则（这种法则应尽量与自然界的真实规律相符），在流形中的每一点给定一个张量。可以通过不同的方法（如梯度运算、张量积及缩并）来构造张量，但并非任意一个张量都可以被构造出来。然而，同类张量空间中的任意一个张量都可以通过在该空间所选定的一组张量基下表示出来。一般说来，张量分量的指标与其所处的位置有关。

5.6.1 张量的运算

假定X是一个同类张量空间，那么对于其中的任意一个张量$Z\in X$，显然有$aZ\in X$，其中a是任意一个实数。当a为0时，得到一个零张量（即张量的每一个分量都为0，零张量未必是零阶张量）。这里需注意，数乘一个张量，意味着数乘张量的每一个分量。

实际上，对于任意两个同类张量A和B，有

$$aA+bB=C\in X, \quad 对于任意\ A, B\in X, \ a, b\in R \tag{5.52}$$

即两个同类张量的代数和仍然是同类张量，这其实是张量空间本身的性质。

如果对一个张量 $Z \in X$ 做一次梯度运算（当然这意味着对张量的所有分量做一次梯度运算），则得到一个其协变指标增加 1 的新的张量，该张量不属于原来的张量空间 X，而是属于另外一个张量空间 Y。张量积运算也是一样，两个张量的张量积产生新的张量，前两者可以不在同一个张量空间，新张量属于其他张量空间。缩并运算也是如此。

5.6.2 度规张量

如果在流形 M 上引进距离函数 $\mathrm{d}\tau$，按下式定义（陈省身 等，1983；Schutz，1980）：

$$\mathrm{d}\tau^2 = g_{ij}\mathrm{d}x^i\mathrm{d}x^j \tag{5.53}$$

其中：g_{ij} 为度规张量 g 的分量，或将 g_{ij} 称为度规张量，它是一个二阶$\binom{0}{2}$型协变张量（试证明：**习题 5.28**）。在流形上给定度规，就意味着选定了某种特殊的空间，或者说，使流形变得具有了刚性。例如，如果 $g_{ij}=\delta_{ij}$，则是欧几里得空间，相应地，δ_{ij} 称为欧几里得度规（张量）；如果 $g_{ij}=\eta_{ij}$，则是闵可夫斯基（Minkowski，1864—1909 年）空间，其中 η_{ij} 是闵可夫斯基度规（张量），它与 δ_{ij} 只有一点区别：η_{ij} 的对角元上有一个且仅有一个元是-1（其他对角元均为 1，而非对角元为 0）。

5.6.3 讨论

标量常数（如 π 、10^{-5} 等）及标量函数是张量。但并非任意一个实值函数 $F(x)$都是张量（试用列举法证明：**习题 5.29**），这取决于它是否与坐标系的选取有关。所谓标量即含有一种先验假定，它不仅在实数域 **R** 中取值（当然也可以推广到复数域，但就所关注的论题而言似乎没有必要，必要时，推广是简单的），而且与选用什么坐标系无关。有的量看似标量（因为它也在实数域取值），但实际上并非标量，正如**习题 5.29** 所列举出的，这种量称为赝标量。

如果一个张量的分量，其中有两个指标是可对换的（即对换这两个指标后张量的分量并不改变），则称该张量对上述两个指标是对称的；如果对于任意两个指标都是对称的，则称该张量是完全对称的。例如，张量 δ_{ij} 是（完全）对称的，因为 $\delta_{ij} \equiv \delta_{ji}$。构造如下一个张量（试证明：**习题 5.30**）：

$$\Delta_{ijkl} = \delta_{ij}\delta_{kl} \tag{5.54}$$

那么，四阶张量 Δ_{ijkl} 关于指标 i 和 j、k 和 l 及双指标 ij 和 kl 分别都是对称的，但 Δ_{ijkl} 不是完全对称张量（试证明：**习题 5.31**）。构造一个完全对称张量并不难。例如，令 U、V 和 W 是向量空间 T 中的任意三个向量，那么新的（三阶）张量

$$\begin{aligned} Q = & U \otimes V \otimes W + V \otimes W \otimes U + W \otimes U \otimes V \\ & + U \otimes W \otimes V + V \otimes U \otimes W + W \otimes V \otimes U \end{aligned} \tag{5.55}$$

是完全对称张量。

如果一个张量的分量，其中有两个指标经对换以后，张量的分量正好改变符号（由正变为负或由负变为正），但量值不变，则称该张量对上述两个指标是反对称的。如果对于任意两个指标都是反对称的，则称该张量是完全反对称的。例如，莱维-齐维塔符号 ε_{ijkl} 是完全反对称张量。构造完全反对称张量也不难，例如：

$$\begin{aligned} Q = & U \otimes V \otimes W + V \otimes W \otimes U + W \otimes U \otimes V \\ & - U \otimes W \otimes V - V \otimes U \otimes W - W \otimes V \otimes U \end{aligned} \tag{5.56}$$

就是一个完全反对称张量，其规则是，遇到 UVW 的偶置换（规定零置换属于偶置换）时取正，奇置换取负。这种构造法可以推广到高阶张量。

5.6.4 张量方程的不变性

张量具有一种极为特殊的性质，那就是由同类张量项构成的张量方程（简称同类张量方程）在坐标系的变换下保持不变。所谓同类张量方程是指，张量方程的所有各项都属于同类张量，因而都属于同一个张量空间。关于同类张量项的约定是重要的，否则，就有可能得到错误的结果。例如：

$$aA+bB=cC, \quad \text{对于任意 } A, B, C\in Z, a, b, c\in R \tag{5.57}$$

是一个同类张量方程，其中 Z 是任意一个张量空间（当然必定是同类张量空间）。由于式（5.57）中的每一项都是张量，与坐标系的选取无关，因而式（5.57）本身也就与坐标系的选取无关，或者说式（5.57）在坐标系变换下保持不变。这当然是一个浅显的例子。然而，无论张量方程的形式多么复杂，只要是同类张量方程，均可改化为如下简单形式（试证明：**习题 5.32**）：

$$A=B, \quad A, B\in Z \tag{5.58}$$

这一方程表述并非平凡，因为可能已经知道了张量 B 的分量在某种坐标系下特别简单，因而设法将原来的张量方程转化为上述形式。一个简单的类比：单单考察一个 n 维向量 V，其分量是 V^i，通过收缩或放大分量及重新选择坐标系（使一个坐标轴正好与 V 的方向一致）即可使 V 的分量变得极为简单：

$$V^1 = 1, \quad V^i = 0, \quad i = 2,3,\cdots,n \tag{5.59}$$

一般的张量方程形如

$$F(A,B,\cdots,Q) = 0 \tag{5.60}$$

其中：张量 $A,B,\cdots,Q$ 未必在同一个张量空间。从形式上看，上述张量方程与坐标系的选取无关，因为方程中的每一个张量都与坐标系的选取无关。然而，这种看法并非正确的（试论证：**习题 5.33**），因为上述方程未必是同类张量方程。

有一种方程貌似同类张量方程但实际上不是。考察如下方程：

$$V \cdot V + f(x) = V^1 \tag{5.61}$$

其中：V 为 n 维向量空间 T 中的任意向量；V^1 为向量 V 的第一个分量；$f(x)$为标量函数；

$V \cdot V$（称为 V 自身的点积或内积）定义为

$$V \cdot V = (V^1)^2 + (V^2)^2 + \cdots + (V^n)^2 \tag{5.62}$$

式（5.61）的左边是零阶张量（标量），而右边是一个数或函数，貌似零阶张量，但实际上是赝标量，因为它随着坐标系的变化而变。显然，像这类非同类张量方程，就不具有方程在坐标系变换下的不变性。

同类张量方程的重要性在于，只要在一个坐标系中写出了同类张量方程的分量表达式，便可得到同类张量方程表述，而这种表述在任意坐标系中都成立（Stephani，1982）。这一表述并不具有物理特性，而是属于纯粹数学内容。如果物理学定律在参考系变换下保持不变，则会带来新的物理内容（Weinberg，1972）。一个简单而重要的应用就是考察一个粒子在引力场中的自由运动。首先可以写出粒子在局部惯性系中的运动方程（属于物理定律），并以张量形式表示，而这一表示适用于任意一个参考系，从而求出粒子在任意参考系中的运动方程（Wald，1984；Weinberg，1972）。当然，要想真正把引力效应考虑进去，还需要利用等效原理及爱因斯坦场方程（Einstein，1915），这属于广义相对论的内容。

这里需要着重指出，张量在坐标系变换下保持不变，并不意味着在参考系变换下也不变。坐标系变换是在同一个参考系中进行的，所有的坐标系均有相同的原点，并且它们之间是相对静止的；而参考系的变换涉及不同的参考系，参考系与参考系之间可以有相对运动或旋转，这时不可能期望张量不变，因而也就不可能期望张量方程不变。一个简单的例证：假定在一个参考系 K 中考察，一个粒子的运动速度是 $\boldsymbol{v}$，它当然是一个向量（一阶张量）；但如果将这个速度变换到随同粒子一起运动的参考系 K' 中，那么上述粒子的速度显然为 0。可见，这时在参考系变换下，速度（它是向量）并不是不变量（但在坐标变换之下速度是不变量）。这也足以证明，就一般情况而言，在参考系变换下张量并非保持不变。之所以在这里着重指出这一点，是因为人们常常将参考系的变换与坐标系的变换等同起来，这当然是因为对参考系与坐标系未加严格区分从而导致概念混淆（参见第 1 章）。

因此，一般的张量（包括张量方程），其重要特征之一是它在坐标系变换下保持不变。但一般的物理学定律则要求它在某种或某类参考系变换下保持不变（或协变）。例如麦克斯韦方程，在洛伦兹变换下保持不变，该变换将两个相互匀速直线运动的参考系 K 和 K' 联系了起来。

如果将张量的定义推广到参考系之间的变换，则张量方程在参考系变换下保持不变（或协变）。例如，在广义相对论中，要求物理学定律在参考系变换下保持不变，而张量的定义与参考系之间的变换密切关联。

这里触及一个问题，即张量的严格定义问题：基于坐标系变换定义，还是基于参考系变换定义？方程究竟在坐标系变换下保持不变，还是在参考系变换下保持不变？这些问题，有待将来深入研究。

练 习 题

5.1 试证明：以地球所界定的空间域Ω为例，如果Ω不包含地球的边界$\partial\Omega$，那么它是开的；如果Ω包含地球的边界$\partial\Omega$，那么它是闭的。

5.2 试证明：f是满映射，同时又是可逆映射，则称f是双射，或称一对一映射。双射f将M中的点与N中的点一一对应起来。

5.3 对于N中的任意一个包含像点B的邻域N_τ，总可以在M中找到一个包含源像A的邻域M_δ，使$f(M_\delta)=N_\tau$，则称f在A点连续；若f在M中的每一点都连续，则f在M上连续。试将这一定义与数学分析中对连续函数的定义进行分析，比较二者的异同。

5.4 试举例证明：连续映射不一定可逆，可逆映射也不一定连续。

5.5 试证明：如果f是M到N的双射，同时它又在M上连续，则逆映射f^{-1}在N上连续。

5.6 试举出两例：映射f将空间M中的一点$(x_1,x_2,\cdots,x_n)$变为空间N中的一点$(y_1,y_2,\cdots,y_m)$，其中，m与n未必相同。

5.7 试证明：实数域$\mathbf{R}$在普通加法运算下构成阿贝尔群，在普通减法运算下不构成群，在普通乘法或除法运算下也不构成群。

5.8 试证明：所有$n\times n$满秩矩阵所构成的空间$A^{n\times n}$在普通矩阵乘法下构成群，但不是阿贝尔群；在普通加法或减法运算下不构成群。

5.9 试证明：两种坐标$(x^1,x^2,\cdots,x^i)$与$(y^1,y^2,\cdots,y^i)$之间的变换关系为

$$y^i=y^i(f_P^{-1}(x^1,x^2,\cdots,x^i)),\quad (x^1,x^2,\cdots,x^i)\in f_P(V),\quad i=1,2,\cdots,n \tag{5.17}$$

则y^i是$(x^1,x^2,\cdots,x^i)$的连续函数。

5.10 试证明：如果从S^2中挖掉一个闭球冠，则剩下的部分S_0^2是一个开域，它与R^2中的一个开圆盘之间存在一个连续双射。当然，它与整个空间R^2之间也存在一个连续双射。然而，S^2与R^2之间不存在连续双射。

5.11 试证明：所有的洛伦兹变换构成一个三维流形L^3，其变数是三个速度分量（但速度不可达到光速）。L^3的内禀结构与T^3一致。

5.12 试证明：如果Γ不是简单光滑曲线（曲线自身至少有一个交点），则整个曲线Γ未必能用方程$x^i=x^i(\lambda),\ \lambda\in(a,b), i=1,2,\cdots,n$表示出来。

5.13 试证明：构造一个连续映射h将$(x^1,x^2,\cdots,x^n)$变成实数域中的点：$h(x^1,x^2,\cdots,x^n)=a, a\in R$，则$h$不可能是双射。

5.14 试证明：对于固定的切向量，它可以是过P点的无数条曲线的切向量。

5.15 试证明：由于过P点的曲线可以是任意的，P点的切向量有可能沿不同方位构成一个向量空间T_P，也就是说，T_P是P点的所有可能的切向量所构成的集合，它是一个向量空间。

5.16 试用归纳法证明：T_P的维数与P点所在的流形M的维数正好相同。

5.17　试用列举证伪法证明：人为随便给定一个场，那它可能不具有任何意义。

5.18　试论证：如果给定 M 上的向量场，是否对于 M 中的任意一点 A，都可以在 M 中找到一条过点 A 的曲线，使得在该曲线上的任意一点处的向量场向量正好是上述曲线的切向量。

5.19　试证明：能将 T_P 中的任意一个向量 V 变为实数的线性映射 V^* 的全体构成一个向量空间 T_P^*。

5.20　试推导：按 $e^{*i}e_j = \delta_j^i$ 选取的基底 e^{*i} 称为在 e_i 诱导之下的基底，简称诱导基。推导方程 $e^{*i}V = V^i$，对于任意 $V \in T_P$。

5.21　假定 T_P 是由所有在区间(a, b)上解析的实值函数 $f(x)$所构成的无限维向量空间，那么，T_P^* 可以仍然是上述无限维空间，而映射关系是对分别从上述两个空间中各取一个函数的乘积再从 a 到 b 进行积分，其结果是一个实数。试说明：为什么要求函数解析？为什么是无限维的？

5.22　考察一个一次形式 $V^* \in T_P^*$，它作用于一个 T_P 中的向量 V 之后产生一个实数，也就是说，V^* 是向量 V 的函数，其线性是显然的，因而一次形式 V^* 是$\binom{0}{1}$型（一阶）张量，或称一阶协变张量（又称协变向量）。试证明：向量 V 是$\binom{1}{0}$型（一阶）张量。

5.23　考察一个 $n \times n \times n$ 实方阵 $A_{n\times n\times n}$，试证明：它可能是一个一次形式和两个向量的线性实值函数，因而是$\binom{1}{2}$型（三阶）张量，也有可能是两个一次形式和一个向量的线性实值函数，因而是$\binom{2}{1}$型（三阶）张量。

5.24　考察一个与坐标系的选取无关的实值函数 $f(x) \in R$（这种函数称为标量函数），且按照推理[考察一个实值常数 $a \in R$，可以将它看成自身到自身的映射，或者说它是 0 个一次形式和 0 个向量的线性实值函数，因而它是$\binom{0}{0}$型（零阶）张量，即标量]，试证明：它是$\binom{0}{0}$型（零阶）张量，即实值标量函数是零阶张量。

5.25　试证明：$\dfrac{\partial W}{\partial x^i} = W_i \equiv g_i$ 中 g_i 是重力分量，而重力本身是一次形式，因而是$\binom{0}{1}$型张量。

5.26　试论证：给出了构造张量的几种方法，并不意味着由此就能构造出所有张量。

5.27　试证明：一个同类的 m 阶张量空间的维数是 n^m。

5.28　试证明：$\mathrm{d}\tau^2 = g_{ij}\mathrm{d}x^i\mathrm{d}x^j$ 中 g_{ij} 是度规张量 g 的分量，它是一个二阶$\binom{0}{2}$型协变张量。

5.29　试用列举法证明：并非任意一个实值函数 $F(x)$都是张量。

5.30　试证明：张量 δ_{ij} 是（完全）对称的，证明 $\Delta_{ijkl} = \delta_{ij}\delta_{kl}$ 是一个张量。

5.31　试证明：四阶张量 Δ_{ijkl} 关于指标 i 和 j、k 和 l 及双指标 ij 和 kl 分别都是对称的，但 Δ_{ijkl} 不是完全对称张量。

5.32　试证明：无论张量方程的形式多么复杂，只要是同类张量方程，均可改化为 $A=B$，其中 $A, B \in Z$ 的简单形式。

5.33　试论证：$F(A, B, \cdots, Q) = 0$ 并非方程中的每一个张量都与坐标系的选取无关。

参考文献

陈省身, 陈维桓, 1983. 微分几何讲义. 北京: 北京大学出版社.

黄克智, 薛明德, 陆明万, 2003. 张量分析. 2 版. 北京: 清华大学出版社.

申文斌, 张朝玉, 2016. 张量分析与弹性力学. 北京: 科学出版社.

夏道行, 1979. 实变函数论与泛函分析. 北京: 人民教育出版社.

熊全淹, 1984. 近世代数. 武汉: 武汉大学出版社.

Einstein A, 1915. Zur Allgemeinen Relativitätstheorie. Berlin: Preussische Akademie der Wissenschaften.

Misner C W, 1973. A minisuperspace example: The gowdy T^3 cosmology. Physical Review D, 8(10): 3271-3285.

Schutz B F, 1980. Geometrical methods of mathematical physics. Cambridge: Cambridge University Press.

Stephani H, 1982. Two simple solutions to Einstein's field equations. General Relativity & Gravitation, 14(7): 703-705.

Wald R M, 1984. General relativity. Chicago: University of Chicago Press.

Weinberg S, 1972. Gravitation and cosmology. New York: Wiley.

第6章 弹性力学

弹性力学的研究对象是固体，主要解决的问题是：一个物体在受到外力之后如何变形，其内部的应力如何分布，撤除外力之后是否可完全恢复到原状；一个物体在受到外力作用之后能承受多大的忍耐力而不至于破裂等。地球具有4层结构：固态内核、液态外核、黏弹性地幔和弹性地壳。除了液态外核，在相关近似假设之下，弹性力学可应用于其他圈层。将地壳看作一个弹性体，可以研究地壳的形变及其受力机制。地壳的形变是一种可观测的现象。实际上，地震波在地球内部的传播规律可基于弹性力学建立。弹性力学的应用非常广泛，是研究地震学、地壳形变、地球内部物理的基础。

本章内容主要参考并引用钱伟长和叶开沅所著的《弹性力学》。更深入和全面地学习，请参阅相关文献（申文斌 等，2016；钱伟长 等，1956）。

6.1 引论

一般来说，宇宙中的万物可分为三种形态：固态、液态和气态。液态和气态物质的变化运动规律，均可视作流体来处理，本章主要讨论固态物质的运动变化规律。为表述简明，本章将固态物质简称为固体或物体。物体的一种理想模型就是刚体，它是假想物体中的任意两个点之间都不存在相对位移，无论它受到什么力的作用。换句话说，刚体可以承受任何形式的力而不发生变形。然而，在自然界中并不存在绝对的刚体。任何物体在力的作用之下都会发生变形。一个物体发生变形或形变（这两个术语可以交替使用，没有什么区别），是指该物体的形状发生了变化。如果假定物体的（质量）密度分布连续，那么物体的形变可以用精确的数学语言来表述：如果在一个物体中至少可以找到两点，它们之间的距离发生了变化，则说明该物体发生了形变。

假定物体的质量密度是连续的。这一假定是建立在“宏观小而微观大”的基础上的。在0.001 mm的尺度上仍然可以排列大约1 000个原子。到了分子甚至原子尺度，连续性假定就不成立了。

当研究一个物体的运动变化规律时，如果不注重物体内部点位之间的相对变化，则可将它视为刚体处理。这时，只需采用刚体运动学和动力学理论即可。如果着眼点是研究物体内部的点位之间的相对变化及产生这种变化的原因（机制），那么就需要发展一套新的研究方法，即弹性力学方法。

一个物体发生形变，是由于受到了力的作用。反过来，若有力作用于一个物体，则它必发生形变（除非是理想的刚体）。形变有两种：一种是暂时性形变，一种是永久性形变。前者在作用力撤消之后，物体又可以自然地恢复原状；后者在作用力撤消之后，物体继续保持形变后的样子。一般来说，物体都有一种反抗外力而趋于恢复原状的“反应”。正是由于这一点，又将物体称为弹性体。相应地，研究弹性体的变化规律的力学系统就称为弹性力学。

当然，绝对的弹性体在自然界中是不存在的。任何物体（在力的作用下）发生了形变之后，都不可能（在撤除了力以后）恢复到原来的状态。不过，在很多情形下，弹性体模型可以作为真实物体模型的很好的近似。所谓模型，是指能通过受力分析而知其形变规律的研究对象。本章所研究的物体是弹性体。

弹性体可以承受压力（或拉力）及剪切力。但在上述力的作用下，弹性体会产生变形。一般来说：①在压力或拉力作用下，弹性体变形之后的一个显著效果是弹性体的体积发生了变化；②在剪切力的作用下，弹性体只发生形变，而体积保持不变（但并非总是不变）。然而，上述结论并不是绝对的。例如，一个圆柱体沿轴向被压缩之后变短，但同时会变粗，可以保持体积不变（但一般情况下并非如此）。

弹性体在力的作用下所发生的形变与弹性体本身的物质构成有关。例如，在同样的力的作用下，木块与铁块的形变量肯定不一样。另外，如果弹性体本身不均匀（也即弹性体的质量密度随位置而变），那么在同样的力的作用下，形变的大小就可能与体内的位置有关。一个弹性体均匀，是指在弹性体内部任意两点选取两个相同形状的邻域，它们都具有完全相同的性质。实际上，若弹性体不均匀，则可认为该弹性体由不同物质构成（或者说它所含有的不同物质的组分随着位置的变化而变），因而形变与位置有关。还有一种情况，那就是弹性体虽然均匀，但不是各向同性的。所谓各向同性，是指任意选取弹性体中的一点（只要该点不在边界上），从这一点向四面八方看去（限定在该点的一个包含在弹性体之中的小邻域中）都具有完全相同的性质。若弹性体不具有各向同性，那么即使沿不同方向的受力完全一样，沿不同方向的形变也有可能不同。一个简单的例证是考察纤维状物体（即有明显纹路的物体），沿着纤维方向很容易撕裂该物体（这是一种剪切力），但若垂直于纤维方向则难以撕裂该物体。一个均匀的弹性体未必各向同性，但各向同性的弹性体一定均匀（试证明：**习题 6.1**）。对不是各向同性的弹性体来说，处理起来相当复杂（至少有 21 个独立变量），基本上不予考虑。在一般情况下，总假定所研究的弹性体是各向同性的。针对很多实际模型，这一假定是相当好的近似。

地壳既然发生形变，肯定是受到了力的作用。反过来，知道了作用于地壳的力，也应该能推测出地壳的形变。然而，在力给定的前提下，弹性体所产生的形变与弹性体自身的物质特性（本性）有关（例如是石灰石还是金属铁）。由不同的物质构成的弹性体，其形变对受力的响应会有差异。这就要通过实验来确定不同弹性体的这种响应关系。

如果用σ和ε分别表示作用于弹性体的力的状态（因而它未必是单一的标量，而有可能是很多元构成的）和弹性体的形变状态（它也未必是单一的标量），那么在形式上可以建立σ与ε之间的一个函数关系（又称映射关系）：

$$\varepsilon = M\sigma \tag{6.1}$$

其中：M 为从 σ 到 ε 的一个映射（即可以将 σ 表示为 ε 的函数），一般情况下可以假定这种映射是连续双射，也即一一对应的连续映射（申文斌 等，2016）。这就意味着，不仅给定了 σ 可以求出 ε，而且给定了 ε 也可以求出 σ。至于具体的映射关系 M，则需要根据理论推演及实验来确定。

例如，一种最简单的映射关系就是弹性体的一维胡克定律：

$$\varepsilon = \frac{\sigma}{E} \tag{6.2}$$

其中：E 为一个非零实数，与构成弹性体的材料的特性有关，称为杨氏模量；ε 为在拉力 σ 方向上的形变。显然，在此特例之中，映射关系 M 是 $1/E$，它当然是连续双射。

如果沿圆柱体的轴线方向（假定为 x 方向）施加一个拉力 σ_x，那么该圆柱体就会变得长一些，将这一形变记为 ε_x，但同时圆柱体会变得细一点，即沿圆柱体的径向也会发生形变，记为 ε_y。这样，ε_y 也可以表示成 σ_x 的映射（注意 $\varepsilon_x = \frac{\sigma_x}{E}$），因为 ε_x 与 ε_y 之间存在如下关系：

$$\nu = -\frac{\varepsilon_y}{\varepsilon_x}$$

其中：ν 与材料的性质有关，由实验确定，称为泊松比，一般为 $1/4 \sim 1/3$。

在一般情形下，映射关系并非如此简单。但如果弹性体的形变比较小，则只需考虑一阶小量，这时上述映射 M 是线性的（详见 6.5 节）。将式（6.1）推广，可给出广义胡克定律。在各向同性假设下，映射关系可进一步简化。

6.2 张量初步运算

本节概述张量基本性质，进行弹性物体的应变分析时，将用到张量这个数学工具。

张量具有一种极为特殊的性质，那就是同类张量方程在坐标系的变换下保持不变。所谓同类张量，是指张量的分量之数目相同，而且上下指标具有完全相同的位置。例如，T_k^{ij} 与 Q_n^{lm} 是同类张量，而 T_k^{ij} 与 Q^{ijk} 或 Q^{ij} 则是不同类的。

6.2.1 张量

如果一个量或数学表象 T，它在坐标系的变换下保持不变，则将该量称为张量。当选定了任意一个具体的坐标系之后，张量 T 可以通过它的分量来表征。如果张量的分量具有 k 个指标，则称该张量为 k 阶张量。通常所说的矢量就是一个一阶张量。首先，矢量与坐标系的选取无关；其次，在选定了任意一个具体的坐标系之后，矢量可以通过分量形式来表示，而分量只带有一个指标。下面将张量的这一定义具体化。

1. 标量

π、100、0等常数与坐标系的选取无关；另外，它们在任意一个具体的坐标系下的分量表示就是其自身，从而可以看作其分量表示具有0个指标的量。这种量是零阶张量。也就是说，任意一个实数只要与坐标系的选取无关，它就是零阶张量，称为标量常数，简称标量。

值得注意的是，并非随便给定一个实数就是标量，这就要看它是否满足张量的定义。例如，取某个位置矢量 x（即位矢或向径）的第一个分量 x^i 来考察，它显然是实数，但它随着坐标系的变化而变，因而不是标量。

对于任意一个实值函数 $f(x)$（实值函数的意思是说，函数的取值属于实数域 R^1，即通常实数轴上的所有可能的数值)，如果它与坐标系的选取无关，则称该实值函数为标量函数。它也是零阶张量（试证明：**习题 6.2**）。同理，并非任意一个实值函数都是（零阶）张量（试证明：**习题 6.3**）。

2. 矢量

前面已经指出，矢量是一阶张量。为方便记，以后对于张量这一数学表象，可以用大写拉丁字母来表示，而分量则用同一字母但带有指标。例如，矢量可用 $\boldsymbol{V}$ 来表示，它在某个坐标系下的分量则用 V^i 或 V_i 来表示。一个量带有上指标或下指标略有区别，即所谓的“逆变”与“协变”之分。一个矢量是逆变矢量还是协变矢量，取决于该矢量的分量在坐标系变换下的变换规律。

假定一个矢量 $\boldsymbol{V}$，它的分量在坐标系 $x^i \to x'^i$ 变换下按如下规则变换：

$$V'^i = \frac{\partial x'^i}{\partial x^j} V^j \tag{6.3}$$

则将该矢量称为逆变矢量。

例如：

$$\mathrm{d}x'^i = \frac{\partial x'^i}{\partial x^j} \mathrm{d}x^j \tag{6.4}$$

因此，坐标微分是逆变矢量（Weinberg，1972）。

假如一个矢量 $\boldsymbol{U}$，它的分量在坐标系 $x^i \to x'^i$ 变换下按如下规则变换：

$$U'_i = \frac{\partial x^j}{\partial x'^i} U_j \tag{6.5}$$

则将该矢量称为协变矢量。

又如，设 ϕ 为标量场，则梯度是 $\partial\phi / \partial x^i$。变换后为

$$\frac{\partial \phi}{\partial x'^i} = \frac{\partial x^j}{\partial x'^i} \frac{\partial \phi}{\partial x^j}$$

由此可见，梯度是协变矢量（Weinberg，1972）。协变矢量也称为一次形式（或对偶矢量；申文斌 等，2016；Schutz，1980），它作用于（如按通常的标积方式）逆变矢量之后给出一个实数标量。

下面引入坐标基的概念以说明“协变”与“逆变”之意。任意一个矢量都可以通过该矢量空间（目前暂时限定在三维矢量空间）中的基矢量来表示：

$$\boldsymbol{V} = V^i \boldsymbol{e}_i \tag{6.6}$$

其中：e_i 为坐标系 x^i 中的一组最大线性无关基矢量，简称矢量基（共有三个）。如果第 i 个基矢量 e_i 是单位矢量，并且正好与第 i 个坐标轴 x^i 的正向一致，则称这种矢量基为坐标系 x^i 中的自然基，简称自然基，通常可以表示成 $\dfrac{\partial}{\partial x^i}$。于是，$V^i$ 实际上就是在自然基 e_i 下的分量。

如果选取另外一个新的坐标系 x'^i，则上述矢量又可以表示成

$$\boldsymbol{V} = V'^i \boldsymbol{e}'_i \tag{6.7}$$

其中：e'_i 为新坐标系 x'^i 的自然基；V'^i 为在新的自然基 e'_i 下的分量。由于矢量本身与坐标系的选取无关，由式（6.6）和式（6.7）得

$$V'^i \boldsymbol{e}'_i = V^i \boldsymbol{e}_i \tag{6.8}$$

由于新老自然基之间必定满足如下关系：

$$x'^i \boldsymbol{e}'_i = x^j \boldsymbol{e}_j \tag{6.9}$$

得

$$\boldsymbol{e}'_i = \frac{\partial x^j}{\partial x'^i} \boldsymbol{e}_j \tag{6.10}$$

这是自然基之间的变换规律。将式（6.10）代入式（6.8），即可推出矢量 V' 的变换关系，正如变换式（6.4）所给出的。将式（6.4）与式（6.8）进行比较即可发现，V^i 的变换矩阵 $\dfrac{\partial x'^i}{\partial x^j}$ 正好是自然基 e_i 的变换矩阵 $\dfrac{\partial x^i}{\partial x'^j}$ 的逆。而由关系式（6.5）给出的 U_i 的变换矩阵正好与自然基之间的变换矩阵相同。由此可见“协变”与“逆变”之意。

3. 张量

逆变矢量与协变矢量的变换规则可以推广到张量的变换，只要按矢量变换的乘积来变换即可。例如，设有一个三阶张量 $\boldsymbol{T}$，其分量形式记为 T_k^{ij}（当然三阶张量也有可能形如 T^{ijk}、T_{jk}^i 或 T_{ijk} 等），那么上述三阶张量的变换规则为

$$T'^{ij}_k = \frac{\partial x'^i}{\partial x^l} \frac{\partial x'^j}{\partial x^m} \frac{\partial x^n}{\partial x'^k} T_n^{lm} \tag{6.11}$$

对于任意一个张量，若其分量的所有指标在上，则称该张量为逆变张量；若所有指标在下，则称该张量为协变张量；指标有上有下，称为混合张量。像上边所述的三阶张量就是（三阶）混合张量。张量的上指标的变换规律与逆变矢量的变换规律相同，而下指标的变换规律与协变矢量的变换规律相同。张量的上指标也称逆变指标，下指标则称协变指标。值得注意的是，张量分量的指标的先后次序不可随意调换。例如，T_{jk}^i 与 $T_{j\ k}^{\ i}$ 未必相同。

因此，考察一个数学对象是否张量，就要看其分量的指标是否符合张量的变换法则，确切地说，是要看分量的上指标是否符合逆变矢量的变换法则[式（6.4）]，而下指标是否符合协变矢量的变换法则[式（6.5）]。

注释 6.1　更严格的张量定义是在建立了流形的概念之后，采用映射的观点来定义的（申文斌 等，2016；陈省身 等，1983；Schutz，1980）：张量是这样一个数学表象，它作用于若干个一次形式和若干个矢量之后给出一个实数标量，或者说，张量是若干个一次形式和若干个矢量的线性标量函数。一次形式是这样一个数学表象，它作用于一个矢量之后给出一个实数标量。矢量是一阶逆变张量，而一次形式是一阶协变张量。标量和标量函数与坐标系的选取（变换）无关。按照这一定义，张量的变换规则可以通过坐标基底的变换规则而自然地推出。

6.2.2　关于张量指标的一些说明

用具体的例子来说明。矢量 $\boldsymbol{A}$ 是一阶逆变张量（又称逆变矢量），其分量形式为 A^i，指标在上方。一次形式 $\boldsymbol{B}$ 是一阶协变张量（又称协变矢量），其分量形式为 B_i，指标在下方。一个二阶协变张量 $\boldsymbol{T}$ 的分量形式为 T_{ij}，两个指标均在下方；一个二阶逆变张量 $\boldsymbol{T}$ 的分量形式为 T^{ij}，两个指标均在上方；一个二阶混合张量 $\boldsymbol{T}$ 的分量形式为 T_j^i 或 T_i^j，其中一个指标在上方，另一个指标在下方。一个三阶混合张量 $\boldsymbol{T}$ 的分量形式为 T_k^{ij} 或 T_{jk}^i，其中两个指标在上方，第三个指标在下方，或者两个指标在下方，第三个指标在上方。

若遇到形如 A^iB_i 的量，则表示求和；若遇到形如 A^iB^i 的量，则不表示求和，它只是一个单项。假定 $\boldsymbol{A}$、$\boldsymbol{B}$、$\boldsymbol{C}$ 等不是矢量就是一次形式，那么 A^iB_j 构成二阶混合张量的分量，A^iC^j 构成二阶逆变张量的分量等。

$\dfrac{\partial A^i}{\partial x^j}$ 可以用符号 A_j^i 来表示，它是二阶混合张量的分量；$\dfrac{\partial A^i}{\partial x_j}$ 可以用符号 A^{ij} 来表示，它是二阶逆变张量的分量。若遇到 $\dfrac{\partial A^i}{\partial x^i}$ 则表示求和；若遇到 $\dfrac{\partial A^i}{\partial x_i}$ 则不表示求和。

在欧几里得空间中，张量的指标可以通过克罗内克符号来升降。例如，对于二阶混合张量 T^{ij}（通常可以直接将张量的分量表示称作张量，只要不引起混淆），可以通过

$$T^{ij} = \delta^{kj} T_k^i$$

使张量的下指标上升，也可以通过

$$T_{ij} = \delta_{ik} T_j^k$$

使张量的上指标下降，以此类推。

克罗内克符号 δ_{ij} 和 δ^{ij} 都是二阶对称张量，根据指标所处的位置不同又可分为二阶协变张量、二阶逆变张量及二阶混合对称张量。对称张量是指对张量分量的任意两个指标进行调换，分量保持不变。例如，δ_j^i 是二阶混合对称张量。莱维-齐维塔（Levi-Civita）符号

$$\varepsilon_{ijk}=\begin{cases}1, & \text{如果} i\ j\ k \text{是123的偶置换}\\ -1, & \text{如果} i\ j\ k \text{是123的奇置换}\\ 0, & \text{其他情形}\end{cases} \tag{6.12}$$

是三阶协变完全反对称张量。完全反对称是指任意两个指标对调之后改变正负号（但量值保持不变）。莱维-齐维塔符号还有其他形式，例如 ε^{l}_{jk} 是三阶混合反对称张量，但它的定义式与式（6.12）完全相同。实际上，有

$$\varepsilon_{ijk}=\delta_{il}\varepsilon^{l}_{jk} \tag{6.13}$$

莱维-齐维塔符号与克罗内克符号之间具有如下关系[参见第 3 章，或郭俊义（2001）、Schutz（1980）]：

$$\varepsilon_{ijk}\varepsilon^{mnk}=\delta^{m}_{i}\delta^{n}_{j}-\delta^{n}_{i}\delta^{m}_{j} \tag{6.14}$$

6.3　应 变 分 析

6.3.1　伸长度

一个物体在受到力的作用以后会发生变形，这种变形称为应变。最简单的情形是单向应变。考察一个横截面积为定值（如具有固定大小的圆形或正方形）的杆件。当对该杆件的两端沿轴向施加拉力（或压力）之后它就会伸长（或缩短）。假定杆件是各向同性的，那么在杆件中任意选取一个受力前的单位长度，该单位长度在受力后的伸长量应该完全相同。把杆件的单位长度的伸长量称为伸长度。显然，在各向同性的假定下，无论在杆件的什么位置，伸长度都是一样的。若令 L_0 和 L 分别为杆件在受力前和受力后的长度，则可将（各向同性的）杆件的伸长度表示为

$$e=\frac{L-L_0}{L_0} \tag{6.15}$$

杆件伸长之后，通常面积会缩小。假定用 $e_{\rm s}$ 表示横截面上的某个与轴线相交的直线方向的伸长度，实验指出，通常 $e_{\rm s}$ 与 e 成正比，可以表示成

$$e_{\rm s}=-\nu e \tag{6.16}$$

其中：ν 为泊松比（取正值）。由不同材料构成的杆件，泊松比不同。一般情况下，泊松比为 1/4～1/3。

若假定杆件的横截面是半径为 R 的圆，那么杆件伸长之后，体积会发生变化，其变化量可以表示成

$$\Delta V=V'-V=\pi(R+Re_{\rm s})^2(L_0+L_0e)-\pi R^2L_0 \tag{6.17}$$

上述变化量若为正，则表示体积增加；若小于零，则表示体积减小；若为零，则表示体积不变。

由于 e 是小量，在一般情况下只保留到 e 的一阶项就够了。这时，式（6.17）可以转化为比较简单的形式（试给出简单形式：**习题 6.4**）。

6.3.2 位移与形变

假定一个物体Ω受到了外力的作用，那么物体中的任意一点都有可能发生变化。这种变化就是位移，也即位置的改变。如果物体中的任意两点之间的距离都没有发生变化（尽管每一个点都有可能产生了位移），那么该物体就没有发生变形，这也是通常意义下的物体的整体运动（包括整体平动和整体旋转），也即理想刚体的情形。如果物体中至少可以找到两点，它们之间的距离发生了变化，则说该物体（除了产生整体平动及旋转）产生了形变。通常假定弹性体在形变前后（包括形变过程）都是连续的。因此，如果物体中至少可以找到两点，它们之间的距离发生了变化，那么在该物体中必定可以找到无数个点对（一个点对是指不相同的两点），就每一个点对而言，它们之间的距离也产生了变化（试证明：**习题 6.5**）。一个物体有位移是指在该物体中至少可以找到产生了位移的一点。只要在物体中存在一点有位移，那么必定在该物体中可以找到无数个点有位移。值得注意的是，一个物体有位移未必就有形变；反过来，一个物体有形变就必定有位移（试论证：**习题 6.6**）。

有了物体的位移及形变的概念之后，研究物体的应变。所谓应变，是指物体在外力作用下所产生的形变。应变当然有随外力而变之意。

假定物体Ω受外力作用后变为Ω′，当撤除外力之后，物体又逐渐恢复原状Ω（这是弹性体的假设之一）。于是，对于Ω中的任意一点 $P(x^1, x^2, x^3)$（简记为 $P(x^i)$或 $P(x)$，它们表示完全相同的意思），它在受力之后变为Ω′中的 $P'(x^i)$，而 $P(x^i)$与 $P'(x^i)$之间是一一对应的（它们之间存在双射关系）。为此可以假定 x'^i 是 x^i 的单值连续函数：

$$x'^i = x'^i(x), \quad i = 1,2,3 \tag{6.18}$$

于是，质点由 P 到达 P' 就意味着产生了一个位移：

$$u^i = x'^i - x^i = u^i(x), \quad i = 1,2,3 \tag{6.19}$$

其中：u^i 为 A 至 A' 的位移分量，或称为点 A 的位移分量。若对任意 x^i，均有 $u^i = C^i$ 为常数，则表明物体只有平移，没有转动和变形。

6.3.3 应变和应变分量

为了研究应变，考察受力前的任意相邻两点 $A(x)$和 $B(x + \mathrm{d}x)$在受力后的变化情况。上述两点在受力后可表示为 $A'(x+u)$ 和 $B'(x+\mathrm{d}x+u')$；根据式（6.19），可以写出：

$$u'^i = u^i(x + \mathrm{d}x), \quad i = 1,2,3 \tag{6.20}$$

其中：u'^i 为 B 至 B' 的位移分量，或称为点 B 的位移分量。式（6.20）可用泰勒级数展开（只取至 $\mathrm{d}x$ 的一阶项）：

$$u'^i = u^i + \frac{\partial u^i}{\partial x^j}\mathrm{d}x^j, \quad i = 1,2,3 \tag{6.21}$$

注意这里采用了爱因斯坦求和约定。式（6.21）经改化后可写成

$$u'^i - u^i = \frac{\partial u^i}{\partial x^i}\mathrm{d}x^i + \frac{1}{2}\left(\frac{\partial u^i}{\partial x_j} + \frac{\partial u^j}{\partial x^i}\right)\mathrm{d}x_j + \frac{1}{2}\left(\frac{\partial u^i}{\partial x_j} - \frac{\partial u^j}{\partial x^i}\right)\mathrm{d}x_j, \tag{6.22}$$

$$i = 1,2,3, \text{对指标 } j \text{ 求和, 但 } j \neq i$$

其中：$x_i \equiv x^i$。注意，式（6.21）等号右边的第一项对指标 i 不求和。

由于 u^i 和 u'^i 分别表示弹性体中的任意两个相邻点 $A(x^i)$和 $B(x^i+\mathrm{d}x^i)$的位移，$u'^i - u^i$ 则表示这两个点之间的相对位移。然而，相对位移中也许包含纯粹的不属于形变的旋转效应。为此，只要设想一下刚体的旋转即可。假定选取刚体中的 A 为坐标系原点，B 是刚体中的不与 A 重合的另外一点，刚体发生旋转之后，尽管 u^i 保持不变（始终为零），但 u'^i 发生了变化。这就是说，$u'^i - u^i$ 之中有可能包含不属于形变的旋转效应。下面考察 $u'^i - u^i$ 究竟由哪些效应构成。

考察式（6.22）等号右边的第一项即可发现，$\mathrm{d}x^i$ 前面的系数正好是沿坐标 x^i 方向的伸长度，记为 e^i 或 e_i。于是

$$e^i \equiv e_i = \frac{\partial u^i}{\partial x_i}, \quad \text{对} i \text{不求和,} \quad i = 1,2,3 \tag{6.23}$$

注意，求和约定只对两个相同的指标，而且它们分别是上下指标时才有效。在式（6.23）中，$x_i \equiv x^i$。将 e^i 或 e_i 称为 x^i 方向的线应变（即该方向的伸长度），它是由在 x^i 方向上存在拉力或压力所致。$e^i>0$ 表示伸长，$e^i<0$ 表示缩短（收缩）。

考察式（6.22）等号右边的第二项。$\frac{\partial u^i}{\partial x^j}$ 表示 x^i 方向的位移 u^i 沿 $x^j(j \neq i)$方向的偏导数，因而表示位移矢量 $\boldsymbol{u}$ 的分量 u^i 与 x^j 之间的夹角（该夹角为直角）的变化，上述偏导数是小量（该变化角为小量时，变化角与变化角的正切值几乎相同）。同理，$\frac{\partial u^j}{\partial x^i}$ 表示 x^j 方向的位移 u^j 沿 $x^i(i \neq j)$方向的偏导数，因而表示位移矢量 u 的分量 u^j 与 x^i 之间的夹角的变化。于是，上述两项偏导数之和，表示弹性体中沿坐标轴 x^i 和 x^j 之间的夹角的变化；由于该夹角是直角，上述量也就表示弹性体中直角之间的角变化，将其记为 γ^{ij} 或 γ_{ij}。于是

$$\gamma^{ij} \equiv \gamma_{ij} = \frac{\partial u_j}{\partial x_i} + \frac{\partial u_i}{\partial x_j}, \quad i \neq j, \quad i,j = 1,2,3 \tag{6.24}$$

将 γ^{ij} 或 γ_{ij} 称为 x^ix^j 平面内的角应变，它是由弹性体中存在剪切力所致。显然，角应变是对称的：$\gamma^{ij} = \gamma^{ji}$。若 $\gamma^{ij}>0$，表示夹角变小，反之，则表示夹角变大（试论证：**习题 6.7**）。

最后，考察式（6.22）等号右边的第三项。尽管 $\frac{\partial u^i}{\partial x^j}$ 和 $\frac{\partial u^j}{\partial x^i}$ 分别表示 u^i 与 x^j 及 u^j 与 x^i 之间的夹角的变化，但上述二者之差则表示位移矢量 u 在 x^ix^j 平面内的旋转角。这一结论可以通过考察位移矢量 $\boldsymbol{u} = u^2\boldsymbol{e}_i$ 的旋度 $\nabla \times \boldsymbol{u}$ 而得到证实（试证明：**习题 6.8**）。若用 ω^{ij} 或 ω_{ij} 表示上述旋转角，则有

$$\omega^{ij} \equiv \omega_{ij} = \frac{\partial u^j}{\partial x^i} - \frac{\partial u^i}{\partial x^j} = -\omega_{ji}, \quad i \neq j, \quad i,j = 1,2,3 \tag{6.25}$$

将 ω^{ij} 或 ω_{ij} 称为刚体旋转角或刚体转动角，简称刚体的旋转。由于在 $x^i x^j$ 平面内的旋转可以用与之垂直的 k 方向的旋转角速度来表示，式（6.25）又可按下式定义：

$$\omega_k = \varepsilon_{kij} \frac{\partial u^j}{\partial x_i}, \quad k = 1,2,3 \tag{6.26}$$

其中：ε_{kij} 为莱维-齐维塔符号。将位移矢量的旋度用分量形式表示为

$$\nabla \times \boldsymbol{u} = \partial^i \boldsymbol{e}_i \times u^j \boldsymbol{e}_j = \frac{\partial u^j}{\partial x_i} \boldsymbol{e}_i \times \boldsymbol{e}_j = \frac{\partial u^j}{\partial x_i} \varepsilon_{ij}^k \boldsymbol{e}_k$$

其中：$\partial^i \equiv \dfrac{\partial}{\partial x_i}$ 或只写出分量：

$$(\nabla \times \boldsymbol{u})^k = \varepsilon_{ij}^k \frac{\partial u^j}{\partial x_i}$$

将上式（可以将 k 指标下降）与式（6.26）进行比较即可看出，二者完全一致。

由上述分析可以看出，弹性体受力后的位移 u'^i 由三部分组成：平移 u^i（又称刚体平移项）、变形 e^i 和 γ^{ij}，以及转动 $\omega^k \equiv \omega_k$（又称刚体转动项）。通常最感兴趣的是弹性体的变形。

如果弹性体没有整体转动，则称为纯变形。这时，$\omega_k = 0$；这就意味着如下的三个方程成立（注意，这里只有三个独立方程）

$$\frac{\partial u^j}{\partial x^i} = \frac{\partial u^i}{\partial x^j}, \quad i \neq j, \quad i,j = 1,2,3 \tag{6.27}$$

在此情形下，必存在一个态函数 $\Phi(x)$，它可以表示成全微分形式：

$$\mathrm{d}\Phi = u_i \mathrm{d}x^i \tag{6.28}$$

其中：$u_i \equiv u^i$。关于这一结论，可以参阅标准的微积分学教程，如菲赫金哥尔茨（1956）。

只要给定了 u^i 关于 x 的函数关系，即可求出弹性体的形变及转动。如果这种函数关系是线性的，则称为均匀形变。就均匀形变而言，u_i 可以表示成

$$u_i = u_{0i} + c_{ij} x^j \tag{6.29}$$

其中：u_{0i} 和 c_{ij} 均为常数。

均匀形变具有一些独特的性质（试证明：**习题 6.9**）：①任意一个平面仍然变成一个平面；②任意两个相互平行的平面仍然变成两个相互平行的平面；③正平行六面体变为斜平行六面体；④一个圆球变成一个椭球；⑤在固定的一条直线上，任意一点的形变状态完全相同。

6.3.4 沿任意方向的伸长度

至此，已经知道了如何表述沿坐标轴 ox^i 方向的伸长度（即坐标轴方向的线应变），那么沿任意一个方向的伸长度如何表述呢？

为此，假设给定了任意一点 P 的应变状态，想要求方向 OP 上的 P 点处的伸长度（其中 O 是原点）。所谓给定了一点的应变状态，是指给定了该点的三个线应变 e^i 和三个角应变 γ^{ij}（注意只有三个独立的角应变，$i \neq j$）。至于刚体平移项和刚体旋转项则不属于应变状态中的量，因为它们与变形无关。

受力前，P 点坐标为 $P(x^i)$，将其设为矢径 $\boldsymbol{r}$ 或 $\boldsymbol{x}$，其方向余弦设为 $l^i \equiv l_i (i=1,2,3)$。于是有

$$x^i = rl^i \tag{6.30}$$

其中：r 为向径 $\boldsymbol{r}$ 的模。

受力后，P 变为 P'：

$$P'(x^i) = P\left(x^i + \frac{\partial u^i}{\partial x^j} x^j\right)$$

根据伸长度的定义，沿方向 $\boldsymbol{r}$ 的伸长度可以表示成

$$e = \frac{r' - r}{r} \tag{6.31}$$

其中：r' 为对应于 P' 的向径 $\boldsymbol{r}'$ 的模。将 r 和 r' 的具体表达式代入式（6.31）之中，只保留到偏微商的一阶项，同时顾及式（6.23）、式（6.24）及式（6.30），便得沿任意方向 $\boldsymbol{r}$ 的伸长度：

$$e = e_1 l_1^2 + e_2 l_2^2 + e_3 l_3^2 + \gamma_{12} l^1 l^2 + \gamma_{23} l^2 l^3 + \gamma_{31} l^3 l^1 \tag{6.32}$$

[**提示**：欲具体推导式（6.32），采用指标法特别简便（准确到一阶项）：

$$\begin{aligned} r' - r &= \sqrt{\left(x^i + \frac{\partial u^i}{\partial x^j} x^j\right)\left(x_i + \frac{\partial u_i}{\partial x_j} x_j\right)} - \sqrt{x^i x_i} \\ &= \frac{1}{r} x^i \frac{\partial u_i}{\partial x^k} x^k \end{aligned}$$

于是有

$$\begin{aligned} e &= \frac{x^i}{r} \frac{\partial u_i}{\partial x^j} \frac{x^j}{r} = l^i \frac{\partial u_i}{\partial x^j} l^j \\ &= \frac{1}{2} l^i \frac{\partial u_i}{\partial x^j} l^j + \frac{1}{2} l^i \frac{\partial u_j}{\partial y^i} l^j = \gamma_{ij} l^i l^j \end{aligned}$$

其中，令 $\gamma_{ii} = e_i$。

如果引入：

$$\Gamma_{ii} = e_i,\quad \Gamma_{ij} = \frac{1}{2} \gamma_{ij} (i \neq j) \tag{6.33}$$

则可将式（6.32）简写成（试验证：**习题 6.10**）

$$e = \Gamma_{ij} l^i l^j \tag{6.34}$$

为方便计，以后将 Γ_{ij} 称为辅助应变量。给定了一点的应变（又称应变状态），也就给定了该点的辅助应变（即辅助应变状态），反之亦然。也就是说，辅助应变状态与应变

状态具有由式（6.33）决定的一一对应关系。]

6.3.5 辅助应变状态构成张量

证明辅助应变量$\Gamma_{ij} \equiv \Gamma_j^i$是二阶混合对称张量$\Gamma$的分量。关于$\Gamma_{ij} \equiv \Gamma_j^i$的对称性，可以从定义式（6.33）直接得知。下面证明Γ_{ij}是二阶混合张量Γ的分量。为此，可以将Γ_{ij}看作一个（3×3）二阶矩阵Γ；它向右作用于一个列向量$(l^i)_{3\times1}$之后给出一个列向量（列向量是逆变矢量，即一阶逆变张量），再向左作用于一个行向量$(l_j)_{1\times3}$之后给出一个实数。行向量$(l_j)_{1\times3}$是协变矢量，即一阶协变张量。这里需注意，$l_i \equiv l^i$。式（6.34）正好给出了这种作用方式。最重要的是，e是标量，即不变量（与坐标系的选取无关）。这就是说，矩阵Γ的分量Γ_{ij}构成二阶混合张量（申文斌 等，2016；Schutz，1980）。因此，在概念上需注意，辅助应变状态构成二阶混合对称张量Γ，它在坐标系x^i下的分量表示是Γ_i^j或Γ_j^i。于是，式（6.34）应改写成

$$e = \Gamma_i^j l^i l_j \tag{6.35}$$

但$\Gamma_i^j \equiv \Gamma^{ij} \equiv \Gamma_{ij} \equiv \Gamma_j^i$。若不考虑变换，则无须考虑指标的位置，可视方便程度随便选用；但若考虑变换，则必须将辅助应变状态视为二阶混合（对称）张量，其分量形式为Γ_i^j或Γ_j^i，因为二阶混合张量的变换规则与二阶逆变（或协变）张量的变换规则不同。

虽然应变状态与辅助应变状态构成一一对应的关系，但应变状态本身并不构成张量。这将在以后逐步说明。然而，既然辅助应变状态构成二阶混合张量，那么在进行坐标变换时，可以先求出辅助应变状态的变换，然后再根据对应关系[实际上就是由式（6.33）给出的关系]求出应变状态的变换。利用这一观念，不仅理论推演简便，而且在实际应用中可以大大减少不必要的重复工作，因为张量的变换规则总是确定的，而且是简明的。

6.3.6 体膨胀系数

设V和V'分别为单位物体受力前后的体积，则体膨胀系数定义为

$$\theta = \frac{V' - V}{V} = \frac{\mathrm{d}V}{V} \tag{6.36}$$

下面考虑一个长方体体积在受力后的变化。它的三个棱边OA、OB、OC分别位于坐标轴ox、oy、oz上，O与原点o重合。A、B、C的坐标分别为$A(a,0,0), B(0,b,0), C(0,0,c)$。用$\boldsymbol{A}$、$\boldsymbol{B}$、$\boldsymbol{C}$分别表示三个棱边$OA$、$OB$、$OC$的矢径。变形后，$A$、$B$、$C$变成$A'$、$B'$、$C'$，它们的坐标分别为（这里假定$O$没有变化，否则将有整体平移，而这种平移对体积变化没有贡献）

$$A'\left(a+\frac{\partial u}{\partial x}a,\frac{\partial v}{\partial x}a,\frac{\partial w}{\partial x}a\right),\quad B'\left(\frac{\partial u}{\partial y}b,b+\frac{\partial v}{\partial y}b,\frac{\partial w}{\partial y}b\right),\quad C'\left(\frac{\partial u}{\partial z}c,\frac{\partial v}{\partial z}c,c+\frac{\partial w}{\partial z}c\right)$$

显然

$$V=\boldsymbol{C}\cdot(\boldsymbol{A}\times\boldsymbol{B})=abc \tag{6.37}$$

$$V'=\boldsymbol{C}'\cdot(\boldsymbol{A}'\times\boldsymbol{B}') \tag{6.38}$$

将式（6.38）展开，并只保留到偏微商的一阶项，则有

$$V'=abc\left(1+\frac{\partial u}{\partial x}+\frac{\partial v}{\partial y}+\frac{\partial w}{\partial z}\right)=abc(1+e_x+e_y+e_z)$$

于是，由定义式（6.36）便得到体膨胀系数：

$$\theta=\frac{V'-V}{V}=\frac{abc(1+e_x+e_y+e_z)-abc}{abc}=e_x+e_y+e_z \tag{6.39}$$

或者写成

$$\theta=\Gamma_i^i \tag{6.40}$$

式（6.40）表示对指标 i 求和，其

$$\begin{cases}\Gamma_1^1\equiv\Gamma^{11}\equiv e_1\equiv e_x\\ \Gamma_2^2\equiv\Gamma^{22}\equiv e_2\equiv e_y\\ \Gamma_3^3\equiv\Gamma^{33}\equiv e_3\equiv e_z\end{cases} \tag{6.41}$$

这里，采用了 $\Gamma_j^i\equiv\Gamma_j^i$，因为 Γ 是对称张量。

若θ=0，则表示物体是（体积）不可压缩的，但这并非表明物体不发生形变。下面举一个应用例。

考虑一个高度为 L 的圆柱体，沿轴向施以均匀压力（即在横截面上各点的受力情况相同）。受力后圆柱体缩短了一段高度 h，但体积没有变化。试分析应变情况。

取 oz 轴与圆柱体轴线重合，o 点位于圆柱体底面中心。由给定条件，根据伸长度的定义可以写出沿 oz 方向的伸长度：

$$e_z=\frac{L'-L}{L}=\frac{(L-h)-L}{L}=-\frac{h}{L}$$

根据对称性知道 $e_x=e_y$。由于体积不变，θ=0，由式（6.39）或式（6.40）得

$$0=\theta=e_x+e_y+e_z=2e_x-\frac{h}{L}$$

即有

$$e_x=e_y=\frac{h}{2L}$$

至于角应变 γ_{ij}，它们均为 0（参见 6.5 节）。

6.3.7 主应变

给定了一点的应变状态，即可求出沿任意方向的线应变。沿哪个方向具有最大的线

应变或最小的线应变呢？

为了讨论这一问题，考察弹性体中的任意矢径 $\boldsymbol{r}$（矢径的一端选为坐标原点）：

$$\boldsymbol{r} = x^i \boldsymbol{e}_i$$

其中：$\boldsymbol{e}_i$ 为沿坐标轴 x^i 方向的单位矢量。假定该矢径的方向余弦仍然用 l^i 表示，则有

$$l^i = \frac{x^i}{r} \tag{6.42}$$

其中：$r = \sqrt{x^i x_i}$，而 $x_i \equiv x^i$。

考察沿任意方向的线应变的表达式（6.32）或式（6.34）。显然，线应变的大小除了与给定点的应变状态有关，还与方向余弦有关。如果假定给定点的应变状态是固定的，就可以将线应变 e 看成方向余弦的函数，即有

$$e = e(l^i) \tag{6.43}$$

寻求最大线应变或最小线应变的问题就转化成求式（6.43）的极值问题。为此，可以采用拉格朗日乘子法，即寻满足：

$$\varPhi(l^i) = l^i l_i - 1 = 0 \tag{6.44}$$

式（6.43）的极值。假如 λ 是所寻求的极值，那么 λ 需要满足如下方程（菲赫金哥尔茨，1956）：

$$\frac{\partial e}{\partial l^i} - \lambda \frac{\partial \varPhi}{\partial l^i} = 0$$

此即

$$\frac{\partial e}{\partial l^i} - 2\lambda l^i = 0, \quad i = 1,2,3 \tag{6.45}$$

根据式（6.34）可求出，将结果代入上述方程，则有（试验证：**习题 6.11**）

$$\begin{cases} (\varGamma_{11} - \lambda) l^1 + \varGamma_{12} l^2 + \varGamma_{13} l^3 = 0 \\ \varGamma_{21} l^1 + (\varGamma_{22} - \lambda) l^2 + \varGamma_{23} l^3 = 0 \\ \varGamma_{31} l^1 + \varGamma_{32} l^2 + (\varGamma_{33} - \lambda) l^3 = 0 \end{cases} \tag{6.46}$$

这里需注意，$\varGamma_{ij} = \varGamma_{ji} (i \neq j)$，而 l^i 是变量。若利用式（6.33）将辅助应变状态 $\varGamma_{ij}$ 变换成应变状态 γ_{ij}，则式（6.46）可以改写成

$$\begin{cases} 2(\gamma_{11} - \lambda) l^1 + \gamma_{12} l^2 + \gamma_{13} l^3 = 0 \\ \gamma_{21} l^1 + 2(\gamma_{22} - \lambda) l^2 + \gamma_{23} l^3 = 0 \\ \gamma_{31} l^1 + \gamma_{32} l^2 + 2(\gamma_{33} - \lambda) l^3 = 0 \end{cases} \tag{6.47}$$

这个方程组实际上是由三个齐次线性方程构成的。要使上述方程组具有不全为零的解（否则没有意义），充要条件是上述方程中的系数满足久期方程，也即由这些系数[这些系数是 $2(\gamma_{11} - \lambda), \gamma_{12}$ 等]所构成的行列式为零。根据这一条件，便得到（钱伟长 等，1956）

$$\lambda^3 - \theta_1 \lambda^2 + \theta_2 \lambda - \theta_3 = 0 \tag{6.48}$$

其中

$$\begin{cases}\theta_1 = \gamma_i^i \\ \theta_2 = \gamma_{11}\gamma_{22} + \gamma_{22}\gamma_{33} + \gamma_{33}\gamma_{11} - \dfrac{1}{4}(\gamma_{12}^2 + \gamma_{23}^2 + \gamma_{31}^2) \\ \theta_3 = \gamma_{11}\gamma_{22}\gamma_{33} + \dfrac{1}{4}(\gamma_{12}\gamma_{23}\gamma_{31} - \gamma_{11}\gamma_{23}^2 - \gamma_{22}\gamma_{31}^2 - \gamma_{33}\gamma_{12}^2)\end{cases} \tag{6.49}$$

对于一元三次方程[式（6.48）]来说，它存在三个实数根（钱伟长 等，1956），其中最大的一个便是最大线应变，与此所对应的方向余弦就是最大线应变的方向；其中最小的一个便是最小线应变，与此所对应的方向余弦就是最小线应变的方向；介于其间的极值则没有什么特殊性。将上述三个极值称为主应变，对应上述三个主应变的方向称为应变的主轴方向，简称应变主轴。三个主轴未必完全不同，也许它们完全相同，也许其中的两个相同。如果它们互不相同，则三个主轴是相互正交的；在其他情形下，三个主轴未必正交（钱伟长 等，1956）。这一系列结论均可根据线性代数理论推出，可参考标准“线性代数”教程。

一元三次方程必有三个根，而且至少有一个实根，因为虚根必定成对出现。如果一个弹性体中的某个点的受力沿各个方向是相同的（例如沿各个方向以相等的力挤压一个各向同性的圆球，考察球心处的应变情况），那么该点的应变沿各个方向就应该相同，这相当于最大应变与最小应变一致。在一般情况下，若考察弹性体中的任意一点，它必存在最大和最小线应变及相应的方向。从客观实在论的观点来看，一元三次方程至少应该有两个实根，因而它必定存在三个实根。

6.3.8 谐和条件

对于给定的应变状态 $e_i, \gamma_{ij}(i \neq j)$，共有 9 个分量，但独立分量只有 6 个，这是因为 $\gamma_{ij} = \gamma_{ji}(i \neq j)$。根据应变的表达式（6.23）及式（6.24），可以证明，6 个独立应变分量之间应满足如下的谐和条件（试证明：**习题 6.12**）：

$$\begin{cases}\dfrac{\partial^2 e_1}{\partial(x^2)^2} + \dfrac{\partial^2 e_2}{\partial(x^1)^2} = \dfrac{\partial^2 \gamma_{12}}{\partial x^1 \partial x^2} \\ \dfrac{\partial^2 e_2}{\partial(x^3)^2} + \dfrac{\partial^2 e_3}{\partial(x^2)^2} = \dfrac{\partial^2 \gamma_{23}}{\partial x^2 \partial x^3} \\ \dfrac{\partial^2 e_3}{\partial(x^1)^2} + \dfrac{\partial^2 e_1}{\partial(x^3)^2} = \dfrac{\partial^2 \gamma_{31}}{\partial x^3 \partial x^1} \\ 2\dfrac{\partial^2 e_1}{\partial x^2 \partial x^3} = \dfrac{\partial}{\partial x^1}\left(-\dfrac{\partial \gamma_{23}}{\partial x^1} + \dfrac{\partial \gamma_{31}}{\partial x^2} + \dfrac{\partial \gamma_{12}}{\partial x^3}\right) \\ 2\dfrac{\partial^2 e_2}{\partial x^3 \partial x^1} = \dfrac{\partial}{\partial x^2}\left(\dfrac{\partial \gamma_{23}}{\partial x^1} - \dfrac{\partial \gamma_{31}}{\partial x^2} + \dfrac{\partial \gamma_{12}}{\partial x^3}\right) \\ 2\dfrac{\partial^2 e_3}{\partial x^1 \partial x^2} = \dfrac{\partial}{\partial x^3}\left(\dfrac{\partial \gamma_{23}}{\partial x^1} + \dfrac{\partial \gamma_{31}}{\partial x^2} - \dfrac{\partial \gamma_{12}}{\partial x^3}\right)\end{cases} \tag{6.50}$$

由式（6.50）给出的谐和条件的作用在于，对于事先给定的或按某种方式求出的应变状态，可以通过检核是否满足谐和条件而判定所给定（或求出）的应变状态是否合理。

如果采用由式（6.33）定义的辅助应变状态，则可将谐和条件式（6.50）简写成（试证明：**习题 6.13**）

$$\frac{\partial^2 \Gamma_{ii}}{\partial x^j \partial x^k} = \frac{\partial}{\partial x^i}\left(-\frac{\partial \Gamma_{jk}}{\partial x^i} + \frac{\partial \Gamma_{ki}}{\partial x^j} + \frac{\partial \Gamma_{ij}}{\partial x^k}\right) \tag{6.51}$$

6.4 应力分析

当外力作用于一个弹性体之后，力可以传递到弹性体的内部。本节主要讨论弹性体受到外力作用时，其体内包括表面的受力状态，或者说应力状态。

6.4.1 体力和力矩

在弹性体中的任意一点 $P(x^i)$处取一个包含该点的单位体积ΔV，该单位体积所受的总的合力与该单位体积的比值，称为 $P(x^i)$处小范围内的体力密度。如果要谈论 $P(x^i)$点的体力密度，则令ΔV趋于 0 即可。按照这一定义，可以将体力密度表示为

$$\boldsymbol{f} = \lim_{\Delta V \to 0} \frac{\boldsymbol{F}}{\Delta V} \tag{6.52}$$

其中：$\boldsymbol{F}$ 为作用在单位体积ΔV上的合力。体力密度可简称体力。值得注意的是，取极限也只是在宏观小而微观大的限定之下（参见 6.1 节）；否则，关于弹性体的讨论就没有意义了，因为达到分子甚至原子尺度，弹性力学的处理方法已完全失效。

在空间中任意一点的力是一矢量，属于该点的力矢量空间，又称力向量空间（力矢量空间的维数是三维）。之所以在空间中的任意一点能构成力矢量空间，是因为在该点的所有可能的力满足关于实数域的线性叠加原理，从而构成一矢量空间。当然，要严格论证在空间中任意一点的所有可能的力的确构成一矢量空间，还需要证明这些力在普通加法运算下构成阿贝尔群，即满足结合律和交换律、存在逆元和单位元[参见第 5 章或熊全淹（1984）]，同时，与实数域 **R** 之间的乘法满足结合律、分配律并存在单位元[参见第 5 章或 Schutz（1980）]。可以证明，这些条件都是满足的。体力也不例外。在弹性体中的任意一点 P，所有（作用于该点的）可能的体力构成一个体力矢量空间。于是，任意一个体力均可根据它所属的矢量空间中的基底来表示。如果选定坐标系 x^i，则可将体力表示成

$$\boldsymbol{f} = f^i \boldsymbol{e}_i \tag{6.53}$$

其中：$\boldsymbol{e}_i$为三个相互正交的单位矢量，通常与所选的坐标轴 x^i 的方向一致（如此选定的基底又称自然基底，参见 5.2 节），f^i 是上述体力在所选基底下的分量（正如通常所做的，

选取自然基底之后，f^i 就是沿坐标轴 x^i 方向的分量）。体力既然是矢量，那么它当然是一阶逆变张量，因为它与坐标系的选取无关（体力的分量与坐标系有关）。

在三维欧几里得空间中，可以选取统一的坐标系 x^i，因而可以选取统一的自然基底 $\boldsymbol{e}_i$。这样，任意一个体力都可用式（6.53）来表示。讨论就限定在三维欧几里得空间中（一个矢量空间被赋予通常意义下的欧几里得距离概念之后就变成了欧几里得空间）。

如果在每一个体力矢量空间（注意，在弹性体中的任意一点都存在一个体力矢量空间）中按某种法则选定了唯一的一个体力，那么体力将构成一个场，称为体力场（参见第 5 章）。

在建立了体力概念之后，可以求出作用于一个弹性体的力矩，该力矩是弹性体的所有微元力矩的和。根据力矩的定义，微元力矩可以表示成 $\mathrm{d}\boldsymbol{M}=\boldsymbol{r}\times(\boldsymbol{f}\mathrm{d}\tau)$，其中 $\boldsymbol{r}=x^i\boldsymbol{e}_i$，而 $\mathrm{d}\tau$ 是微元体积（因此 $\boldsymbol{f}\mathrm{d}\tau$ 是作用于微元体积上的力）。于是，作用于整个弹性体的力矩可以表示成

$$\boldsymbol{M}=\int_{\Omega}\boldsymbol{r}\times\boldsymbol{f}\mathrm{d}\tau=\int_{\Omega}\varepsilon_{ij}^{k}x^i f^j\boldsymbol{e}_k\mathrm{d}\tau \tag{6.54}$$

其中：Ω 为弹性体所占的空间域，简称弹性体域。或者将式（6.54）写成分量形式：

$$M^k=\int_{\Omega}\varepsilon^{k}{}_{ij}x^i f^j\mathrm{d}\tau \tag{6.55}$$

6.4.2 面力

将作用于单位面积上的合力称为面力密度，简称面力。6.4.1 小节关于体力的讨论，完全适用于面力。面力也是一阶（逆变）张量。按面力的定义，可以将它表示成

$$\boldsymbol{F}_S=\lim_{\Delta S\to 0}\frac{\boldsymbol{F}}{\Delta S} \tag{6.56}$$

其中：$\boldsymbol{F}$ 为作用于微小面积 ΔS 上的合力。不过，在定义面力时，同时附加如下条件（钱伟长 等，1956）：

$$\lim_{\Delta S\to 0}\frac{\boldsymbol{G}}{\Delta S}=0 \tag{6.57}$$

其中：$\boldsymbol{G}$ 为作用在微小面积 ΔS 上的合力矩。如果不附加这一条件的话，微小面积 ΔS 就会发生旋转。这样一来，微小面积就变成了不确定量而无法定义面力。

有了面力概念之后，可以写出作用于弹性体边界 $\partial\Omega$ 上的合力

$$\boldsymbol{\Sigma}=\int_{\partial\Omega}\boldsymbol{F}_S\mathrm{d}S \tag{6.58}$$

其中：$\mathrm{d}S$ 为边界上的微元面积。

然后，可以写出作用于整个弹性体的力：

$$\boldsymbol{F}=\int_{\Omega}\boldsymbol{f}\mathrm{d}\tau+\int_{\partial\Omega}\boldsymbol{F}_S\mathrm{d}S \tag{6.59}$$

至于作用于整个弹性体的力矩，则仍然由式（6.54）给出，因为作用于弹性体边界上的合力为 0。

6.4.3 应力矢量

在弹性体中任意取一个单位截面 dS，其上都存在一个带有方向的面力矢量 $\boldsymbol{X}$。截面 dS 的方向也即垂直于该截面的法线方向。然而，法线方向有两个，可以选定其中的一个作为截面的正向，用 $\boldsymbol{n}$ 来表示[这里涉及截面的定向问题，总是假定弹性体中的任意一个截面是可以定向的，参见第 5 章或 Schutz（1980）]。于是，有 dS=$\boldsymbol{n}$dS。为了表明面力是作用于哪个面，用 $\boldsymbol{X}_n$ 表示作用于微元面 $\boldsymbol{n}$dS 上的面力。这里需注意，$\boldsymbol{X}_n$ 只是作用于微元面 $\boldsymbol{n}$dS 上，并不一定与法线 $\boldsymbol{n}$ 重合。按这种方式界定的面力称为应力矢量，简称应力。这里需要注意应力概念与体力概念的区别。对于取定的一个面，应力矢量是一阶逆变张量。

假定用 $\boldsymbol{n}'$ 来表示截面微元 $\boldsymbol{n}$dS 的反法线方向，那么按照前述应力的定义，并根据牛顿第三定律，可以得到

$$\boldsymbol{X}_{n'} = -\boldsymbol{X}_n \tag{6.60}$$

其中：$\boldsymbol{X}_{n'}$ 为截面微元 $\boldsymbol{n}'$dS 上的应力，而 $\boldsymbol{n}'$dS 与 $\boldsymbol{n}$dS 是同一个截面，但方向相反。

6.4.4 应力张量

从弹性体中任意选取一个微元体来研究它的应力状态。为简单记，可将该微元体取为微元正方体，它共有 6 个面：前后面、左右面和上下面。关于这些面，每一个面的正法线方向规定为指向微元体的外部。在取微元正方体时，同时建立一个直角坐标系，使前后面、左右面和上下面分别与 x^1 轴、x^2 轴和 x^3 轴正交，同时，前边的面、右边的面及上边的面的正法线分别与 x^1 轴、x^2 轴和 x^3 轴上的单位矢量（即此坐标系下的自然基底）重合。

根据 6.4.3 小节的讨论，每一个面上都有一个应力矢量，在选定的坐标系下每一个应力矢量又有三个分量。由于共有 6 个面，所以共有 6 个应力矢量（18 个分量）。然而，如果假定弹性体处于平衡态，那么任意一个微元体积（体积足够小以至于可以看作一个宏观点）所受的合力应该为 0。由此可以推出（应用牛顿第三定律），分别作用于前后两个面（左右两个面和上下两个面也一样）的应力矢量大小相等方向相反。因此，要描述任意一点的应力状态只需三个应力矢量共 9 个分量。这三个应力矢量分别作用于前边的面（即正向 x^1 面）、右边的面（即正向 x^2 面）及上边的面（即正向 x^3 面）。用 $\boldsymbol{\tau}^1$ 、$\boldsymbol{\tau}^2$ 和 $\boldsymbol{\tau}^3$ 分别表示作用于上述三个正向面的应力矢量，或者简单地说，用 τ^i 来表示作用于 x^i 正向面的应力矢量。在选定的坐标系 x^i 下，每一个应力矢量 τ^i 可以通过自然坐标基表示为

$$\boldsymbol{\tau}^i = \tau^{ij}\boldsymbol{e}_j \tag{6.61}$$

其中：$\boldsymbol{e}_j$ 为自然坐标基；τ^{ij} 为作用于 x^i 正向面的应力矢量的（在上述自然坐标基下的）第 j 个分量（j=1, 2, 3）。

应力矢量是一阶（逆变）张量，可将该张量看作一个行向量。由三个行向量构成一

个矩阵(τ^{ij})，该矩阵是一个二阶张量，因为矩阵中的每一行是应力矢量，它们在坐标系变换下保持不变，因而就矩阵(τ^{ij})而言，它在坐标系变换下也保持不变。这正是张量所应满足的条件（更严格的阐述参见6.4.5小节）。

将弹性体中任意一点$P(x^i)$处的(τ^{ij})称为该点的应力张量，它描述了该点的应力状态，因而也将(τ^{ij})称为应力状态张量，简称应力状态。如果给定了一点的应力状态，就表明给定了该点的9个应力分量（以后将证明，实际上只有6个独立分量）。

为了对应力张量或应力状态有一个更为清晰的认识，做进一步的说明：(τ^{ii})($i=1, 2, 3$)表示作用于x^i面上的应力矢量沿x^i方向（即$\boldsymbol{e}_i$方向）的应力分量，称为法线应力，它起源于压力或者拉力，通常也将(τ^{ii})记作σ^2，因为一个面上的应力矢量只有一个法线应力分量；(τ^{ij})($j \neq i$)则表示作用于x^i面上的应力矢量沿x^j方向（即$\boldsymbol{e}_j$方向）的应力分量，称为切向应力，或者称为剪切应力，简称剪应力，它起源于剪切力，它的符号表示通常仍然采用(τ^{ij})。

6.4.5 论应力张量

6.4.4小节指出，应力状态构成二阶张量。下面证明应力状态(τ^{ij})构成二阶混合张量（因而指标表述应该是一上一下）。

实际上，可以将(τ^{ij})视为某个数学表象τ在某种基底之下的分量。由于$\boldsymbol{\tau}$是自然基$\boldsymbol{e}_j$的线性矢量函数（即$\boldsymbol{\tau}$作为映射作用于自然基之后构成矢量），它也是任意一个矢量的线性矢量函数（因为任意一个矢量均可通过自然基表示）。这里需注意，$\boldsymbol{\tau}^i$是逆变矢量，或者说是一阶逆变张量。由于$\boldsymbol{\tau}$作用于任意一个逆变矢量之后给出一个逆变矢量，而逆变矢量需要作用于一个协变矢量（又称一次形式）之后才能给出一个实数标量，$\boldsymbol{\tau}$是这样一个映射，它作用于一个逆变矢量和一个协变矢量之后给出一个实数标量。一次形式是这样一个线性映射，它作用于（逆变）矢量之后给出一个实数标量。这表明，$\boldsymbol{\tau}$是二阶混合张量[参见第5章或Schutz（1980）]。其变换规则应按二阶混合张量的变换规则。

由此可见，应该将二阶混合张量$\boldsymbol{\tau}$在某种坐标系下的分量记为τ_i^j或τ_j^i。这就是弹性体中任意一点的应力张量，它完全刻画了该点的应力状态。反过来说，任意一点的应力状态构成二阶混合张量。在一般情况下，如果不考虑变换，则可令

$$\tau_j^i \equiv \tau_i^j \equiv \tau^{ij} \equiv \tau_{ij}$$

这主要是为了表述方便。但如果要考虑张量的变换，则必须加以区分，因为τ_j^i与τ^{ij}（或τ_{ij}）的变换规律不同（以后将会遇到变换实例）。这就是说，在概念上必须清楚，应力状态构成二阶混合张量τ，它在某种坐标系x^i下的分量表示为τ_i^j。

6.4.6 任意面上的应力矢量

假设给定了弹性体中任意一点$P(x)$处的应力张量（或应力状态），求通过$P(x)$点的任

意方向面上的应力矢量。

假定所指定的面的法向 $\boldsymbol{n}$ 的方向余弦为(n_i)，作用于该面上的应力矢量记为 $\boldsymbol{F}$，那么利用力的平衡条件不难证明具有如下关系（试证明：**习题 6.14**）：

$$F^i = \tau^i_j n^j, \quad i = 1,2,3 \tag{6.62}$$

[**提示**：选取一个直角四面体，P 位于直角点处，斜面的方向正好是 $\boldsymbol{n}$ 的方向。如此，列出每一个坐标轴方向的力的平衡方程（共有三个方程）之后，令上述四面体趋于无穷小，这时，体力消失，只剩下应力分量。]

对于式（6.62），也可以利用张量概念推导：$\boldsymbol{\tau}$ 是应力张量，沿任意方向面 $\boldsymbol{n}$ 上的应力可以表示成

$$\boldsymbol{F} = \boldsymbol{\tau} \cdot \boldsymbol{n} = (\tau_i^j \boldsymbol{e}_j \otimes \omega^i)(n^k \boldsymbol{e}_k) = \tau_i^j n^i \boldsymbol{e}_j$$

或写成分量形式：

$$F^i = \tau^i_j n^j$$

6.4.7 平衡方程

当弹性体处于力的平衡状态时，体内的任意一个微元都处于力的平衡状态。平衡状态未必静止，动态平衡也是有可能的。这时，需要应用牛顿第二定律来建立应力及体力所满足的微分方程，也即力的平衡方程。

选取一个微元正方六面体，它由 6 个面构成：前、后两个面分别是 $x^1 + \mathrm{d}x^1$ 和 x^1，左、右两个面分别是 x^2 和 $x^2 + \mathrm{d}x^2$，而上、下两个面分别是 $x^3 + \mathrm{d}x^3$ 和 x^3 沿坐标轴 x^i 列出力的（动态）平衡方程，即得如下结果（试证明：**习题 6.15**）：

$$\frac{\partial \tau^i_j}{\partial x_j} + f^i = \rho \frac{\partial^2 u^i}{\partial t^2}, \quad i = 1,2,3 \tag{6.63}$$

式（6.63）中对 $j = 1,2,3$ 求和。[**提示**：取一个微元正长方六面体，分析作用于该微元上的体力及面力，沿 x^i 方向列出力的平衡方程。]

式（6.63）实际上就是牛顿第二定律在微元体上的直接应用：等号的左边是作用于微元体上的总的力沿 x^i 方向的分量，而等号右边的一项正是在上述分力作用之下微元体所获得的加速度（再乘以微元体处的密度）。这里需要指出，在导出上述方程的过程中，应用了泰勒级数展开，并且只取到一阶小量。例如，作用于 $x^1 + \mathrm{d}x^1$ 面上的应力 τ_1 的三个分量为 $\tau_1^i(x^1 + \mathrm{d}x^1, x^2, x^3)(i = 1, 2, 3)$，可以选该面与 x^1 轴相交处的 τ_1，而该处的坐标正好是 $(x^1 + \mathrm{d}x^1, x^2, x^3)$；于是，有如下的泰勒展开式：

$$\tau_1^i(x^1 + \mathrm{d}x^1, x^2, x^3) = \tau_1^i(x^1, x^2, x^3) + \frac{\partial \tau_1^i}{\partial x^1}\mathrm{d}x^1, \quad j = 1,2,3 \tag{6.64}$$

至于作用于 $x^2 + \mathrm{d}x^2$ 面（即右边的面）上的应力矢量及作用于 $x^3 + \mathrm{d}x^3$ 面（即上边的面）上的应力矢量则可按完全类似的方法得到泰勒展开表达式。有了这些展开式，推出式（6.63）就很容易了。

如果弹性体处于静态平衡状态，则$\dfrac{\partial^2 u_i}{\partial t^2}=0$，这时，式（6.63）退化为

$$\frac{\partial \tau_j^i}{\partial x_j}+f^i=0,\quad i=1,2,3 \tag{6.65}$$

在一般的实际应用中，弹性体的形变不大。如果适当选取坐标系，则位移矢量 $\boldsymbol{u}$ 随时间的变化应该很小。也就是说，在一般情况下，加速度项$\dfrac{\partial^2 u_i}{\partial t^2}$可忽略不计。究竟在什么条件下可以略去上述加速度项，完全取决于研究的对象。例如，如果注重于力的相互平衡关系，则可略去加速度项；然而，如果要寻求位移随时间的变化规律，则要保留这一项。

如果再分别以 x^1 、x^2 和 x^3 三个轴为旋转轴对力矩建立平衡方程，则可得到如下关系（试证明：**习题 6.16**）：

$$\tau_i^j=\tau_j^i,\quad i\neq j \tag{6.66}$$

即τ_i^j构成对称张量$\boldsymbol{\tau}$，它只有 6 个独立分量。这也证明了应力状态只需要三个应力矢量的 6 个独立分量来描述。

现在也可以说，应力状态构成二阶混合对称张量，其分量形式为$\tau_i^j=\tau_j^i$，或$\tau_j^i=\tau_i^j$。

6.4.8 应力张量分量的变换

给定张量$\boldsymbol{\tau}$，它在坐标系x^i下的分量是τ_i^j，这里假定选取了自然基$\boldsymbol{e}_i$。在上述自然基下，可以产生一个诱导基$\boldsymbol{\omega}^i$，称为一次形式基，满足如下关系：

$$\boldsymbol{\omega}^i\boldsymbol{e}_j=\delta_j^i \tag{6.67}$$

其中：$\delta_j^i\equiv\delta_{ij}$为克罗内克符号。于是，张量$\boldsymbol{\tau}$可以通过自然基和一次形式基用分量形式表示为

$$\boldsymbol{\tau}=\tau_i^j\boldsymbol{\omega}^i\otimes\boldsymbol{e}_j \tag{6.68}$$

其中：$\otimes$为张量积。张量积的定义如下：对于任意给定的一个一次形式（协变矢量）$\boldsymbol{U}_0^*$和一个矢量（逆变矢量）$\boldsymbol{V}_0$，其张量积是任意一个一次形式$\boldsymbol{U}^*$和一个逆变矢量$\boldsymbol{V}$的线性实值函数，即

$$\boldsymbol{U}_0^*\otimes\boldsymbol{V}_0(\boldsymbol{U}^*,\boldsymbol{V})=\boldsymbol{U}_0^*(\boldsymbol{V})\boldsymbol{V}_0(\boldsymbol{U}^*) \tag{6.69}$$

其中：$\boldsymbol{U}_0^*$作用于逆变矢量$\boldsymbol{V}$给出的实数标量，而$\boldsymbol{V}_0$作用于一次形式$\boldsymbol{U}^*$给出的实数标量。于是，可以将τ_i^j视为张量$\boldsymbol{\tau}$在基底$\boldsymbol{\omega}^i\otimes\boldsymbol{e}_j$（该基底由 9 个线性无关的形如$\boldsymbol{\omega}^i\otimes\boldsymbol{e}_j$的元构成）下的分量（参见第 5 章）。

在新的坐标系x'^i下，张量$\boldsymbol{\tau}$又可以表示成

$$\boldsymbol{\tau}=\tau_i'^j\boldsymbol{\omega}'^i\otimes\boldsymbol{e}_j' \tag{6.70}$$

其中：$\boldsymbol{e}_i'$和$\boldsymbol{\omega}_i'$分别为新坐标系下的自然基和诱导基（即一次形式基）；$\tau_i'^j$为张量$\boldsymbol{\tau}$在新

的基底$\boldsymbol{\omega}'^i \otimes \boldsymbol{e}'_j$下的分量。

假定新老坐标系的原点重合，则不难求出新老自然基之间及新老一次形式之间的变换关系：

$$\boldsymbol{e}'_i = \Lambda_i^j \boldsymbol{e}_j \tag{6.71}$$

$$\boldsymbol{\omega}'^i = \Omega_j^i \boldsymbol{\omega}^j \tag{6.72}$$

其中：Λ_i^j和Ω_j^i均为满秩矩阵（它们的行列式不为0），因为新老自然基及新老一次形式基均为三维空间中的最大向量线性无关组。上述变换的逆变换为

$$\boldsymbol{e}_i = \Lambda'^j_i \boldsymbol{e}'_j \tag{6.73}$$

$$\boldsymbol{\omega}^i = \Omega'^i_j \boldsymbol{\omega}'^j \tag{6.74}$$

其中：Λ'^j_i和Ω'^i_j分别为矩阵Λ_i^j和Ω_j^i的逆矩阵。根据式（6.67）、式（6.73）及式（6.74），有

$$\delta_j^i = \boldsymbol{\omega}^i \cdot \boldsymbol{e}_j = \Omega'^i_k \boldsymbol{\omega}'^k \cdot \Lambda'^l_j \boldsymbol{e}'_l$$

由此得

$$\delta_j^i = \Omega'^i_k \Lambda'^l_j \delta_l^k = \Omega'^i_k \Lambda'^k_j$$

由上式即可得出如下关系：

$$\Omega_j^i = \Lambda'^i_j \tag{6.75}$$

以及

$$\Omega'^i_j = \Lambda^i_j \tag{6.76}$$

将式（6.73）和式（6.75）代入式（6.68），然后再与式（6.70）比较即可发现，应力张量的分量按如下规则变换：

$$\tau'^j_i = \Lambda_i^k \Lambda'^j_l \tau_k^l \tag{6.77}$$

由此可以看出，应力张量τ_i^j的下指标符合协变矢量的变换规则，而上指标符合逆变矢量的变换规则，或者说下指标的变换规则与自然基的变换规则相同（故称协变），而上指标的变换规则与自然基之间的逆变规律相同（故称逆变）。为了简明，也为了表述方便，将来只要不涉及坐标变换，就不去区分应力张量$\boldsymbol{\tau}$是否混合张量，而简单地将它看作二阶张量即可，这时应力张量的分量的两个指标可以任意放置（注意应力张量是对称的）。如果涉及变换，则要将应力张量视为二阶混合（对称）张量；在完成了变换之后，则可以不去区分它是否混合张量。例如，对于应力张量$\boldsymbol{\tau}$，随便写出一种在坐标系x^i中的表述：

$$\lambda = c_{ij}\tau^{ij}$$

其中：c_{ij}为常系数。如果不改变坐标系，则上述表述可以一直使用下去。但若改变了坐标系，需要寻求上述表述在新的坐标系下的表示形式，则不能采用上式直接按张量变换规则进行变换。这时，可以将上式改写成

$$\lambda = c_j^i \tau_i^j$$

之后再按张量的变换规则进行变换，其中令$c_{ij} \equiv c_j^i$。这种指标的升降会经常用到。

6.4.9 主应力

沿任意方向 n_i 的面上的应力矢量，其分量形式由式（6.62）给出。若写成矢量形式则有

$$\boldsymbol{F}_n = \tau^{ij} n_j \boldsymbol{e}_i \tag{6.78}$$

其中：应力矢量的下标 n 仅仅表示作用于所选定的截面上的应力矢量，并不代表法线方向的应力。

为了不引起混淆，可按下式表示：

$$\boldsymbol{F}_{(n)} = \tau^{ij} n_j \boldsymbol{e}_i \tag{6.79}$$

对于选定的截面，由于法线方向可用方向余弦 n_i 表示，法线矢量可以表示成

$$\boldsymbol{n} = n_i \boldsymbol{e}^i \tag{6.80}$$

其中：$\boldsymbol{e}^i \equiv \boldsymbol{e}_i$。于是，可以求出沿法线方向的应力（这当然是 $\boldsymbol{F}_n$ 在法线方向的投影）：

$$\sigma_n = \tau^{ij} n_j \boldsymbol{e}_i \cdot n_k \boldsymbol{e}^k = \tau^{ij} n_i n_j \tag{6.81}$$

其中利用了如下结果：

$$\boldsymbol{e}_i \cdot \boldsymbol{e}^k = \delta_i^k$$

与求主应变的方法相同，将 n_i 作为变量，可以采用拉格朗日求极值的方法求出最大或最小的法向应力（参见 6.3.7 小节求主应变的方法）。

下面采用另外一种观点（钱伟长 等，1956）。假定最大或最小的法向应力已经求出，用 σ 表示，而对应于该应力的法线方向仍然用 n_i 标记，那么 σ 的三个坐标分量即可表示为

$$\sigma^i = \sigma n^i \tag{6.82}$$

其中：$n^i \equiv n_i$。但同时，作用于 n_i 面上的应力矢量由式（6.78）给出，该矢量的分量 F_n^i 必与 σ^i 相等。于是，有

$$\sigma^i = \tau^{ij} n_j, \quad i = 1,2,3 \tag{6.83}$$

将式（6.82）代入式（6.83），得

$$\tau^{ij} n_j = \sigma n^i, \quad i = 1,2,3 \tag{6.84}$$

式（6.84）可以改写成

$$(\tau^{ij} - \sigma\delta^{ij}) n_j = 0, \quad i = 1,2,3 \tag{6.85}$$

若要上述方程有不全为 0 的解，则对应的久期方程必为 0：

$$|\tau^{ij} - \sigma\delta^{ij}| = 0 \tag{6.86}$$

其中：$|A^{ij}|$ 为矩阵 $A = (A^{ij})$ 的行列式。

式（6.86）是以 σ 为未知数的一元三次方程，其展开形式（钱伟长 等，1956）为

$$\sigma^3 - \Theta_1\sigma^2 + \Theta_2\sigma - \Theta_3 = 0 \tag{6.87}$$

其中

$$\begin{cases}\Theta_1=\tau_i^i\\ \Theta_2=\tau^{11}\tau^{22}+\tau^{22}\tau^{33}+\tau^{33}\tau^{11}-(\tau^{12})^2-(\tau^{23})^2-(\tau^{31})^2\\ \Theta_3=|\tau^{ij}|\end{cases}\tag{6.88}$$

求解式（6.88）即可得到三个实根，这三个实根就称为主应力，相应的方向即为主应力方向。这里的情形与讨论主应变时的情形极为类似，就不赘述了。

利用求极值的原理，还可以求出最大或最小剪应力及相应的方向，可参阅钱伟长等（1956）和申文斌等（2016）。

6.5 应力与应变的关系

6.5.1 广义胡克定律

如 6.1 节所述，应力与应变之间具有某种映射关系，可以写成

$$\tau^{ij}=T(\Gamma^{ij})\tag{6.89}$$

其中：Γ^{kl} 为辅助应变量，有 6 个独立分量，因为 Γ^{kl} 是对称的。当不存在应力时，应变应该为 0；反之亦然。现在关键的问题是寻求映射关系。当然，最简单的映射关系是线性映射，这时有

$$\tau^{ij}=c_{kl}^{ij}\Gamma^{kl}\tag{6.90}$$

其中：c_{kl}^{ij} 为实值常系数。按照这一表述，共有 81 个常系数（$3^4=81$）。然而，由于 τ^{ij} 和 Γ^{kl} 分别都只有 6 个独立分量，真正的常系数只有 36 个。

由于辅助应变 Γ^{kl} 与（真实）应变（e^i，$\gamma^{ij}(i\neq j)$）之间是线性关系[式（6.33）]：

$$\Gamma^{ii}=e^i,\quad \Gamma^{ij}=\frac{1}{2}\gamma^{ij},\quad i\neq j$$

因此，如果式（6.90）成立，那么 6 个独立应力分量与 6 个独立应变分量之间也满足类似于式（6.90）的线性关系。

为表述简单，引入如下定义：

$$\begin{cases}\sigma^1=\tau^{11},\sigma^2=\tau^{22},\sigma^3=\tau^{33}\\ \sigma^4=\tau^{12},\sigma^5=\tau^{23},\sigma^6=\tau^{31}\end{cases}\tag{6.91}$$

$$\begin{cases}e^1=\gamma^{11},e^2=\gamma^{22},e^3=\gamma^{33}\\ e^4=\gamma^{12},e^5=\gamma^{23},e^6=\gamma^{31}\end{cases}\tag{6.92}$$

于是，对应式（6.90）的表述可以简化成[注意式（6.33）]

$$\sigma^{\mu}=c_{\nu}^{\mu}e^{\nu},\quad \mu=1,2,3,4,5,6\tag{6.93}$$

其中：ν 指标从 1 到 6 求和。以后如无特别说明，遇到希腊指标 μ 、ν 等，表示在数集(1,2,3,4,5,6)中取值，遇到拉丁指标 i、j 等，表示在数集（1,2,3）中取值。在式（6.93）中，常系数 c_{ν}^{μ} 共有 36 个。

前面所假定的线性关系式（6.90）是否成立呢？为此，需要一个更深层次的假定：存在应力就一定存在应变，反过来存在应变就一定存在应力。如果接受这一假定，那么应力（共有 6 个独立分量）与应变（也有 6 个独立分量）之间必定存在某种映射关系，而且这种映射关系是一一对应的。对于各向同性弹性体，可以假定这种映射是连续的，因而这种映射是连续双射（参见第 5 章）。于是，任意一个应力分量均可表示成应变（共 6 个分量）的函数[如果一个映射作用于一个对象之后产生一个实数标量，则称该映射为函数，参见第 5 章或 Schutz（1980）]：

$$\sigma^{\mu}=\phi^{\mu}(e),\quad \mu=1,2,3,4,5,6 \tag{6.94}$$

一般情况下应变是小量，因而可将式（6.94）在零点附近按泰勒级数展开，只保留到一阶项，得

$$\sigma^{\mu}=\frac{\partial\phi^{\mu}}{\partial e^{\nu}}e^{\nu} \tag{6.95}$$

其中：ν 从 1 到 6 求和。注意，式（6.95）等号的右边没有常数项，因为当应变为 0 时，应力为 0。

若令

$$c_{\nu}^{\mu}=\left.\frac{\partial\phi^{\mu}}{\partial e^{\nu}}\right|_{e=0}$$

则式（6.95）可表示成

$$\sigma^{\mu}=c_{\nu}^{\mu}e^{\nu},\quad \mu=1,2,3,4,5,6$$

这个方程正好与式（6.93）具有完全相同的形式。这就是说，前面假定的应力与应变之间的线性关系式（6.90）或式（6.93）是成立的。式（6.93）通常被称为广义胡克定律。

注释 6.2　一点的应力构成张量，但应变是否构成张量呢？从形式上看，应变也构成张量，因为 γ^{ii} [其中令 $\gamma^{ii}=e^{i}\,(i=1,2,3)$]表示一点的应变（状态），而且与应力之间具有线性关系。不过，仅从形式上看一个量，无法断定它是否张量，因为可以举出很多反例。一个量究竟是不是张量，主要要看它在坐标系的变换下是否满足张量变换法则。

6.5.2　应变的非张量特性

若要考究应变是否张量，就要看它在新老坐标系下的变换规律是否符合张量的变换法则。为此，考察角应变 $\gamma^{ij}\,(i\neq j)$ 在新老坐标系下的变换规律。老坐标及老坐标系下的各种量仍然采用通常的符号，而新坐标及新坐标系下的各种量则采用相应的带撇的量表示。

角应变是按下式定义的[参见式（6.24）]：

$$\gamma_{j}^{i}=\frac{\partial u^{j}}{\partial x^{i}}+\frac{\partial u^{i}}{\partial x^{j}},\quad i\neq j \tag{6.96}$$

注意 $\gamma_{j}^{i}=\gamma_{i}^{j}=\gamma^{ji}=\gamma^{ij}$。由于 u^{i} 是矢量（注意矢量是一阶逆变张量）的分量，新老位移矢

量的分量满足张量的变换规律：

$$u'^i = \Lambda'^i_j u^j \tag{6.97}$$

其中：Λ'^i_j 为新老自然基之间的逆变换矩阵。同理，新老坐标之间的变换也如同式(6.97)：

$$x'^i = \Lambda'^i_j x^j \tag{6.98}$$

将式（6.97）和式（6.98）代入式（6.96），得

$$\gamma^i_j = \frac{\partial u^j}{\partial x^i} + \frac{\partial u^i}{\partial x^j} = \Lambda^j_k \frac{\partial u'^k}{\partial x'^l} \Lambda'^l_i + \Lambda^i_k \frac{\partial u'^k}{\partial x'^l} \Lambda'^l_j, \quad i \neq j \tag{6.99}$$

其中：Λ^j_k 为自然基之间的（正）变换矩阵。或者将式（6.99）改写成

$$\gamma^i_j = \Lambda^j_k \Lambda'^l_i \frac{\partial u'^k}{\partial x'^l} + \Lambda^i_l \Lambda'^k_j \frac{\partial u'^l}{\partial x'^k}, \quad i \neq j \tag{6.100}$$

若应变是（二阶）张量，角应变必定满足如下变换规律：

$$\gamma^i_j = \Lambda^i_k \Lambda'^l_j \gamma'^k_l = \Lambda^i_k \Lambda'^l_j \left(\frac{\partial u'^l}{\partial x'^k} + \frac{\partial u'^k}{\partial x'^l} \right), \quad i \neq j \tag{6.101}$$

但将式（6.101）与式（6.100）进行比较即可发现，这只有在如下关系式：

$$\Lambda^j_k \Lambda'^l_i = \Lambda^i_l \Lambda'^k_j \tag{6.102}$$

成立时式（6.101）才成立。然而，上述关系在一般情况下并不能成立，因为很容易举出反例，式（6.102）不真（试举反例证明：**习题 6.17**）。将在以后推导各向同性体的广义胡克定律时，附带地给出应变不是张量的证明。

实际上，还可以用另外一种方法直接证明应变不具有张量特性。根据辅助应变的定义式（6.33），有

$$\gamma^{ii} = \Gamma^{ii} (i = 1,2,3), \quad \gamma^j_i = 2\Gamma^j_i, \quad i \neq j \tag{6.103}$$

由于已经证明了 $\boldsymbol{\Gamma}$ 是二阶混合（对称）张量，它在任意坐标系 x^i 中的分量表示为 Γ^j_i，于是根据式（6.103）即可看出，应变 γ^j_i 不可能构成张量，因为它肯定不满足二阶混合张量的变换规则（在任意坐标变换下），除非在任意坐标变换下，γ'^i_i 与 γ^j_i 无关，而 γ'^j_i 又与 γ^i_i 无关，但这在一般情况下是不可能的。这就证明了应变不具有张量性质。但需要注意，辅助应变是二阶混合对称张量。

6.5.3　应变能

对于任意一个弹性体，存在一个位能函数 W，满足如下关系（钱伟长 等，1956）

$$\sigma^\mu = \frac{\partial W}{\partial e_\mu}, \quad \mu = 1,2,3,4,5,6 \tag{6.104}$$

由于 W 可以完全由应变 e_μ 表示，将 W 称为应变能函数，简称应变能。下面给出式（6.104）的简要证明。

动能可以表示成

$$K=\int_{\Omega}\frac{1}{2}\rho\frac{\partial u^i}{\partial t}\frac{\partial u_i}{\partial t}\mathrm{d}\tau \tag{6.105}$$

或

$$\frac{\partial K}{\partial t}=\int_{\Omega}\rho\frac{\partial^2 u^i}{\partial t^2}\frac{\partial u_i}{\partial t}\mathrm{d}\tau \tag{6.106}$$

假定在零时刻的点位 $P(x^i)$，在 t 时刻为 $P'(x^i+u^i)$，那么在 t+dt 时刻就应该是

$$P''\left(x^i+u^i+\frac{\partial u^i}{\partial t}\mathrm{d}t\right)$$

以微小变量陈述，外力对系统所做的功 dε（微功）及系统从外界吸收的热量 dQ，使系统的内能 U 增加，或者使系统的动能 K 增加，或者二者兼有。于是，根据热力学第一定律，可以列出：

$$\frac{\partial \varepsilon}{\partial t}+\frac{\partial Q}{\partial t}=\frac{\partial K}{\partial t}+\frac{\partial U}{\partial t} \tag{6.107}$$

外力功 dε 是体力功 dε_1 与面力功 dε_2 之和

$$\mathrm{d}\varepsilon=\mathrm{d}\varepsilon_1+\mathrm{d}\varepsilon_2 \tag{6.108}$$

而体力功和面力功可分别表示成

$$\frac{\partial \varepsilon_1}{\partial t}\mathrm{d}t=\int_{\Omega}(f^i\mathrm{d}\tau)\frac{\partial u_i}{\partial t}\mathrm{d}t \tag{6.109}$$

$$\frac{\partial \varepsilon_2}{\partial t}\mathrm{d}t=\int_{\partial\Omega}(F^i\mathrm{d}S)\frac{\partial u_i}{\partial t}\mathrm{d}t \tag{6.110}$$

将面力的表达式 $F^i=\tau^i_j n^j$ 代入式（6.110），再利用高斯定理，得

$$\int_{\Omega}\nabla\cdot\boldsymbol{F}\mathrm{d}\tau=\int_{\partial\Omega}\boldsymbol{F}\cdot\boldsymbol{n}\mathrm{d}\sigma \tag{6.111}$$

将面积分转化为体积分，便得

$$\frac{\partial \varepsilon_2}{\partial t}\mathrm{d}t=\int_{\Omega}\frac{\partial \tau^i_j}{\partial x_j}\frac{\partial u_i}{\partial t}\mathrm{d}\tau\mathrm{d}t+\int_{\Omega}\sigma^{\mu}\frac{\partial e_{\mu}}{\partial t}\mathrm{d}\tau\mathrm{d}t \tag{6.112}$$

根据上边几个方程，再利用平衡方程：

$$\frac{\partial \tau^i_j}{\partial x_j}+f^i=\rho\frac{\partial^2 u^i}{\partial t^2},\quad i=1,2,3$$

即可得

$$\frac{\partial \varepsilon}{\partial t}=\frac{\partial K}{\partial t}+\int_{\Omega}\sigma^{\mu}\frac{\partial e_{\mu}}{\partial t}\mathrm{d}\tau \tag{6.113}$$

假定过程绝热，则 dQ=0。这时，由式（6.107）和式（6.113）得

$$\frac{\partial U}{\partial t}=\int_{\Omega}\sigma^{\mu}\frac{\partial e_{\mu}}{\partial t}\mathrm{d}\tau \tag{6.114}$$

若用 W 表示单位体积中的内能，则有 $U=\int_{\Omega}W\mathrm{d}\tau$，或写成

$$\frac{\partial U}{\partial t}=\int_{\Omega}\frac{\partial W}{\partial t}\mathrm{d}\tau \tag{6.115}$$

比较方程（6.114）和（6.115），由于 Ω 任意，得

$$\frac{\partial W}{\partial t}=\sigma^{\mu}\frac{\partial e_{\mu}}{\partial t} \tag{6.116}$$

固定x^i，则在dt时间内W的变化为

$$\mathrm{d}W=\sigma^{\mu}\mathrm{d}e_{\mu}$$

这是一个全微分表达式，由此可以得到

$$\sigma^{\mu}=\frac{\partial W}{\partial e_{\mu}}$$

至此便证实了式（6.104）是成立的。

将式（6.104）用泰勒级数在$e_u=0$处展开，取至应变量的一阶项（即假定应变较小），并假定应变为0时应力也为0，则得

$$\sigma^{\mu}=\left(\frac{\partial^2 W}{\partial e_{\nu}\partial e_{\mu}}\right)_{(e=0)}e_{\nu}=\left(\frac{\partial^2 W}{\partial e_{\mu}\partial e_{\nu}}\right)_{(e=0)}e_{\nu},\quad \mu=1,2,3,4,5,6 \tag{6.117}$$

将式（6.117）与式（6.93）比较，得

$$c_{\nu}^{\mu}\equiv c_{\mu\nu}=\frac{\partial^2 W}{\partial e_{\mu}\partial e_{\nu}}=\frac{\partial^2 W}{\partial e_{\nu}\partial e_{\mu}}=c_{\nu\mu}\equiv c_{\mu}^{\nu} \tag{6.118}$$

这表明常系数c_{ν}^{μ}是对称的，因而只有21(1+2+3+4+5+6)个独立系数。

假定应变是小量，式（6.93）成立。将式（6.93）代入式（6.104），得

$$\frac{\partial W}{\partial e_{\mu}}=c_{\nu}^{\mu}e^{\nu},\quad \mu=1,2,3,4,5,6 \tag{6.119}$$

这一方程也就意味着，W可以表示成（试验证：**习题 6.18**）

$$W=\frac{1}{2}c^{\mu\nu}e_{\mu}e_{\nu}\equiv\frac{1}{2}c_{\nu}^{\mu}e_{\mu}e^{\nu} \tag{6.120}$$

其中：$c^{\mu\nu}\equiv c_{\mu\nu}\equiv c_{\nu}^{\mu}$。再将式（6.93）代入式（6.120），即得

$$2W=\sigma^{i}e_{i} \tag{6.121}$$

这一表述形式具有一种独特的优越性，那就是W这一函数将e_{μ}作为变量或将σ^{μ}作为变量是完全对称的（注意应变与应力是线性相关的）。于是，很容易证实又可以写出如下关系式（试证明：**习题 6.19**）：

$$e_{\mu}=\frac{\partial W}{\partial\sigma^{\mu}},\quad \mu=1,2,3,4,5,6 \tag{6.122}$$

［**提示**：$\sigma^{\mu}=c_{\nu}^{\mu}e^{\nu}$是连续双射，故有

$$e_{\mu}=c'_{\mu\nu}\sigma^{\nu}$$

将上式代入式（6.121），尔后对σ^{μ}求偏导即可证实式（6.122）成立。］

6.5.4 各向同性弹性体

前面小节的讨论对任意弹性体都有效，但限制性条件是应变必须很小，因为采用了一种重要的处理方法，那就是泰勒级数展开，并且只取至应变的一阶量。本小节的讨论

仍然限定在应变很小的情形下，但假定弹性体是各向同性的。这时，广义胡克定律可进一步简化。对于各向同性的弹性体，无论从哪个方向考察，应变与应力的关系应该完全相同。基于这一特性，可以通过选取不同的坐标系，或者说通过不同的坐标变换来界定常系数 c_ν^μ 所应满足的条件。每增加一个常系数之间的条件方程，独立系数就会减少 1 个。最常见的坐标变换是反射变换和旋转变换。通过这种坐标变换将证明，看起来共有 21 个不同的常系数 c_ν^μ，但最终的独立系数只有 2 个。

为了证明这一结论，首先利用反射变换：将 x^3 变为 $-x^3$。也就是说，新坐标与老坐标之间的变换关系为

$$x'^1 = x^1, \quad x'^2 = x^2, \quad x'^3 = -x^3 \tag{6.123}$$

这一反射变换也称为关于 $o\text{-}x^1x^2$ 面的反射变换，简称 x^3 反射变换。在上述反射变换下，这两个坐标系的自然基之间的变换可以表示成

$$\boldsymbol{e}'_i = \eta_i^j \boldsymbol{e}_j, \quad i = 1,2,3 \tag{6.124}$$

其中变换矩阵 $\eta_i^j \equiv \eta_j^i \equiv \eta_{ij} \equiv \eta^{ij}$ 是三维闵可夫斯基度规：非对角元为 0，第一和第二个对角元为 1，第三个对角元是-1。在此情形下，坐标系（或自然基）之间的逆变换矩阵与正变换矩阵完全相同，即

$$\eta_j'^i = \eta_i^j = \eta_j^i \tag{6.125}$$

由于应力状态 τ_i^j 构成二阶混合（对称）张量（注意 $\tau_i^j \equiv \tau^{ij}$），必定满足二阶混合张量的变换法则，即有

$$\tau_i'^j = \eta_i^k \eta_l'^j \tau_k^l = \eta_i^k \eta_l^j \tau_k^l \tag{6.126}$$

将式（6.126）中的每一个分量求出，即得（试验证：**习题 6.20**）

$$\begin{cases} \tau'^{ii} = \tau^{ii}, \quad i = 1,2,3 \\ \tau'^{12} = \tau^{12}, \quad \tau'^{23} = -\tau^{23}, \quad \tau'^{31} = -\tau^{31} \end{cases} \tag{6.127}$$

例如

$$\begin{cases} \tau_1'^1 = \eta_1^k \eta_l^1 \tau_k^l = \eta_1^1 \eta_1^1 \tau_1^1 = \tau_1^1 \\ \tau_2'^3 = \eta_2^k \eta_l^3 \tau_k^l = \eta_2^2 \eta_3^3 \tau_2^3 = -\tau_2^3 \\ \qquad \cdots \end{cases}$$

如果如下的关系式：

$$\Lambda_k^j \Lambda'^l_i = \Lambda_l^i \Lambda_j'^k$$

成立，则应变的变换规则也如同张量。就变换矩阵 η_j^i 而言，由于逆变换矩阵与（正）变换矩阵相同，上边的关系式的确成立（注意 $\eta_j^i = \eta_i^j$）。更一般地说，在坐标系变换下，如果一个变换矩阵与其逆变换矩阵完全相同，那么应变的变换规律就如同张量的变换规律。于是，在 x^3 反射变换下，应变的变换规律也如同式（6.127），即有（注意 $\gamma_i^j \equiv \gamma^{ij}$）

$$\begin{cases} \gamma'^{ii} = \gamma^{ii}, \quad i = 1,2,3 \\ \gamma'^{12} = \gamma^{12}, \quad \gamma'^{23} = -\gamma^{23}, \quad \gamma'^{31} = -\gamma^{31} \end{cases} \tag{6.128}$$

将新老坐标系的应力变换关系式（6.127）及应变变换关系式（6.128）代入广义胡克定律[式（6.93）]

$$\sigma^{\mu}=c_{\nu}^{\mu}e^{\nu},\quad \mu=1,2,3,4,5,6$$

之中，注意到$\sigma^1=\tau^{11},\cdots,\sigma^4=\tau^{12},\cdots;\cdots e^3=\gamma^{33},\cdots,e^6=\gamma^{31}$［即式（6.91）和式（6.92）］，即可得到如下关系式：

$$\begin{cases}\sigma'^1=c_1^1e'^1+c_2^1e'^2+c_3^1e'^3+c_4^1e'^4-c_5^1e'^5-c_6^1e'^6\\ \sigma'^2=c_1^2e'^1+c_2^2e'^2+c_3^2e'^3+c_4^2e'^4-c_5^2e'^5-c_6^2e'^6\\ \sigma'^3=c_1^3e'^1+c_2^3e'^2+c_3^3e'^3+c_4^3e'^4-c_5^3e'^5-c_6^3e'^6\\ \sigma'^4=c_1^4e'^1+c_2^4e'^2+c_3^4e'^3+c_4^4e'^4-c_5^4e'^5-c_6^4e'^6\\ -\sigma'^5=c_1^5e'^1+c_2^5e'^2+c_3^5e'^3+c_4^5e'^4-c_5^5e'^5-c_6^5e'^6\\ -\sigma'^6=c_1^6e'^1+c_2^6e'^2+c_3^6e'^3+c_4^6e'^4-c_5^6e'^5-c_6^6e'^6\end{cases}\tag{6.129}$$

但在新坐标系下，应力与应变之间应该满足同样的广义胡克定律（注意各向同性假设），即

$$\sigma'^{\mu}=c_{\nu}^{\mu}e^{\nu},\quad \mu=1,2,3,4,5,6\tag{6.130}$$

将式（6.130）与式（6.129）进行比较即可发现，必定有如下的关系式成立：

$$-c_5^N=c_5^N,\quad -c_6^N=c_6^N,\quad N=1,2,3,4\tag{6.131}$$

这里没有必要再写出$-c_N^5=c_N^5(N=1,2,3,4)$等关系，因为c_{ν}^{μ}是对称的。于是，根据式（6.131）得

$$c_5^N=0,\quad c_6^N=0,\quad N=1,2,3,4\tag{6.132}$$

如果再作一个x^2反射变换，按照与上边完全相同的推理过程，便得到与式（6.131）完全类似的关系式（但注意指标有变）：

$$-c_4^M=c_4^M,\quad -c_5^M=c_5^M,\quad M=1,2,3,6\tag{6.133}$$

于是又得到进一步的结果：

$$c_4^i=0,\quad c_6^5=0,\quad i=1,2,3\tag{6.134}$$

通过上述两次反射变换，常系数矩阵$(c_{\nu}^{\mu})_{6\times6}$变得简单多了：除了元素$c_k^l(l,k=1,2,3)$及$c_{3+k}^{3+k}(k=1,2,3)$不为0，其他元素均为0。于是，独立系数就只剩下9个了。

这里有必要指出，如果再进行x^1反射变换，则不能得到进一步的条件方程。为了证实这一点，首先考虑对某个坐标系K同时进行x^1、x^2、x^3反射变换（这种变换称为全反射变换）。这一变换相当于将所有坐标轴反向，因此在这种变换下得不到任何新的信息。将全反射坐标系记为K'。对老坐标系K同时进行x^2和x^3反射变换，得到一个新的坐标系K''，然后对该坐标系进行全反射变换，而如此得到的更新的坐标系正好与由老坐标系经x^1反射变换所得到的坐标系完全一致。这就是说，在进行了x^2和x^3反射变换之后，若再作x^1反射变换就是多余的了，不可能得到更进一步的信息。

广义胡克定律可以写成（注意$c_j^i=c_i^j$）

$$\begin{cases}\sigma^i=c_j^ie^j\\ \sigma^{3+i}=c_{3+i}^{3+i}e^{3+i},\quad i=1,2,3(j\text{指标求和},i+3\text{指标不求和})\end{cases}\tag{6.135}$$

再来考察绕x^3轴（按右手螺旋方向）旋转$\dfrac{\pi}{2}$的变换：

$$x'^1 = x^2, \quad x'^2 = -x^1, \quad x'^3 = x^3 \tag{6.136}$$

这相当于新老坐标系下的自然基之间的变换满足如下关系式：

$$\boldsymbol{e}'_i = \Lambda_i^j \boldsymbol{e}_j, \quad i = 1,2,3 \tag{6.137}$$

其中变换矩阵 Λ_i^j 由如下的元构成：

$$\Lambda_i^j = \begin{pmatrix} 0 & -1 & 0 \\ 1 & 0 & 0 \\ 0 & 0 & 1 \end{pmatrix} \tag{6.138}$$

其逆变矩阵为

$$\Lambda_j'^i = \begin{pmatrix} 0 & 1 & 0 \\ -1 & 0 & 0 \\ 0 & 0 & 1 \end{pmatrix} \tag{6.139}$$

这里需注意，新老坐标 x'^i 和 x^i 之间的变换正好是逆变关系，即

$$x'^i = \Lambda_j'^i x^j$$

由于 τ_i^j 是二阶混合张量，有

$$\tau_i'^j = \Lambda_i^k \Lambda'^j_l \tau_k^l \tag{6.140}$$

将式（6.140）中的每一个分量求出，即得（试验证：**习题 6.21**）

$$\begin{cases} \tau'^{11} = \tau^{22}, \quad \tau'^{22} = \tau^{11}, \quad \tau'^{33} = \tau^{33} \\ \tau'^{12} = -\tau^{12}, \quad \tau'^{23} = -\tau^{31}, \quad \tau'^{31} = \tau^{23} \end{cases} \tag{6.141}$$

例如

$$\begin{cases} \tau_2'^2 = \Lambda_2^k \Lambda_l'^2 \tau_k^l = \Lambda_2^1 \Lambda_1'^2 \tau_1^1 = \tau_1^1 \\ \tau_2'^3 = \Lambda_2^k \Lambda_l'^3 \tau_k^l = \Lambda_2^1 \Lambda_3'^3 \tau_1^3 = -\tau_1^3 = -\tau_3^1 \\ \tau_3'^1 = \Lambda_3^k \Lambda_l'^1 \tau_k^l = \Lambda_3^3 \Lambda_2'^1 \tau_3^2 = \tau_3^2 = \tau_2^3 \end{cases}$$

由于辅助应变状态 Γ_j^i 构成二阶混合对称张量，其变换规则与式（6.140）完全相同，即

$$\Gamma_i'^j = \Lambda_i^k \Lambda_l'^j \Gamma_k^l \tag{6.142}$$

由此得[参照式（6.141）]

$$\begin{cases} \Gamma'^{11} = \Gamma^{22}, \quad \Gamma'^{22} = \Gamma^{11}, \quad \Gamma'^{33} = \Gamma^{33} \\ \Gamma'^{12} = -\Gamma^{12}, \quad \Gamma'^{23} = -\Gamma^{31}, \quad \Gamma'^{31} = \Gamma^{23} \end{cases} \tag{6.143}$$

然后利用辅助应变状态与应变状态之间的对应关系[参见式（6.33）]

$$\Gamma'_{ii} = e'_i (i = 1,2,3), \quad \Gamma'_{ij} = \frac{1}{2}\gamma'_{ij} (i \neq j)$$

即可方便地得到应变状态的变换关系式为

$$\begin{cases} \gamma'^{11} = \gamma^{22}, \quad \gamma'^{22} = \gamma^{11}, \quad \gamma'^{33} = \gamma^{33} \\ \gamma'^{12} = -\gamma^{12}, \quad \gamma'^{23} = -\gamma^{31}, \quad \gamma'^{31} = \gamma^{23} \end{cases} \tag{6.144}$$

综上所述，在坐标系绕 x^3 轴（按右手螺旋方向）旋转 $\frac{\pi}{2}$ 的变换之下，应变的变换由式（6.144）给出（在目前的特殊条件下，应变的变换规律仍然与应力的变换规律相同，

这当然与特殊的变换矩阵有关)。将式(6.144)和式(6.141)写成简明形式,即

$$e'^1 = e^2,\quad e'^2 = e^1,\quad e'^3 = e^3,\quad e'^4 = -e^4,\quad e'^5 = -e^6,\quad e'^6 = e^5 \tag{6.145}$$

$$\sigma'^1 = \sigma^2,\quad \sigma'^2 = \sigma^1,\quad \sigma'^3 = \sigma^3,\quad \sigma'^4 = -\sigma^4,\quad \sigma'^5 = -\sigma^6,\quad \sigma'^6 = \sigma^5 \tag{6.146}$$

再将式(6.145)和式(6.146)代入广义胡克定律中,并加以整理,得

$$\begin{cases}\sigma'^1 = c_2^1 e'^2 + c_2^2 e'^1 + c_3^2 e'^3 \\ \sigma'^2 = c_1^1 e'^2 + c_2^1 e'^1 + c_3^1 e'^3 \\ \sigma'^3 = c_3^1 e'^2 + c_3^2 e'^1 + c_3^3 e'^3 \\ \sigma'^4 = c_4^4 e'^4 \\ \sigma'^5 = c_4^6 e'^5 \\ \sigma'^6 = c_5^5 e'^6\end{cases} \tag{6.147}$$

但根据各向同性假设,下列方程也应该成立:

$$\begin{cases}\sigma'^1 = c_1^1 e'^1 + c_2^1 e'^2 + c_3^1 e'^3 \\ \sigma'^2 = c_2^1 e'^1 + c_2^2 e'^2 + c_3^2 e'^3 \\ \sigma'^3 = c_3^1 e'^1 + c_3^2 e'^2 + c_3^3 e'^3 \\ \sigma'^4 = c_4^4 e'^4 \\ \sigma'^5 = c_5^5 e'^5 \\ \sigma'^6 = c_6^6 e'^6\end{cases} \tag{6.148}$$

比较式(6.147)和(6.148),得到如下的系数条件方程:

$$c_1^1 = c_2^2,\quad c_3^1 = c_3^2,\quad c_5^5 = c_6^6 \tag{6.149}$$

若再绕 x^1 轴(按右手螺旋方向)旋转 $\dfrac{\pi}{2}$,按完全类似的方法,可以得到进一步的条件关系式:

$$c_2^2 = c_3^3,\quad c_2^1 = c_3^1,\quad c_6^6 = c_4^4 \tag{6.150}$$

如果再绕 x^2 轴旋转 $\dfrac{\pi}{2}$(以前是分别绕 x^3、x^1 轴旋转 $\dfrac{\pi}{2}$)进行坐标变换,则得不到任何新的条件方程。于是,综合式(6.149)和式(6.150),若令

$$c_1^1 = c_2^2 = c_3^3 \equiv c_1,\quad c_2^1 = c_3^1 = c_3^2 \equiv c_2,\quad c_4^4 = c_5^5 = c_6^6 \equiv c_3 \tag{6.151}$$

则广义胡克定律可简化成

$$\begin{cases}\sigma^1 = c_1 e^1 + c_2 e^2 + c_2 e^3 \\ \sigma^2 = c_2 e^1 + c_1 e^2 + c_2 e^3 \\ \sigma^3 = c_2 e^1 + c_2 e^2 + c_1 e^3 \\ \sigma^4 = c_3 e^4 \\ \sigma^5 = c_3 e^5 \\ \sigma^6 = c_3 e^6\end{cases} \tag{6.152}$$

现在只剩下3个独立系数了。

下面再考察变换:坐标系绕 x^3 轴旋转一个任意角度 θ。令 x 是由 x^i 构成的列向量。

在此情形下，新老坐标的变换可以写成

$$x'^i = R'^i_j x^j \tag{6.153}$$

而新老坐标基之间的变换关系为

$$e'_i = R^j_i e_j \tag{6.154}$$

其中：R^j_i 和 R'^i_j 分别为变换矩阵和逆变换矩阵，分别表示为

$$R^j_i = \begin{pmatrix} \cos\theta & -\sin\theta & 0 \\ \sin\theta & \cos\theta & 0 \\ 0 & 0 & 1 \end{pmatrix} \tag{6.155}$$

$$R'^i_j = \begin{pmatrix} \cos\theta & \sin\theta & 0 \\ -\sin\theta & \cos\theta & 0 \\ 0 & 0 & 1 \end{pmatrix} \tag{6.156}$$

于是，应力张量（注意它是二阶混合张量）按如下规则变换：

$$\tau'^i_j = R'^i_k R^l_j \tau^k_l \tag{6.157}$$

将式（6.157）中的每一个分量求出，即得（试验证：**习题 6.22**）

$$\begin{cases} \tau'^1_1 = R'^1_k R^m_1 \tau^k_m = (R'^1_1 \tau^1_m + R'^1_2 \tau^2_m) R^m_1 \\ \quad = R'^1_1 R^1_1 \tau^1_1 + R'^1_1 R^2_1 \tau^1_2 + R'^1_2 R^1_1 \tau^2_1 + R'^1_2 R^2_1 \tau^2_2 \\ \quad = R'^1_1 R^1_1 \tau^1_1 + R'^1_1 R^2_1 \tau^1_2 + R'^1_2 R^1_1 \tau^2_1 + R'^1_2 R^2_1 \tau^2_2 \\ \quad = \cos^2\theta \tau^1_1 + \cos\theta \sin\theta \tau^1_2 + \sin\theta \cos\theta \tau^2_1 + \sin^2\theta \tau^2_2 \\ \quad = \cos^2\theta \tau^1_1 + 2\sin\theta\cos\theta \tau^1_2 + \sin^2\theta \tau^2_2 \\ \quad \cdots \\ \tau'^1_2 = R'^1_k R^m_2 \tau^k_m = R'^1_1 R^m_2 \tau^1_m + R'^1_2 R^m_2 \tau^2_m \\ \quad = R'^1_1 R^1_2 \tau^1_1 + R'^1_1 R^2_2 \tau^1_2 + R'^1_2 R^1_2 \tau^2_1 + R'^1_2 R^2_2 \tau^2_2 \\ \quad = -\cos\theta\sin\theta \tau^1_1 + \cos^2\theta \tau^1_2 - \sin^2\theta \tau^2_1 + \cos\theta\sin\theta \tau^2_2 \\ \quad = \cos\theta\sin\theta(\tau^2_2 - \tau^1_1) + (\cos^2\theta - \sin^2\theta)\tau^1_2 \\ \quad = \dfrac{1}{2}(\tau^2_2 - \tau^1_1)\sin 2\theta + \tau^1_2 \cos 2\theta \\ \quad \cdots \end{cases} \tag{6.158}$$

实际上只需要如下关系[即式（6.158）中的最后一个显式]：

$$\sigma'^4 = \frac{1}{2}(\sigma^2 - \sigma^1)\sin 2\theta + \sigma^4 \cos 2\theta \tag{6.159}$$

再考察应变的变换。由于 $T^i_j = \dfrac{\partial u^i}{\partial x^j}$ 是二阶混合张量，其变换规则与应力张量 τ^i_j 的变换规则完全相同，即

$$T'^i_j = R'^i_k R^l_j T^k_l \tag{6.160}$$

于是，有（但注意区别，T^i_j 并非对称）

$$\begin{cases} T_2'^1 = R_k'^1 R_2^m T_m^k = R_1'^1 R_2^m T_m^1 + R_2'^1 R_2^m T_m^2 \\ \quad = R_1'^1 R_2^1 T_1^1 + R_1'^1 R_2^2 T_2^1 + R_2'^1 R_2^1 T_1^2 + R_2'^1 R_2^2 T_2^2 \\ \quad = -\cos\theta\sin\theta T_1^1 + \cos^2\theta T_2^1 - \sin^2\theta T_1^2 + \cos\theta\sin\theta T_2^2 \\ \quad = \cos\theta\sin\theta(T_2^2 - T_1^1) + \cos^2\theta T_2^1 - \sin^2\theta T_1^2 \\ \quad = \dfrac{1}{2}(T_2^2 - T_1^1)\sin 2\theta + \cos^2\theta T_2^1 - \sin^2\theta T_1^2 \\ T_1'^2 = R_k'^2 R_1^m T_m^k = R_1'^2 R_1^m T_m^1 + R_2'^2 R_1^m T_m^2 \\ \quad = R_1'^2 R_1^1 T_1^1 + R_1'^2 R_1^2 T_2^1 + R_2'^2 R_1^1 T_1^2 + R_2'^2 R_1^2 T_2^2 \\ \quad = -\sin\theta\cos\theta T_1^1 - \sin^2\theta T_2^1 + \cos^2\theta T_1^2 + \sin\theta\cos\theta T_2^2 \\ \quad = \sin\theta\cos\theta(T_2^2 - T_1^1) - \sin^2\theta T_2^1 + \cos^2\theta T_1^2 \\ \quad \cdots \end{cases} \tag{6.161}$$

由上边两个变换式即可得

$$\begin{aligned} \gamma_2'^1 = T_2'^1 + T_1'^2 &= \frac{1}{2}(T_2^2 - T_1^1)\sin 2\theta + \cos^2\theta T_2^1 - \sin^2\theta T_1^2 \\ &= \frac{1}{2}(T_2^2 - T_1^1)\sin 2\theta - \sin^2\theta T_2^1 + \cos^2\theta T_1^2 \\ &= (T_2^2 - T_1^1)\sin 2\theta + (\cos^2\theta - \sin^2\theta)(T_1^2 + T_2^1) \\ &= (\gamma_2^2 - \gamma_1^1)\sin 2\theta + \cos 2\theta\gamma_2^1 \end{aligned} \tag{6.162}$$

或者简写成

$$e'^4 = (e^2 - e^1)\sin 2\theta + e^4\cos 2\theta \tag{6.163}$$

这里也可以看出，至少应变的第 4 个分量（即 γ_2^1）的变换规律并不遵循张量的变换规律[与应力张量的第 4 个分量的变换式（6.159）进行比较即可看出]，因而应变不是张量。只是在某些特殊情形（如变换矩阵与逆变换矩阵完全相同的情形）下，应变的变换规律才与应力张量的变换规律相同。

实际上，利用辅助应变状态是二阶混合对称张量这一特性，可以直接写出与应力张量完全相同的变换关系，然后利用辅助应变状态与应变状态之间的对应关系即可得到应变的变换规律（试给出变换结果：**习题 6.23**）。

[**提示：** $\varGamma_2'^1 = \dfrac{1}{2}(\varGamma_2^2 - \varGamma_1^1)\sin 2\theta + \varGamma_2^1\cos 2\theta, \varGamma_2'^1 = \dfrac{1}{2}\gamma_2'^1$]

由变换式（6.163）及变换式（6.159），根据简化的广义胡克定律，同时应用各向同性假设（推理方法与以前的方法完全类似），即可推出另外一个条件式（试证明：**习题 6.24**）：

$$c_1 - c_2 = 2c_3 \tag{6.164}$$

若再引进其他变换，则推不出更多的条件式。条件式（6.164）表明，在各向同性假设下，只剩下两个独立系数。为此，可令

$$c_2 = \lambda,\quad c_1 - c_2 = 2c_3 \equiv 2\mu \tag{6.165}$$

注意到体膨胀系数$\theta = e^1 + e^2 + e^3$，则广义胡克定律可以表示成

$$\sigma^i = \lambda\theta I^i + 2\mu e^i, \quad \sigma^{i+3} = \mu e^{i+3}, \quad i = 1,2,3 \tag{6.166}$$

其中引进了两个独立常数μ和λ，称为拉梅（Lamé）常量；同时引进了恒等算符$I^i \equiv 1$是为了以后运算方便（不至于在指标运算中引起混乱）。

广义胡克定律表明（注意各向同性假设），只要给定了应变，即可求出应力。反过来，给定了应力也可以求出应变。如果引进一个辅助量：

$$\Theta = \sigma^1 + \sigma^2 + \sigma^3 = (3\lambda + 2\mu)\theta \tag{6.167}$$

则又可将广义胡克定律表示成

$$e^i = \frac{\sigma^i}{2\mu} - \frac{\lambda\Theta I^i}{2\mu(3\lambda + 2\mu)}, \quad e^{i+3} = \frac{\sigma^{i+3}}{\mu}, \quad i = 1,2,3 \tag{6.168}$$

6.6 弹性力学边值问题

对一个以弹性体为研究对象的问题来说，为了得到某种所需要的结果（如需要求出弹性体的受力状态），需要在给定的初值条件或边值条件下，利用弹性力学的理论寻求解答。这类问题称为弹性力学边值问题。例如，知道了一个各向同性的圆柱体发生了轴向均匀形变，是否可以仅仅根据此条件求出圆柱体的应力状态呢？回答是肯定的。这是最简单的一类问题。既然是边值问题，当然要求边值条件足够但又不多余。后面的讨论仍然限定在形变微小而弹性体各向同性的假设下。

6.6.1 各类方程的归纳

首先，在三维空间中通过对弹性体应变的分析得到位移与应变的如下关系：

$$\begin{cases} \gamma^{ii} = \dfrac{\partial u^i}{\partial x_i}, \quad i = 1,2,3(\text{不求和}) \\ \gamma^{ij} = \dfrac{\partial u^i}{\partial x_j} + \dfrac{\partial u^i}{\partial x_j} \end{cases} \tag{6.169}$$

通常将上述关系称为柯西（Cauchy）方程。由于上述关系没有与力发生任何联系，纯属几何性的，也将式（6.169）称为几何方程，或几何条件。必须注意，应变并不构成二阶张量，在推导各向同性体的广义胡克定律时已经用具体的实例证实了这一结论（参见6.5.2小节）。

通过对弹性体应力的分析得到力学平衡关系：

$$\frac{\partial \tau^{ij}}{\partial x^j} + f^i = \rho\frac{\partial u^i}{\partial x_i}, \quad i = 1,2,3 \tag{6.170}$$

上述关系称为纳维（Navier）方程，通常也称动力学微分方程（又称运动微分方程），或

称力学平衡方程，它表述了任意一点的应力状态所应满足的平衡关系。注意，应力状态构成二阶混合对称张量。常常只是为了表述方便，才将指标的（上下）位置任意放置，因为这样做并不影响分量本身，但在进行张量变换时必须按二阶混合张量变换。通常，式（6.170）等号右边的加速度一项可视为 0 处理。这时，上述方程就转化成了关于应力的一阶齐次偏微分方程了。

从式（6.170）出发还可以导出应变所应满足的谐和条件：

$$\frac{\partial^2 \Gamma^{ii}}{\partial x_j \partial x_k} = \frac{\partial}{\partial x_i}\left(-\frac{\partial \Gamma^{jk}}{\partial x_i} + \frac{\partial \Gamma^{ki}}{\partial x_j} + \frac{\partial \Gamma^{ij}}{\partial x_k}\right) \tag{6.171}$$

式（6.171）为圣维南（St.Venant）方程，通常也称谐调（或谐和）方程或连续性方程，它表征了弹性体的连续形变特性。实际上隐含着一个假定，即假定位移 $u^i(x)$至少具有三阶连续偏导数。

此外，应力与应变之间满足广义胡克定律：

$$\sigma^i = \lambda\theta I^i + 2\mu e^i, \quad \sigma^{i+3} = \mu e^{i+3}, \quad i = 1,2,3 \tag{6.172}$$

通常也将这一方程称为拉梅方程；或者将式（6.172）写成

$$e^i = \frac{\sigma^i}{2\mu} - \frac{\lambda\Theta I^i}{2\mu(3\lambda + 2\mu)}, \quad \sigma^{i+3} = \frac{\sigma^{i+3}}{\mu} e^{i+3}, \quad i = 1,2,3 \tag{6.173}$$

其中，体膨胀系数 θ 和辅助量 Θ 之间满足如下关系（试证明：**习题 6.25**）：

$$\theta = \frac{1-2\nu}{E}\Theta \tag{6.174}$$

其中：E 和 ν 分别为杨氏模量和泊松比，它们与拉梅系数之间满足如下关系：

$$\nu = \frac{\lambda}{2(\lambda + \nu)}, \quad E = \frac{\mu(3\lambda + 2\mu)}{2(\lambda + \mu)} \tag{6.175}$$

有了上述各类关系，就可以通过给定的边值条件求解弹性体内的应力分布及任意一点的位移，而有了位移或应力分布就能求出应变。根据给定的边值类型，通常可将边值问题划分成三类。

第一类边值问题：给定体力及面力，求应力分布及内部位移。

第二类边值问题：给定体力及表面的位移或其他几何条件，求应力分布及内部位移。

第三类边值问题：在弹性体的不同部分给出不同类型的条件，求应力分布及内部位移。

6.6.2 弹性力学基本方程

根据几何方程[式(6.169)]、广义胡克定律[式(6.172)]及动力学微分方程[式(6.170)]，同时注意到 $\theta = e_x + e_y + e_z = \nabla \cdot \boldsymbol{u}$，便可得：

$$(\lambda + \mu)\frac{\partial \theta}{\partial x_i} + \mu\nabla^2 u_i + f_i = \rho\frac{\partial^2 u_i}{\partial t^2}, \quad i = 1,2,3 \tag{6.176}$$

或者写成矢量形式：

$$(\lambda+\mu)\nabla(\nabla\cdot\boldsymbol{u})+\mu\nabla^2\boldsymbol{u}+\boldsymbol{f}=\rho\frac{\partial^2\boldsymbol{u}}{\partial t^2},\quad i=1,2,3 \tag{6.177}$$

这就是弹性力学基本方程。由该方程出发，可以推出弹性波，主要有纵波和横波。但受不同边界条件的影响，还可能出现其他类型的波，如面波、瑞利（Rayleigh）波、勒夫（Love）波等（Jeffreys，1976；Jacobs，1974）。

6.6.3 地球振荡方程及弹性波

弹性力学基本方程[式（6.177）]又可以写成

$$(\lambda+\mu)\nabla\theta+\mu\nabla^2\boldsymbol{u}+\boldsymbol{f}=\rho\frac{\partial^2\boldsymbol{u}}{\partial t^2} \tag{6.178}$$

在考察地球振动时，通常忽略体力$\boldsymbol{f}$，即有（Jeffreys，1976；Jacobs，1974）

$$(\lambda+\mu)\nabla\theta+\mu\nabla^2\boldsymbol{u}=\rho\frac{\partial^2\boldsymbol{u}}{\partial t^2} \tag{6.179}$$

这就是地球振荡方程，或称地球弹性方程。由于不存在外力作用，又称地球自由振荡方程，其解表征了地球的自由振荡。地球的自由振荡现象已在20世纪60年代得到证实（滕吉文，2003；曾融生，1984）。对式（6.179）取散度：

$$(\lambda+\mu)\nabla^2\theta+\mu\nabla^2\theta=\rho\frac{\partial^2\theta}{\partial t^2} \tag{6.180}$$

经整理得关于θ的波动方程：

$$\left(\nabla^2-\frac{\rho}{\lambda+2\mu}\frac{\partial^2}{\partial t^2}\right)\theta=0 \tag{6.181}$$

其传播速度为

$$V_{\mathrm{P}}=\sqrt{\frac{\lambda+2\mu}{\rho}} \tag{6.182}$$

这是一种体波，其传播机制是介质的压缩-膨胀，本质上属于纵波，介质的振动方向不是与（能量）传播方向相同就是相反，称为伸缩波或疏密波。体波在液体和固体中均可传播。

对式（6.179）取旋度：

$$\mu\nabla^2\nabla\times\boldsymbol{u}=\rho\frac{\partial^2}{\partial t^2}\nabla\times\boldsymbol{u} \tag{6.183}$$

经整理得关于位移的旋度$\nabla\times\boldsymbol{u}$的波动方程：

$$\left(\nabla^2-\frac{\rho}{\mu}\frac{\partial^2}{\partial t^2}\right)\nabla\times\boldsymbol{u}=0 \tag{6.184}$$

其传播速度为

$$V_{\mathrm{S}}=\sqrt{\frac{\mu}{\rho}} \tag{6.185}$$

这也是一种体波，其传播机制是介质的横向旋转，属于横波，介质的振动方向与（能量）

传播方向垂直，有偏振，称为横向偏振波。横向偏振波只能在固体中传播，不能在液体中传播。

6.7 几个定理

6.7.1 应变能定理

本小节建立应变能定理。有两个应变能定理，但前提条件不同。

应变能定理 1： 如果外力是突然加上去的，则外力所做的功等于应变能的两倍。

外力所做的功可以表示成

$$\varepsilon=\int_{\Omega}u_i f^i \mathrm{d}\tau+\int_{\partial\Omega}u_i F^i \mathrm{d}S=\varepsilon_1+\varepsilon_2 \tag{6.186}$$

其中

$$\varepsilon_1=\int_{\Omega}u_i f^i \mathrm{d}\tau,\quad \varepsilon_2=\int_{\partial\Omega}u_i F^i \mathrm{d}S \tag{6.187}$$

由于

$$\varepsilon_2=\int_{\partial\Omega}F^i u_i \mathrm{d}S=\int_{\partial\Omega}\tau^i_j n^j u_i \mathrm{d}S$$

利用奥斯特罗格拉德斯基-高斯定理，式（6.187）可以化为体积分：

$$\varepsilon_2=\int_{\Omega}\frac{\partial}{\partial x^j}(\tau^i_j u_i)\mathrm{d}\tau=\int_{\Omega}\frac{\partial\tau^i_j}{\partial x^j}u_i \mathrm{d}\tau+\int_{\Omega}\tau^i_j\frac{\partial u^i}{\partial x^j}\mathrm{d}\tau$$

物质体达到平衡时，$\rho\partial^2 u_i/\partial t^2=0$，利用平衡方程[式（6.65）]，式（6.186）可以写成

$$\varepsilon=\int_{\Omega}\tau^i_j\frac{\partial u^i}{\partial x^j}\mathrm{d}\tau$$

将上式积分号下的项分为相等的两项，注意到 τ^i_j 的对称性，同时注意到辅助应变状态的定义，得

$$\varepsilon=\int_{\Omega}\tau^i_j\Gamma^j_i \mathrm{d}\tau \tag{6.188}$$

或写成

$$\varepsilon=\int_{\Omega}\sigma^{\mu}e_{\mu}\mathrm{d}\tau=2\int_{\Omega}W\mathrm{d}\tau \tag{6.189}$$

这就完成了应变能定理 1 的证明。

应变能定理 1 是由 Clapeyron（1858）最先提出的（Lecornu，1929），当时他假定，外力 f^i 是突然加上去的，因而式（6.186）成立。

应变能定理 2： 如果外力是从 0 逐渐变到指定的值 f^i，则外力所做的功正好等于应变能。

由于外力是逐渐增加至 f^i，不能用式（6.186）。考虑的是微小形变，外力与位移之

间必呈线性关系（利用泰勒展开即可证实这一点）：

$$f^i = a^{ij} u_j \tag{6.190}$$

在外力从 0 逐渐变至 f^i 的整个过程之中，对微元体积 $\mathrm{d}\tau$ 所做的微功为

$$\mathrm{d}W = \int_0^u f^i \mathrm{d}u_i \mathrm{d}\tau \tag{6.191}$$

将式（6.190）代入式（6.191）之后积分，得

$$\mathrm{d}W = \frac{1}{2} a^{ij} u_j u_i \mathrm{d}\tau = \frac{1}{2} f^i u_i \mathrm{d}\tau \tag{6.192}$$

外力所做的功可表示成

$$\varepsilon = \frac{1}{2}\int_\Omega u_i f^i \mathrm{d}\tau + \frac{1}{2}\int_{\partial\Omega} u_i F^i \mathrm{d}S \tag{6.193}$$

比较应变能定理 1 的推证过程即知

$$\varepsilon = \int_\Omega W \mathrm{d}\tau \tag{6.194}$$

证毕。

应变能定理 2 是后人将 Clapeyron 的应变能定理（应变能定理 1）略加改进得到的，主要理由是弹性体在形变过程中所受到力（在通常情况下）并非突然而至，总是有一个从小到大的过程。

6.7.2 唯一性定理

唯一性定理指出，在完全相同的边界条件下，解是唯一的。为了完成唯一性定理的证明，首先证明一个引理。

引理： 若 $\boldsymbol{f}=0$，同时有 $\boldsymbol{F}=0$ 或 $\boldsymbol{u}|_{\partial\Omega}=0$，则有

$$\sigma^{\mu}=0,\quad e^{\mu}=0 \tag{6.195}$$

为此，考察

$$\frac{\partial \tau_j^i}{\partial x_j} = 0$$

或

$$\frac{\partial \tau_j^i}{\partial x_j} u_i = 0$$

对上式进行体积分，得

$$\int_\Omega \frac{\partial \tau_j^i}{\partial x_j} u_i \mathrm{d}\tau = 0$$

再利用分部积分，得

$$\int_\Omega \frac{\partial}{\partial x_j}(\tau_j^i u_i)\mathrm{d}\tau - \int_\Omega \tau_j^i \frac{\partial u_i}{\partial x_j}\mathrm{d}\tau = 0$$

或者写成

$$\int_{\partial\Omega}\tau_j^i u_i n^j dS - \int_{\Omega}\sigma^{\mu}e_{\mu}\mathrm{d}\tau = 0$$

此即

$$\int_{\partial\Omega}F^i u_i \mathrm{d}S - \int_{\Omega}\sigma^{\mu}e_{\mu}\mathrm{d}\tau = 0 \tag{6.196}$$

在前述引理条件下，有

$$\int_{\Omega}\sigma^{\mu}e_{\mu}\mathrm{d}\tau = 0$$

由于区域Ω是任意的，可知

$$\sigma^{\mu}e_{\mu} = 0$$

根据广义胡克定律，有

$$2W = \lambda\theta^2 + 2\mu e^i e_i + \mu e^{3+i}e_{3+i}$$

又因$\lambda>0$、$\mu>0$，而θ、$e^i e_i$、$e^{3+i}e_{3+i}$均为非负实数，由此推出

$$e^i e_i = 0,\quad e^{3+i}e_{3+i} = 0$$

进而推出

$$e^{\mu} = 0,\quad \sigma^{\mu} = 0$$

在不考虑刚体的整体转动和平移的情形下，$u^i=0$。

有了上述引理，证明唯一性定理就不难了。设有两组解σ'^{μ}、e'^{μ}、u'^i及σ''^{μ}、e''^{μ}、u''^i。令

$$\begin{cases}\sigma = \sigma'^{\mu} - \sigma''^{\mu}\\ e^{\mu} = e'^{\mu} - e''^{\mu}\\ u^i = u'^i - u''^i\end{cases}$$

由于

$$\frac{\partial\tau_j'^i}{\partial x_j} + f^i = 0,\quad \frac{\partial\tau_j''^i}{\partial x_j} + f^i = 0$$

得

$$\frac{\partial\tau_j^i}{\partial x_j} = 0$$

这表明不存在体力。在边界，有

$$\tau_j'^i n^j = \tau_j''^i n^j$$

由此推出

$$F^i = \tau_j^i n^j = 0$$

根据前面的引理便得

$$e^{\mu} = 0,\quad \sigma^{\mu} = 0,\quad u^i = 0$$

以上，证明了唯一性定理，它是克希霍夫（Kirchhoff，1859）首先提出并证明的。

6.7.3 互换定理

互换定理表述了一个设想：弹性体在小力 $f^i_{(1)}$（第一组力）作用下产生小位移 $u^i_{(1)}$（第一组位移）；在大力 $f^i_{(2)}$（第二组力）作用下产生大位移 $u^i_{(2)}$（第二组位移）。以小力乘以大位移应该与大力乘以小位移相等。

第一组：设弹性体 Ω 在体力 $f^i_{(1)}$ 及面力 $F^i_{(1)}$ 作用下产生位移 $u^i_{(1)}$，相应的应力和应变分别为 $\tau^{ij}_{(1)}$ 和 $\Gamma^{ij}_{(1)}$。

第二组：对于完全等同的弹性体 Ω，在体力 $f^i_{(2)}$ 及面力 $F^i_{(2)}$ 作用下产生位移 $u^i_{(2)}$，相应的应力和应变分别为 $\tau^{ij}_{(2)}$ 和 $\Gamma^{ij}_{(2)}$。

互换定理：第一组力（包括外力和惯性力）在第二组位移上所做的功 ε_{12}，等于第二组力（包括外力和惯性力）在第一组位移上所做的功 ε_{21}，即

$$\varepsilon_{12}=\varepsilon_{21} \tag{6.197}$$

先写出 ε_{12} 和 ε_{21} 的数学表达式：

$$\varepsilon_{12}=\int_{\Omega}\left(f^i_{(1)}-\rho\frac{\partial^2 u^i_{(1)}}{\mathrm{d}t^2}\right)u_{(2)i}\mathrm{d}\tau+\int_{\partial\Omega}F^i_{(1)}u_{(2)i}\mathrm{d}S \tag{6.198}$$

$$\varepsilon_{21}=\int_{\Omega}\left(f^i_{(2)}-\rho\frac{\partial^2 u^i_{(2)}}{\mathrm{d}t^2}\right)u_{(1)i}\mathrm{d}\tau+\int_{\partial\Omega}F^i_{(2)}u_{(1)i}\mathrm{d}S \tag{6.199}$$

再利用奥斯特罗格拉德斯基-高斯定理将面积分转化为体积分即可得到（试证明：**习题 6.26**；参见 5.7.1 小节）：

$$\varepsilon_{12}=\int_{\Omega}\sigma^{\mu}_{(1)}e_{(2)\mu}\mathrm{d}\tau \tag{6.200}$$

$$\varepsilon_{21}=\int_{\Omega}\sigma^{\mu}_{(2)}e_{(1)\mu}\mathrm{d}\tau \tag{6.201}$$

最后利用各向同性弹性体的广义胡克定律即知式（6.197）成立：

$$\varepsilon_{12}=\varepsilon_{21}=\int_{\Omega}[\lambda\theta_{(1)}\theta_{(2)}+\mu(2e_{(1)i}e^i_{(2)}+e_{(1)3+i}e^{3+i}_{(2)})]\,\mathrm{d}\tau \tag{6.202}$$

6.7.4 最小势能定理

最小势能定理：在适合已知位移边界条件的各种位移中，只有适合平衡方程的位移所引起的总势能最小。

总势能 V 的定义为

$$V=U-A \tag{6.203}$$

其中：A 为已知外力所做的功；U 为应变能，它可以通过应变能密度 W 来表示：

$$U=\int_{\Omega}W\mathrm{d}\tau \tag{6.204}$$

应变能密度又可以用应力和应变来表示：

$$W = \frac{1}{2}\sigma^{\mu}e_{\mu} \tag{6.205}$$

实际上要证明：给定一组正确解u_i和另外的任意一组非正确解$u'_i \equiv u_i + \delta u_i$，前者满足边界条件，后者不满足边界条件（注意：根据唯一性定理，满足同样边界条件的解是唯一的）；只要证明在状态 u_i 下的总势能 V 总是不超过在状态$u_i + \delta u_i$下的总势能$V' = V + \delta V$即可，或者只要证明$\delta V \geqslant 0$即可。

有了u_i，很容易求出应变e_{μ}和应力σ^{μ}，从而可求出应变能密度W及总的应变能U。对于状态$u_i + \delta u_i$，同样可以求出相应的e'_{μ}、σ'^{μ}、W'及U'。另外，从状态u_i变到状态$u_i + \delta u_i$，外力所做的功为

$$\delta A = \delta\left[\int_{\Omega} f^i u_i \mathrm{d}\tau + \int_{\partial\Omega} F^i u_i \mathrm{d}S\right] \tag{6.206}$$

由于这纯属设想的一种变化状态，整个受力系统（即f^i和F^i）并没有变化，式(6.206)又可以改写成

$$\delta A = \left[\int_{\Omega} f^i \delta u_i \mathrm{d}\tau + \int_{\partial\Omega} F^i \delta u_i \mathrm{d}S\right] \tag{6.207}$$

循着上述思路，注意到任何应变能不可能小于0（试证明：**习题6.27**），即可证明：

$$\delta V \geqslant 0 \tag{6.208}$$

关于最小势能定理的详细论证可参阅钱伟长等（1956）和申文斌等（2016）。

练　习　题

6.1　试证明：一个均匀的弹性体未必各向同性，但各向同性的弹性体一定均匀。

6.2　试证明：对于任意一个实值函数$f(x)$，如果它与坐标系的选取无关，则称该实值函数为标量函数。

6.3　试证明：并非任意一个实值函数都是（零阶）张量。

6.4　试给出简单形式：由于e是小量，在一般情况下只保留到e的一阶项就够了。这时，方程$\Delta V = V' - V = \pi(R + Re_s)^2(L_0 + L_0 e) - \pi R^2 L_0$可以转化为比较简单的形式。

6.5　试证明：如果物体中至少可以找到两点，它们之间的距离发生了变化，那么在该物体中必定可以找到无数个点对（一个点对是指不相同的两点），就每一个点对而言，它们之间的距离也产生了变化。

6.6　试论证：一个物体有形变就必定有位移。

6.7　试论证：已知$\gamma^{ij} \equiv \gamma_{ij} = \dfrac{\partial u_j}{\partial x_i} + \dfrac{\partial u_i}{\partial x_j}$，$i \neq j$；$i, j = 1,2,3$，将$\gamma^{ij}$或$\gamma_{ij}$称为$x^i x^j$平面内的角应变，它是由弹性体中存在剪切力所致。显然，角应变是对称的：$\gamma^{ij} = \gamma^{ji}$。证明：若$\gamma^{ij}>0$，表示夹角变小，反之，则表示夹角变大。

6.8　试证明：考察方程$u'^i - u^i = \dfrac{\partial u^i}{\partial x^i}\mathrm{d}x^i + \dfrac{1}{2}\left(\dfrac{\partial u^i}{\partial x_j} + \dfrac{\partial u^j}{\partial x^i}\right)\mathrm{d}x_j + \dfrac{1}{2}\left(\dfrac{\partial u^i}{\partial x_j} - \dfrac{\partial u^j}{\partial x^i}\right)\mathrm{d}x_j$，$i=$

1,2,3；对指标 j 求和，但 j 不等于 i。尽管 $\frac{\partial u^i}{\partial x^j}$ 和 $\frac{\partial u^j}{\partial x^i}$ 分别表示 u^i 与 x^j 及 u^j 与 x^i 之间的夹角的变化，但上述二者之差则表示位移矢量 $\boldsymbol{u}$ 在 $x^i x^j$ 平面内的旋转角。这一结论可以通过考察位移矢量 $\boldsymbol{u}=u^2\boldsymbol{e}_i$ 的旋度 $\nabla\times\boldsymbol{u}$ 而得到证实。

6.9 试证明：均匀形变具有一些独特的性质：①任意一个平面仍然变成一个平面；②任意两个相互平行的平面仍然变成两个相互平行的平面；③正平行六面体变为斜平行六面体；④一个圆球变成一个椭球；⑤在固定的一条直线上，任意一点的形变状态完全相同。

6.10 试证明：$e=e_1l_1^2+e_2l_2^2+e_3l_3^2+\gamma_{12}l^1l^2+\gamma_{23}l^2l^3+\gamma_{31}l^3l^1$ 可简写成 $e=\Gamma_{ij}l^il^j$ 。

6.11 试验证：根据 $e=\Gamma_{ij}l^il^j$ 可以求出

$$\begin{cases}(\Gamma_{11}-\lambda)l^1+\Gamma_{12}l^2+\Gamma_{13}l^3=0\\ \Gamma_{21}l^1+(\Gamma_{22}-\lambda)l^2+\Gamma_{23}l^3=0\\ \Gamma_{31}l^1+\Gamma_{32}l^2+(\Gamma_{33}-\lambda)l^3=0\end{cases}$$

6.12 试证明：对于给定的应变状态 $e_i,\gamma_{ij}(i\neq j)$，共有 9 个分量，但独立分量只有 6 个，$\gamma_{ij}=\gamma_{ji}(i\neq j)$。证明：6 个独立应变分量之间应满足如下的谐和条件。

$$\frac{\partial^2 e_1}{\partial(x^2)^2}+\frac{\partial^2 e_2}{\partial(x^1)^2}=\frac{\partial^2\gamma_{12}}{\partial x^1\partial x^2}$$

$$\frac{\partial^2 e_2}{\partial(x^3)^2}+\frac{\partial^2 e_3}{\partial(x^2)^2}=\frac{\partial^2\gamma_{23}}{\partial x^2\partial x^3}$$

$$\frac{\partial^2 e_3}{\partial(x^1)^2}+\frac{\partial^2 e_1}{\partial(x^3)^2}=\frac{\partial^2\gamma_{31}}{\partial x^3\partial x^1}$$

$$2\frac{\partial^2 e_1}{\partial x^2\partial x^3}=\frac{\partial}{\partial x^1}\left(-\frac{\partial\gamma_{23}}{\partial x^1}+\frac{\partial\gamma_{31}}{\partial x^2}+\frac{\partial\gamma_{12}}{\partial x^3}\right)$$

$$2\frac{\partial^2 e_2}{\partial x^3\partial x^1}=\frac{\partial}{\partial x^2}\left(\frac{\partial\gamma_{23}}{\partial x^1}-\frac{\partial\gamma_{31}}{\partial x^2}+\frac{\partial\gamma_{12}}{\partial x^3}\right)$$

$$2\frac{\partial^2 e_3}{\partial x^1\partial x^2}=\frac{\partial}{\partial x^3}\left(\frac{\partial\gamma_{23}}{\partial x^1}+\frac{\partial\gamma_{31}}{\partial x^2}-\frac{\partial\gamma_{12}}{\partial x^3}\right)$$

6.13 试证明：采用辅助应变状态，则可将上述谐和条件简写成

$$\frac{\partial^2\Gamma_{ii}}{\partial x^j\partial x^k}=\frac{\partial}{\partial x^i}\left(-\frac{\partial\Gamma_{jk}}{\partial x^i}+\frac{\partial\Gamma_{ki}}{\partial x^j}+\frac{\partial\Gamma_{ij}}{\partial x^k}\right)$$

6.14 试证明：假定所指定的面的法向 $\boldsymbol{n}$ 的方向余弦为（n_i），作用于该面上的应力矢量记为 $\boldsymbol{F}$，那么利用力的平衡条件可以推导出 $F^i=\tau^i_jn^j$，$i=1,2,3$ 的关系。

6.15 试证明：选取一个微元正方六面体，它由 6 个面构成：前、后两个面分别是 $x^1+\mathrm{d}x^1$ 和 x^1，左、右两个面分别是 x^2 和 $x^2+\mathrm{d}x^2$，而上、下两个面分别是 $x^3+\mathrm{d}x^3$ 和 x^3 沿坐标轴 x^i 列出力的（动态）平衡方程，即得 $\frac{\partial\tau^i_j}{\partial x_j}+f^i=\rho\frac{\partial^2u^i}{\partial t^2}$，$i=1,2,3$ 。

6.16 试证明：以 x^1 、x^2 和 x^3 三个轴为旋转轴对力矩建立平衡方程，可得 $\tau_i^j = \tau_j^i$，$i \neq j$ 。

6.17 试举反例证明：$\Lambda_k^j \Lambda'^l_i = \Lambda_l^i \Lambda'^k_j$ 关系式非真。

6.18 试验证：根据 $\dfrac{\partial W}{\partial e_\mu} = c_\nu^\mu e^\nu$ ，$\mu = 1,2,3,4,5,6$ ，W 可以表示成

$$W = \frac{1}{2} c^{\mu\nu} e_\mu e_\nu \equiv \frac{1}{2} c_\nu^\mu e_\mu e^\nu$$

6.19 试证明：关系式 $e_\mu = \dfrac{\partial W}{\partial \sigma^\mu}$，$\mu = 1,2,3,4,5,6$ 成立。

6.20 试验证：$\tau_i'^j = \eta_i^k \eta_l'^j \tau_k^l = \eta_i^k \eta_l^j \tau_k^l$ 中的每一个分量求出，即得

$$\tau^{ii} = \tau^{ii}, \quad i = 1,2,3$$

$$\tau'^{12} = \tau^{12}, \quad \tau'^{23} = -\tau^{23}, \quad \tau'^{31} = -\tau^{31}$$

6.21 试验证：将 $\tau_i'^j = \Lambda_i^k \Lambda_l'^j \tau_k^l$ 中的每一个分量求出，即得

$$\tau'^{11} = \tau^{22}, \quad \tau'^{22} = \tau^{11}, \quad \tau'^{33} = \tau^{33}$$

$$\tau'^{12} = -\tau^{12}, \quad \tau'^{23} = -\tau^{31}, \quad \tau'^{31} = \tau^{23}$$

6.22 试验证：将 $\tau_j'^i = R_k'^i R_j^l \tau_l^k$ 中的每一个分量求出，即得

$$\begin{aligned}
\tau_1'^1 &= R_k'^1 R_1^m \tau_m^k = (R_1'^1 \tau_m^1 + R_2'^1 \tau_m^2) R_1^m \\
&= R_1'^1 R_1^1 \tau_1^1 + R_1'^1 R_1^2 \tau_2^1 + R_2'^1 R_1^1 \tau_1^2 + R_2'^1 R_1^2 \tau_2^2 \\
&= R_1'^1 R_1^1 \tau_1^1 + R_1'^1 R_1^2 \tau_2^1 + R_2'^1 R_1^1 \tau_1^2 + R_2'^1 R_1^2 \tau_2^2 \\
&= \cos^2\theta \tau_1^1 + \cos\theta \sin\theta \tau_2^1 + \sin\theta \cos\theta \tau_1^2 + \sin^2\theta \tau_2^2 \\
&= \cos^2\theta \tau_1^1 + 2\sin\theta \cos\theta \tau_2^1 + \sin^2\theta_\tau^2 \\
&\cdots
\end{aligned}$$

$$\begin{aligned}
\tau_2'^1 &= R_k'^1 R_2^m \tau_m^k = R_1'^1 R_2^m \tau_m^1 + R_2'^1 R_2^m \tau_m^2 \\
&= R_1'^1 R_2^1 \tau_1^1 + R_1'^1 R_2^2 \tau_2^1 + R_2'^1 R_2^1 \tau_1^2 + R_2'^1 R_2^2 \tau_2^2 \\
&= -\cos\theta \sin\theta \tau_1^1 + \cos^2\theta \tau_2^1 - \sin^2\theta \tau_1^2 + \cos\theta \sin\theta \tau_2^2 \\
&= \cos\theta \sin\theta (\tau_2^2 - \tau_1^1) + (\cos^2\theta - \sin\theta) \tau_2^1 \\
&= \frac{1}{2}(\tau_2^2 - \tau_1^1) \sin 2\theta + \tau_2^1 \cos 2\theta \\
&\cdots
\end{aligned}$$

6.23 试给出变换结果：利用辅助应变状态与应变状态之间的对应关系，即可得到应变的变换规律[**提示**：$\Gamma_2'^1 = \dfrac{1}{2}(\Gamma_2^2 - \Gamma_1^1)\sin 2\theta + \Gamma_2^1 \cos 2\theta$，$\Gamma_2'^1 = \dfrac{1}{2}\gamma_2'^1$]。

6.24 试证明：由变换式（6.163）及变换式（6.159），根据简化的广义胡克定律，同时应用各向同性假设（推理方法与以前的方法完全类似），即可推出另外一个条件式 $c_1 - c_2 = 2c_3$ 。

6.25 试证明：体膨胀系数 θ 和辅助量 Θ 之间满足 $\theta = \dfrac{1-2\nu}{E}\Theta$ 。

6.26 试证明：给出 ε_{12} 和 ε_{21} 的数学表达式为

$$\varepsilon_{12} = \int_{\Omega}\left(f_{(1)}^{i} - \rho\frac{\partial^2 u_{(1)}^{i}}{dt^2}\right)u_{(2)i}\mathrm{d}\tau + \int_{\partial\Omega}F_{(1)}^{i}u_{(2)i}\mathrm{d}S$$

$$\varepsilon_{21} = \int_{\Omega}\left(f_{(2)}^{i} - \rho\frac{\partial^2 u_{(2)}^{i}}{dt^2}\right)u_{(1)i}\mathrm{d}\tau + \int_{\partial\Omega}F_{(2)}^{i}u_{(1)i}\mathrm{d}S$$

再利用奥斯特罗格拉德斯基-高斯定理将面积分转化为体积分即可得

$$\varepsilon_{12} = \int_{\Omega}\sigma_{(1)}^{\mu}e_{(2)\mu}\mathrm{d}\tau$$

$$\varepsilon_{21} = \int_{\Omega}\sigma_{(2)}^{\mu}e_{(1)\mu}\mathrm{d}\tau$$

6.27 试证明：任何应变能不可能小于零 $\delta V \geqslant 0$。

参考文献

陈省身, 陈维桓, 1983. 微分几何讲义. 北京: 北京大学出版社.

菲赫金哥尔茨, 1953. 微积分学教程. 余家荣, 译. 北京: 商务印书馆.

郭俊义, 2001. 地球物理学基础. 北京: 测绘出版社.

钱伟长, 叶开沅, 1956. 弹性力学. 北京: 科学出版社.

申文斌, 张朝玉, 2016. 张量分析与弹性力学. 北京: 科学出版社.

滕吉文, 2003. 固体地球物理学概论. 北京: 地震出版社.

熊全淹, 1984. 近世代数. 武汉: 武汉大学出版社.

曾融生, 1984. 固体地球物理学导论. 北京: 科学出版社.

Clapeyron B P E, 1858. Mémoire sur le travail des forces élastiques dans un corps solide élastique déformé par l'action des forces extérieures. Comptes rendus de l'Academie des sciences, 46: 208-212.

Jacobs J A, 1974. A textbook on geonomy. London: John Wiley & Sons.

Jeffreys H, 1976. The Earth: Its origin, history and physical constitution. Cambridge: Cambridge University Press.

Kirchhoff G, 1859. Ueber das Gleichgewicht und die Bewegung eines unendlich dünnen elastischen stabes. Journal Für Die Reine Undangewandte Mathematik, 56: 285-313.

Lecornu L, 1929. Théorie mathématique de l'élasticité. Mémorial Des Sciences Mathématiques, 35: 1-51.

Schutz B F, 1980. Geometrical methods of mathematical physics. Cambridge: Cambridge University Press.

Weinberg S, 1972. Gravitation and Cosmology. New York: John Wiley & Sons.

第 7 章 狭义相对论

传统的地球物理主要基于经典物理学原理和定律。20 世纪初叶爱因斯坦创立的相对论是近代物理学两大支柱之一，在地球物理学中得到越来越广泛的应用，比如引力红移在确定地球重力位的应用、时空变化在全球导航定位系统中的应用等。因此了解相对论的基础知识对深入研究地球物理相关科学问题有重要意义。本章只讨论狭义相对论，其中的大部分内容取自申文斌等（2008）。至于广义相对论，可参阅相关文献（申文斌 等，2008；Weinberg，1972；Einstein，1915）。

1905 年，爱因斯坦发表了《论动体的电动力学》一文，该文基于两个基本假设，推演出了洛伦兹变换，并给时间和空间赋予了新的观念。两个基本假设是：光速恒定假设和狭义相对性假设。根据洛伦兹变换，可推导出运动的时钟其运行速率变慢（时间膨胀）、运动量杆收缩、运动的质量变大、质能方程等结论，改变了经典时空观。

7.1 伽利略相对性原理

早在两千多年以前，亚里士多德（公元前 384—前 322 年）断言，如果一个物体不受力的作用，它的运动速度就会逐渐变慢。显然，这是根据经验最容易得到的结论。但在一千多年以后，伽利略[参见 Galileo（1914）]通过实验及纯理性的推理得出一个结论（当时被认为是异端邪说）：一个物体如果不受外力作用，它将保持匀速直线运动或静止状态，直到外力迫使其改变。这个结论被牛顿归纳为惯性定律（Newton，1687）。实际上，仔细分析就不难发现，如果一个物体不受任何外力作用，那么它的运动状态就没有理由改变。这就是物理学家普遍接受惯性定律的原因。

为了描述物质世界的运动规律，需要建立参考坐标系。从数学观点来看，参考坐标系的种类很多，可以是直角坐标系、球面坐标系、曲线坐标系、旋转坐标系等。但物理学家偏爱一种坐标系，在这种坐标系中考察，惯性定律成立。这种坐标系被称为惯性坐标系（简称惯性系）。在惯性系中，不仅惯性定律成立，而且牛顿第二定律 $\boldsymbol{F}=m\boldsymbol{a}$ 也成立。惯性定律可以看成牛顿第二定律的特例，因为，速度 $\boldsymbol{v}$ 恒为常数 C 的充分必要条件可以表述为（在牛顿力学体系中，惯性质量是不变量）

$$\boldsymbol{F} \equiv m\frac{\mathrm{d}\boldsymbol{v}}{\mathrm{d}t} \tag{7.1}$$

因此，惯性系也可以按如下方式定义：存在一个参考系，若在其中牛顿第二定律成立，则该参考系是惯性系。

在实际应用中，何以知道一个参考系是否为惯性系呢？有两个判据可以采用。其一是考察在该参考系中惯性定律或牛顿第二定律是否成立（例如可通过各种实验检验牛顿第二定律是否成立）；其二是考察该参考系与某个已知惯性参考系是否做相对匀速直线运动或相对静止（这时，只需确定该参考系相对已知惯性系的运动速度矢量即可）。在应用第二种判据时，隐含着一个原理：伽利略相对性原理。伽利略相对性原理是指（Rosser，1971；Weyl，1970；Galileo，1914），与任意一个惯性系做相对匀速直线运动的参考系也是惯性参考系。由于在任意惯性系中牛顿第二定律成立，伽利略相对性原理也可换一种方式表述：假定 K 为惯性系，K' 相对 K 做匀速直线运动，则 K' 为惯性系，且牛顿第二定律在 K' 中也成立。

伽利略总结出上述原理的基础可以从下面的一段话中得到启示（Galileo，1914）。

> 当你乘坐匀速运动的轮船时，你在船舱内向船头方向跳一段距离所花费的力气并不比你向船尾方向跳过相同距离所花费的力气更大；当一物品从你手中脱落，将竖直地落到甲板上，而不发生偏斜……

总结起来看，伽利略认为，不论什么事件只要是力学过程，那么不论是在匀速运动的船上，还是在静止的陆地上，它们的运动规律完全相同。显然，这里必须假定不存在空气阻力的影响。

现在要问，一个力学规律，在 K 系中已建立相应的运动方程，怎样在 K' 系中来描述呢？伽利略找到了一种变换，即伽利略变换：

$$\begin{cases} x' = x - vt \\ t' = t \end{cases} \tag{7.2}$$

其中：x、t 分别为 K 系中的空间和时间坐标；x'、t' 分别为 K' 系中的空间和时间坐标；v 为 K' 系中的坐标原点在 K 系中的运动速度（恒定）。实际上，为了度量空间坐标，需要长度标尺；为了度量时间坐标，需要时间标尺。伽利略变换隐含了这样的假定：空间标尺和时间标尺在任何惯性系中都是相同的。在爱因斯坦之前，空间标尺和时间标尺被认为是恒定量（标量），与参考系的选取无关。

可以证明，牛顿力学定律在伽利略变换下保持不变。考察牛顿第二定律：

$$\boldsymbol{F} \equiv m\frac{\mathrm{d}^2\boldsymbol{x}}{\mathrm{d}t^2} \tag{7.3}$$

将式（7.2）代入式（7.3），注意到 $\boldsymbol{v}$ 是常矢，得

$$\begin{aligned} \boldsymbol{F} &= m\frac{\mathrm{d}^2}{\mathrm{d}t^2}\boldsymbol{x} = m\frac{\mathrm{d}}{\mathrm{d}t'^2}\left(\boldsymbol{x}' + \boldsymbol{v}t'\right) \\ &= m\frac{\mathrm{d}}{\mathrm{d}t'}\left(\frac{\boldsymbol{x}'}{\mathrm{d}t'} + \boldsymbol{v}\right) \\ &= m'\frac{\mathrm{d}^2\boldsymbol{x}'}{\mathrm{d}t'^2} = \boldsymbol{F}' \end{aligned} \tag{7.4}$$

这表明，牛顿第二定律在伽利略变换之下保持不变（试证明：**习题 7.1**）。这里需要指出，在经典力学中，惯性质量 m 被当作标量（即恒定量），因此 $m' = m$。

7.2　两个基本假设

19 世纪电磁学理论开始兴起，特别是麦克斯韦的卓越研究，把电与磁统一了起来，建立了麦克斯韦方程。同时，麦克斯韦还引入了场的概念，认为电磁相互作用是靠场来传递的。在没有物质的空间（真空）中，麦克斯韦方程可简化为一组波动方程（见第 3 章），波的传播速度即电磁波的传播速度。麦克斯韦预言，光是一种电磁波。这一预言被赫兹（Hertz，1857—1894 年）实验所证实。

真空中电磁波的特点是，不论电磁波是由什么性质的场源所产生的，电磁波的传播速度始终恒定。因此，光在真空中的传播速度是恒定的。若选取一个相对真空静止的惯性参考系 K，那么在这个参考系中，光速恒定，记为 c，其大小约为 30 万 km/s。现在选取一个相对 K 做匀速直线运动的参考系 K'，根据 2.1 节的讨论，K' 是惯性参考系。在 K 系中，光速恒定。但在 K' 系中考察，若采用伽利略变换，光速就不是恒定的，沿不同的方向，光速值不同[式（7.7）]。在当时，由于牛顿力学和伽利略变换在物理学家心目中是不可动摇的，只好假设麦克斯韦方程只在相对真空静止的参考系 K 中成立。这样一来，物理学家就不得不假定，真空充满了以太，麦克斯韦方程组仅在相对以太静止的参考系中成立，电磁波是靠以太这种媒介来传播的。这就意味着，伽利略相对性原理仅适用于牛顿力学规律，不能简单地应用到电磁学领域。可以设想，如果没有以太，真空是一种不存在任何物质形式的空间，那么它就只是一种数学形式空间。这时，由于两个惯性参考系 K 和 K' 必定完全等价，麦克斯韦方程组就应该在两个参考系中都成立，除非它不是对自然的一种真实描述。

为了寻求相对以太静止的参考系，物理学家着手用实验检测地球相对于以太的运动速度。早在 1810 年，阿拉戈（Arago，1786—1853 年）就试图通过实验检测地球相对于以太的速度，但没有成功，即给出了零结果（Ferraro et al.，2005）。

著名的迈克尔逊-莫雷实验也给出了零结果，即没有检测出地球相对于以太的运动。但由此并不能肯定地断言以太不存在，因为还有一种可能，那就是斯托克斯（Stokes，1819—1903 年）的以太拖曳说。斯托克斯曾经提出了一个假说（Stokes，1845）：以太像果冻之类的东西，地球在以太中穿行时带动地球附近的以太随地球一起运动；离开地球越远被地球拖曳的量越少。斯托克斯当初是为了解释光行差现象（见后）提出这一假说的。于是，按斯托克斯拖曳说，迈克尔逊-莫雷实验必定给出零结果。然而，斯托克斯的以太拖曳说遇到了一个困难，难以解释罗基（Lodge，1897）的双盘转动实验。如果运动物体拖曳以太，那么双盘转动实验应该给出非零结果（申文斌，1994；Rosser，1971）。罗基实验的基本原理就是考察位于两个圆盘之间的两速反向光在圆盘转动之前和转动之后的干涉条纹移动，但实验没有发现这种移动。

爱因斯坦认为（Einstein，1905），任何检验地球相对于以太运动的实验都是徒劳的，因为以太根本不存在。如果以太真不存在，那么就没有任何理由认为，麦克斯韦方程在 K 系中成立而在 K' 系中不成立。在 K 系中由麦克斯韦方程可以推论出光速恒定，与光源的运动状态无关；在 K' 系中，也可以推论出光速恒定，与光源的运动状态无关（前面已经指出，无论电磁波起源于什么物质，真空中电磁波的传播速度是恒定的）。但 K 系中的光速 c 与 K' 系中的光速 c' 是否相同呢？按照伽利略变换，二者是不同的。这一点很容易验证。由伽利略变换可以导出速度变换公式：

$$\frac{\mathrm{d}\boldsymbol{x}'}{\mathrm{d}t}=\frac{\mathrm{d}\boldsymbol{x}}{\mathrm{d}t}-\boldsymbol{v} \tag{7.5}$$

即

$$\boldsymbol{u}'=\boldsymbol{u}-\boldsymbol{v} \tag{7.6}$$

其中：$\boldsymbol{u}=\mathrm{d}\boldsymbol{x}/\mathrm{d}t$ 和 $\boldsymbol{u}'=\mathrm{d}\boldsymbol{x}'/\mathrm{d}t'$ 分别为运动粒子在 K 系和 K' 系中的运动速度，这里用到了 $t'=t$。将式（7.6）应用于光速，则有

$$\boldsymbol{c}'=\boldsymbol{c}-\boldsymbol{v} \tag{7.7}$$

根据式（7.7），光速在 K' 系中不再是恒定值：沿不同的方向，光速具有不同的值。但又没有任何理由认为，麦克斯韦方程只在 K 系中成立而在 K' 系中不成立。为了消除这一困境，有一种方案就是放弃伽利略变换，假定光速在任何惯性系中是普适恒定值。这就是爱因斯坦（Einstein，1905）当初提出的第一条假设：光速恒定假设。

既然麦克斯韦方程不仅在惯性系 K 中成立，而且在相对 K 做匀速直线运动的参考系 K' 中成立，一个自然的推论就是，伽利略相对性原理也应该适用于麦克斯韦方程。为此，爱因斯坦（Einstein，1905）提出了第二条假设：无论在哪种惯性参考系中考察，物理体系状态变化所遵循的规律保持不变。这一假设称为狭义相对性假设。实际上，光速不变假设和狭义相对性假设早在 1904 年就由彭加勒指出了（参见 1.2.2 小节），可惜他没有以此为基础做进一步的推演（参见 7.3.1 小节）。

7.3 洛伦兹变换及推论

7.3.1 洛伦兹变换

建立两个笛卡儿惯性坐标系 K 和 K'，其时空坐标分别由 (t,x,y,z) 和 (t',x',y',z') 标记。为简单起见，假定两个坐标系 K 和 K' 的相应的轴互相平行，并且 K' 相对 K 沿 ox 方向以均匀速率 v 运动，而在 oy 和 oz 方向没有相对运动（参见图 7.1，两个惯性坐标系 K 和 K' 的 x 和 x'轴，二者的相对速率是恒定值）。下面将研究如何根据两条基本假设（光速恒定假设和狭义相对性假设，参见 7.2 节）推导出洛伦兹变换（强元棨，2003；郭硕鸿，1979；Rosser，1971；曹昌祺，1961；Bergmann，1958；Einstein，1905）。

假定 $t=0$ 时 K 系的原点 o 与 K' 系的原点 o' 重合。根据前面坐标系的选取，这时 ox 轴与 $o'x'$ 轴重合。假定有一运动质点处于 K 系的时空坐标为 (t,x,y,z)，那么整个 K' 系沿 ox 正向有一运动速度 v。因此，在 K 系中的一“标准量杆” L 和“标准时间”间隔 Δt 在 K' 系中可能有变化。由于 K' 系在 oy 和 oz 方向没有相对运动，在这两个方向不存在使量杆发生变化的原因。这一论断基于直观的经验感觉，或基于因果律，难以严格论证。

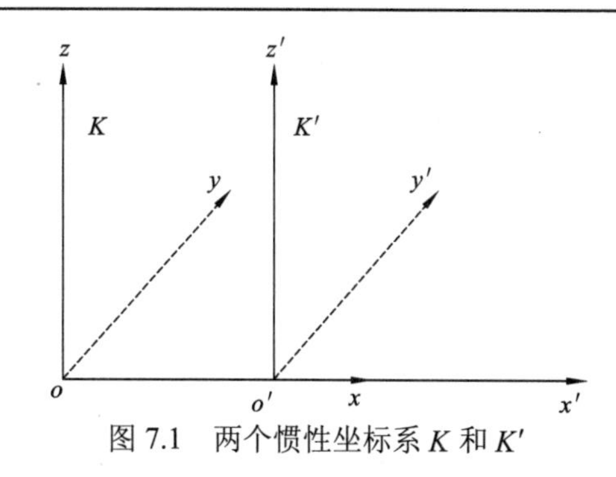

图 7.1　两个惯性坐标系 K 和 K'

实际上，任何物理学定律都是在实验（包括实际实验和思想实验）或经验感觉的基础上经过抽象提升而得到的，从亚里士多德到伽利略，从牛顿到爱因斯坦，均是如此。

但无论如何，最终需要回到实验检验。如果接受因果律，那么在 oy 和 oz 方向就没有使量杆发生变化的原因；这就意味着在 oy 和 oz 方向 y 和 z 坐标具有如下变换性质：

$$\begin{cases} y' = y \\ z' = z \end{cases} \tag{7.8}$$

沿 ox 方向，假定一待定的收缩（或放大）因子 α，则有

$$x' = \alpha(x - vt) \tag{7.9}$$

如果因子 $\alpha = 1$，则回到了伽利略变换[式（7.2）]。下面再研究时间的变换特性。

无论在 K 系还是 K' 系考察，时间必须均匀变化，这里隐含推理：既然 K 和 K' 均为惯性系 K 或 K' 关联的空间必定是均匀空间，在均匀空间中，任意两个相同的邻域中的物理学参数（包括时间参数）将保持一致。因此，t' 必须是 (t,x,y,z) 的线性函数，即有

$$t' = \beta x + \lambda_1 y + \lambda_2 z + \gamma t \tag{7.10}$$

其中：β、λ_1、λ_2 和 γ 为待定因子，它们与时空坐标无关。

将式（7.8）代入式（7.10）就会发现，如果 $\lambda_1 y + \lambda_2 z = \lambda_1 y' + \lambda_2 z'$ 不为 0，那么 K' 系的时间流逝就与坐标 y' 和 z' 有关，这与前面的推理矛盾，实际上也违背狭义相对性假设：在两个惯性系 K 和 K' 中，关于时间的定义应该是相同的。根据时间的基本概念，在任意一个惯性参考系中，时间的流逝速率与其自身参考系的空间坐标无关（但有可能与其他参考系的空间坐标有关）。于是，$\lambda_1 y + \lambda_2 z$ 必须为 0。由于 y 和 z 是任意的，λ_1 和 λ_2 必须为 0。这时，式（7.10）简化为

$$t' = \beta x + \gamma t \tag{7.11}$$

假定式（7.8）、式（7.9）和式（7.11）是所寻求的坐标变换。为了确定待定系数 α、β 和 γ，考察光波球面。假定 $t = 0$ 时（这时 $t' = 0$，o 与 o' 重合）在 o 点有一球面电磁波向四周传播。根据光速恒定假设，下面两个球面波方程同时成立

$$x^2 + y^2 + z^2 = c^2 t^2 \tag{7.12}$$

$$x'^2 + y'^2 + z'^2 = c^2 t'^2 \tag{7.13}$$

将式（7.8）、式（7.9）和式（7.11）代入式（7.13），得

$$\alpha^2 (x - vt)^2 + y^2 + z^2 = c^2 (\beta x + \gamma t)^2 \tag{7.14}$$

或写成

$$(\alpha^2 - c^2\beta^2)x^2 + y^2 + z^2 - 2(v\alpha^2 + c^2\beta\gamma)xt = (c^2\gamma^2 - v^2\alpha^2)t^2 \tag{7.15}$$

根据狭义相对性假设，式（7.15）应该完全等同于式（7.12）。由于(t,x,y,z)任意取值，比较二者的同类项系数，可得

$$\begin{cases} \alpha^2 - c^2\beta^2 = 1 \\ v\alpha^2 + c^2\beta\gamma = 0 \\ c^2\gamma^2 - v^2\alpha^2 = c^2 \end{cases} \tag{7.16}$$

解上述方程组，取有意义的解，得

$$\begin{cases} \gamma = \left(1 - \dfrac{v^2}{c^2}\right)^{-\frac{1}{2}} \\ \beta = -\dfrac{\gamma v}{c^2} \\ \alpha = \gamma \end{cases}$$

将上式代入式（7.9）和式（7.10），并将式（7.8）合写在一起，便得到了不同于伽利略变换的新的变换方程（试推导：**习题 7.2**）：

$$\begin{cases} x' = \gamma(x - vt) \\ y' = y \\ z' = z \\ t' = \gamma\left(t - \dfrac{v}{c^2}x\right) \end{cases} \tag{7.17}$$

上述变换称为洛伦兹变换，它是由洛伦兹（Lorentz，1895）在研究电子的各种运动学效应（如运动电子的尺度收缩、质量增加等）时基于完全不同于爱因斯坦的思路提出的。洛伦兹当时提出洛伦兹变换纯粹是为了解释某些特殊的自然现象，他并不认为洛伦兹变换具有新的物理内容，更不认为会改变时空观。爱因斯坦则不同，他认为洛伦兹变换代表了某种物理学原理，具有新的物理内容，从而对自然哲学观产生了重大影响。

7.3.2 时间膨胀及双生子佯谬

假定有一事件，在K系中(x,y,z)处发生，延续了Δt时间，保持在K系中的位置不动。这时，空间坐标分量x,y,z均为常数$\Delta x = \Delta y = \Delta z = 0$。由洛伦兹变换式（7.17）的第四个方程可以得到（试推导：**习题 7.3**）

$$\Delta t' = \gamma \Delta t = \frac{\Delta t}{\sqrt{1 - \dfrac{v^2}{c^2}}} \tag{7.18}$$

上式表明，若相对某事件静止的时钟（在K系中）记录到的该事件延续的时间为Δt，那么对于相对该事件以速度v运动的时钟（在K'系中）来说，记录到的结果将由式（7.18）给出：时间膨胀了，因为因子$\sqrt{1 - v^2/c^2}$总是小于 1。反过来看，K'系观测者记录到上

述事件（该事件对 K' 系观测者来说以速度 $-v$ 运动）的时间延续为 $\Delta t'$，但随同事件一起运动的时钟（在 K 系中）记录到的时间延续为

$$\Delta t = \sqrt{1-\frac{v^2}{c^2}}\Delta t' \tag{7.19}$$

这表明，随同事件一起运动的时钟记录到的该事件的延续过程要短一些。这就是通常所说的飞行时钟变慢效应。这里必须注意，飞行时钟变慢是指有一处于匀速运动的事件 P，附着在 P 上的时钟（因而该时钟也随 P 一起运动）所记录到的该事件的延续时间要比“静止”时钟（即考察运动事件 P 的观测者所携带的时钟）记录到的该事件的延续时间短。

历史上最先检验时间膨胀的一类实验是考察飞行介子（如 π 介子、μ介子等）的寿命。根据式（7.18），飞行介子的寿命应该按因子 $\gamma=(1-v^2/c^2)^{-1/2}$ 增长（试证明：**习题 7.4**）。宇宙射线中的 μ 介子，一般是由初级宇宙射线在 10～20 km 的高空大气层中与质子相互作用产生的 π 介子衰变（π → μ）而来的（王正行，1995）。实验物理学家发现，这些衰变的μ介子有很大一部分可以到达海平面。一般说来，静止 μ 介子的固有寿命是 $\tau^0=2.2\times10^{-6}\text{s}$。如果认为 μ 介子飞行时仍然是这一寿命，那么 μ 介子的飞行速度将远远超过光速。但基本粒子的各种实验还没有提供任何证据表明有超光速粒子存在。因此，一种可能的解释就是认为飞行 μ 介子的寿命按因子 γ 增长。Rossi 等（1941）及 Frisch 等（1963）进行了该类实验，结果在 10^{-2} 的精度水平上与狭义相对论相符。

另外，有不少实验物理学家测定了由加速器产生的各类介子的寿命。Lederman 等（1951）测定了由加速器产生的飞行 π^- 介子的衰变寿命，Durbin 等（1952）、Russell（1969）、Tovee 等（1971）均测定了 $\pi^\pm$ 介子的衰变寿命，Farley 等（1968）测定了飞行 μ^- 介子的衰变寿命，Taylor 等（1959）测定了 $K^\pm$ 介子的衰变寿命，结果在精度为 0.4%～5%的水平上与狭义相对论相符。

尽管可以认为上述实验支持时间膨胀公式（7.18），但还不能因此而认为上述实验结果只能有一种解释。或许，飞行介子的寿命增长是由于飞行介子与空间粒子（如空气粒子或真空中粒子）产生碰撞从而产生了次级生成介子。当然，这只是一种推想。促使这一推想的原因是：由飞行的时钟变慢这一结论，将导致一个著名的佯谬——双生子佯谬（又称时钟佯谬）。设想有一对双生子 A 和 A'，A 静止不动，A' 以匀速 v 飞离 A，然后再返回到 A 处。在 A 看来，A' 所携带的时钟记录到的这一过程所延续的时间要比 A 处时钟记录到的这一过程所延续的时间短。因此，在这一过程完结之后，A 认为 A' 要比自己年轻一些。但按照狭义相对性假设，运动完全是相对的，在 A' 看来，A 经历了类似于前述的运动过程。因此，在这一过程完结之后，A' 认为 A 要比自己年轻一些。问题是，究竟谁更年轻？

Möller（1972）及 Rosser（1971）等曾详尽地讨论了这个问题。梁灿彬等（2006）则认为，双生子佯谬只是人们的误解，实际上根本不存在，并以环球飞行钟实验（Hafele et al.，1972a，1972b）作为有利证据。然而，Hafele 等（1972a，1972b）的环球飞行钟

实验有不少可疑之处，难以作为“不存在双生子佯谬（悖论）”的证据。仔细推敲不难发现，试图在相对论框架中解答这个问题是不可能的（申文斌，1994）。

7.3.3 长度收缩

假定有一标准长度 L 置于 K 系中的 ox 轴上，两个端点坐标为 x_1 和 x_2。这两个事件（两个端点可视为两个事件）具有相同的时刻 t。对 K' 系的观测者来说，这两个事件（两个端点）在 K' 系中分别位于 (t_1',x_1',y_1',z_1') 和 (t_2',x_2',y_2',z_2')。由洛伦兹变换[式（7.17）]的第一个方程得

$$L' = x_2' - x_1' = \gamma(x_2 - x_1) = \gamma L = L\Big/\sqrt{1-\frac{v^2}{c^2}} \tag{7.20}$$

或写成

$$L = \sqrt{1-\frac{v^2}{c^2}}L' \tag{7.21}$$

式(7.21)表明，(在 K' 系考察)一个飞行的量杆 L，相比于静止量杆 L' 按因子 $\sqrt{1-\frac{v^2}{c^2}}$ 收缩。这表明，飞行量杆的尺度沿运动方向缩短了（试证明：**习题 7.5**）。

长度收缩效应是一种“表观”现象呢，还是一种真实的物理效应？Varićak（1911）认为，长度收缩只是一种表观收缩，它是由时空测量引起的，并不对应真实的物理效应。实际上，类似于时钟佯谬，也可以推论出量杆佯谬。设有两个量杆 A 和 B，它们具有相同的静止长度。A 离开 B 以速度 v 飞行。在 B 看来，A 要短一些；但在 A 看来，B 又应该短一些。究竟哪个量杆更短？此即量杆佯谬，该佯谬在狭义相对论框架中是无法解决的。由量杆佯谬还可推导出车库佯谬（梁灿彬 等，2006）：在汽车进入车库之前，司机和车库会得出不同的判断。

Pauli（1958）认为，长度收缩是一种可观察的物理效应。他援引了爱因斯坦的理想实验（Einstein，1911），指出：“长度收缩所必需的、测定空间上相互隔开的两个事件的同时性，可以完全借助量杆来完成，而无须用时钟”。设想采用具有相同静止长度 l_0 的两根量杆 A_1A_2 和 B_1B_2（沿 x_1 轴放置，量杆标记次序沿 x_1 轴正向由 1 到 2），它们等速反向在 K 系中运动（假定量杆 A_1A_2 和 B_1B_2 分别沿 x_1 轴的正向和反向飞行）。当 A_1 与 B_1、A_2 与 B_2 分别重合时，在 K 系中标出这两点并记为 C_1 和 C_2。当用 K 系中静止的量杆 l_0 量度 C_1C_2 的长度时，其值为（Pauli，1958；Einstein，1905）

$$l = l_0\sqrt{1-\beta^2} \tag{7.22}$$

其中：$\beta = v/c$。Pauli 认为，长度收缩不是单独一根量杆所测量出的性质，而是两根做相互匀速运动的相同的量杆之间的倒易关系，这种关系原则上是可以观测的。

看来，目前要对“长度收缩究竟是表观现象还是真实效应”这一问题做出决定性的断言还为时过早，因为时至今日，尚没有任何实验能够检验长度收缩效应。

7.3.4　事件次序

按照伽利略变换，时间是绝对的，它与参考系的选取无关。牛顿在《自然哲学的数学原理》一书（Newton，1687）中写道："绝对的、真正的和数学的时间，按其本性独立地均匀流逝，不受任何外界事物的影响。"牛顿的绝对时间观一直延续到1905年。按照绝对时间观，众多事件发生的先后次序是绝对的，与观测者在哪个参考系考察没有任何关系。爱因斯坦则认为，时间是相对的，事件发生的先后次序也不是绝对的（Einstein，1905）。第一个论断已经根据洛伦兹变换在前面指出（即运动时钟变慢）。下面根据洛伦兹变换式（7.17）论证第二个论断。

假定在K系的ox轴上有两个事件P_1和P_2同时发生（在K系看来同时发生），P_1和P_2的空间坐标分别为$(x_1,0,0)$和$(x_2,0,0)$。假定这两个事件发生的时刻为t（在K系考察）。对于K'系的观测者来说会有什么判断呢？根据洛伦兹变换，在K'系中考察，这两个事件发生的时刻分别为

$$\begin{cases} t_1' = \gamma\left(t - \dfrac{v}{c^2}x_1\right) \\ t_2' = \gamma\left(t - \dfrac{v}{c^2}x_2\right) \end{cases} \tag{7.23}$$

由此得

$$t_2' - t_1' = -\frac{v\gamma}{c^2}(x_2 - x_1) \tag{7.24}$$

若假定$x_2 > x_1$，那么式（7.24）表明，在K系看来同时发生的两个事件P_1和P_2，在K'系看来，这两个事件不是同时发生的，P_2先于P_1发生。当$x_2 = x_1$时，$t_2' = t_1'$。这时，在两个参考系考察所得结论是一致的：P_1和P_2同时发生。更广义地，可以假定P_1和P_2在K系中分别位于$(x_1,0,0)$和$(x_2,0,0)$，发生的时刻分别为t_1和t_2。这时，式（7.24）可转化为

$$t_2' - t_1' = \gamma(t_2 - t_1) - \frac{v\gamma}{c^2}(x_2 - x_1) \tag{7.25}$$

先假定$t_1 < t_2$，$x_1 < x_2$。这表明，在K系考察，对于处于两个不同地点的事件P_1和P_2，P_1先于P_2发生（因为$t_1 < t_2$）。为使这两个事件的发生次序在K'系中考察正好倒转过来，只需令

$$\gamma(t_2 - t_1) < \frac{v\gamma}{c^2}(x_2 - x_1) \tag{7.26}$$

即（因γ为正数）

$$t_2 - t_1 < \frac{v}{c^2}(x_2 - x_1) \tag{7.27}$$

只要不等式（7.27）成立，那么，在K'系中考察，P_1和P_2的先后次序就倒转了：P_2先于P_1发生。实际上，当$t_2 - t_1$不很大，而两个事件之间的距离$x_2 - x_1$很大时，就可以使不等式（7.27）成立（试证明：**习题7.6**）。

把上述结论加以推广就得到论断（相对论观点）：设有 n 个事件 $P_1,P_2,\cdots,P_n$ 在自然界中发生，在 K 系中考察，它们的先后次序排列为(A) $P_1\to P_2\to\cdots\to P_n$（其中相邻排列可以是同时的）。但在相对 K 系做匀速运动的 K' 系中考察，这些事件的排列次序可能仍然是(A)，但也可能根本不是。

7.4 洛伦兹变换的应用

7.4.1 速度变换

基于洛伦兹变换式（7.17），可得到速度变换公式

$$\begin{cases} u'_x=\dfrac{\mathrm{d}x'}{\mathrm{d}t'}=\dfrac{\mathrm{d}[\gamma(x-vt)]}{\mathrm{d}\left[\gamma\left(t-\dfrac{v}{c^2}x\right)\right]}=\dfrac{\mathrm{d}x-v\mathrm{d}t}{\mathrm{d}t-\dfrac{v}{c^2}\mathrm{d}x} \\ \quad=\dfrac{\dfrac{\mathrm{d}x}{\mathrm{d}t}-v}{1-\dfrac{v}{c^2}\dfrac{\mathrm{d}x}{\mathrm{d}t}}\equiv\dfrac{u_x-v}{1-\dfrac{v}{c^2}u_x} \\ u'_y=\dfrac{\mathrm{d}y'}{\mathrm{d}t'}=\dfrac{\mathrm{d}y}{\mathrm{d}\left[\gamma\left(t-\dfrac{v}{c^2}x\right)\right]}=\dfrac{\sqrt{1-\dfrac{v^2}{c^2}}u_y}{1-\dfrac{v}{c^2}u_x} \\ u'_z=\dfrac{\mathrm{d}z'}{\mathrm{d}t'}=\dfrac{\sqrt{1-\dfrac{v^2}{c^2}}u_z}{1-\dfrac{v}{c^2}u_x} \end{cases} \tag{7.28}$$

式（7.28）给出了 K 与 K' 系之间的速度变换。有时，速度变换也称为速度叠加定理。

假定在 K 系中考察，某个粒子的运动速度为 $u=(u_x,u_y,u_z)$，那么在 K' 系中考察，该粒子的运动速度 $u'=(u'_x,u'_y,u'_z)$ 由式（7.28）给出。当 $c\to\infty$时，回到了经典速度叠加公式。当 $v\to 0$ 时，其一阶近似是经典速度合成公式。对于 K 系中的任意一束光，其速度可表示成

$$c=(u_x,u_y,u_z),\quad c=(u_x^2+u_y^2+u_z^2)^{\frac{1}{2}} \tag{7.29}$$

在 K' 系中可表示成

$$c'=(u'_x,u'_y,u'_z),\quad c'=(u_x'^2+u_y'^2+u_z'^2)^{\frac{1}{2}} \tag{7.30}$$

由式（7.28），得

$$
\begin{aligned}
c' &= \left[\frac{(u_x - v)^2}{\left(1-\dfrac{v}{c^2}u_x\right)^2} + \frac{\left(1-\dfrac{v^2}{c^2}\right)u_y^2}{\left(1-\dfrac{v}{c^2}u_x\right)^2} + \frac{\left(1-\dfrac{v^2}{c^2}\right)u_z^2}{\left(1-\dfrac{v}{c^2}u_x\right)^2} \right]^{\frac{1}{2}} \\
&= \frac{1}{1-\dfrac{v}{c^2}u_x}\left[u_x^2 - 2u_x v + v^2 + u_y^2 + u_z^2 - \frac{v^2}{c^2}(u_y^2 + u_z^2) \right]^{\frac{1}{2}} \\
&= \frac{1}{1-\dfrac{v}{c^2}u_x}\left[c^2 - 2u_x v + v^2 - \frac{v^2}{c^2}(c^2 - u_x^2) \right]^{\frac{1}{2}} \\
&= \frac{c}{1-\dfrac{v}{c^2}u_x}\left(1-\frac{v}{c^2}u_x\right) \\
&= c
\end{aligned}
\tag{7.31}
$$

可见，速度变换公式（7.28）可以保证光速恒定假设成立（试证明：**习题 7.7**）。

应用速度变换公式（7.28）可以解释菲佐（Fizeau，1851）于 1851 年做的流水干涉实验[参见 Nascimento（1998）和 Selleri（2003）]。当时，该实验的目的是检验 Fresnel（1818）的以太拖曳理论[参见 Nascimento（1998）]是否成立。菲涅耳（Fresnel）的理论有一个致命的弱点：对于具有不同频率的入射光，要求运动介质（如流水）拖曳以太的量不同。按速度变换公式（7.28）则可比较自然地导出运动介质中光的速度。除了 Fizeau（1851）的实验证据，Airy（1872）的望远镜盛水实验、Zeeman（1915，1914）的流动水和运动透明固体棒实验、Snethlage 等（1921）的运动火石玻璃棒实验、Macek 等（2004）的流动空气实验等，这些实验均在一定的精度水平上证实了速度变换公式（7.28）。

另外，根据洛伦兹变换还可以导出加速度变换公式（试推导**习题 7.8**）。

7.4.2　多普勒效应和光行差

经典的多普勒效应由多普勒（Doppler，1803—1853 年）在 1842 年提出。多普勒效应是指，当光源与观测者之间有相对运动发生时，观测者会发现光谱线有位移。直观地说，就是观测者接收到的频率有变化。光行差现象是指由观测者的运动而引起的观测者所看到的光源的位置与真实位置之间的夹角，最先由布雷德（Bradley）于 1729 年发现[参见 Raman（1931）]。他观察到，恒星在一年的不同时间其表观位置有变化。这种现象归因于地球绕太阳的公转运动。确切地说，由于地球的公转运动，观测到的恒星位置（视位置）与恒星的真实位置有一差异，这一差异就是（周年）光行差。下面根据洛伦兹变换导出普遍的多普勒频移公式及光行差公式。考察一单色平面电磁波。为简单记，假定在 K 系考察，波面法线 n 处于 $o\text{-}xy$ 平面内（这时 n 也处于 $o'\text{-}x'y'$ 平面内）。n 与 ox 轴的夹角为 θ 。在 K' 系考察，波面法线变为 n' ，n' 与 $o'x'$ 轴的夹角为 θ'（一般情况下 θ' 与 θ

不同)。单色平面波在K和K'系中可分别表示成(假定$t=0$时,$t'=0$)

$$\begin{cases}\psi = A\cos 2\pi f\left(t-\dfrac{x\cos\theta+y\sin\theta}{c}\right)\\ \psi' = A'\cos 2\pi f'\left(t'-\dfrac{x'\cos\theta'+y'\sin\theta'}{c}\right)\end{cases} \tag{7.32}$$

其中:f和f'分别为平面波在K和K'系中考察时的频率。由于相位

$$2\pi f\left(t-\frac{x\cos\theta+y\sin\theta}{c}\right)$$

是不变量(Rosser,1971),有

$$2\pi f\left(t-\frac{x\cos\theta+y\sin\theta}{c}\right)=2\pi f'\left(t'-\frac{x'\cos\theta'+y'\sin\theta'}{c}\right) \tag{7.33}$$

洛伦兹变换式(7.17)的逆变换可以写成

$$\begin{cases}x=\gamma(x'+vt')\\ y=y'\\ z=z'\\ t=\gamma\left(t'+\dfrac{v}{c^2}x'\right)\end{cases} \tag{7.34}$$

实际上,由于K与K'的对称性,直接可以根据式(7.17)写出式(7.34)(这时 v 用$-v$代替)。将式(7.34)代入式(7.33),得

$$f\left[\gamma\left(t'+\frac{v}{c^2}x'\right)-\frac{\cos\theta}{c}\gamma\left(x'+vt'\right)-\frac{\sin\theta}{c}y'\right]=f'\left(t'-\frac{\cos\theta'}{c}x'-\frac{\sin\theta'}{c}y'\right) \tag{7.35}$$

由于t'、x'、y'是任意变量,要使上述方程成立,方程两边相应变量前面的系数必须相等,即有

$$\begin{cases}f\gamma\left(1-\dfrac{v}{c}\cos\theta\right)=f'\\ f\gamma\left(\cos\theta-\dfrac{v}{c}\right)=f'\cos\theta'\\ f\sin\theta=f'\sin\theta'\end{cases} \tag{7.36}$$

式(7.36)给出了多普勒频移公式,注意到$\gamma=\left(1-\dfrac{v^2}{c^2}\right)^{-\frac{1}{2}}$,有

$$f'=\frac{1-\dfrac{v}{c}\cos\theta}{\sqrt{1-\dfrac{v^2}{c^2}}}f \tag{7.37}$$

若只取到一阶项,则得到经典多普勒频移公式:

$$f'=\left(1-\frac{v}{c}\cos\theta\right)f \tag{7.38}$$

由式（7.38）可见，经典理论不存在横向多普勒频移（试证明：**习题 7.9**）[在式（7.38）中代入 $\theta=\pi/2$ 便得到 $f'=f$]。

在狭义相对论中，由式（7.37），令 $\theta=\pi/2$ 则得到横向多普勒频移：

$$f_L'=\frac{1}{\sqrt{1-\frac{v^2}{c^2}}}f \tag{7.39}$$

由式（7.36）得

$$\tan\theta'=\frac{\sin\theta}{\gamma\left(\cos\theta-\frac{v}{c}\right)}=\frac{\sqrt{1-\frac{v^2}{c^2}}}{\cos\theta-\frac{v}{c}}\sin\theta \tag{7.40}$$

上式给出了狭义相对论意义下的光行差公式。若令 $\frac{v^2}{c^2}=0$ ，则得到经典光行差公式（陆锴书 等，1987；Feynman et al.，1963）：

$$\tan\theta'=\frac{\sin\theta}{\cos\theta-\frac{v}{c}} \tag{7.41}$$

假定星光在 K 系考察与 oy 轴的反向重合（即从天顶方向射入），那么在 K' 系考察，星光的方向由下式决定（取 $\theta=3\pi/2$ ）：

$$\tan(\pi+\alpha')=\sqrt{1-\frac{v^2}{c^2}}\frac{c}{v} \tag{7.42}$$

其中

$$\theta'=\pi+\alpha' \tag{7.43}$$

式（7.40）的一阶近似（即取 $\frac{v^2}{c^2}=0$ ）就是经典光行差公式。

历史上有不少实验物理学家对多普勒效应进行了检验，其基本原理是比较飞行光源光谱线与静止光源光谱线之间的差异。在氢的极隧射线管中，电极放电产生的氢离子（H_2^+和 H_3^+）被强电场加速、准直，形成快速运动的氢离子束。这种快速运动的氢离子束可作为运动光源。将它们发射的光谱线与静止氢离子发射的光谱线进行比较，即可观测到多普勒频移。Stark 等（1906）最早证实了经典多普勒频移[在式（7.37）中将因子 $\frac{v^2}{c^2}$ 取为 0 即为经典多普勒频移]。Ives 等（1941，1938）的实验结果表明，式（7.37）是正确的。

Olin 等（1973）利用运动原子核发射的 γ 射线测量了横向多普勒频移，其原理与极隧射线实验类似。他们的实验结果表明，在 3.5%的实验精度水平上，实验结果与式（7.39）相符。

利用穆斯堡尔（Mössbauer）效应也可检验式（7.37）。Mössbauer（1958a，1958b）

首先发现了原子核无反冲γ射线的发射和吸收，这一效应即著名的穆斯堡尔效应（杨福家等，2002）。Pound 等（1960）利用 ^{57}Fe 的 14.4 keV 的γ射线进行实验，实验结果在允许误差范围内与式（7.36）一致。为了检验横向多普勒效应[式（7.39）]，Cranshaw 等（1960）做了一个实验[参见图 7.2（a）]：他们将γ射线源 ^{57}Co（它俘获电子后变成 ^{57}Fe 的激发态，后者随即放出γ射线）放在可高速转动的圆盘的中心，吸收体 ^{57}Fe 放在圆盘的边缘（圆盘半径 6.2 cm），圆盘的转速约为 500 周/s。实验结果在 2%的精度内与横向多普勒频移公式（7.39）符合。

Champeney 等（1961）也做了一个类似的实验，但他们是将射线源 ^{57}Co 和吸收体 ^{57}Fe 分别放在（旋转的）圆盘边缘的两个对径点上[图 7.2（b）]，^{57}Co 和吸收体 ^{57}Fe 的线速度大约为 $8\times10^{-8}c$（c 为光速）。实验结果表明没有横向多普勒频移。

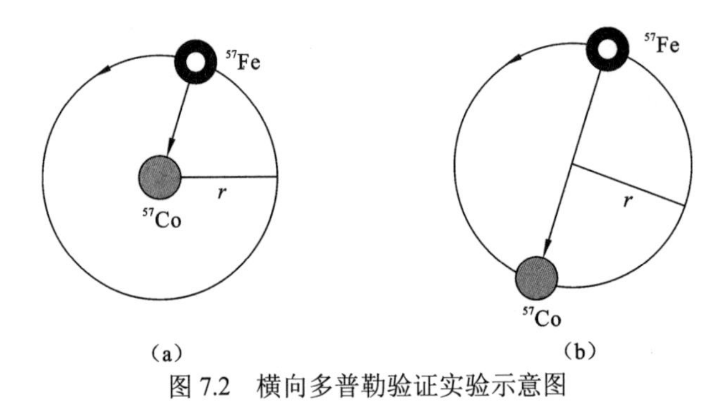

图 7.2　横向多普勒验证实验示意图

（a）Cranshaw 等（1960）实验，^{57}Fe 和 ^{57}Co 分别被放置在圆盘的边缘和中央发现有横向多普勒频移；（b）Champeney 等（1961）的实验，^{57}Fe 和 ^{57}Co 分别被放置在圆盘的边缘的对径点上没有发现横向多普勒频移

Champeney 等（1961）的实验说明了什么问题呢？假定观测者位于圆盘中心，那么发射源和吸收体均以线速度 $8\times10^{-8}c$ 相对观测者做横向运动，因此发射源及吸收体的固有振动频率相对观测者来说均由式（7.39）决定。这表明，发射源与吸收体之间不存在横向多普勒频移，符合 Champeney 等（1961）的实验结果。但如果再深入一步思考，就会发现这种解释是不能令人满意的。因为发射源与吸收体之间存在相对（横向）运动速度，而实验完全是吸收体与发射源之间的事，与圆盘中心是否存在“观测者”无关。如若不然，可以设想 A 和 B 相对“静止”观测者 O 相向等速运动，于是 O 的断言是，时钟 A 和 B 的运行速率一样快；但就 A 而言，B 的时钟的运行速率如何呢？如果 A 也作出“A 和 B 的时钟的运行速率一样快”的断言，那么就回到了牛顿的时间观，这是狭义相对论不允许的。按狭义相对论，A 与 B 之间的关系的判断必须由 A 或 B 来完成，不能由某个“中介人”来判断。但如果不能用“中介人”，那么，Champeney 等（1961）的实验结果与式（7.39）不符。因此，并不认为 Champeney 等（1961）的实验支持狭义相对论。对探讨该问题有兴趣的读者可参阅相关文献（申文斌，1994）。

7.4.3　惯性质量公式

在牛顿力学中，一个粒子的惯性质量 m 被定义为该粒子所受到的力 $\boldsymbol{F}$ 与该粒子所获得的加速度 $\boldsymbol{a}$ 之间的一个比例系数，用函数形式表述为

$$\boldsymbol{F}=m\boldsymbol{a} \tag{7.44}$$

并且假定了惯性质量 m 与运动速度无关。实际上，牛顿第二定律是用下述形式表述的

$$\boldsymbol{F}=\frac{\mathrm{d}\boldsymbol{p}}{\mathrm{d}t} \tag{7.45}$$

其中

$$\boldsymbol{P}=m\boldsymbol{u} \tag{7.46}$$

为粒子的动量，$\boldsymbol{u}$ 为粒子的运动速度。在牛顿力学中，m 是常数，因此，式（7.44）与式（7.46）一致。

在狭义相对论中，并不假定惯性质量是不变量。在假定动量守恒定律成立的前提下，通过考察两个完全弹性球的碰撞过程，并应用速度变换公式（7.28），即可推导出如下的惯性质量方程（Rosser，1971；Born，1924；Lewis et al.，1909）：

$$m=\frac{m_0}{\sqrt{1-\frac{v^2}{c^2}}} \tag{7.47}$$

其中：m_0 为静止（惯性）质量，这里的静止质量是相对于某个惯性系 K 而言的。上述方程表明，运动粒子的惯性质量增大了。按狭义相对论，粒子的动量和力分别由式（7.46）和式（7.45）来定义，其中惯性质量由式（7.47）给出。Rosser（1971）给出了式（7.47）的详细推导过程。

在狭义相对论之前，Abraham（1903）把电子看作一种以速度 v 运动的完全刚性的球形粒子[参见 Rosser（1971）]，并由此导出惯性质量公式（Miller，1981；张元仲，1979）：

$$m=\frac{3}{4}\frac{m_0}{\beta^2}\left[\frac{1+\beta^2}{2\beta}\ln\left(\frac{1+\beta}{1-\beta}\right)-1\right] \tag{7.48}$$

其中：$\beta=\frac{v}{c}$。洛伦兹于 1904 年在“电子沿运动方向按因子 $\sqrt{1-\beta^2}$ 发生收缩”的假定之下，导出了电子（惯性）质量随速度变化的式（7.47），参见 Lorentz 等（1923）。

无论采用式（7.47）还是式（7.48），均可解释 Kaufmann（1901）的电磁偏转实验。实验的基本原理是利用电磁偏转方法测定电子的运动速度对电子的荷质比 $\frac{e}{m}$ 的影响。实验表明 $\frac{e}{m}$ 随速度的增加而减小。在电荷不变性假定下，只能认为 m 随速度的增加而增大。但 Kaufmann（1901）的实验无法区分式（7.47）与式（7.48）究竟哪个正确。后来，Rogers 等（1940）的电子偏转实验在 1%的精度水平上支持式（7.47），不支持式（7.48）。

Grove（1953）利用质子在回旋加速器中的运动过程，在 0.1%的精度水平上证实了

式（7.47），参见 Rosser（1971）。Champion（1932）则利用电子的弹性碰撞实验（观测电子经弹性碰撞之后的散射角）证实了式（7.47）。不过，最终对 Champion 实验结果的解释应该应用量子力学中的散射理论。因为电子属于微观粒子，服从量子力学运动规律。后来 Faragó 等（1957）指出，单就 Champion（1932）实验本身而言，实际误差要比实验中所考虑的误差更大，因此，该实验对检验质量公式（7.47）没有提供充分的证据。另外，Raboy 等（1958）则指出 Champion 实验不能区分式（7.47）与式（7.48）。

7.4.4 爱因斯坦质能公式

按照功的一般定义，粒子在力 $\boldsymbol{F}$ 的作用下行进一段距离 $\mathrm{d}\boldsymbol{s}$ 被做的功为

$$\mathrm{d}W = \boldsymbol{F} \cdot \mathrm{d}\boldsymbol{s} \tag{7.49}$$

如果假定该部分功全用于增加粒子的内能，那么粒子的内能增量为

$$\mathrm{d}E = \boldsymbol{F} \cdot \mathrm{d}\boldsymbol{s} \tag{7.50}$$

由于粒子的内能变化与粒子行进的路径无关，只取决于路径的两个端点，粒子在力 $\boldsymbol{F}$ 的作用下从 A 点运动到 B 点之后，内能的增加量为

$$\Delta E = \int_A^B \boldsymbol{F} \cdot \mathrm{d}\boldsymbol{s} \tag{7.51}$$

将式（7.45）～式（7.47）代入式（7.51）完成积分运算便得

$$\Delta E = mc^2 - m_0c^2 = \frac{m_0c^2}{\sqrt{1-\dfrac{v^2}{c^2}}} - m_0c^2 \tag{7.52}$$

这里假定了当粒子处于 A 点时为静止状态，处于 B 点时运动速度为 v。由式（7.52），一个自然的推想就是，粒子处于静止状态时具有能量 m_0c^2（称为静质量能），当运动速度达到 v 时，具有能量 mc^2。于是，可令

$$E = mc^2 = \frac{m_0c^2}{\sqrt{1-\dfrac{v^2}{c^2}}} \tag{7.53}$$

上述方程就是著名的爱因斯坦质能公式（试推导：**习题 7.10**），它是爱因斯坦于 1908 年基于狭义相对论得到的（Lorentz et al.，1923）。由于光速 c 约等于 3×10^8 m/s[c = 299 792 458 m/s，参见 Stöker（2004）]，即使一小块物质，如质量只有 1 g，它的能量如果全部释放出来，将有 9×10^{20} erg（1 erg=10^{-7} J）。粗略地说，这一能量相当于一头黄牛耕地 700 万年（每天耕地时间按 10 h 计）所做的功，或相当于一个 6 级地震释放出来的能量[按震级 M 与能量 E 之间的关系式 $\lg E=12+1.5M$ 估计，其中 E 以 erg 为单位，参见 Lay 等（1995）]。

爱因斯坦质能公式[式（7.53）]可以说是狭义相对论中一个最重要的结论。一个物体具有质量 m，就相应地具有能量 E。反过来，具有能量 E 的物体也就具有质量 m。E

与 m 由式（7.53）联系了起来。通常，对质能公式[式（7.53）]不能直接进行检验，而是通过测量物体的能量的变化 ΔE 和质量的变化 Δm 来实现。显然，可以写出

$$\Delta E = c^2 \Delta m \tag{7.54}$$

最早的检验式（7.54）的实验是由 Cockcroft 等（1932）完成的。他们的实验结果基本上与式（7.54）一致，但实验精度不高。Smith（1939）以更高的精度证实了式（7.54）的正确性。后来，Hudson 等（1968）的实验在 0.2%的精度水平上证实了式（7.54）的正确性。

7.5 四维时空形式发展

7.5.1 闵可夫斯基空间

按照牛顿的观点，空间和时间都是绝对的，二者没有内在的关联。爱因斯坦则指出了二者的关联性。早在 1904 年，彭加勒（Poincáe）就指出了空间和时间有可能构成四维连续世界[参见彭加勒（2003）]。闵可夫斯基（Minkowsky，1908）更进了一步，他在《空间和时间》一文中指出[参见 Lorentz 等（1923）]："从现在起，孤立的空间和孤立的时间注定要消失成为影子，只有二者的统一才能保持独立的存在。"将空间直角坐标 (x,y,z) 和时间坐标 t 等同看待，则得到一个由数组 (t,x,y,z) 表示的四维连续区。闵可夫斯基把 (t,x,y,z) 称为一个世界点，把一切可以设想的数组 (t,x,y,z) 的全体称为四维世界。任何一个事件的连续运动过程都可以用数组 (t,x,y,z) 表示出来，由该数组所给出的一条曲线称为世界线。可以认为，整个四维世界由世界线构成。由于闵可夫斯基的卓越研究，狭义相对性假设可以用下面更广义的假设来替换：原时间隔

$$\mathrm{d}s^2 \equiv c^2 \mathrm{d}\tau^2 = c^2 \mathrm{d}t^2 - \mathrm{d}x^2 - \mathrm{d}y^2 - \mathrm{d}z^2 \tag{7.55}$$

是不变量。简单地理解，原时间隔是指四维时空中相邻两点之间的距离。原时间隔是不变量，是指无论在什么参考系中考察，原时间隔 $\mathrm{d}s^2$ 都保持不变，尽管 $\mathrm{d}t$ 、$\mathrm{d}x$ 、$\mathrm{d}y$ 、$\mathrm{d}z$ 可以变化。不难验证，把洛伦兹变换公式（7.17）代入式（7.55）就会发现 $\mathrm{d}s^2$ 保持不变，即 $\mathrm{d}s'^2 = \mathrm{d}s^2$ 。反过来也可以证明，使 $\mathrm{d}s^2$ 保持不变的非奇异变换只有洛伦兹型变换。

7.5.2 光速单位制

为了方便起见，引进光速单位制，即令 $c=1$ 。由于速度的定义是[长度]/[时间]（按国际单位制可表示成 $\mathrm{m/s}$ ），在光速单位制中，长度与时间具有同样的量纲，而速度则是无量纲量。假定有一粒子的运动速度为 u，那么在光速单位制中进行实际运算时应该用 u/c 来代替。这里需着重指出，在任何方程中遇到普通速度 u，其数值是无

量纲小量，即采用国际单位制下的实际速度 u 与真空中光速 c 的比值 u/c。假定有一距离 L，在光速单位制中运算时应取 L/c，实际上就是 L 本身（因为 $c=1$），以秒为单位，从而得到时间量纲。时间的单位没有变化。在光速单位制中，有

$$\mathrm{d}s^2 \equiv \mathrm{d}\tau^2 = \mathrm{d}t^2 - \mathrm{d}x^2 - \mathrm{d}y^2 - \mathrm{d}z^2 \tag{7.56}$$

用 x^0 表示时间 t，用 x^1、x^2、x^3 分别表示位置矢量 $\boldsymbol{x}$ 的笛卡儿坐标分量 x、y、z，并引进闵可夫斯基度规：

$$\eta_{\alpha\beta} = \begin{cases} -1, & \alpha = \beta = 0 \\ +1, & \alpha = \beta = 1,2,3 \\ 0, & \alpha \neq \beta \end{cases} \tag{7.57}$$

则原时间隔可以表述成如下简明形式：

$$\mathrm{d}\tau^2 = \mathrm{d}t^2 - \mathrm{d}\boldsymbol{x}^2 = -\eta_{\alpha\beta}\mathrm{d}x^\alpha \mathrm{d}x^\beta \tag{7.58}$$

这里采用了爱因斯坦求和约定。

由式（7.58），得

$$\frac{\mathrm{d}\tau^2}{\mathrm{d}t^2} = 1 - \frac{\mathrm{d}\boldsymbol{x}^2}{\mathrm{d}t^2} \tag{7.59}$$

其中：$\mathrm{d}\boldsymbol{x}^2/\mathrm{d}t^2$ 为粒子的运动速度。对于光子，其运动速度为 $c \equiv 1$（试证明：**习题 7.11**），即有 $\mathrm{d}\boldsymbol{x}^2/\mathrm{d}t^2 = 0$，因此，光的传播可表示为

$$\mathrm{d}\tau = 0 \tag{7.60}$$

由于洛伦兹变换不改变原时间隔，即 $\mathrm{d}\tau' = \mathrm{d}\tau$，由式（7.60）得 $\mathrm{d}\tau' = 0$，即 $|\mathrm{d}\boldsymbol{x}'^2/\mathrm{d}t'^2| = 1$。这表明光速在新的惯性参考（坐标）系中仍然是 1。

7.5.3 事件间隔

一个世界点 (t,x,y,z) 也称为一个事件。整个四维世界可以看作由无数事件构成。由于每一个事件都对应一个世界点，任意两个相邻事件之间的间隔可以用对应的相邻世界点之间的空间间隔表示出来。假定事件 P 和 Q 所对应的世界点分别为 (t,x,y,z) 和 $(t+\mathrm{d}t, x+\mathrm{d}x, y+\mathrm{d}y, z+\mathrm{d}z)$，那么，事件 P 和 Q 的间隔由式（7.58）表示。当 $\mathrm{d}\tau^2 > 0$、$\mathrm{d}\tau^2 < 0$、$\mathrm{d}\tau^2 = 0$ 时，分别称事件 P 和 Q 的间隔为类时的、类空的、类零的（或类光的）。如果事件间隔是类时的，则可利用光信号建立事件 P 和 Q 之间的联系。但如果事件间隔是类零的或类空的，则无法采用光信号建立 P 和 Q 之间的联系。为了证实这一点，由式（7.58）得

$$\left(\frac{\mathrm{d}\tau}{\mathrm{d}t}\right)^2 = 1 - u^2 \tag{7.61}$$

其中：$u = |\boldsymbol{u}|$ 为事件 P 和 Q 之间的分离速度。当它们的分离速度小于光速时，可以用光信号建立它们之间的联系；这种情形属于类时的（$\mathrm{d}\tau^2 > 0$）。当它们的分离速度等于或

大于光速时，无法用光信号建立它们之间的联系，因为由P（或Q）发出的光信号永远追不上Q（或P）；这种情形属于类零或类空的（$\mathrm{d}\tau^2=0$或$\mathrm{d}\tau^2<0$）。

7.5.4　一般洛伦兹变换表示

一般洛伦兹变换可表示成（Weinberg，1972）

$$x'^{\alpha}=\Lambda^{\alpha}_{\beta}x^{\beta}+a^{\alpha} \tag{7.62}$$

其中：Λ^{α}_{β}和a^{α}均为常数，且满足条件

$$\Lambda^{\alpha}_{\gamma}\Lambda^{\beta}_{\delta}\eta_{\alpha\beta}=\eta_{\gamma\delta} \tag{7.63}$$

其中：$\eta_{\gamma\delta}$为闵可夫斯基度规。若采用由式（7.17）给出的特殊洛伦兹变换，那么$a^{\alpha}=0$，Λ^{α}_{β}由下列矩阵表示：

$$\Lambda^{\alpha}_{\beta}=\begin{bmatrix}\gamma & -\gamma v & 0 & 0\\ -\gamma v & \gamma & 0 & 0\\ 0 & 0 & 1 & 0\\ 0 & 0 & 0 & 1\end{bmatrix} \tag{7.64}$$

下面考察一般洛伦兹变换[式（7.62）]是否保持原时间隔$\mathrm{d}\tau^2$不变（试证明：习**题7.12**）。为此，考察

$$\mathrm{d}\tau'^2=-\eta_{\alpha\beta}\mathrm{d}x'^{\alpha}\mathrm{d}x'^{\beta} \tag{7.65}$$

将式（7.62）代入式（7.65）并顾及式（7.63），注意到$\mathrm{d}a^{\alpha}=0$，得

$$\begin{aligned}\mathrm{d}\tau'^2&=-\eta_{\alpha\beta}\Lambda^{\alpha}_{\gamma}\mathrm{d}x^{\gamma}\Lambda^{\beta}_{\delta}\mathrm{d}x^{\delta}=-\eta_{\alpha\beta}\Lambda^{\alpha}_{\gamma}\Lambda^{\beta}_{\delta}\mathrm{d}x^{\gamma}\mathrm{d}x^{\delta}\\&=-\eta_{\gamma\delta}\mathrm{d}x^{\gamma}\mathrm{d}x^{\delta}=\mathrm{d}\tau^2\end{aligned} \tag{7.66}$$

可见，一般洛伦兹变换使原时间隔保持不变。

一般洛伦兹变换具有如下一组解（Weinberg，1972）：

$$\begin{cases}\Lambda^{0}_{0}=\gamma=(1-v^2)^{-\frac{1}{2}}\\ \Lambda^{i}_{0}=\gamma v^{i}\\ \Lambda^{i}_{j}=\delta^{i}_{j}+v^{i}v_{j}\dfrac{\gamma-1}{v^2}\\ \Lambda^{0}_{j}=\gamma v_{j},\quad i,j=1,2,3\end{cases} \tag{7.67}$$

其中：$v^{i}\equiv v_{i}$；δ^{i}_{j}为（三维）克罗内克符号：当$i=j$，$\delta^{i}_{j}=1$；当$i\neq j$，$\delta^{i}_{j}=0$。

下面提到一般洛伦兹变换，是指Λ^{α}_{β}由式（7.67）给出，尽管这并不是最广义的洛伦兹变换。

7.6 相对论动力学

7.6.1 相对论力

定义一个作用于坐标为 $x^\alpha(\tau)$ 的粒子上的相对论性的力（Weinberg，1972）：

$$f^\alpha = m\frac{\mathrm{d}^2 x^\alpha}{\mathrm{d}\tau^2} \tag{7.68}$$

其中：m 为粒子的静止质量。若 f^α 已知，则可求出粒子的运动轨迹。如何求定 f^α 呢？有两条性质可以把 f^α 与牛顿力联系起来（Weinberg，1972）（试确定四维力的表达式：**习题 7.13**）

（1）粒子静止时，$\mathrm{d}\tau = \mathrm{d}t$，因此 $f^\alpha = F^\alpha$，其中 F^α 是普通牛顿力 $\boldsymbol{F}$（它是四维力 f^α 的空间部分）的笛卡儿分量，$F^0 = 0$。

（2）在一般洛伦兹变换下，$\mathrm{d}x'^\alpha = \Lambda^\alpha_\beta \mathrm{d}x^\beta$，其中 Λ^α_β 由式（7.67）给出。由于 $\mathrm{d}\tau$ 是不变量，则有

$$f'^\alpha = m\frac{\mathrm{d}^2 x'^\alpha}{\mathrm{d}\tau'^2} = m\Lambda^\alpha_\beta \frac{\mathrm{d}^2 x^\beta}{\mathrm{d}\tau^2} = \Lambda^\alpha_\beta f^\beta \tag{7.69}$$

任何量如 $\mathrm{d}x^\alpha$ 或 f^α 那样按照式（7.69）变换，则称为四维矢量。矢量属于一阶张量，参见 7.7 节和 3.2 节。

建立一个随粒子一起运动的坐标系 x'^α，在这个坐标系中粒子处于静止状态。于是，按情形（1），粒子在 x'^α 系中所受的力可写成 $f'^\alpha = F^\alpha$，其中 $F^0 = 0$。但在坐标系 x^α 中考察，粒子以速度 v 运动。为此，通过洛伦兹变换，得到在 x^α 系中的描述：

$$f^\alpha = \Lambda^\alpha_\beta(v) F^\beta \tag{7.70}$$

将式（7.67）代入式（7.70），即可得到显式：

$$\begin{cases} \boldsymbol{f} = \boldsymbol{F} + (\gamma - 1)\dfrac{\boldsymbol{v}\cdot\boldsymbol{F}}{v^2}\boldsymbol{v} \\ f^0 = \gamma\boldsymbol{v}\cdot\boldsymbol{F} = \boldsymbol{v}\cdot\boldsymbol{f} \end{cases} \tag{7.71}$$

7.6.2 能量和动量

根据相对论力的定义式（7.68），有

$$f^\alpha = m\frac{\mathrm{d}^2 x^\alpha}{\mathrm{d}\tau^2} = \frac{\mathrm{d}}{\mathrm{d}\tau}\left(m\frac{\mathrm{d}x^\alpha}{\mathrm{d}\tau}\right) \tag{7.72}$$

其中：m 为静止质量，是常数。若令

$$p^\alpha = m\frac{\mathrm{d}x^\alpha}{\mathrm{d}\tau} \tag{7.73}$$

则相对论性的牛顿第二定律可表示成

$$\frac{\mathrm{d}p^{\alpha}}{\mathrm{d}\tau} = f^{\alpha} \tag{7.74}$$

其中：p^{α} 为粒子的能量动量四维矢量。由于

$$\mathrm{d}\tau \equiv (\mathrm{d}t^2 - \mathrm{d}\boldsymbol{x}^2)^{\frac{1}{2}} = (1-\boldsymbol{v}^2)^{\frac{1}{2}}\mathrm{d}t \tag{7.75}$$

则 p^{α} 的空间分量（$\alpha \neq 0$）构成动量矢量：

$$\boldsymbol{p} = m\gamma\frac{\mathrm{d}\boldsymbol{x}}{\mathrm{d}t} = m\gamma\boldsymbol{v} \tag{7.76}$$

p^{α} 的时间分量（$\alpha = 0$）是能量（注意光速单位制）：

$$p^0 = E = m\frac{\mathrm{d}x^0}{\mathrm{d}\tau} = m\frac{\mathrm{d}t}{\mathrm{d}\tau} = m\gamma \tag{7.77}$$

在光速单位制中，$c=1$；因此，1 s 相当 3×10^{10} cm，而 1 g 相当于 9×10^{20} erg。另外，由式（7.73）定义的能量动量四维矢量满足形如式（7.69）的方程：

$$p'^{\alpha} = m\frac{\mathrm{d}^2 x'^{\alpha}}{\mathrm{d}\tau'^2} = m\frac{\Lambda^{\alpha}_{\beta}\mathrm{d}^2 x^{\beta}}{\mathrm{d}\tau^2} = \Lambda^{\alpha}_{\beta} m\frac{\mathrm{d}^2 x^{\beta}}{\mathrm{d}\tau^2} = \Lambda^{\alpha}_{\beta} p^{\beta} \tag{7.78}$$

由式（7.73）及式（7.58）得

$$\eta_{\alpha\beta} p^{\alpha} p^{\beta} = \eta_{\alpha\beta} m^2 \frac{\mathrm{d}x^{\alpha}}{\mathrm{d}\tau}\frac{\mathrm{d}x^{\beta}}{\mathrm{d}\tau} = -m^2\frac{-\eta_{\alpha\beta}\mathrm{d}x^{\alpha}\mathrm{d}x^{\beta}}{\mathrm{d}\tau^2} = -m^2 \tag{7.79}$$

将式（7.57）代入式（7.79），得

$$-(p^0)^2 + p_i p^i = -m^2 \tag{7.80}$$

故有能量动量方程（试推导：**习题 7.14**）

$$E(p^i) = p^0 = (p_i p^i + m^2)^{\frac{1}{2}} \tag{7.81}$$

其中：$p_i = p^i$；$p_i p^i \equiv p_1 p^1 + p_2 p^2 + p_3 p^3$。

在相对论中，光子被认为是没有静止质量的以光速运动的粒子。近代物理学认为，以光速运动的粒子还有中微子。不过，中微子是否存在静止质量目前尚无定论，目前的实验表明，如果中微子有静止质量，其上限也不会超过 10^{-40} kg。无论是光子还是中微子，它们具有能量和动量，其中，能量与动量之间的关系表示为

$$E = \sqrt{p_i p^i} \tag{7.82}$$

这只要在式（7.81）中令 $m=0$ 即可得到。

7.7　张量变换

对于任意一个四维矢量（一阶张量）V^{α}，当坐标系 x^{α} 按如下规律变换：

$$x^{\alpha} \to x'^{\alpha} = \Lambda^{\alpha}_{\beta} x^{\beta} \tag{7.83}$$

则 V^{α} 的变换规律为

$$V^{\alpha} \to V'^{\alpha} = \Lambda^{\alpha}_{\beta} V^{\beta} \tag{7.84}$$

则称V^{α}为逆变四维矢量，其中Λ_{β}^{α}由式（7.67）给出。对于任意一个量U_{α}，若变换规律由下式确定：

$$U_{\alpha} \to U'_{\alpha} = \Lambda_{\alpha}^{\beta} U_{\beta} \tag{7.85}$$

则称U_{α}为协变四维矢量，其中Λ_{α}^{β}是Λ_{β}^{α}的逆矩阵，定义为

$$\Lambda_{\alpha}^{\beta} = \eta_{\alpha\gamma}\eta^{\beta\delta}\Lambda_{\delta}^{\gamma} \tag{7.86}$$

引入$\eta^{\beta\delta}$的目的是符合求和约定，$\eta^{\beta\delta}$在数值上与$\eta_{\beta\delta}$（闵可夫斯基度规）完全相同。基于式（7.57），有

$$\eta^{\beta\delta}\eta_{\alpha\delta} = \begin{cases} +1, & \alpha = \beta \\ 0, & \alpha \neq \beta \end{cases} \tag{7.87}$$

其中：δ_{α}^{β}为（四维）克罗内克符号。由式（7.86）和式（7.87），并顾及式（7.63），得

$$\Lambda_{\alpha}^{\gamma}\Lambda_{\beta}^{\alpha} = \eta_{\alpha\lambda}\eta^{\gamma\varepsilon}\Lambda_{\varepsilon}^{\lambda}\Lambda_{\beta}^{\alpha} = \eta^{\gamma\varepsilon}(\Lambda_{\varepsilon}^{\lambda}\Lambda_{\beta}^{\alpha}\eta_{\alpha\lambda}) = \eta^{\gamma\varepsilon}\eta_{\varepsilon\beta} = \delta_{\beta}^{\gamma} \tag{7.88}$$

由此可见，Λ_{α}^{β}的确是Λ_{β}^{α}的逆矩阵。进一步，可推出逆变和协变四维矢量的标量积是不变量：

$$U'_{\alpha}V'^{\alpha} = \Lambda_{\alpha}^{\beta}U_{\beta}\Lambda_{\delta}^{\alpha}V^{\delta} = \delta_{\delta}^{\beta}U_{\beta}V^{\delta} = U_{\beta}V^{\beta} \tag{7.89}$$

每个逆变四维矢量V^{β}对应有一个协变四维矢量，定义为

$$V_{\alpha} \equiv \eta_{\alpha\beta}V^{\beta} \tag{7.90}$$

因此[参照式（7.84）和式（7.86）]，有

$$\begin{aligned} V'_{\alpha} &= \eta_{\alpha\beta}V'^{\beta} = \eta_{\alpha\beta}\Lambda_{\delta}^{\beta}V^{\delta} = \eta_{\alpha\beta}\Lambda_{\delta}^{\beta}(\eta^{\delta\lambda}V_{\lambda}) \\ &= \eta_{\alpha\beta}\eta^{\delta\lambda}\Lambda_{\delta}^{\beta}V_{\lambda} = \Lambda_{\alpha}^{\lambda}V_{\lambda} \end{aligned} \tag{7.91}$$

同理，每个协变四维矢量U_{α}对应有一个逆变四维矢量：

$$U^{\alpha} = \eta^{\alpha\beta}U_{\beta} \tag{7.92}$$

值得注意的是，$\eta^{\alpha\beta}$和$\eta_{\alpha\beta}$可分别用来提升或下降指标，即

$$\begin{cases} \eta^{\alpha\beta}V_{\beta} = \eta^{\alpha\beta}(\eta_{\beta\varepsilon}V^{\varepsilon}) = \delta_{\varepsilon}^{\alpha}V^{\varepsilon} = V^{\alpha} \\ \eta_{\alpha\beta}U^{\beta} = \eta_{\alpha\beta}(\eta^{\beta\varepsilon}U_{\varepsilon}) = \delta_{\alpha}^{\varepsilon}U_{\varepsilon} = U_{\alpha} \end{cases} \tag{7.93}$$

由于$\mathrm{d}x^{\alpha}$的变换规则为[参见式（7.83）]

$$\mathrm{d}x'^{\alpha} = \Lambda_{\beta}^{\alpha}\mathrm{d}x^{\beta} \tag{7.94}$$

其中：$\mathrm{d}x^{\alpha}$为逆变矢量。

对于梯度$\partial / \partial x^{\alpha}$，由于

$$\frac{\partial}{\partial x'^{\alpha}} = \frac{\partial x^{\beta}}{\partial x'^{\alpha}}\frac{\partial}{\partial x^{\beta}} = \Lambda_{\alpha}^{\beta}\frac{\partial}{\partial x^{\beta}} \tag{7.95}$$

由式（7.85）可知，梯度是协变矢量。上边用到

$$\frac{\partial x^{\beta}}{\partial x'^{\alpha}} = \Lambda_{\alpha}^{\beta} \tag{7.96}$$

因此

$$\mathrm{d}x'^{\alpha} = \Lambda_{\beta}^{\alpha}\mathrm{d}x^{\beta} \tag{7.97}$$

在式（7.97）两边同时作用$\Lambda_{\alpha}^{\lambda}$，得

$$\Lambda_{\alpha}^{\lambda}\mathrm{d}x'^{\alpha} = \Lambda_{\alpha}^{\lambda}\Lambda_{\beta}^{\alpha}\mathrm{d}x^{\beta} = \delta_{\beta}^{\lambda}\mathrm{d}x^{\beta} = \mathrm{d}x^{\lambda} \tag{7.98}$$

逆变矢量$\boldsymbol{V}^{\alpha}$的散度（即$\partial V^{\alpha}/\partial x^{\alpha}$）是不变量：

$$\begin{aligned}\frac{\partial V'^{\alpha}}{\partial x'^{\alpha}} &= \frac{\partial}{\partial x'^{\alpha}}(\Lambda_{\beta}^{\alpha}V^{\beta}) = \Lambda_{\beta}^{\alpha}\frac{\partial V^{\beta}}{\partial x^{\lambda}}\frac{\partial x^{\lambda}}{\partial x'^{\alpha}} \\ &= \Lambda_{\beta}^{\alpha}\Lambda_{\alpha}^{\lambda}\frac{\partial V^{\beta}}{\partial x^{\lambda}} = \delta_{\beta}^{\lambda}\frac{\partial V^{\beta}}{\partial x^{\lambda}} = \frac{\partial V^{\alpha}}{\partial x^{\alpha}}\end{aligned} \tag{7.99}$$

达朗贝尔（D′Alembert）算子

$$\Box^2 = -\eta^{\alpha\beta}\frac{\partial}{\partial x^{\alpha}}\frac{\partial}{\partial x^{\beta}} = \frac{\partial^2}{\partial t^2} - \nabla^2 \tag{7.100}$$

是不变量（试证明：**习题 7.15**），这是因为协变矢量$\partial/\partial x^{\beta}$经$\eta^{\alpha\beta}$提升之后变成了逆变矢量$B^{\alpha}$，后者再与协变矢量$\partial/\partial x^{\beta}$作用（缩并）之后变成了标量（不变量）。在式（7.100）中，∇是 Nabla 算符（即梯度算符）。

设有一个对象$T_{\alpha\beta}^{\gamma}$，满足如下变换规则：

$$T_{\alpha\beta}^{\gamma} \to T'^{\gamma}_{\alpha\beta} = \Lambda_{\delta}^{\gamma}\Lambda_{\alpha}^{\varepsilon}\Lambda_{\beta}^{\lambda}T_{\varepsilon\lambda}^{\delta} \tag{7.101}$$

则称$T_{\alpha\beta}^{\gamma}$为（三指标）三阶张量，确切地说，是四维空间中的三阶混合张量。二阶张量形如T_{β}^{α}、$T^{\alpha\beta}$、$T_{\alpha\beta}$、T_{α}^{β}。这里需注意，指标的位置及顺序不是无关紧要的。比如，T_{β}^{α}和T_{α}^{β}可以相同，也可以不同。构成张量的方法主要有以下几种。

（1）线性组合：具有相同上标及下标的张量的线性组合仍然是张量，且有与原始张量相同的上标和下标。例如，设R_{β}^{α}和S_{β}^{α}是张量，a和b是标量（即常数），则

$$T_{\beta}^{\alpha} = aR_{\beta}^{\alpha} + bS_{\beta}^{\alpha} \tag{7.102}$$

是张量，这一点很容易证实。

（2）直积：两个张量的分量的乘积产生一个张量，其上标和下标由原来两个张量的全部上标和下标构成。例如，设A_{β}^{α}和B^{γ}是张量，则

$$T_{\beta}^{\alpha\gamma} = A_{\beta}^{\alpha}B^{\gamma} \tag{7.103}$$

也是张量，因此

$$T'^{\alpha\gamma}_{\beta} = A'^{\alpha}_{\beta}B'^{\gamma} = \Lambda_{\delta}^{\alpha}\Lambda_{\varepsilon}^{\beta}\Lambda_{\lambda}^{\gamma}A_{\varepsilon}^{\delta}B^{\lambda} = \Lambda_{\delta}^{\alpha}\Lambda_{\beta}^{\varepsilon}\Lambda_{\lambda}^{\gamma}T_{\varepsilon}^{\delta\lambda} \tag{7.104}$$

（3）缩并：令一个张量的上指标与下指标相同，再将它们遍历 0、1、2、3 求和，则产生一个只缺少这两个指标的张量。例如，设$T_{\beta}^{\alpha\gamma\delta}$是张量，则

$$T^{\alpha\gamma} = T_{\beta}^{\alpha\gamma\beta} \tag{7.105}$$

也是一张量。需要说明的是，张量$T_{\beta}^{\alpha\gamma\delta}$共有三种缩并法，由这三种缩并法得到的张量$T_{\beta}^{\alpha\gamma\beta}$、$T_{\beta}^{\alpha\beta\delta}$及$T_{\beta}^{\beta\gamma\delta}$可能相同，也可能不同。

（4）微商：任何一个张量的导数$\dfrac{\partial}{\partial x^{\alpha}}$是增加了一个下标$\alpha$的张量。例如，设$T^{\beta\gamma}$是张量，则

$$T_{\alpha}^{\beta\gamma} = \frac{\partial}{\partial x^{\alpha}}T^{\beta\gamma} \tag{7.106}$$

也是张量，因此

$$
\begin{aligned}
T'^{\beta\gamma}_{\alpha} &= \frac{\partial}{\partial x'^{\alpha}} T'^{\beta\gamma} = \Lambda^{\delta}_{\alpha} \frac{\partial}{\partial x^{\delta}} (\Lambda^{\beta}_{\varepsilon} \Lambda^{\gamma}_{\lambda} T^{\varepsilon\lambda}) \\
&= \Lambda^{\delta}_{\alpha} \Lambda^{\alpha}_{\varepsilon} \Lambda^{\gamma}_{\lambda} \frac{\partial}{\partial x^{\delta}} T^{\varepsilon\lambda} = \Lambda^{\delta}_{\alpha} \Lambda^{\alpha}_{\varepsilon} \Lambda^{\gamma}_{\lambda} T^{\varepsilon\lambda}_{\delta}
\end{aligned}
\tag{7.107}
$$

除了标量，存在三种特殊的张量，其分量在所有坐标系（这里是指由洛伦兹变换相联系的所有坐标系）中相同，如下所述。

（1）由式（7.57）定义的闵可夫斯基张量 $\eta_{\alpha\beta}$ 和 $\eta^{\alpha\beta}$。由于[根据式（7.63）]

$$
\eta_{\alpha\beta} = \Lambda^{\gamma}_{\alpha} \Lambda^{\delta}_{\beta} \eta_{\gamma\delta} \tag{7.108}
$$

以及

$$
\begin{cases}
\eta^{\alpha\varepsilon} \eta^{\beta\lambda} \eta_{\alpha\beta} = \eta^{\alpha\varepsilon} \eta^{\beta\lambda} \Lambda^{\gamma}_{\alpha} \Lambda^{\delta}_{\beta} \eta_{\gamma\delta} \\
\eta^{\alpha\varepsilon} \delta^{\lambda}_{\alpha} = (\eta^{\alpha\varepsilon} \Lambda^{\gamma}_{\alpha} \eta_{\gamma\delta})(\eta^{\beta\lambda} \Lambda^{\kappa}_{\beta} \eta_{\kappa\sigma}) \eta^{\sigma\delta} \\
\eta^{\varepsilon\lambda} = \Lambda^{\varepsilon}_{\delta} \Lambda^{\lambda}_{\sigma} \eta^{\delta\sigma}
\end{cases}
\tag{7.109}
$$

其中：$\eta_{\alpha\beta}$ 和 $\eta^{\alpha\beta}$ 分别为二阶协变张量和二阶逆变张量。由于 $\eta_{\gamma\beta}$ 与 $\eta^{\alpha\gamma}$ 的乘积仍然是张量，克罗内克符号

$$
\delta^{\alpha}_{\beta} = \eta^{\alpha\gamma} \eta_{\gamma\beta} \tag{7.110}
$$

也是张量，确切地说是二阶混合张量。

（2）莱维-齐维塔张量定义为

$$
\varepsilon^{\alpha\beta\gamma\delta} =
\begin{cases}
+1, & \text{若}\alpha\beta\gamma\delta\text{是0123的偶置换} \\
-1, & \text{若}\alpha\beta\gamma\delta\text{是0123的奇置换} \\
0, & \text{其他情况}
\end{cases}
\tag{7.111}
$$

可以证明（Schutz，1986；Weinberg，1972）：

$$
\Lambda^{\alpha}_{\tau} \Lambda^{\beta}_{\sigma} \Lambda^{\gamma}_{\lambda} \Lambda^{\delta}_{\kappa} \varepsilon^{\tau\sigma\lambda\kappa} = \varepsilon^{\alpha\beta\gamma\delta} \tag{7.112}
$$

因此，$\varepsilon^{\alpha\beta\gamma\delta}$ 的确是一张量，而且它的每一个分量在洛伦兹变换之下保持不变。

（3）零张量，定义为一个具有任意选取的上指标与下指标式样的张量，其全部分量为 0。注意零张量并非零阶张量，后者是标量。

由于 $\eta_{\alpha\beta}$ 和 $\eta^{\alpha\beta}$ 均为张量，根据张量积的构成规则（参见第 3 章），对于任意张量 T，可用 $\eta_{\alpha\beta}$ 或 $\eta^{\alpha\beta}$ 来下降或提升张量 T 的上指标或下指标。例如，设 $T_{\alpha\beta\gamma}$ 是张量，则 $T^{\delta}_{\alpha\gamma} = \eta^{\delta\beta} T_{\alpha\beta\gamma}$ 也是张量。对于莱维-齐维塔张量 $\varepsilon^{\alpha\beta\gamma\delta}$，当下降所有指标后得到一个新的张量 $\varepsilon_{\alpha\beta\gamma\delta}$；$\varepsilon_{\alpha\beta\gamma\delta}$ 与 $\varepsilon^{\alpha\beta\gamma\delta}$ 有如下关系（Schutz，1986）：

$$
\varepsilon_{\alpha\beta\gamma\delta} = -\varepsilon^{\alpha\beta\gamma\delta} \tag{7.113}
$$

如果仅仅提升莱维-齐维塔张量 $\varepsilon_{\alpha\beta\gamma\delta}$ 的一个指标，例如，提升第一个 (α) 指标，则有如下关系：

$$
\varepsilon^{\alpha}_{\beta\gamma\delta} = \eta^{\alpha\sigma} \varepsilon_{\sigma\beta\gamma\delta} =
\begin{cases}
-\varepsilon_{\alpha\beta\gamma\delta}, & \alpha = 0 \\
\varepsilon_{\alpha\beta\gamma\delta}, & \alpha = i \ (i = 1,2,3)
\end{cases}
\tag{7.114}
$$

利用式（7.57）和式（7.111），很容易证明关系式（7.113）是正确的。再进一步，不难证明关系式（7.114）也是正确的，因为当且仅当$\varepsilon_{\alpha\beta\gamma\delta}$（或$\varepsilon^{\alpha\beta\gamma\delta}$）的所有指标互不相同时，莱维-齐维塔张量才不为 0，这时，必有一个是零指标，其他指标取 1、2、3；根据提升或下降指标的关系式：

$$\varepsilon_{\alpha\beta\gamma\delta}=\eta_{\alpha\lambda}\eta_{\beta\sigma}\eta_{\gamma\rho}\eta_{\delta\kappa}\varepsilon^{\lambda\sigma\rho\kappa} \tag{7.115}$$

并注意到$\eta_{00}=-1$，$\eta_{ii}=1$，即可证明式（7.113）的正确性。$\varepsilon^{\alpha}_{\beta\gamma\delta}$是混合张量，在应用时需要特别注意。另外，在使用$\varepsilon_{\alpha\beta\gamma\delta}$时要注意，它与定义式（7.111）正好反一个号。

张量代数的基本定理是，两个具有相同指标的张量，如果在一个坐标系中相等，那么，在任何一个由洛伦兹变换相联系的坐标系中也相等（试证明：**习题 7.16**）。例如，若$T^{\beta}_{\alpha}=S^{\beta}_{\alpha}$，则有

$$T'^{\alpha}_{\beta}=\Lambda^{\alpha}_{\gamma}\Lambda^{\delta}_{\beta}T^{\gamma}_{\delta}=\Lambda^{\alpha}_{\gamma}\Lambda^{\delta}_{\beta}S^{\gamma}_{\delta}=S'^{\alpha}_{\beta} \tag{7.116}$$

因此，张量方程具有特别优越的性质。如果在某个坐标系x^{α}中以张量方程的形式写出某种物理学规律，那么这个物理学规律可以在任意坐标系x'^{α}之中写出，并且具有与x^{α}系中的表述完全相同的形式，只要x'^{α}系与x^{α}系之间由洛伦兹变换联系。

更为详细的关于张量的讨论可参见 3.2 节或 Schutz（1986）。

7.8　能量动量张量

下面引进能量动量张量的概念。能量动量张量是建立爱因斯坦方程不可缺少的量。对于一组由n标记的质点粒子，质量的密度可定义为

$$\rho(\boldsymbol{x},t)=\sum m_n\delta^3(\boldsymbol{x}-\boldsymbol{x}_n(t)) \tag{7.117}$$

其中：m_n为第n个粒子的质量；$\delta^3(\boldsymbol{x})$为三维狄拉克函数，它在$\boldsymbol{x}=\boldsymbol{0}$处为无穷大，但在整个三维空间中的积分为 1。以后还会遇到四维狄拉克函数$\delta^4(x^{\alpha})$，它在$x^{\alpha}=0$处为无穷大，但在整个四维空间中的积分为 1。质点组粒子的流定义为

$$\boldsymbol{J}(\boldsymbol{x},t)=\sum m_n\frac{\mathrm{d}\boldsymbol{x}}{\mathrm{d}t}\delta^3(\boldsymbol{x}-\boldsymbol{x}_n(t)) \tag{7.118}$$

同理，对于由n标记的质点粒子组，第n个粒子的能量动量四维矢量$p^{\alpha}_n(t)$的密度定义为

$$T^{\alpha 0}(\boldsymbol{x},t)=\sum p^{\alpha}_n(t)\delta^3(\boldsymbol{x}-\boldsymbol{x}_n(t)) \tag{7.119}$$

p^{α}的流定义为

$$T^{\alpha i}(\boldsymbol{x},t)=\sum p^{\alpha}_n(t)\frac{\mathrm{d}x^i_n(t)}{\mathrm{d}t}\delta^3(\boldsymbol{x}-\boldsymbol{x}_n(t)) \tag{7.120}$$

由于$x^0_n(t)\equiv t$，$\mathrm{d}x^0_n/\mathrm{d}t\equiv 1$，式（7.119）和式（7.120）可合写成

$$T^{\alpha\beta}(\boldsymbol{x})=\sum_n p_n^{\alpha}(t)\frac{\mathrm{d}x_n^{\beta}(t)}{\mathrm{d}t}\delta^3(\boldsymbol{x}-\boldsymbol{x}_n(t)) \tag{7.121}$$

$T^{\alpha\beta}$ 称为质点组的能量动量张量密度，又称应力张量密度，其中，T^{00} 是能量（物质）密度，T^{0j} 是动量密度，T^{ij} 是动量流密度。式（7.121）可以推广到物质连续分布区域中。由式（7.76）和式（7.77），可以写出如下关系：

$$\boldsymbol{p}_n=E_n\frac{\mathrm{d}\boldsymbol{x}_n}{\mathrm{d}t} \tag{7.122}$$

由于 $\dfrac{\mathrm{d}x_n^0}{\mathrm{d}t}\equiv 1$、$p_n^0=E_n$，式（7.122）又可写成四维矢量形式：

$$p_n^{\alpha}=E_n\frac{\mathrm{d}x_n^{\alpha}}{\mathrm{d}t} \tag{7.123}$$

顾及式（7.123），则式（7.121）可写为

$$T^{\alpha\beta}(\boldsymbol{x})=\sum_n\frac{p_n^{\alpha}p_n^{\beta}}{E_n}\delta^3(\boldsymbol{x}-\boldsymbol{x}_n(t)) \tag{7.124}$$

由式（7.124）可以看出，$T^{\alpha\beta}$ 具有对称性：

$$T^{\alpha\beta}=T^{\beta\alpha} \tag{7.125}$$

为了证实 $T^{\alpha\beta}$ 是张量，根据狄拉克函数 δ 的性质，由式（7.121）写出

$$\begin{aligned}T^{\alpha\beta}(\boldsymbol{x})&=\sum_n\int\mathrm{d}t'\delta(t-t')p_n^{\alpha}(t')\frac{\mathrm{d}x_n^{\beta}(t')}{\mathrm{d}t'}\delta^3(\boldsymbol{x}-\boldsymbol{x}_n(t'))\\&=\sum_n\int p_n^{\alpha}(t')\mathrm{d}x_n^{\beta}(t')\delta^4(\boldsymbol{x}-\boldsymbol{x}_n(t'))\\&=\sum_n\int\mathrm{d}\tau p_n^{\alpha}(\tau)\frac{\mathrm{d}x_n^{\beta}(\tau)}{\mathrm{d}\tau}\delta^4(\boldsymbol{x}-\boldsymbol{x}_n(\tau))\end{aligned} \tag{7.126}$$

其中：$\mathrm{d}\tau$ 为不变量；$\delta^4(\boldsymbol{x}-\boldsymbol{x}_n(\tau))$ 为标量；$p_n^{\alpha}(\tau)$ 和 $\mathrm{d}x_n^{\beta}(\tau)/\mathrm{d}\tau$ 均为逆变四维矢量，因此，$T^{\alpha\beta}$ 是（二阶）逆变张量。这里需注意，$\mathrm{d}x_n^{\beta}(\tau)/\mathrm{d}\tau$ 是（一阶）张量，但 $\mathrm{d}x_n^{\beta}/\mathrm{d}t$ 却不是张量，因为 $\mathrm{d}t=\mathrm{d}x^0$ 是坐标 x^0 的增量，它与坐标系的变换有关。

下面考察能量动量张量 $T^{\alpha\beta}$ 的守恒律（试证明：**习题 7.17**）。由式（7.119）和式（7.120）得

$$\begin{aligned}\frac{\partial}{\partial x^i}T^{\alpha i}(\boldsymbol{x},t)&=\sum_n p_n^{\alpha}(t)\frac{\mathrm{d}x_n^i(t)}{\mathrm{d}t}\frac{\partial}{\partial x^i}\delta^3(\boldsymbol{x}-\boldsymbol{x}_n(t))\\&=-\sum_n p_n^{\alpha}(t)\frac{\mathrm{d}x_n^i(t)}{\mathrm{d}t}\frac{\partial}{\partial x_n^i}\delta^3(\boldsymbol{x}-\boldsymbol{x}_n(t))\\&=-\sum_n p_n^{\alpha}(t)\frac{\partial}{\partial t}\delta^3(\boldsymbol{x}-\boldsymbol{x}_n(t))\\&=-\sum_n\left\{\frac{\partial}{\partial t}[p_n^{\alpha}(t)\delta^3(\boldsymbol{x}-\boldsymbol{x}_n(t))]-\frac{\mathrm{d}p_n^{\alpha}(t)}{\mathrm{d}t}\delta^3(\boldsymbol{x}-\boldsymbol{x}_n(t))\right\}\\&=-\frac{\partial}{\partial t}T^{\alpha 0}+\sum_n\frac{\mathrm{d}p_n^{\alpha}(t)}{\mathrm{d}t}\delta^3(\boldsymbol{x}-\boldsymbol{x}_n(t))\end{aligned} \tag{7.127}$$

顾及式（7.74），并令

$$G^{\alpha}(\boldsymbol{x})=\sum_{n}\delta^{3}(\boldsymbol{x}-\boldsymbol{x}_{n}(t))\frac{\mathrm{d}p_{n}^{\alpha}(t)}{\mathrm{d}t}=\sum_{n}\delta^{3}(\boldsymbol{x}-\boldsymbol{x}_{n}(t))\frac{\mathrm{d}\tau}{\mathrm{d}t}f_{n}^{\alpha}(t) \tag{7.128}$$

注意 $\frac{\partial T^{\alpha\beta}}{\partial x^{\beta}}=\frac{\partial T^{\alpha i}}{\partial x^{i}}+\frac{\partial T^{\alpha 0}}{\partial x^{0}}$，则式（7.127）可写成

$$\frac{\partial T^{\alpha\beta}(\boldsymbol{x},t)}{\partial x^{\beta}}=G^{\alpha} \tag{7.129}$$

其中：G^{α} 为力密度。如果粒子是自由的，则 $p_{n}^{\alpha}(t)$ 是常数，$G^{\alpha}=0$；这时，$T^{\alpha\beta}$ 守恒，即有

$$\frac{\partial T^{\alpha\beta}(\boldsymbol{x},t)}{\partial x^{\beta}}=0 \tag{7.130}$$

7.9　粒子的自旋

能量动量张量的一个重要用途是用来定义角动量和自旋。考虑一个孤立系统，这个系统不受外力作用，因此，系统总的能量动量张量 $T^{\alpha\beta}$ 守恒，即[在式（7.129）中令力密度 $G^{\alpha}=0$]

$$\frac{\partial T^{\beta\gamma}}{\partial x^{\gamma}}=0 \tag{7.131}$$

构造另一张量：

$$M^{\alpha\beta\gamma}=x^{\alpha}T^{\beta\gamma}-x^{\beta}T^{\alpha\gamma} \tag{7.132}$$

对式（7.132）应用莱布尼茨求导法则，有（注意 $\partial x^{\alpha}/\partial x^{\beta}=\delta_{\beta}^{\alpha}$）

$$\frac{\partial M^{\alpha\beta\gamma}}{\partial x^{\gamma}}=\left(\delta_{\gamma}^{\alpha}T^{\beta\gamma}+x^{\alpha}\frac{\partial T^{\beta\gamma}}{\partial x^{\gamma}}\right)-\left(\delta_{\gamma}^{\beta}T^{\alpha\gamma}+x^{\beta}\frac{\partial T^{\alpha\gamma}}{\partial x^{\gamma}}\right) \tag{7.133}$$

将式（7.131）代入式（7.133）并注意 $T^{\alpha\beta}$ 是对称张量，得

$$\frac{\partial M^{\alpha\beta\gamma}}{\partial x^{\gamma}}=T^{\beta\alpha}-T^{\alpha\beta}=0 \tag{7.134}$$

因此，$M^{\alpha\beta\gamma}$ 也是守恒量。由此可以定义总的角动量为

$$J^{\alpha\beta}=\int M^{\alpha\beta 0}\mathrm{d}^{3}x \tag{7.135}$$

$M^{\alpha\beta\gamma}$ 对指标 α 和 β 来说是反对称的，可由式（7.132）直接验证。在式（7.135）中，$\mathrm{d}^{3}x$ 表示普通三维空间域中的积分体积元。$J^{\alpha\beta}$ 也是张量[这一点可根据 $T^{\alpha\beta}$ 的定义式（7.121）、$M^{\alpha\beta\gamma}$ 的定义式（7.132）及式（7.135）得到证实]，并且不随时间变化：

$$\frac{\mathrm{d}J^{\alpha\beta}}{\mathrm{d}t}=0 \tag{7.136}$$

为了证实式（7.136），由式（7.135）和式（7.134）得

$$\frac{\mathrm{d}}{\mathrm{d}t}(J^{\alpha\beta})=\int\frac{\partial}{\partial t}M^{\alpha\beta 0}\mathrm{d}^{3}x=\int\left(\frac{\partial M^{\alpha\beta\gamma}}{\partial x^{\gamma}}-\frac{\partial M^{\alpha\beta i}}{\partial x^{i}}\right)\mathrm{d}^{3}x=-\int\frac{\partial M^{\alpha\beta i}}{\partial x^{i}}\mathrm{d}^{3}x \tag{7.137}$$

利用高斯定理，上述关于$\dfrac{\partial M^{\alpha\beta i}}{\partial x^i}$的体积分可以转化为关于$M^{\alpha\beta i}$的面积分。当积分区域选得足够大时，在积分区域的边界面上$M^{\alpha\beta i}$为 0；因此，上述积分为 0。

根据角动量的定义式（7.134）及式（7.132），有

$$J^{ij}=\int M^{ij0}\mathrm{d}^3x=\int(x^iT^{j0}-x^jT^{i0})\mathrm{d}^3x \tag{7.138}$$

按照 7.8 节的定义，T^{i0}是动量的第i个分量的密度，因此可以把J^{23}、J^{31}、J^{12}分别看成角动量的第 1、2、3 分量。$J^{\alpha\beta}$的其他分量是

$$J^{00}=\int M^{000}\mathrm{d}^3x=0 \tag{7.139}$$

$$J^{i0}=\int M^{i00}\mathrm{d}^3x=\int\mathrm{d}^3x(x^iT^{00}-tT^{i0})=\int x^iT^{00}\mathrm{d}^3x-t\int T^{i0}\mathrm{d}^3x \tag{7.140}$$

其中

$$J^{i0}=\int x^iT^{00}\mathrm{d}^3x-tp^i \tag{7.141}$$

上述这些分量没有什么明显的物理意义。若将坐标原点选在$t=0$时的“能量中心”，则有

$$\int x^iT^{00}\mathrm{d}^3x=0 \tag{7.142}$$

它表示质心坐标乘以总质量。

角动量$J^{\alpha\beta}$是反对称张量，在洛伦兹变换下具有性质：

$$J'^{\alpha\beta}=\Lambda^\alpha_\gamma\Lambda^\beta_\delta J^{\gamma\delta} \tag{7.143}$$

但在平移变换下具有特殊性：

$$J'^{\alpha\beta}=J^{\alpha\beta}+a^\alpha p^\beta-a^\beta p^\alpha \tag{7.144}$$

为证实式（7.144），由式（7.135）和式（7.132）得

$$\begin{aligned}J'^{\alpha\beta}&=\int M'^{\alpha\beta0}\mathrm{d}^3x'=\int(x^\alpha T'^{\beta0}-x'^\beta T'^{\alpha0})\mathrm{d}^3x'\\&=\int[(x^\alpha+a^\alpha)T'^{\beta0}-(x^\beta+a^\beta)T'^{\alpha0}]\mathrm{d}^3x'\end{aligned} \tag{7.145}$$

由式（7.119）可知，$T^{\alpha0}$在平移变换下保持不变，故式（7.145）可写成

$$\begin{aligned}J'^{\alpha\beta}&=\int(x^\alpha T^{\beta0}-x^\beta T^{\alpha0})\mathrm{d}^3x+a^\alpha\int T^{\beta0}\mathrm{d}^3x-a^\beta\int T^{\alpha0}\mathrm{d}^3x\\&=\int M^{\alpha\beta0}\mathrm{d}^3x+(a^\alpha p^\beta-a^\beta p^\alpha)\\&=J^{\alpha\beta}+a^\alpha p^\beta-a^\beta p^\alpha\end{aligned} \tag{7.146}$$

上边第二等式中的两项分别用到了$M^{\alpha\beta\gamma}$的定义式（7.132）及$T^{\alpha0}$的定义式（7.119）。

由式（7.144）可知，角动量$J^{\alpha\beta}$由两部分组成，一部分是内禀角动量，即通常所说的自旋角动量，另一部分是轨道角动量。内禀角动量与平移变换无关，而轨道角动量则与平移变换有关。为了分离出$J^{\alpha\beta}$的内禀部分，定义一个自旋四维矢量（Weinberg，1972）

$$S_\alpha\equiv\frac{1}{2}\varepsilon_{\alpha\beta\gamma\delta}J^{\beta\gamma}U^\delta \tag{7.147}$$

其中[参见式（7.113）]：$\varepsilon_{\alpha\beta\gamma\delta}$为由式（7.111）定义的莱维-齐维塔完全反对称张量（完全反对称张量是指任意两个指标互换之后张量的分量反一个正负号，参见 3.2 节）；

$U^\alpha = p^\alpha \Big/ \sqrt{-p_\beta p^\beta}$ 为系统的四维速度矢量（注意在光速单位制中速度是无量纲量）。由于 $\varepsilon_{\alpha\beta\gamma\delta}$ 是完全反对称的，尽管平移变换使 $x_\alpha \to x_\alpha + a^\alpha$ 改变，但并不改变 S_α。为了完成这一论证，考察（注意莱维-齐维塔完全反对称张量具有坐标变换的不变性）

$$S'_\alpha = \frac{1}{2}\varepsilon'_{\alpha\beta\gamma\delta} J'^{\beta\gamma} U'^\delta = \frac{1}{2}\varepsilon_{\alpha\beta\gamma\delta}(J^{\beta\gamma} + a^\beta p^\gamma - a^\gamma p^\beta)U'^\delta \tag{7.148}$$

由于 $U'^\alpha = U^\alpha$（四维速度具有平移变换的不变性），同时注意 $\varepsilon_{\alpha\beta\gamma\delta}$ 的完全反对称性：

$$\varepsilon_{\alpha\beta\gamma\delta}(J^{\beta\gamma} + a^\beta p^\gamma - a^\gamma p^\beta)U'^\delta = \varepsilon_{\alpha\beta\gamma\delta} J^{\beta\gamma} U^\delta \tag{7.149}$$

于是，有

$$S'_\alpha = \frac{1}{2}\varepsilon'_{\alpha\beta\gamma\delta} J'^{\beta\gamma} U'^\delta = \frac{1}{2}\varepsilon_{\alpha\beta\gamma\delta} J^{\beta\gamma} U^\delta = S_\alpha \tag{7.150}$$

由于 $\varepsilon_{\alpha\beta\gamma\delta}$、$J^{\beta\gamma}$、$U^\delta$ 均为张量，根据张量的构成规则，S_α 也必定是张量（一阶张量），即四维矢量。

对于自由粒子，四维速度矢量 U^α 是常量

$$\frac{\mathrm{d}U^\alpha}{\mathrm{d}t} = 0 \tag{7.151}$$

由此，根据式（7.150），并注意式（7.136），S_α 是常量

$$\frac{\mathrm{d}S_\alpha}{\mathrm{d}t} = 0 \tag{7.152}$$

在系统的质心系中，$U^i = 0$，$U^0 = 1$。这时，由式（7.147）得[注意式（7.111）和式（7.113）及 $\varepsilon_{\alpha\beta\gamma\delta}$ 的反对称性]

$$\begin{cases} S_0 = 0 \\ S_1 = J^{23} \\ S_2 = J^{31} \\ S_3 = J^{12} \end{cases} \tag{7.153}$$

可见，S_α 的确是角动量，因为 J^{23}、J^{31}、J^{12} 分别是角动量 S_α 的 1、2、3 空间分量。这时，如下张量方程成立：

$$U^\alpha S_\alpha = 0 \tag{7.154}$$

式（7.154）是张量方程（具有零秩的张量），因此，在任意一个由洛伦兹变换联系的坐标系 x^α 中，式（7.154）仍然成立，尽管这时四维速度 U^α 的空间分量 U^i 可以不为 0。这也说明了张量方程的美妙之处：总是选一个较特殊的参考系，使某种张量方程的表述形式非常简单[如式（7.154）]，而这种张量方程形式适合于任意参考系，只要能找到从特殊参考系到任意参考系之间的坐标变换关系。以后会看到，张量的这种性质对建立广义相对论具有不可估量的重要性。

在静止系中，一个处于静止状态的粒子的自旋只有三个空间分量 S_i。由于粒子处于静止状态（但有自旋），四维速度矢量的空间分量 U_i 为 0。于是，式（7.154）在静止系中是成立的。当带自旋的粒子处于运动状态时，只要通过一个坐标变换，即可得到粒子的自旋应该满足的方程。

练 习 题

7.1 试证明：牛顿第二定律在伽利略变换下保持不变。

7.2 试推导：洛伦兹变换方程可写成

$$\begin{cases} x' = \gamma(x - vt) \\ y' = y \\ z' = z \\ t' = \gamma\left(t - \dfrac{v}{c^2}x\right) \end{cases}$$

7.3 根据洛伦兹变换公式试推导 $\Delta t' = \gamma \Delta t = \Delta t / \sqrt{1 - v^2 / c^2}$ 。

7.4 试证明：飞行介子的寿命应该按因子 $\gamma = 1/\sqrt{1 - v^2 / c^2}$ 增长。

7.5 在 K' 系中考察，对一个飞行的量杆 L 来说，相比于静止量杆 L' 按因子 $\sqrt{1 - v^2 / c^2}$ 收缩。试证明：飞行量杆的尺度沿运动方向缩短。

7.6 试证明：已知不等式 $t_2 - t_1 < \dfrac{v}{c^2}(x_2 - x_1)$，当 $t_2 - t_1$ 不很大，而两个事件之间的距离 $x_2 - x_1$ 很大时，就可以使不等式成立。

7.7 根据洛伦兹变换规律试证明光速恒定假设成立。

7.8 根据洛伦兹变换试推导加速度变换公式。

7.9 试证明：经典理论不存在横向多普勒频移。

7.10 试推导：爱因斯坦质能公式 $E = mc^2 = m_0 c^2 / \sqrt{1 - v^2 / c^2}$ 。

7.11 利用闵可夫斯基度规，试证明对于光子，其运动速度为 $c \equiv 1$ 。

7.12 试证明：一般洛伦兹变换保持原时间隔 $\mathrm{d}\tau^2$ 不变。

7.13 试确定四维力的表达式。

7.14 试推导能量动量方程。

7.15 试证明：达朗贝尔算子是不变量。

7.16 试证明：两个具有相同指标的张量，如果在一个坐标系中相等，那么在任何一个由洛伦兹变换相联系的坐标系中也相等。

7.17 试证明：能量动量张量 $T^{\alpha\beta}$ 满足守恒律。

参 考 文 献

曹昌祺, 1961. 电动力学. 北京: 人民教育出版社.

郭硕鸿, 1979. 电动力学. 北京: 人民教育出版社.

梁灿彬, 周彬, 2006. 微分几何入门与广义相对论. 北京: 科学出版社.

陆锴书, 吴家让, 1987. 大地天文学. 北京: 测绘出版社.

罗栓群, 王正行, 1995. 热核表面能的 Thomas-Fermi 统计模型理论. 高能物理与核物理, 19(3): 6

彭加勒, 2003. 最后的沉思. 李醒民, 译. 北京: 商务印书馆.

强元棨, 2003. 经典力学. 北京: 科学出版社.

申文斌, 1994. 空间与时间探索. 武汉: 武汉测绘科技大学出版社.

申文斌, 宁津生, 晁定波, 2008. 相对论与相对论重力测量. 武汉: 武汉大学出版社.

王正行, 1995. 近代物理学. 北京: 北京大学出版社.

杨福家, 王炎森, 陆福全, 2002. 原子核物理. 2 版. 上海: 复旦大学出版社.

张元仲, 1979. 狭义相对论实验基础. 北京: 科学出版社.

Abraham M, 1903. Prinzipien der dynamik des Elektrons. Annalen Der Physik, 10: 105-179.

Airy G B, 1872. On a supposed alteration in the amount of astronomical aberration of light, produced by the passage of the light through a considerable thickness of refracting medium. Proceedings of the Royal Society of London, 20(130-138): 35-39.

Bergmann P G, 1958. Introduction to theory of relativity. Berlin: Springer.

Born M, 1924. Einstein's theory of relativity. London: Methuen.

Champeney D C, Moon P B, 1961. Absence of doppler shift for gamma ray source and detector on same circular orbit. Proceedings of the Physical Society, 77(2): 350-352.

Champion F C, 1932. On some close collisions of fast β-particles with electrons, photographed by the expansion method. Proceedings of the Royal Society of London. Series A, Containing Papers of a Mathematical and Physical Character, 136(830): 630-637.

Cockcroft J D, Walton E T S, 1932. Experiments with high velocity positive ions. II.: The disintegration of elements by high velocity protons. Proceedings of the Royal Society of London. Series A, Containing Papers of a Mathematical and Physical Character, 137(831): 229-242.

Cranshaw T E, Schiffer J P, Whitehead A B, 1960. Measurement of the gravitational red shift using the Mössbauer effect in Fe^{57}. Physical Review Letters, 4(4): 163-164.

Deng X, Shen W, Kuhn M, et al., 2023. Sensing the global CRUST1.0 Moho by gravitational curvatures of crustal mass anomalies. Geo-spatial Information Science[2023-05-08].

Durbin R P, Loar H H, Havens W W, 1952. The lifetimes of the π^+ and π^- mesons. Physical Review, 88(2): 179-183.

Einstein A, 1905. Zur elektrodynamik bewegter Körper. Annalen der Physik, 17: 891-921.

Einstein A, 1911. Zum Ehrenfestschen Paradoxon. Physikalische Zeitschrift, 12: 509-510.

Einstein A, 1915. Zur Allgemeinen Relativitatstheorie. Berlin: Preussische Akademie der Wissenschaften.

Faragó P S, Jánossy L, 1957. Review of the experimental evidence for the law of variation of the electron mass with velocity. Il Nuovo Cimento(1955-1965), 5(6): 1411-1436.

Farley F J, Bailey J M, Picasso E, 1968. Is the special theory right or wrong? Experimental verifications of the theory of relativity. Nature, 217: 17-18.

Ferraro R, Sforza D M, 2005. Arago(1810): The first experimental result against the ether. European Journal of Physics, 26(1): 195-204.

Feynman R P, Leighton R B, Sands M, 1963. The Feynman lectures on physics. Hoboken: Addison-Wesley.

Fizeau H, 1851. Sur les hypothèses relatives à l'éther lumineux. Comptes Rendus, 33: 349-355.

Fresnel A, 1818. Memoire sur la diffraction de la lumiere. Annales de Chimie et de Physique, 1: 339-475.

Frisch D H, Smith J H, 1963. Measurement of the relativistic time dilation using μ-mesons. American Journal of Physics, 31(5): 342-355.

Galileo G, 1914. Dialogues concerning two new sciences. New York: Dover Publications.

Grove D J, 1953. E/m for 385 MeV Protons. Physical Review, 90: 378.

Hafele J G , Keating R E, 1972a. Around-the world atomic clocks: Predicted relativistic time gains. Science, 177: 166-168.

Hafele J G , Keating R E, 1972b. Around-the world atomic clocks: Observed relativistic time gains. Science, 177: 169-170.

Hay H J, Schiffer J P, Cranshaw T E, et al., 1960. Measurement of the red shift in an accelerated system using the Mössbauer effect in Fe^{57}. Physical Review Letters, 4(4): 165-166.

Hudson M C, Johnson W H, 1968. Atomic Masses of Fe^{56} and Fe^{57}. Physical Review, 167(4): 1064-1066.

Ives H E, Stilwell G R, 1938. An experimental study of the rate of a moving atomic clock. Journal of the Optical Society of America, 28(7): 215-226.

Ives H E, Stilwell G R, 1941. An experimental study of the rate of a moving atomic clock Ⅱ. Journal of the Optical Society of America, 31: 369-374.

Kaufmann W, 1901. Die magnetischeund elektrische Ablenkbarkeit der Becquerelstrahlen und die scheinbare Masse der Elektronen. Königliche Gesellschaft der Wissenschaften zu Göttingen. Mathematicsch-Physikalische Klasse. Nachrchten, 2: 143-155.

Lay T, Wallace T C, 1995. Modern Global seismology. New York: Academic Press.

Lederman L M, Booth E T, Byfield H, et al., 1951. On the lifetime of the negative Pi-meson. Physical Review, 83(3): 685-686.

Lewis G N, Tolman R C, 1909. The principle of relativity, and non-newtonian mechanics. Philosophical Magazine, 18: 510-523.

Lodge O J, 1897. Experiments on the absence of mechanical connection between ether and matter. Proceedings of the Royal Society of London, 61(369-377): 31-32.

Lorentz H A, Einstein A, Minkowsky H, et al., 1923. The principle of relativity. London: Methuen and Company .

Lorentz H A, 1895. Versuch einer Theorie der electischen und optischen Erscheinungen in bewegten Körpern. Leiden: Brill.

Macek W M, Scheneider J R, Salamon R M, 2004. Measurement of Fresnel drag with the ring laser. Journal of Applied Physics, 35(8): 2556-2557.

Miller A I, 1981. Albert Einstein's Special Relativity. New York: W. H. Freeman.

Minkowsky H, 1908. Space and time. The 80th assembly of German natural scientists and physicians, Cologne: 133-216.

Möller C, 1972. The theory of relativity. Oxford: Clarendon Press.

Mössbauer R L, 1958a. Kernresonanzfluoreszenz von Gammastrahlung in Ir^{191}. Naturwissenschaften, 45(22): 538-539.

Mössbauer R L, 1958b. Kernresonanzfluoreszenz von Gammastrahlung in Ir^{191}. Naturwissenschaften, 45(22): 124-143.

Nascimento U, 1998. On the trail of Fresnel's search for an ether wind. Apeiron, 5: 181-192.

Newton I, 1687. Philosophiae naturalis principia mathematica. London: The Royal Society.

Olin A, Alexander T K, Häusser O, et al., 1973. Measurement of the relativistic doppler effect using 8.6-Mev capture γ rays. Physical Review D, 8(6): 1633-1639.

Pauli W, 1958. Theory of Relativity. New York: Pergamon.

Pound R V, Rebka G A, 1960. Attempts to detect resonance scattering in Zn^{67}: The effect of zero-point vibrations. Physical Review Letters, 4(8): 397-399.

Raboy S, Trail C C, 1958. On the relation between velocity and mass of the electron. Nuovo Cimento, 10: 797-803.

Raman C V, 1931. Doppler effect in light-scattering. Nature, 128(3232): 636.

Rogers M M, McReynolds A W, Rogers F T, 1940. A determination of the masses and velocities of three Radium B Beta-particles the relativistic mass of the electron. Physical Review, 57(5): 379-383.

Rosser W G V, 1971. An introduction to the theory of relativity. London: Butterworths.

Rossi B, Hall D B, 1941. Variation of the rate of decay of mesotrons with momentum. Physical Review, 59(3): 223-228.

Russell J E, 1969. Metastable states of $\alpha\pi^{-}e^{-}$, $\alpha K^{-}e^{-}$, and $\alpha p^{-}e^{-}$ atoms. Physical Review Letters, 23(2): 63-64.

Schutz B F, 1986. 数学物理中的几何方法. 冯承天, 李顺祺, 译. 上海: 上海译文出版社.

Selleri F, 2003. On the Fizeau experiment. Foundations of Physics Letters, 16(1): 71-82.

Shen Z, Shen W, Zhang S, et al., 2023. Unification of a global height system at the centimeter-level using precise clock frequency signal links. Remote Sensing, 15(2020): 1-16.

Smith N M, 1939. The energies released in the reactions $Li^{7}(p, \alpha)$ He^{4} and $Li^{6}(d, \alpha)$ He^{4}, and the masses of the light atoms. Physical Review, 56(6): 548-555.

Snethlage A, Zeeman P, 1921. The propagation of light in moving, transparent, solid substances. III. Measurements on the Fizeau-effect in flint glass. Koninklijke Nederlandse Akademie van Wetenschappen Proceedings Series B Physical Sciences, 23: 1402-1411.

Stark J, Hermann W, Kinoshita S, 1906. Der Doppler-effekt im spektrum des quecksilbers. Annalen der Physik, 326(13): 462-469.

Stöker H, 2004. 物理手册. 吴锡真, 李祝霞, 陈师平, 译. 北京: 北京大学出版社.

Stokes G G, 1845. III. On the aberration of light. The London, Edinburgh, and Dublin Philosophical Magazine and Journal of Science, 27(177): 9-15.

Stokes G G, 1855. On the theories of the internal friction of fluids in motion, and of the equilibrium and motion of elastic solids. Mathematical and Physical Papers, 1: 75-129.

Taylor S, Harris G, Orear J, et al., 1959. Lifetimes and decay spectra of τ'^{+} and $K_{\mu 3}{}^{+}$. Physical Review, 114(1): 359-364.

Tovee D N, Davis D H, Simonović J, et al., 1971. Some properties of the charged Σhyperons. Nuclear Physics B, 33(2): 493-504.

Varićak V, 1911. Zum Ehrenfestschen Paradoxon. Physik Zeitschrift, 12: 169.

Weinberg S, 1972. Gravitation and Cosmology. New York: Wiley.

Weyl H, 1970. Raum, Zeit, Materie: Vorlesungen über allgemeine relativitätstheorie(6th). Berlin: Springer.

Zeeman P, 1914. Fresnel's coefficient for light of different colours. (First part), Proc. Kon. Acad. Van Weten, 17: 445-451.

Zeeman P, 1915. Fresnel's coefficient for light of different colours. (Second part), Proc. Kon. Acad. Van Weten, 18: 398-408.

第 8 章　国际单位制

物理学的理论和定律是建立在实验测量基础上的。确定物理定律中各个物理量之间的关系，需要对每个物理量进行精确的测量。任何物理量，如果不给出单位，就没有意义。比如数字 5，没有单位，就没有物理意义。同样的数字，后面跟不同的单位，意义大不相同。例如 5 m、5 kg，具有完全不同的含义。一个量的单位，是计量该量的统一标准。在测量中，以同类量的某定量为基准量，测定已知量相当于基准量的多少倍，该基准量称为单位。因此，单位是人为定义的，但必须具有客观性、合理性、不变性、可复制性和可靠性。

从 1875 年建立米制公约到 1960 年采用国际单位制，基本单位的定义和复现是以经典物理学为基础的。早期，用铂铱合金米尺和铂铱合金圆柱体定义了长度单位米和质量单位千克，用地球绕太阳的公转周期定义了时间单位秒，用通电导线之间的作用力定义电流单位安培等。

国际单位制（Système International d'Unités，SI）源自公制系统，是世界上普遍采用的标准度量衡单位系统。国际单位制是在公制基础上发展起来的单位制，于 1960 年第十一届国际计量大会通过，并推荐各国采用。本章介绍国际单位制 7 个基本单位的定义，每个基本单位代表的是某种量的度量标准或协议规定。至今为止，任何一个物理量或物理单位，均可由这 7 个基本单位之一或其组合表示。

8.1　7 个基本单位

1971 年，第十四届国际计量大会决定采用米（m）、千克（kg）、秒（s）、安培（A）、开尔文（K）、摩尔（mol）和坎德拉（cd）作为国际公认的长度、质量、时间、电流、热力学温度、物质的量和亮度的标准计量单位，也称基本单位。其他物理量的计量单位则可以通过它们与基本单位的关系来确定，被称为导出单位，例如力的单位牛顿、能量单位焦耳等。

8.1.1　长度单位

为了描述空间的广延性，如一个物体的体积或两点之间的距离，需要长度单位。早期，各个国家的长度单位不统一。例如：古埃及采用斯特迪亚（Stadia）作为度量长度的单位，约合 183 m；中国古代采用丈、尺、寸；英国采用英尺、英寸。这给国家之间的交流带来了极大的不便。为此，需要制定国际统一的度量长度的单位，也即国际长度单位。

国际长度单位，采用米（m），量纲符号用 L 表示。

“米”（meter，metre）起源于法国。1790 年 5 月由法国科学家组成的特别委员会，建议以通过巴黎的地球子午圈全长的四千万分之一作为长度单位米，并于 1791 年获法国国会批准。为了制造出表征米的量值的基准器，法国天文学家于 1792～1799 年对法国敦刻尔克至西班牙巴塞罗那的距离进行了测量。1799 年根据测量结果制成一根 3.5 mm×25 mm 矩形截面的铂杆（platinum metre bar），以此杆两端之间的距离定为 1 m，并交由法国档案局保管，所以又称“档案米”，这是最早的米定义（histoire du mètre）。按照这一定义，利用标准米铂杆可复制（制造）米尺，后者的四千万倍应该正好是过巴黎的子午圈的周长。实际上肯定有不小的误差。但这并不影响米的定义，因为长一点或短一点并没有什么关系，只要协议即可。不过由于档案米的变形情况严重，于是 1872 年放弃了“档案米”的米定义，而是采用了如下定义（沈乃澂，2011；BIPM，2006；CGPM, 1889）：

铂铱合金（90%的铂和 10%的铱）制造的米原器作为长度的单位　（8.1）

米按照十进制划分，米的十分之一为分米（dm），米的一百分之一为厘米（cm），米的一千分之一为毫米（mm）；以此类推。

米原器是根据“档案米”的长度制造的，当时共制出了 31 支，截面近似呈 X 形，把“档案米”的长度以两条宽度为 6～8 μm 的刻线刻在尺子的凹槽（中性面）上。1889 年在第一次国际计量大会上，把经国际计量局鉴定的第 6 号米原器（31 支米原器中在 0 ℃时最接近“档案米”的长度的一支）选作国际米原器，并作为长度基准器保存在巴黎国际计量局的地下室中，其余的尺子作为副尺分发给与会各国。规定在周围空气温度为 0 ℃时，米原器两端之间的距离为 1 m，采用十进制均匀刻度划分分米和厘米。1927 年第七届国际计量大会又对米定义作了严格的规定，除温度要求外，还提出了米原器须保存在 1 atm（标准大气压，1 atm = 1.013 25×10^5 Pa）下，并对其放置方法作出了具体规定（CGPM，1889）。理论上，应该平躺在重力等位面上。在地球重力场中，重力位相等的点构成的面称为重力等位面。

但使用米原器作为米的客观标准也存在很多缺点，如材料变形测量精度不高（只能达到 0.1 μm），很难满足计量学和其他精密测量的需要。另外，如果米原器损坏，复制将无所依据，特别是复制品很难保证与原器完全一致，给各国使用带来了困难。因此，采用自然量值作为单位基准器一直为人们所向往。20 世纪 50 年代，随着同位素光谱光源的发展，科学家发现了宽度很窄的 ^{86}Kr（氪 86）同位素谱线，加上干涉技术的成功和不断发展完善，人们找到了一种不易毁坏的自然标准，即以 ^{86}Kr 光波波长作为长度单位的自然基准（Fishbane et al.，2004；Marion，1982），定义如下：

米的长度等于 ^{86}Kr 原子的 $2p_{10}$ 和 $5d_1$ 能级之间跃迁的辐射
在真空中波长的 1 650 763.73 倍　（8.2）

这一自然基准性能稳定，没有变形问题，容易复现，而且具有很高的复现精度。中国于 1963 年也建立了 ^{86}Kr 同位素长度基准。^{86}Kr 同位素光波波长的长度是恒定的，而且是可复制的。

米的定义从铂铱合金米原器更改为 ^{86}Kr 同位素光波波长之后，国际米原器仍按原规定保存在国际计量局。随着科学技术的进步，20 世纪 70 年代以来，对时间的测定达到了很高的精确度，加之光速被认为是常数，因此，1983 年 10 月在巴黎召开的第十七届国际计量大会上又通过了米的新定义（劳嫦娟 等，2019；BIPM，2006；CGPM，1983）：

米是 1/299 792 458 s 的时间间隔内光在真空中行进的长度 (8.3)

按照定义（8.3），真空中光速正好就是 299 792 458 m/s，记为 $c_0=299\,792\,458$ m/s，或简记为 c 。于是，基于 ^{86}Kr 同位素光谱线波长的米的定义就被新的米定义（8.3）取代了（BIPM，2006）。不过米尺原型，仍然保留在 1889 年所述条件下的国际计量局。比较新定义（8.3）与旧定义（8.1）和（8.2），它们之间略有差异（计算三种定义之间的差异：**习题 8.1**）。

按照定义（8.3），光速必须是恒定值，因而无须再去测量了。如果实验证明光速并非恒定值，情况如何呢？实际上，米按照（8.3）定义，有循环定义之嫌，因为光速是速度，用到了长度和时间的概念，而在没有定义长度（米）和时间（秒）之前，是没有速度概念的。此外，如果光速不是恒定量，则导致米的定义（8.3）失效。因此，这一新的定义（8.3）存在致命的缺陷。相反，采用更原始的定义（8.1）似乎更加合理，因为这一定义是独立的。如果采用定义（8.2），必须精确地测定或分辨出 ^{86}Kr 原子的 $2p_{10}$ 与 $5d_1$ 能级之间跃迁的辐射在真空中的波长（阐述测定原子的两个能级跃迁能量所对应的波长的方法：**习题 8.2**）。

按照定义（8.2），能实现米尺吗？需要考虑的影响因素非常多[按定义（8.2），阐述需要考虑的各种影响因素：**习题 8.3**]。

有没有更好的定义米的办法呢？下面的定义可供读者讨论。国际单位长度米，可采用如下定义（申文斌，2023）：

米是 aN_{A} 个中子沿直线无间隙地密集排列的长度 (8.4)

其中：a 为可以确定的数；N_{A} 为阿伏伽德罗常数 $N_{\mathrm{A}}=6.022\,140\,76\times10^{23}$，它是纯粹的自然数，量纲为 1，与任何测量无关。实际上，按照目前物理学研究给出的中子的大小，假定其直径为 d_n，则可根据 $aN_{\mathrm{A}}d_n=1\,\mathrm{m}$ 确定出比例系数 a，即

$$a=\frac{1}{N_{\mathrm{A}}d_n} \tag{8.5}$$

只要俘获一个中子，测量出其尺度，即可根据定义（8.4）定义国际单位米。不过，中子虽然稳定，但自由中子很容易衰变为质子。能否排列中子，值得思考。适当放宽一些，可排列原子来定义，将定义（8.4）中的“中子”替换为“铂原子”，同时给定合适的系数 a，即可得到可操作的米的定义（申文斌，2023）。

8.1.2 质量单位

空间中有物质，物质中有空间，二者密不可分，因为很难想象不存在物质的空间（真空）。感知到的任何东西，都具有物质属性，无论是固态、液态、气态还是场态。某个物

体，究竟含有多少物质，需要一个标准度量。或者说，物质的质量，需要选用一个单位，即质量单位。选用什么样的质量单位作为度量物质的标准合适呢？古埃及用格德特作为质量单位；中国古代用斤、两；英国则用磅、盎司。世界各国，质量单位五花八门，迫切需要统一。这种统一的单位，即为国际质量单位。

国际质量单位为千克（kg），其量纲符号为M。

1799年，法国科学院提议，根据长度单位米的定义（8.1），给出了千克质量单位的定义（Zupko，1990）：

$$1\ \mathrm{dm}^3（立方分米）的纯水在4\ ℃时的质量为千克（1\ \mathrm{kg}） \tag{8.6}$$

1 kg的一千分之一为1 g，1 g的一千分之一为1 mg。不久，在制作铂质米原器的同时，也制成了铂质千克基准原器砝码，保存在巴黎档案局。

科学家发现，这个基准原器并不准确。1875年，法国、德国、美国、俄国等17个国家的代表在巴黎签订国际米制公约并成立国际计量局，用铂铱合金精心制成3个新的圆柱形千克原器砝码，直径和高度均为3.9 cm，选定其中一个作为“国际千克原器”，保存在国际计量局的地下室，保持恒温，并用数层玻璃罩罩好，最外一层玻璃罩抽成半真空，以防空气和杂质与铂铱合金发生化学反应，影响千克原器的精度。随后又复制了40个千克原器的代用品，分发给各会员国作为国家基准。差不多每隔10年，都要对千克原器进行常规检定，以确保质量基准的可靠性。与此同时，英国仍坚持英尺和磅等作为度量衡标准单位，也用纯铂制成“磅原器”，保存在伦敦的国家档案局。

1889年第一届国际计量大会批准了国际千克原器，并宣布以这个原器为质量单位。为了避免“重量”一词在通常使用中意义发生含混，1901年第三届国际计量大会中规定（CGPM，1901）：

$$千克是质量（而非重量）的单位，它等于国际千克原器的质量 \tag{8.7}$$

定义（8.7）所指的铂铱千克原器，按照1889年第一届国际计量大会规定的条件，保存在国际计量局。

2007年，科学家对保存在国际计量局的国际千克原器进行精确测量时，发现千克原器的质量正在逐渐减少，迄今已损失了12 μg（微克）。虽然数量不大，但科学家认为这会对精密物理测量产生重大影响。为此，有科学家建议，可用纯硅原子球体取代铂金和铱混合圆柱体，以尽量避免质量损耗。罗纳德·福克斯则提议，不应该再使用人造量具（原器）来定义千克，而是采用如下定义（沈乃澂，2014；Becker et al.，2007；BIPM，2006）：

$$千克定义为精确的1\,000摩尔碳12质量的1/12 \tag{8.8}$$

此外，还有一种建议认为，利用已知的“瓦特天平”装置，并利用电磁能定义千克。

最新的定义，是2018年11月16日国际计量大会通过决议的定义（CODATA，2018）：

$$1\ \mathrm{kg}定义为对应普朗克常数为6.626\,070\,15\times10^{-34}\ \mathrm{kg\cdot m^2/s}时的质量 \tag{8.9}$$

这一定义的原理是，为平衡质量1千克物体所需的机械力与电磁力一致时，通过普朗克常数表达的电磁力公式计算出质量。

瓦特天平的核心是类似于线圈电动机的电磁设备，该电磁设备由线圈和磁体组成。描述电磁的方程式（麦克斯韦方程）中的对称性允许将每个直流电动机用作发电机。为了将该装置用作电动机，将电流注入线圈并产生力，还需要移动线（通过外力），并在线圈两端产生电压。当电磁力与机械力平衡时，质量可按下面的公式计算（Robinson et al., 2016）：

$$m = \frac{n}{4}\frac{ff'}{gv}h \tag{8.10}$$

其中：n 为量子数；h 为普朗克常数；g 为重力加速度；v 为扫描期间线圈的速度；f、f' 为约瑟夫森效应中的两个频率。具体的介绍和公式推导可参考 Robinson 等（2016）。

但定义（8.9）存在如下问题[详细阐述定义（8.9）存在的问题和解决问题的办法：**习题 8.4**]。

（1）为了保证结果的准确性，相关的实验通常需要达到何等精度？

（2）整套设备精密复杂难以操作，如何简化实验装置？

（3）不同地区测定的结果是否相同？需要考虑哪些影响因素？

实际上，可以利用 q 个中子的总质量来定义千克。按目前的质量标准[例如根据 1 kg 原器或国际最新定义（8.8）确定的质量]，中子的质量为 $m_n = 1.674\,927\,211\times10^{-27}$ kg，因此（申文斌，2023）

$$1\ \text{kg 定义为 } 1.674\,927\,211^{-1}\times10^{27} \text{ 个中子质量的总和} \tag{8.11}$$

如果希望与阿伏伽德罗常数建立联系，根据定义(8.11)，有 $1\ \text{kg}=1.674\,927\,211^{-1}\times10^{27}m_n$，因此可假定 $1\ \text{kg}= bN_A m_n = 1.674\,927\,211^{-1}\times10^{27}m_n$，由此可确定系数 b：

$$b = 1.674\,927\,211^{-1}\times10^{27}/(6.022\,140\,76\times10^{23}) = 991.4 \tag{8.12}$$

基于这一关系，利用阿伏伽德罗常数 N_A，千克可按如下方式定义（申文斌，2023）：

$$1\ \text{kg 定义为 } 991.4\,N_A \text{ 个中子质量的总和} \tag{8.13}$$

显然，定义（8.11）与定义（8.13）是等价的。实际上，只要能俘获一个中子，就可以按定义（8.11）或定义（8.13）确定千克。另外，可以看出，定义（8.11）几乎与定义（8.8）等价，但并不相同，因为原子的变数比中子要大一些。非自由中子是非常稳定的，其质量被认为不会随时间变化。如果假定某种原子非常稳定，并可称量，则可考虑用这种原子来定义质量。

8.1.3 时间单位

空间中的物质，无时无刻不在发生变化。如何描述这种变化过程呢？需要用一种连续的、等间隔的、均匀流逝的尺度来衡量，这就是时间。如果有一种恒定的周期运动，以此作为时间间隔来度量时间的流逝，应该是最理想的（申文斌，1994）。具有恒定周期运动的装置，可作为度量时间的工具，即时钟。因此，任何稳定的周期运动，均可用来定义单位时间（秒）。时钟的种类非常多，从早期的日晷、水沙滴漏钟、重力摆钟，到近代的地球自转钟、地球公转钟、石英钟、原子钟、光钟，以及未来有可能实现的核子钟、脉冲星钟等，时钟的稳定度越来越高（尽量多地列举各种各样的时钟：**习题 8.5**）。为了在国际上有一个确定的秒长标准，需要制定统一的时间单位定义。

国际时间单位为秒（s），其量纲符号为 T。

早期的时间秒，以地球自转为基础，按如下方式定义（司德平，2001）：

$$1\ \text{s 定义为平太阳日的 } 1/86\,400 \tag{8.14}$$

因为一个平太阳日正好 24 小时，总计 86 400 秒。中国古代采用时辰，一天（以白天黑夜交替为周期）分为 12 个时辰；到后来，时辰分为上、下半时辰，简称小时，即 1 天分为 24 小时。平太阳日是假定地球自转速率均匀时地球自转一圈所看到的太阳两次经过天顶（正午）所经历的时间（即 1 天）。但后来发现地球自转是不均匀的，因此这一定义不能令人满意。1960 年开始采用国际天文学联合会（International Astronomical Union，IAU）的建议，利用回归年定义秒。但很快发现，利用原子钟定义秒更加稳定。于是，自 1967 年，第十三届国际计量大会决定，将秒定义为（BIPM，2006；王榈，1990；CGPM，1967）

$$\begin{gathered}{}^{133}\text{Cs 原子基态的两个超精细能级之间跃迁所}\\ \text{对应的辐射的 } 9\,192\,631\,770 \text{ 个周期的持续时间}\end{gathered} \tag{8.15}$$

如此，^{133}Cs（铯-133）原子基态的两个超精细能级之间的跃迁所对应的频率就正好是 9 192 631 770 赫兹（Hertz），记为 $\nu_{\text{Cs}}=9\,192\,631\,770$ Hz。

1997 年，国际计量委员会（International Committee for Weights and Measures，CIPM）又规定，这一定义要求 ^{133}Cs 原子处于静止状态并处于 0 K 的环境之中，这是为了消除黑体辐射影响。因此，任何原子钟产生的基本频率标准，都需要做黑体辐射频移修正。不同的原子基本频率，对黑体辐射的响应不同。此外，由于相对论影响，还需要将此定义规定在大地水准面上，因为根据爱因斯坦广义相对论（Einstein，1915），处于不同重力位处的原子钟，其振荡频率不同（Weinberg，1973）。因此，任何原子钟产生的基本频率标准，还需要做相对论改正。符号 ν_{Cs} 用来表示铯原子基态的超精细能级跃迁频率。

将 ^{133}Cs 原子基态的两个超精细能级之间的跃迁所对应的辐射的 9 192 631 770 个周期的持续时间作为 1 s，已将秒的定义数字化了，也即变成了一种规定，无须再测定秒长本身。如果 ^{133}Cs 原子随着宇宙年龄的变化而演变，如两个超精细能级之间的跃迁所对应的辐射能量不断减弱，如果假定普朗克常数不变，那么对应的频率就会小于 9 192 631 770，秒长的定义就会遇到挑战。

还有更好的定义时间的方法吗？（阐述你认为定义时间的最好方法：**习题 8.6**）

8.1.4　电流单位

相比于长度单位和时间单位，电流单位就没有那么直观。电流显然与电荷的流动有关，单位时间里通过导体任一横截面的电量称为电流强度，简称电流。电流强度是标量，通常将正电荷的运动方向规定为电流的方向。导体中电流的方向总是沿着电场方向从高电势处指向低电势处。

国际电流单位为安培（A），其量纲符号为 I。

安培（A），简称安，以安培（Ampère，1775—1836 年）命名。

电流和电阻的早期国际电学单位，是 1893 年在芝加哥召开的国际电学大会上所引用的。早期国际安培和国际欧姆的定义，则是 1908 年伦敦国际电学大会所批准的。虽然 1933 年在第八届国际计量大会期间，已十分明确地一致要求采用绝对单位来代替这些早期国际单位，但直到 1948 年第九届国际计量大会才正式决定废除这些早期国际单位，而采用下述电流强度国际单位安培的定义（BIPM，2006；CGPM，1948）：

在真空中相距 1 m 的两个无限长而圆截面可忽略的平行直导线内通过一恒定电流，若这恒定电流使得这两条导线之间每米长度上产生的力等于 2×10^{-7} N，则这个恒定电流的电流强度就是 1 A　　(8.16)

基于这一定义，磁常数或真空中磁导率 μ_0，就正好是 $4\pi\times10^{-7}$ 亨利/米，即 $\mu_0 = 4\pi\times10^{-7}$ H/m。

2018 年 11 月 16 日，第二十六届国际计量大会通过决议，1 安培被定义为（沈乃澂，2019；CODATA，2018；BIPM，2006）：

1 s 内通过 $1.602\,176\,634^{-1}\times10^{19}$ 个电子电荷所对应的电流强度　　(8.17)

定义（8.17）是目前国际上采用的定义，虽然看起来它优于定义（8.16），但仍然存在缺陷[阐述定义（8.17）的局限性：**习题 8.7**]。

实际上，定义（8.16）的缺陷在于，引入了距离（长度单位）和牛顿力来定义安培，而牛顿又与加速度和质量有关，由此导致了电流定义的不独立性。虽然定义（8.17）更接近独立性，但还是有所欠缺，因为用到了秒定义（8.15）。

为了克服上述缺陷，寻求独立性定义，可以放弃安培作为国际单位的基础，而是引入电荷的电量作为国际单位的基础。正电子电荷或正电子携带的电量是恒定值（也可以将正电子电荷换成质子电荷），以此为依据可定义国际电量单位，其定义（申文斌，2023）为

国际电量单位是 $1.602\,176\,634^{-1}\times10^{19}$ 个正电子电荷（或质子）所带电量的总和　　(8.18)

在定义（8.18）下，电流强度 I（安培）是导出量，可以根据定义（8.17）导出，因为时间（秒）已有定义[见定义（8.15）]。此外，在定义（8.18）下，电流强度 I（安培）也可根据定义（8.16）导出，因为长度（米）、时间（秒）、质量（千克）等均已有定义。

定义（8.18）的优越性在于，该定义是独立的。

8.1.5　热力学温度单位

温度是衡量物体冷热程度的物理量。从本质上讲，温度反映的是物体分子热运动的剧烈程度。温度不能绝对测量，只能通过物体随温度变化的某些特性来间接测量，而用来度量物体温度数值的标尺称为温标。如何规定或定义温标呢？

国际热力学温度单位开尔文（K），其量纲符号为 Θ。

1954 年第十届国际计量大会规定了热力学温度单位的定义如下（屈继峰 等，2018；

BIPM，2006；CGPM，1954）：

选取水的三相点为基本定点，并定义其温度为 273.16 K　　(8.19)

但定义（8.19）没有解决温度单位大小的问题，即并没有规定 1 度究竟有多大，因为在不同的温度段，每个单位尺度“1 度”可能有所不同（申文斌，2023）。

1967 年第十三届国际计量大会通过以开尔文的名称（符号 K）代替“开氏度”（符号 K），其定义为（冯晓娟 等，2019；BIPM，2006；CGPM，1968）

热力学温度单位开尔文，是水的三相点热力学温度的 1/273.16　　(8.20)

同时，大会还决定用单位开尔文及其符号 K 表示温度间隔或温差。

定义（8.20）则明确规定了开尔文的单位，它实际上是均匀度量，在所有温度区间，尺度是恒定的（讨论热力学温标定义的合理性：**习题 8.8**）。

关于温度的定义（8.17）～定义（8.19），值得深入研究（参见第 4 章）。为什么热力学温度只能到 0 K，而高温没有限制？温度间隔在不同的温度区间所显示的物理含义是否相同？确切地说，在高温区每升高 1 K 和在低温区每升高 1 K 的感觉或物理效应是一样的吗？

考虑前面的几个定义，如长度、质量、时间、电荷（或电流），它们都具有显然的叠加一致性。例如，长度单位，从 2 m 加一个单位到 3 m，与从 10 m 加一个单位到 11 m，这种单位米的叠加（也即从 2 m 到 3 m 和从 10 m 到 11 m）是一致的，没有区别。质量也是如此。因此定义恒定的长度单位米和质量单位千克是合理的。时间具有均匀延续性，因此定义恒定的单位秒是合理的。电荷也具有线性叠加性，因此电荷单位库仑的定义是合理的。温度是否具有线性叠加性呢？温度从 2 K 升到 3 K（叠加一个单位 K）与从 10 K 升到 11 K（也叠加一个单位 K），这两个单位 K 是否一致呢？这是一个非常重要的科学问题，值得深入研究。

除了以开尔文表示的热力学温度（符号 T，见热力学温标），也使用由式

$$t = T - T_0 \tag{8.21}$$

定义的摄氏温度（符号 t），其中 T_0 =273.15 K 是水的冰点的热力学温度，它与水的三相点的热力学温度相差 0.01 K。摄氏温度的单位是摄氏度（符号℃）。因此，“摄氏度”单位与“开尔文”单位相等。摄氏温度间隔或温差用摄氏度表示。通常用符号 T_{tpw} 表示水处于三相点状态时的热力学温度。

按照热力学温度单位开尔文的定义，对温度进行绝对测量，必须借助热力学温度计，例如借助液体温度计、辐射温度计等（参见第 4 章）。从理论上来说，热力学温标相对较严密，但具体实现却非常困难。因此，国际上决定采用实用温标，这种实用温标不能代替热力学温标，而是根据当时测量技术的水平尽可能提高准确度，逼近热力学温标。根据实用性的要求，还应在国际上进行统一。

1927 年第七届国际计量大会通过了第一个国际温标。这个国际温标在 1948 年进行了修改，由 1960 年第十一届国际计量大会定名为 1948 国际实用温标（代号为 IPTS48）。1968 年国际计量委员会又通过了新的国际实用温标，它与人们所知的最佳热力学结果相

符。这个温标的代号为 IPTS68。它是建立在以下两点的基础上的（BIPM，2006；Rusby et al.，1986）：首先，有 11 个可以复现的固定点，在 13.81～1 337.58 K 规定用气体温度计测定固定点的温度值。其次，在不同的温度区间，规定用不同的标准仪器测量，例如，在 13.81～903.89 K，采用铂电阻温度计测量；在 903.89～1 337.58 K，采用铂铑热电偶测量，在 1 337.58 K 以上的区间，采用光谱高温计和常数 c_2 =0.014 338 m·K 来测量。然后，根据规定的固定点进行分度（见温度测量）。

水的三相点不是冰点，冰点与气压和水中的溶质有关（如空气），三相点只与水本身的性质有关。由此推算出的 1 K 的大小与 1 ℃相等，且水在 101.325 kPa 下的熔点约为 273.15 K。

2018 年 11 月 16 日，第二十六届国际计量大会通过决议，1 开尔文按如下方式定义（Stock et al.，2019；CODATA，2018；CGPM，2018）：

对应玻尔兹曼常数为 1.380 649×10^{-23} kg·m^2/（s^2·K）*时的热力学温度*　　（8.22）

按照定义（8.22），热力学温度单位依赖玻尔兹曼常数[讨论定义（8.22）的合理性和局限性：**习题 8.9**]。

8.1.6　物质的量单位

为了更方便地描述微观粒子系统，科学家引入了一个大数，但又不是纯粹的自然数，而是与微小的原子量密切相关。比如一个大数乘以氧元素 ^{16}O 的原子量构成较大宏观质量。

国际物质的量单位为摩尔（mol），其量纲符号为 N。

最初，原子量是以 ^{16}O 的原子量为标准。但是化学家把 O 的同位素 ^{16}O、^{17}O、^{18}O 的混合物，即天然氧元素的数值定为 16。物理学家则是把 O 的单一同位素即 ^{16}O 的数值定为 16，两者不一致。

1959～1960 年，国际纯粹与应用物理学联合会（International Union of Pure and Applied Physics，IUPAP）和国际纯粹与应用化学联合会（International Union of Pure and Applied Chemistry，IUPAC）取得一致协议后，结束了这种不一致局面。决定改用碳同位素 ^{12}C 作为标准，把它的原子量定为 12，并以此为出发点，给出了相对原子质量的数值。接下来的问题是通过确定 ^{12}C 的相应质量以定义物质的量的单位。根据国际协议，一个物质的量的单位的 ^{12}C 应有 0.012 kg，这样定义的物质的量单位取名摩尔（mol）。国际计量委员会根据国际纯粹与应用物理学联合会、国际纯粹与应用化学联合会及国际标准化组织的建议，于 1967 年制定并于 1969 年批准了摩尔的定义，最后于 1971 年第十四届国际计量大会通过，其定义为（任同祥 等，2019；BIPM，2006；周宝国，1997；CGPM，1971）：

1 mol *是包含相同基本单元数与* 0.012 kg ^{12}C *的原子数目相等的物质的量*　　（8.23）

使用摩尔时需要对基本微粒予以指明，可以是原子、分子、离子及其他微观粒子，或这些微观粒子的特定组合体。后来还规定，该定义要求的 ^{12}C，是没有约束的自由 ^{12}C 原子，并处于静止状态和基态。

根据这一定义，1 mol 的 ^{12}C 原子正好是 12 g，记为 $M(^{12}\mathrm{C})=12$ g/mol。摩尔的这个定义同时严格明确了以摩尔为单位的量的性质。根据科学测定，12 g 的 ^{12}C 原子数约为 $6.022\,094\,3\times10^{23}$，用符号 N_A 表示，称为阿伏加德罗（Avogadro，1776—1856 年）常数。因此，规定凡是含有 N_A 个同样的单元的微粒（约 6.022×10^{23}）的物质，其物质的量为 1 mol。例如：1 mol 氧原子 O，含有 N_A 个 O；1 mol 质子 n，含有 N_A 个质子 n。质子的质量乘以 N_A，就是 1 mol 质子的总质量。虽然定义摩尔的阿伏伽德罗常数属于自然常数，但它源于度量微观粒子的质量的人为规定。

2018 年 11 月 16 日，第二十六届国际计量大会通过决议，将阿伏伽德罗常数修改为 $6.022\,140\,76\times10^{23}$/mol，将 1 mol 定义为（王军 等，2019）：

1 mol 是精确包含 $6.022\,140\,76\times10^{23}$ 个原子或分子等
基本单元的系统的物质的量　　　　（8.24）

虽然可以人为改变阿伏伽德罗常数的数值，但需要与质量定义相协调，因为摩尔最终表述的是同类微观粒子集合的总质量。

根据这一定义，1 mol 物质就是包含 $6.022\,140\,76\times10^{23}$ 个全同粒子的物质的量，这里的全同粒子必须是完全相同的单元，如质子、中子、电子、水分子等；但说 1 mol 乒乓球则不合适，因为乒乓球的大小、重量都有可能不同。

根据上述定义可以看出，物质的量的单位本质上是质量单位的延伸，也就是说，实际上它并不是必需的，而是仅仅为了更方便地描述大集合小粒子系统而引入的导出单位。由于历史原因，1 mol 被规定为国际基本单位之一[将质量定义（8.9）与摩尔定义（8.24）联系起来，讨论二者的相容性；如果二者不相容，如何调和？试给出修改后的摩尔定义：**习题 8.10**]。

8.1.7　亮度单位

亮度反映了一个发光体明亮的程度。国际上采用的以火焰或白炽灯丝基准为根据的发光强度单位，于 1948 年改为新烛光。这一决定是国际照明委员会（International Commission on illumination，CIE）和国际计量委员会在 1937 年以前作出的。

国际亮度单位坎德拉（cd），其量纲符号为 lm。

国际计量委员会在 1946 年的会议上决定将新烛光单位改为坎德拉。1948 年第九届国际计量大会批准了国际计量委员会的这一决定，并同意给这个发光强度单位一个新的国际单位名称坎德拉。1967 年第十三届计量大会正式通过了下列修改定义（刘慧 等，2019；BIPM，2006；CGPM，1967）：

1 cd 是在 101 325 N/m^2 压力下，处于铂凝固温度的
黑体的 1/60 000 m^2 表面在垂直方向上的发光强度　　　　（8.25）

上述定义一直沿用至 1979 年。在使用中发现，各国的实验室利用黑体实物原器复现坎德拉时，相互之间有较大差异。在此期间，辐射测量技术发展迅速，其精度已能同光度测量相比，可以直接利用辐射测量来复现坎德拉。鉴于这种情况，1977 年国际计量委员会明确发光度量和辐射度量之间的比值，规定频率为 540×10^{12} Hz 的单色辐射的光谱光效率为 683 lm/W（流明每瓦特）。这一数值对明视觉光已足够准确；而对暗视觉光，也只有约 3%的变化。为此，在 1979 年 10 月召开的第十六届国际计量大会上正式决定，废除了 1967 年的定义（8.25），对坎德拉作出如下新定义（甘海勇 等，2018；BIPM，2006；CGPM，1979）：

1 cd 为一光源在给定方向上发出频率为 $540\times10^{12}\ \mathrm{s}^{-1}$ 的单色辐射，且在该方向上的辐射强度在每单位立体角（sr）为 $683^{-1}\ \mathrm{kg{\cdot}m^2/s}$ 时的发光强度 （8.26）

其中：540×10^{12} Hz 辐射波长约为 555 nm，是人眼感觉最灵敏的波长。基于这一定义，频率为 540×10^{12} Hz 的单色辐射的光谱光视效能（spectral luminous efficacy）正好是每瓦特（W）683 个流明（lumen，lm），即 $K=683$ lm/W$=683$ cd·sr/W。

根据这一定义，坎德拉只与常数值 $540\times10^{12}\ \mathrm{s}^{-1}$ 和 $683^{-1}\ \mathrm{kg{\cdot}m^2{\cdot}sr/s^3}$ 有关，无须实际测量，成为规定的不变值。

在研究原子物理学和量子力学的规律时，发现量子效应比宏观现象具有更好的不变性。如电子在原子中运动，当它受到外界作用时，其能量发生的变化是不连续的，只能在允许的能级之间跃迁。跃迁的能量只能是 $\Delta E = h\nu$ 的整倍数，其中 h 是普朗克常数（参见第 9 章）。在特定条件下的许多跃迁，其辐射频率（ν）是非常稳定并具有很高复现性的不变量，适合用来定义计量单位和作为基准使用。激光频标就是利用非常稳定的离子（或原子和分子）的跃迁频率来复现长度单位米，并作为实用的长度基准或光频标准。^{133}Cs 原子的超精细结构分量之间的跃迁频率现已用于定义时间单位秒，其频率复现性已达 10^{-15} 量级；光频率测量的稳定度则达到了 10^{-19} 量级，为相关学科发展奠定了基础。因此，频率是当今人类测量中最准确的物理量。

可与频率媲美的不变量就是基本物理常数。它们的数值不随地点和时间而异，具有普适性。目前，已将真空中光速 c 定义为基本物理常数，这是构建狭义相对论的基础之一（参见第 7 章）。基本物理常数的不变性反映了自然界的一种规律性。许多物理理论和定律中都含有重要的基本物理常数，如狭义相对论中的真空中光速 c、量子力学的普朗克常数 h、牛顿引力定律中的引力常数 G 等。关于基本物理常数，在第 9 章讨论。

基本物理常数有很好的恒定性，因此可以用于定义基本单位。长度和电单位已采用基本物理常数来重新定义或复现。随着科学技术的迅速发展，将来会有更多的基本单位采用这种方法来重新定义或复现，即用相应的确定频率和基本物理常数作为不变量来定义和复现基本单位。但其缺点是失去了独立性。

物理学家和计量学家的目标是不断探索新的更完善的不变量作为基本单位的定义。不变量是否真正意义上的不变量，值得深入研究，直接关系到很多物理规律的本质属性。

2018 年 11 月 16 日，第二十六届国际计量大会通过了决议，国际单位制中的 3 个基本单位（千克、开尔文、安培）改由自然常数来定义，并于 2019 年国际计量日（5 月 20 日）起正式生效。至此，国际单位制 7 个基本单位中的 6 个均由基本物理常数或纯数字定义，其量值几乎与实际测量无关。但缺陷也随之而来。

8.2 导 出 单 位

SI 导出单位是由 SI 基本单位或辅助单位按定义式导出的，其数量很多。其中，具有专门名称的 SI 导出单位共有 19 个，其中 17 个是以杰出科学家的名字命名的，如牛顿、帕斯卡、焦耳等，以彰显他们的杰出贡献。它们本身已有专门名称和特有符号，这些专门名称和特有符号又可以用来组成其他导出单位，比用基本单位来表示要更简明。同时，为了表示方便，这些导出单位还可以与其他单位组合表示另一些更为复杂的导出单位。下面是具有专门名称的一些导出单位的定义。

牛顿（力的单位）：使 1 kg 质量产生 1 m/s^2 加速度的力，即 1 N=1 kg·m/s^2。牛顿（Newton，1643—1727 年），英国著名的物理学家，百科全书式的“全才”，著有《自然哲学的数学原理》（Newton，1687）、《光学》等，在《影响人类历史进程的 100 名人排行榜》中，牛顿名列第 2 位，仅次于穆罕默德。

赫兹（频率单位）：周期为 1 s 的周期现象的频率为 1 Hz，即 1 Hz=1 s^{-1}。赫兹（Hertz，1857—1894 年），德国物理学家，于 1888 年首先证实了电磁波的存在（宋德生，1985），在电磁学领域做出了杰出贡献。

帕斯卡（压强单位）：每平方米面积上 1 N 力的压力，即 1 Pa=1 N/m^2。帕斯卡（Pascal，1623—1662 年），法国数学家、物理学家、哲学家、散文家，于 1653 年提出流体能传递压力的定律，即帕斯卡定律。帕斯卡定律是指不可压缩静止流体中任一点受外力产生压强增值后，此压强增值瞬时传至静止流体各点。

焦耳（能或功的单位）：1 N 力的作用点在力的方向移动 1 m 距离时所作的功，即 1 J=1 N·m。焦耳（Joule，1818—1889 年），英国物理学家；由于他在热学、热力学和电方面的贡献，被英国皇家学会授予最高荣誉科普利奖章。焦耳在研究热的本质时，发现了热和功之间的转换关系，并由此得到了能量守恒定律，最终发展为热力学第一定律（参见第 4 章）。他和开尔文合作发展了温度的绝对尺度。他还观测过磁致伸缩效应，发现了导体电阻、通过导体电流及其产生热能之间的关系，也即焦耳定律。焦耳定律表述为：电流通过导体产生的热量与电流的二次方成正比，与导体的电阻成正比，与通电的时间成正比。

瓦特（功率单位）：1 s 内给出 1 J 能量的功率，即 1 W=1 J/s。瓦特（Watt，1736—1819 年），英国发明家，第一次工业革命的重要推动者。1776 年瓦特制造出第一台有实用价值的蒸汽机，后经重大改进，使之成为“万能的原动机”，在工业上得到广泛应用。他开辟了人类利用能源的新时代，使人类进入蒸汽时代（朱其兵，2009）。

库仑（电量单位）：1 A 电流在 1 s 内所运送的电量，即 1 C=1 A·s。库仑（Coulomb，1736—1806 年）为法国工程师、物理学家。他提出了库仑定律，使电磁学的研究从定性走向定量，是电磁学发展史上的里程碑（参见第 3 章）。他发明了扭秤，为卡文迪什测量万有引力常数奠定了基础（参见第 9 章）。

伏特（电位差和电动势单位）：在通过 1 A 恒定电流的导线内，两点之间所消耗的功率若为 1 W，则这两点之间的电位差为 1 V（伏特），即 1 V=1 W/A。伏特（Volta，1745—1827 年），意大利物理学家，因在 1800 年发明伏打电堆而闻名于世。伏打电堆是由多层银和锌叠合而成，其间隔有浸渍水的物质，通称伏打电池，为各种实际应用提供了稳定的容量较大的电源，成为电磁学应用领域的重要基础。

法拉（电容单位）：给电容器充 1 C 电量时，两个极板之间出现 1 V 的电位差，则这个电容器的电容为 1 F（法拉），即 1 F=1 C/V。法拉第（Faraday，1791—1867 年），英国物理学家、化学家，也是著名的自学成才的科学家。1831 年，法拉第首次发现电磁感应现象，通称电磁感应定律（参见第 3 章），进而提出了产生交流电的方法；同年发明了圆盘发电机，是人类创造出的第一台发电机，极大推进了人类发展进程。法拉第电磁感应定律是麦克斯韦方程的先导，后者奠定了电磁学的基础（参见第 3 章）。

欧姆（电阻单位）：在导体两点间加上 1 V 的恒定电位差，若导体内产生 1 A 的恒定电流，而且导体内不存在任何其他电动势，则这两点之间的电阻为 1 Ω（欧姆），即 1 Ω=1 V/A。欧姆（Ohm，1787—1845 年），德国物理学家。1826 年，欧姆提出了经典电磁理论中著名的欧姆定律（参见第 3 章）：在同一电路中，通过某段导体的电流与这段导体两端的电压成正比，与这段导体的电阻成反比。

西门子（电导单位）：西门子（S）为 Ω 的负一次方，即 1 S=1 Ω^{-1}。西门子（Siemens，1816—1892 年），德国发明家、企业家、物理学家、电气工程师，提出了平炉炼钢法，创办了西门子公司。1866 年，西门子提出了发电机的工作原理，同年，还发明了第一台直流电动机（张井岗 等，1998）。

亨利（电感单位）：让流过一个闭合回路的电流以 1 A/s 的速率均匀变化，如果回路中产生 1 V 的电动势，则这个回路的电感为 1 H，即 1 H=1 V·s/A。亨利（Henry，1797—1878 年），美国科学家，在电磁学领域做出了杰出贡献。他发明了继电器（电报的雏形）（王双喜 等，2014），比法拉第更早发现了电磁感应现象（但没有及时发表），还发现了电子自动打火的原理。

韦伯（磁通量单位）：让只有一匝的环路中的磁通量在 1 s 内均匀地减小到 0，如果因此在环路内产生 1 V 的电动势，则环路中的磁通量为 1 Wb（韦伯），即 1 Wb=1 Vs。韦伯（Weber，1804—1891 年），德国物理学家，在电磁学领域做出了重要贡献。1856 年，韦伯与科尔劳施（Kohlrausch）一起完成了确定电量的电动单位与静电单位之间关系的测量，得到的比值为真空中的光速值。该实验将光与电联系了起来，为麦克斯韦预言“光是一种电磁波”（梁绍荣 等，1986）提供了重要支持。

特斯拉（磁感应强度或磁通密度单位）：每平方米内磁通量为 1 Wb 的磁感应强度，即 1 T=1 Wb/m^2。特斯拉（Tesla，1856—1943 年），塞尔维亚裔美籍发明家、物理学家、机械工程师、电气工程师。1897 年，他使马可尼的无线电通信理论成为现实；1898 年，他制造出世界上第一艘无线电遥控船，无线电遥控技术取得专利；1899 年，他发明了 X 光（X-Ray）摄影技术。其他发明包括：收音机、雷达、传真机、真空管、霓虹灯管、飞弹导航等。他一生的发明有 700～1 000 项。

流明（光通量单位）：发光强度为 1 cd 的均匀点光源向 sr（球面度内单位立体角）

发射出去的光通量，即 1 lm=1 cd·sr。

勒克斯（光照度单位）：每平方米为 1 lm 光通量的光照度，即 1 lx=1 lm/m^2。

贝可勒尔（放射性活度单位）：1 s 内发生 1 次自发核转变或跃迁，为 1 Bq（贝可勒尔），即 1 Bq=1 s^{-1}。贝可勒尔（Becquerel，1852—1908 年），法国物理学家，因发现天然放射性现象，1903 年与居里夫妇共享诺贝尔物理学奖。放射性核素，是指不稳定的原子核，能自发地放出射线（如 α 射线、β 射线等），通过衰变变为其他核素（参见第 3 章）。衰变时放出的能量称为衰变能，衰变到原始数目一半所需要的时间称为半衰期。

戈瑞（比授予能单位）：赋予 1 kg 受照物质以 1 J 能量的吸收剂量，即 1 Gy=1 J/kg（BIPM，2006）。戈瑞（Gray，1905—1965 年），英国物理学家，在放射生物学领域做出了杰出贡献。

希沃特（剂量当量单位）：每千克产生 1 J 的剂量当量，即 1 Sv=1 J/kg。希沃特（Sievert，1896—1966 年），瑞典生物物理学家，主要致力于辐射物理、生物效应辐射研究，将辐射物理应用于癌症的诊断和治疗，取得了国际领先研究成果。

弧度（纯几何单位）：一个圆内两条半径之间的平面角。当这两条半径在圆周上截取的弧长与半径相等时，平面角的弧度为 1 rad。

球面度（纯几何单位）：一个立体角，其顶点位于球心，而它在球面上所截取的面积等于以球半径为边长的正方形的面积，此时球表面对球心的张角为 1 sr。

1948 年第九届国际计量大会正式通过了米·千克·秒·安培的单位制，这是国际单位制的基础（聂玉昕，2009；BIPM，2006）。导出单位见表 8.1（沈乃澂，1987）。

表 8.1 导出单位

物理量名称	量的符号	导出单位名称	符号	符号与量纲的关系	导出单位定义
面积	$A(S)$	平方米	m^2		
体积	V	立方米	m^3		
速度	v	米每秒	m/s		
加速度	a	米每平方秒	m/s^2		
角速度	ω	弧度每秒	rad/s		
频率	ν	赫（兹）	Hz	1 Hz=1 s^{-1}	周期为 1 s 的周期现象的频率
密度	ρ	千克每立方米	kg/m^3		
力	F	牛（顿）	N	1 N=1 kg·m/s^2	使 1 kg 质量产生 1 m/s^2 加速度的力
力矩	M	牛（顿）米	N·m		
动量	P	千克米每秒	kg·m/s		
压强	p	帕（斯卡）	Pa	1 Pa=1 N/m^2	每平方米面积上 1 N 的压力

续表

物理量名称	量的符号	导出单位名称	符号	符号与量纲的关系	导出单位定义
功、能（能量）	$W(A)$	焦（耳）	J	1 J=1 N·m	1 N 力的作用点在力的方向上移动 1 m 距离所做的功
	E				
功率	P	瓦（特）	W	1 W=1 J/s	1 s 内给出 1 J 能量的功率
电荷（电荷量）	Q	库（仑）	C	1 C=1 A·s	1 A 电流在 1 s 内所运送的电量
电场强度	E	伏（特）每米	V/m		
电位、电压、电势差	$U(V)$	伏（特）	V	1 V=1 W/A 1 V=1 N·m/C	在通过 1 A 恒定电流的导线内，两点之间所消耗的功率若为 1 W，则两点之间的电位差为 1 V
电容	C	法（拉）	F	1 F=1 C/V	给电容器充 1 C 电量时，二极板之间出现 1 V 的电位差，则电容器的电容为 1 F
电阻	R	欧（姆）	Ω	1 Ω=1 V/A	在导体两点间加上 1 V 的恒定电位差，若导体内产生 1 A 的恒定电流，且导体内不存在其他电动势，则两点之间的电阻为 1 Ω
电阻率	ρ	欧（姆）米	Ω·m		
磁感应强度	B	特（斯拉）	T	1 T=1 Wb/m^2	每平方米内磁通量为 1 Wb 的磁通密度
磁通（磁通量）	Φ	韦（伯）	Wb	1 Wb=1 V·s	让只有 1 匝的环路中的磁通量在 1 s 内均匀地减小到零，若因此在环路内产生 1 V 的电动势，则环路中的磁通量为 1 Wb
电感	L	亨（利）	H	1 H=1 Wb/A	让流过一个闭合回路的电流以 1 A/s 的速率均匀变化，则回路的电感为 1 H
电导		西（门子）	S	1 S=1 Ω^{-1}	欧姆的负一次方
光通量		流（明）	lm	1 lm=1 cd·sr	发光强度为 1 cd 的均匀点光源向单位立体角（球面度内）发射出的光通量
光照度		勒（克斯）	lx	1 lx=1 lm/m^2	每平方米为 1 lm 光通量的光照度
放射性活度		贝可（勒尔）	Bq	1 Bq=1 s^{-1}	1 s 内发生 1 次自发核转变或跃迁
吸收剂量		戈（瑞）	Gy	1 Gy=1 J/kg	授予 1 kg 受照物质以 1 J 能量的吸收剂量
温度	t	摄氏度（华氏度）	℃（℉）		物体的冷热程度
比热容	c	焦每千克摄氏度	J/（kg·℃）		物体的吸放热能力
热值	q	焦每千克	J/kg		燃料燃烧的放热能力

注：①圆括号中的量名称和量符号，是前面的名称和符号的同义词。

②圆括号中的单位名称，在不致引起混淆、误解的情况下，可省略。去掉括号中的字，即为其名称的简称。

练　习　题

8.1　计算三种定义（8.3）、（8.1）和（8.2）之间的差异。

8.2　阐述测定原子的两个能级跃迁能量所对应的波长的方法。

8.3　按定义（8.2），阐述需要考虑的各种影响因素。

8.4　详细阐述定义（8.9）存在的问题和解决问题的办法。

（1）为了保证结果的准确性，相关的实验通常需要达到何等精度？

（2）整套设备精密复杂难以操作，如何简化实验装置？

（3）不同地区测定的结果是否相同？需要考虑哪些影响因素？

8.5　尽量多地列举各种各样的时钟。

8.6　阐述你认为定义时间的最好方法。

8.7　阐述定义（8.17）的局限性。

8.8　讨论热力学温标定义的合理性。

8.9　讨论定义（8.22）的合理性和局限性。

8.10　将质量定义（8.9）与摩尔定义（8.24）联系起来，讨论二者的相容性；如果二者不相容，如何调和？试给出修改后的摩尔定义。

8.11　试阐述理由：米原器为什么应该平躺在重力等位面上？

8.12　试阐述理由：确认氪 86 同位素光波波长的长度是恒定的，而且是可复制的。

8.13　试论证：若光速不是恒定量，定义（8.3）存在缺陷。

8.14　试阐述理由：为什么只要俘获一个中子，就可以按定义（8.11）或（8.13）确定千克？

8.15　试论证：若 ^{133}Cs 原子随着宇宙年龄的变化而演变，比如两个超精细能级之间的跃迁所对应的辐射能量不断减弱，假定普朗克常数不变，那么对应的频率就会小于 9 192 631 770。

8.16　试论证：定义（8.17）要优于定义（8.16）。

8.17　试证明：在定义（8.18）下，电流强度 I（安培）也可根据定义（8.16）导出。

参 考 文 献

冯晓娟, 张金涛, 林鸿, 等, 2019. 温度单位变革的历程. 计量技术, 5: 52-54.

甘海勇, 刘慧, 林延东, 2018. 发光强度: 坎德拉的演进. 中国计量, 10: 24-26.

劳嫦娟, 孙双花, 叶孝佑, 等, 2019. 长度单位变革的历程. 计量技术, 5: 21-24.

梁绍荣, 王雪君, 1986. 电动力学. 北京: 北京师范大学出版社.

刘慧, 林延东, 甘海勇, 等, 2019. 从烛光到坎德拉: 发光强度单位的演变. 计量技术, 5: 68-71.

牛顿, 2007. 牛顿光学. 周岳明, 舒幼生, 译. 北京: 北京大学出版社.

聂玉昕, 2009. 物理量单位制//中国大百科全书(32 卷): 物理学. 北京: 中国大百科全书出版社.

屈继峰, 张金涛, 2018. 温度单位: 开尔文的重新定义. 中国计量(12): 17-19.

任同祥, 王军, 李红梅, 2019. 摩尔的重新定义. 化学教育(中英文), 40(12): 19-23.

Rusby R L, 蔡伟, 1986. 关于 IPTS-68 在 0 ℃以下的修订. 宇航计测技术(5): 75-78.

沈乃澂, 1987. 物理量单位制//中国大百科全书(74 卷): 物理学. 北京: 中国大百科全书出版社.

沈乃澂, 2011. 计量学的世纪变迁: 长度单位米定义的变迁(一). 中国计量 1: 52-53.

沈乃澂, 2014. 质量单位千克定义的历史、现状和发展趋势. 物理, 43(9): 606-612.

沈乃澂, 2019. 基本电荷的精密测量及电流单位安培的重新定义. 物理, 48(4): 237-242.

申文斌, 1994. 空间与时间探索. 武汉: 武汉测绘科技大学出版社.

申文斌, 2023. 物理学中的国际单位制. 私人通讯.

司德平, 2001. 秒的定义与变迁. 物理通报, 4: 42-43.

宋德生, 1985. 略论电磁波的发现. 物理, 3: 184-188.

王榈, 1990. 秒的定义及其演变. 物理(7): 430-434.

王军, 王松, 任同祥, 2019. 物质的量国际单位制摩尔的变革历程. 计量技术(5): 55-59.

王双喜, 孙瑞娟, 张孝元, 等, 2014. 金工实习. 武汉: 武汉大学出版社.

张井岗, 曾建潮, 孙志毅, 1998. 直流电动机调速系统的内模控制. 电机与控制学报(2): 126-128.

周宝国, 1997. 新的阿伏伽德罗常数与新的千克定义. 现代计量测试, 2: 35-36.

朱其兵, 2009. 人类何时进入蒸汽时代. 历史学习(2): 1-9.

Becker P, Bièvre De P, 2007. Considerations on future redefinitions of the kilogram, the mole and of other units. Metrologia(44): 1-14.

BIPM, 2006. The International System of Units(SI) (8th ed.). Organisation Intergouvernementale de la Convention du Mètre.

CGPM, 1889. Première Conférence Généraie des Poids et Mesures 1e réunion. (1889-09-28)[2023-04-20]. https://www.bipm.org/documents/20126/38097196/CGPM1.pdf/0ff415d6-87a2-5e23-5a1c-cadf8b8047a6.

CGPM, 1901. Troisième Conférence Générale des Poids et Mesures 3e réunion. (1901-10-22)[2023-04-20]. https://www.bipm.org/documents/20126/38096616/CGPM3.pdf/9993082b-5a57-0b7e-1dfd-ea3245536d94.

CGPM, 1948. Neuvième Conférence Générale des Poids et Mesures 9e réunion. (1948-10-21)[2023-04-20]. https://www.bipm.org/documents/20126/38095573/CGPM9.pdf/10f7e9dc-a8d7-1e4c-fdfb-5f139fefd018.

CGPM, 1954. Conférence Générale des Poids et Mesures 10e réunion. (1954-10-14)[2023-04-20]. https://www.bipm.org/documents/20126/38095555/CGPM10.pdf/0679a7d9-28ac-9880-ff9d-eefc369b9be1.

CGPM, 1967. Conférence Générale des Poids et Mesures 13e réunion. (1967-10-16)[2023-04-20]. https://www.bipm.org/documents/20126/38095528/CGPM13.pdf/3955eace-d53e-911d-1e4a-9f57c353d9a2.

CGPM, 1971. Conférence Général des Poids et Mesures 14e réunion. (1971-10-07)[2023-04-20]. https://www.bipm.org/documents/20126/38095519/CGPM14.pdf/441ce302-2215-005e-73c4-d32e5dc85328.

CGPM, 1979. Conférence Générale des Poids et Mesures 16e réunion. (1979-10-12)[2023-04-20]. https://www.bipm.org/documents/20126/38095501/CGPM16.pdf/23103eb5-a014-e41b-dbaa-3053065012cf.

CGPM, 1983. Conférence Générale des Poids et Mesures 17e réunion. (1983-10-21)[2023-04-20].

bipm.org/documents/20126/38091040/CGPM17.pdf/9970b20b-8330-8cd0-4ac0-6c53cc647c2d.

CGPM, 2018. Conférence Générale des Goids et Gesures 26e reunion. (2018-10-16)[2023-04-20]. https://www.bipm.org/documents/20126/35655029/CGPM26.pdf/f1d8d7e6-2570-9479-9ee9-bb8d86138fe9.

CODATA, 2018. Recommended values of the fundamental physical constants. (1994-10-01)[2023-4-20]. http://physics. nist. gov/ constants.

Einstein A, 1915. Zur Allgemeinen Relativitätstheorie. Berlin: Preussische Akademie der Wissenschaften.

Fishbane P M, Gasiorowicz S, Thornton S T, 2004. Physics for scientists and engineers. New Jersey: Addison-Wesley.

Marion J B, 1982. Physics for science and engineering. New York: Saunders College Publishing.

Newton I, 1687. Philosophiae naturalis principia mathematica. London: The Royal Society.

Newton I, Huygens C, 1982. Mathematical principles of natural philosophy. Chicago: Encyclopaedia Britannica Inc.

Robinson I A, Schlamminger S, 2016. The watt or kibble balance: A technique for implementing the new si definition of the unit of mass. Metrologia, 53(5): A46-A74.

Stock M, Davis R S, Mirandes E D, et al., 2019. The revision of the SI-the result of three decades of progress in metrology. Metrologia, 56(2): 1-27.

Weinberg S , Wagoner R V, 1973. Gravitation and cosmology: Principles and applications of the general theory of relativity. Physics Today, 26(6): 57-58.

Zupko R E, 1990. Revolution in measurement: Western European weights and measures since the age of science. Philadelphia: Diane Publishing.

第 9 章　物理常数及其测量

物理常数，就其本意而言，应该是普适常数，与自然界的演化过程无关。但由于物理常数并非自然存在的，而是需要测量或定义，目前确定的大多数物理常数都有误差。但随着时间的推移，测量精度不断提高，所测定的物理常数的精度也不断提高。

有些物理常数与基于实验总结提升的物理定律有关，如万有引力常数 G，是两个质体之间的吸引力与它们的质量乘积之间关联的比例因子，需要利用实验测定，如卡文迪什实验，其测定值的精度不高。也许有一天会发现，G 随时间演化，并非物理常数。另有一些物理常数，涉及基础理论，该量属于物理常数，其值是基于当今科技发展水平人为定义的，没有误差，如真空中的光速 c，它是构建狭义相对论的基础。不过，也许有一天会发现，光速并非常数。任何带有物理量单位的常数，都有可能发生变化。

本章引导读者熟悉基本物理常数，了解或掌握测定这些常数的基本方法，有助于加深对物理学基础理论的理解，也有助于将来的科研实践。

9.1　基本物理常数概述

随着物理学的不断发展，除了基本理论如经典力学、电动力学、相对论、热力学、统计物理学、量子力学，不断衍生出分支学科，如固体物理学、原子物理学、原子核物理学、粒子物理学、天体物理学等，包括大至宇宙、小至基本粒子的广阔领域。这些理论的定量预言的准确程度，依赖在理论中出现的基本物理常数值的准确性。物理常数的准确值每提高一个量级，就有可能发现新的物理现象，揭示新的物理规律。此外，使用物理常数可用于定义国际单位（参见第 8 章）。例如，定义了时间单位（秒）之后，由于光速是常数，由此可定义距离单位（米）。

最基本的物理常数有真空中光速 c、普朗克常数 h 和阿伏伽德罗常数 N_A 等（聂玉昕，2009）。基本电荷 e 和电子静止质量与质量与电荷的定义有关，一旦给定质量和电荷的定义（参见第 8 章），则可确定它们的量值，可将它们归于常数之列，因为假定基本电荷 e 和电子静止质量是不随时间演变的。有些基本物理常数之间是相互独立的，没有关联，比如真空中光速与阿伏伽德罗常数之间，至今没有发现任何关联性。但还有一些基本物理常数之间是密切关联的，可能隐藏着深刻的物理机理有待揭示。例如，两个电子之间的库仑力（其中涉及电介常数）与万有引力（其中涉及引力常数）之比，是非常大的数，狄拉克基于此提出了大数假说，与宇宙演化密切关联。类似的例子还有很多。至今为止，在物理学中发现了 4 种相互作用，即引力相互作用、弱相互作用、电磁相互作用和强相互作用，其中的每一种相互作用都会出现物理学常数。这些常数是否密切关联，抑或没有关联，涉及超大统一理论。实现物理学超大统一理论，也即统一上述 4 种相互作用，是物理学家的目标。

需要指出，目前认为是常数的基本物理常数，如引力常数、真空中光速，有可能并非常数。狄拉克根据大数假说推断，万有引力常数 G 随着宇宙年龄的增加而不断减小，由此可推出月球与地球的距离逐渐增加，其退行速率约为 2 cm/a。这一结论有可能被最终证实或证伪。但难题在于，基于目前的研究还无法分辨，现阶段月球以 3.8 cm/a 的速率退行（通过阿波罗 15 号在月球上留下的角反射阵列进行激光测距测得），有多少是来自潮汐摩擦效应（Shen et al.，2011）。此外，如果 G 逐渐衰变，用高灵敏度的重力仪（如超导重力仪）有可能检测出 G 是否随时间演变。不过，迄今为止，任何检测 G 是否变化的实验都还没有能够证实 G 随时间变化。此外，真空是人们假想的什么都不存在的均匀各向同性空间，在这样的空间中光速恒定。但这样的空间果真存在吗？如果并不存在真空，会发生什么情况呢？

国际科技数据委员会（Committee on Data for Science and Technology，CODATA）最新推荐的基本物理常数值（CODATA，2018）包括了 20 多个基本物理常数（表 9.1 和表 9.2），它们已经过平差处理，满足自洽性（Tiesinga et al.，2018）。满足自洽性的含义是说，如果任意两个基本常数有关联，其关联性可通过某种函数关系来表示，那么所给定的这两个常数的数值及精度之间，也必定通过上述函数关联起来。

表 9.1　基本常数列表（定义值）

物理量	符号	数值	单位	相对不确定度
真空中光速	c	299 792 458	m/s	精确
牛顿万有引力常数	G	$6.674\ 30\times10^{-11}$	$m^3/(kg\cdot s^2)$	2.2×10^{-5}
阿伏伽德罗常数	N_A	$6.022\ 140\ 76\times10^{23}$	mol^{-1}	精确
普适摩尔气体常数	R	8.314 462 618	J/（mol·K）	精确
玻尔兹曼常数（R/N_A）	k	$1.380\ 649\times10^{-23}$	J/K	精确
理想气体摩尔体积	V_m	$22.413\ 996\times10^{-3}$	L/mol	1.7×10^{-6}
基本电荷（元电荷）	e	$1.602\ 176\ 634\times10^{-19}$	C	精确
原子质量常数	m_u	$1.660\ 538\ 782\times10^{-27}$	kg	5.0×10^{-8}
电子质量	m_e	$9.109\ 383\ 701\ 5(28)\times10^{-31}$	kg	3.0×10^{-8}
电子荷质比	e/m_e	$-1.758\ 820\ 150\times10^{11}$	C/kg	2.5×10^{-8}
质子质量	m_p	$1.672\ 621\ 923\ 69(51)\times10^{-27}$	kg	3.1×10^{-8}
中子质量	m_n	$1.674\ 927\ 211\times10^{-27}$	kg	5.0×10^{-8}
法拉第常数（N_Ae）	F	96 485.332 12…	C/mol	精确

续表

物理量	符号	数值	单位	相对不确定度
真空电容率（介电常数）	ε_0	8.854 187 812 8(13)×10^{-12}	F/m	1.5×10^{-10}
真空磁导率（磁常量）	μ_0	1.256 637 062 12(19)×10^{-6}	N/A^{-2}	1.5×10^{-10}
电子磁矩	μ_e	−9.284 763 77×10^{-24}	J/T	2.5×10^{-8}
质子磁矩	μ_p	1.410 606 662×10^{-26}	J/T	2.6×10^{-8}
玻尔半径	a_0	5.291 772 085 9×10^{-11}	m	6.8×10^{-10}
玻尔磁子	μ_B	9.274 009 15×10^{-24}	J/T	2.5×10^{-8}
核磁子	μ_N	5.050 783 24×10^{-27}	J/T	2.5×10^{-8}
普朗克常数	h	6.626 070 15×10^{-34}	J/Hz	精确
精细结构常数	α	7.297 352 569 3(11)×10^{-3}		1.5×10^{-10}
里德伯常量	R	1.097 373 156 852 7×10^{7}	m^{-1}	6.6×10^{-12}
康普顿波长 h/m_ec	λ_c	2.426 310 217 5×10^{-12}	m	1.4×10^{-9}
质子-电子质量比	m_p/m_e	1 836.152 673 43(11)	—	6.0×10^{-11}
静电力常量	k	9.0×10^{9}	N·m^2/C^2	精确

注：引自 CODATA（2018）http://physics.nist.gov/constants。

表 9.2　基本常数列表

物理常数	符号	单位	最佳实验值	供计算用值
真空中光速	c	m/s	299 792 458±1.2	3.000×10^{8}
引力常数	G	m^3·s^2/kg	（6.672 0 ±0.004 1）×10^{-11}	6.672×10^{-11}
阿伏伽德罗常数	N_A	mol^{-1}	（6.022 136 7±0.000 031）×10^{23}	6.022×10^{23}
普适摩尔气体常数	R	J/（mol·K）	8.314 41±0.000 26	8.314
玻尔兹曼常数	k	J/K	（1.380 662±0.000 041）×10^{-23}	1.381×10^{-23}
理想气体摩尔体积	V_m	m^3/mol	（22.413 83±0.000 70）×10^{-3}	22.41×10^{-3}
基本电荷（元电荷）	e	C	（−1.602 189 2±0.000 004 6）×10^{-19}	−1.602×10^{-19}
原子质量	u	kg	（1.660 565 5±0.000 008 6）×10^{-27}	1.661×10^{-27}
电子质量	m_e	kg	（9.109 534±0.000 047）×10^{-31}	9.110×10^{-31}
电子荷质比	e/m_e	C/kg	（−1.758 804 7±0.000 004 9）×10^{11}	−1.759×10^{11}
质子质量	m_p	kg	（1.672 648 5±0.000 008 6）×10^{-27}	1.673×10^{-27}
中子质量	m_n	kg	（1.674 954 3±0.000 008 6）×10^{-27}	1.675×10^{-27}
法拉第常数	F	C/mol	（9.648 456±0.000 027）×10^{4}	9.648×10^{4}

续表

物理常数	符号	单位	最佳实验值	供计算用值
真空电容率	ε_0	F/m	（8.854 187 818±0.000 000 071）$\times10^{-12}$	8.854×10^{-12}
真空磁导率	μ_0	N/A^2	12.566 370 614 4±10^{-7}	$4\pi\times10^{-7}$
电子磁矩	μ_e	J/T	（9.284 832±0.000 036）$\times10^{-24}$	9.285×10^{-24}
质子磁矩	μ_p	J/T	（1.410 617 1±0.000 005 5）$\times10^{-23}$	1.411×10^{-23}
玻尔半径	a_0	m	（5.291 770 6±0.000 004 4）$\times10^{-11}$	5.292×10^{-11}
玻尔磁子	μ_B	J/T	（9.274 078±0.000 036）$\times10^{-24}$	9.274×10^{-24}
核磁子	μ_N	J/T	（5.059 824±0.000 020）$\times10^{-27}$	5.060×10^{-27}
普朗克常数	h	J·s	（6.626 176±0.000 036）$\times10^{-34}$	6.626×10^{-34}
精细结构常数	α	—	7.297 350 6（60）$\times10^{-3}$	7.297×10^{-3}
里德伯常量	R	m^{-1}	1.097 373 177（83）$\times10^{7}$	1.097×10^{7}
电子康普顿波长	λ_{Ce}	m	2.426 308 9（40）$\times10^{-12}$	2.426×10^{-12}
质子-电子质量比	m_p/m_e	—	1 836.151 5	1 836
静电力常量	k	$N\cdot m^2/C^2$	8.987 5（51）$\times10^{9}$	9×10^{9}

注：基于实验，带有误差；截至 2006 年。

9.2　基本物理常数的确定

本节阐述表 9.1 中列出的基本常数的来源，包括定义的常数及测量的常数。本书列出这些基本物理常数及阐述其来源的目的是加深对基本物理常数及相关物理现象、过程的理解，因此并不追踪测定这些常数的最新进展及最新测量值。有兴趣的读者，可以常数名称为索引，查找并参阅相关文献。

9.2.1　真空中光速

1. 概述

光速是指光波或电磁波在真空或介质中的传播速度。真空中的光速是目前所发现的自然界物体运动的最大速度，也是现今科学家规定的宇宙中的最大速度。它与观测者相对于光源的运动速度无关，即相对于光源静止和运动的惯性系中测到的光速是相同的。根据相对论，物体的质量随速度的增加而增大，当物体的速度接近光速时，它的质量将趋于无穷。因此，具有静止质量的物体达到光速是不可能的。只有静止质量为 0 的粒子

（如光子、中微子、引力子等），在真空中才始终以光速运动。光速与任何速度叠加，得到的仍然是光速。速度的合成法则不遵从经典力学框架下的伽利略变换法则，而是遵从洛伦兹变换速度合成法则（见第 7 章）。真空中的光速是一个重要的物理常量。真空光速定义值为

$$c = 299\ 792\ 458\ \text{m/s} \tag{9.1}$$

但这不是最新实际测量值（表 9.2）。

因此，真空中的光速等于 299 792 458 m/s(1 079 252 848.88 km/h)（表 9.1），这是定义值，而不是测量值。它的实际测量值为(299 792 458±1.2) m/s（表 9.2）。由于光速被定义为恒定值，因此，国际计量大会通过决议，从 1983 年 10 月 21 日起，国际单位制基本单位米被定义为光在 1/299 792 458 s 内在真空中走过的距离（见第 8 章）。

在任何透明或者半透明的介质（如玻璃和水）中，光速会降低。光在真空中的速度和光在某种介质中的速度之比定义为这种介质的折射率。因此，光速依赖介质的介电常数和磁导率。在各向同性的静止介质中，光速是一个小于真空光速 c 的定值。如果介质以一定的速度运动，则一般求光速的方法是先建立一个随动参考系，其中的光速是静止介质中的光速，然后通过参考系变换得到运动介质中的光速；或者可以直接用相对论速度叠加公式求运动介质中的光速。

根据广义相对论，引力场使空间发生弯曲。光线的传播路径由弯曲的空间决定，光如同通过凸透镜一样发生弯曲，看上去绕过了质量较大的天体。由于光线弯曲，发光源（恒星）与观测者之间的一个星体有可能导致多个像点甚至光环（爱因斯坦环），这种现象称为引力透镜现象。根据光线在光谱外波段呈现的不同的弯曲程度，可以推算发光星系的年龄和距离。

光波可以与声波类比。以声音实验为例：空气相对地面静止，第一次，声源不动测得发出的声音 1 s 前进了 300 m；第二次，以每秒 1 m 的匀速相互接近，则第二次测得的声速是 301 m/s。也就是说，两次声音相对地面速度不变，但相对观察者，第一次是 300 m/s，第二次是 301 m/s。在速度远小于光速的情况下，声速满足线性叠加，也即符合伽利略变换。如果换成光在空气中传播，其他条件不变，那么必须采用基于洛伦兹变换的速度叠加公式（见 7.4 节）：

$$\begin{cases} u'_x = \dfrac{\mathrm{d}x'}{\mathrm{d}t'} \equiv \dfrac{u_x - v}{1 - \dfrac{v}{c^2}u_x} \\ u'_y = \dfrac{\mathrm{d}y'}{\mathrm{d}t'} = \dfrac{\sqrt{1 - \dfrac{v^2}{c^2}}u_y}{1 - \dfrac{v}{c^2}u_x} \\ u'_z = \dfrac{\mathrm{d}z'}{\mathrm{d}t'} = \dfrac{\sqrt{1 - \dfrac{v^2}{c^2}}u_z}{1 - \dfrac{v}{c^2}u_x} \end{cases} \tag{9.2}$$

其中：$\gamma = 1/\sqrt{1-v^2/c^2}$，其他符号意义见7.4节。式（9.2）给出了$K$系与$K'$系之间的速度变换。

假定进行各向同性玻璃介质中的光实验。静止玻璃中的光速，在各个方向上都是相等的。再做一个实验，观察者不动，让玻璃匀速运动，就会发现光在玻璃中的速度在不同方向上是不等的，但不是简单的线性叠加，而是遵循相对论速度叠加公式（9.2）。如果在地面，让一大块玻璃运动，观测者随着玻璃一起运动，再进行实验，情况如何呢？这是将来有待开展的实验项目。

不同介质中有不同的光速值。1850年菲索（Fizeau，1819—1896年）用齿轮法测定了光在水中的速度，证明水中光速小于空气中的光速。几乎在同时，傅科（Foucault，1819—1868年）用旋转镜法也测量了水中的光速，其大小为$3c/4$，得到了同样的结论。这一实验结果支持波动说，不支持牛顿的粒子说。1851年，菲索用干涉法测量了运动介质中的光速（Fizeau，1851），证实部分光被运动媒介拖曳，证实了菲涅耳 （Fresnel，1788—1827年）的曳引公式（Weiss，1988）：

$$\begin{cases} c_n = \dfrac{c}{n} \pm kv \\ k = 1 - \dfrac{1}{n^2} \end{cases} \tag{9.3}$$

其中：n为介质的相对折射率；v为介质的运动速度；+和－分别代表光的运动方向与介质运动方向的顺和逆。

目前测定的光在不同介质中速度的结果：光在玻璃中的速度为2.0×10^8 m/s；光在酒精中的速度为2.2×10^8 m/s；光在水中的速度为2.25×10^8 m/s；光在冰中的速度为2.3×10^8 m/s；光在光纤中的传播速度则取决于光纤材料：对于玻璃光纤，光速约为2.0×10^8 m/s。利用光纤实施光频信号比对，可用于检验引力红移效应，测定重力位，有重要理论及应用价值（Takamoto et al.，2020；Shen et al.，2019a，2019b；Grotti et al.，2018；Lisdat et al.，2016）。

2. 光速测定方法

历史上，测定光速的方法很多，从500多年前的伽利略开始，经近代的迈克尔孙-莫雷实验（Michelson-Morley experiment），到现代的各种检验光速恒定的实验（宁长春 等，2014；尹世忠 等，2001），测定光速的实验一直在延续（Croca et al.，2018）。究其原因，在于光速本身的重要性：光速恒定假说是狭义相对论的基础；定义国际单位米要求光速是恒定值（如果光速不恒定，指出国际单位米定义的缺陷：**习题9.1**）。

1）两地闪光法

最早提出测量光速的是伽利略，他认为光速应该是有限值。1607年，他提出测定光速的想法。相距一段距离的两个观察者，各执一盏能开合的灯。观察者A打开灯光，经过一定的时间后，光到达观察者B处，B立即打开自己的灯光，过一段时间后，此信号回到A，于是A可以记下从他自己开灯的一瞬间，到信号从B返回到A所经过的时间

间隔 t。若两个观察者的距离为 s，则光的速度为

$$c = 2s/t \tag{9.4}$$

由于光速很大，距离太短，加之观察者还要有一定的反应时间，伽利略的尝试没有成功。但这一思想值得借鉴。如果有较精确的时钟，同时大幅度增长距离，情况会如何呢？一种方法就是将光信号打到某个天体（如月球）再返回（Keeports，2006），测出光信号传播的时间，即可计算出光速。

利用卫星双向时间传递（Steele，1964），可测定光速。基本思想：确定 A、B 两站之间信号来回的时间，然后计算光速，经过各种改正，可计算出真空中光速。如果在两站之间计算，则可计算出单程光速（设计一种测定单程光速的实验，并给出模型：**习题 9.2**）。

卫星双向时间频率传递技术不仅可应用于两地时钟的同步校准，而且可应用于重力位测定（Cheng et al.，2022；Wu et al.，2020；Shen et al.，2019a，2019b）（试根据卫星双向时频信号传递实验，设计一种测定单程光速的实验：**习题 9.3**）。

2）*光行差法*

1728 年，英国天文学家布莱德雷（Bradley，1693—1762 年）采用恒星的光行差法，测出光速是一个有限的物理量。布莱德雷推论，若光速是有限的，则因地球的轨道速度，会使到达地球的星光有一个小角度的偏折，这就是光行差现象。受到这一启示，是因为他在地球上观察恒星时，发现恒星的视位置在不断地变化，在一年之内，所有恒星似乎都在天顶上绕着椭圆运行了一周。他测定的偏折角大约为（1/200）°。根据光行差计算公式：

$$\theta = v/c \tag{9.5}$$

可确定光速。他由此测得光速为 c=299 930 km/s（详细阐述布莱德雷测定光速的恒星光行差法，并分析误差源：**习题 9.4**）。这一数值与目前采用的值比较接近。在布莱德雷得到观测值之后，科学家承认了光速的有限性。

3）*旋转齿轮法*

1849 年，法国物理学家菲索用旋转齿轮法首次在地面实验室中成功地进行了光速测量，实验方法如下。

他用定期遮断光线的方法（旋转齿轮法）进行自动记录。从光源 s 发出的光经汇聚透镜 L1 射到半镀银的镜面 A，由此反射后在齿轮 W 的齿 a 和 a' 之间的空隙内汇聚，再经透镜 L2 和 L3 而到达反射镜 M，然后再反射回来，又通过半镀镜 A 由 L4 集聚后射入观察者的眼睛 E，如使齿轮转动，那么在光到达 M 镜后再反射回来时所经过的时间 Δt 内，齿轮将转过一个角度，如果这时 a 和 a' 之间的空隙为齿 a（或 a'）所占据，则反射回来的光将被遮断，因而观察者将看不到光。但如齿轮转到这样一个角度，使由 M 镜反射回来的光从另一齿间空隙通过，那么观察者会重新看到光，当齿轮转动得更快，反射光又被另一个齿遮断时，光又消失。这样，当齿轮转速由零而逐渐加快时，在 E 处将看到闪光，由齿轮转速 v、齿数 n 及齿轮与 M 之间的距离 L，可推得光速（宁长春 等，2014）为

$$c = 4nvL \tag{9.6}$$

在菲索所做的实验中，当具有 720 齿的齿轮 1 s 内转动 12.67 次时，光将首次被挡住而消失，空隙与轮齿交替所需时间为(1/12.67) s，而在这一时间内，光所经过的光程为 2×8 633 m，因此光速为 $c=2\times 8\,633\times 18\,244$ m/s$=3.15\times 10^8$ m/s（详细阐述菲索测定光速的旋转齿轮法，并分析误差源：**习题 9.5**）。

19 世纪中叶，麦克斯韦建立了电磁场理论，他根据电磁波动方程指出，电磁波在真空中的传播速度等于静电单位电量与电磁单位电量的比值，只要通过实验分别用这两种单位测量同一电量（或电流），就可算出电磁波的波速。1856 年，韦伯和科尔劳施完成了相关测量。麦克斯韦根据他们的数据计算出电磁波在真空中的波速值为 310 740 km/s，该值与菲索的结果十分接近。因此，麦克斯韦预言光是电磁波。

如果有办法测定真空磁导率和真空介电常数，则可根据如下公式计算真空中的光速：

$$c^2=1/(\mu_0\varepsilon_0) \tag{9.7}$$

4）*旋转镜法*

旋转镜法的原理早在 1834—1838 年就已由阿拉果（Arago，1786—1853 年）提出，其基本思想是用一个高速均匀转动的镜面来代替齿轮装置。由于光源较强，而且聚焦得较好，能极其精确地测量很短的时间间隔。旋转镜法的主要特点是能对信号的传播时间作精确测量。1851—1862 年，法国物理学家傅科（Foucault，1819—1868 年）成功地运用该法测定了光速（宁长春 等，2014）。

从光源 s 所发出的光通过半镀银的镜面 M1 后，经过透镜 D 射在绕 O 轴旋转的平面反射镜 M2 上 O 轴与图面垂直，光从 M2 反射而会聚到凹面反射镜 M3 上，M3 的曲率中心恰在 O 轴上，因此光线由 M3 对称地反射，并在 s′点产生光源的像。当 M2 的转速足够快时，像 s′的位置将改变到 s″，相对于可视 M2 为不转时的位置移动了 Δs 的距离，由此可以推导出光速值，用公式表述为（宁长春 等，2014）：

$$c=\frac{4\omega LL_0}{\Delta s} \tag{9.8}$$

其中：ω 为 M2 转动的角速度；L_0 为 M2 到 M3 的间距；L 为透镜 D 到光源 s 的间距；Δs 为 s 的像移动的距离。因此直接测量 ω、L、L_0、Δs，便可求得光速。

在傅科的实验中：$L=4$ m，$L_0=20$ m，$\Delta s=0.000\,7$ m，$W=800\times 2\pi$ rad/s，他求得光速值 $c=(298\,000\pm 500)$ km/s。此外，傅科还利用这个实验的基本原理，首次测出了光在水介质中的速度 $v<c$，这是支持波动说的有力证据。

迈克耳孙（Michelson，1852—1931 年）把齿轮法和旋转镜法结合起来，制造了旋转棱镜法装置（宁长春 等，2014）。齿轮法不够准确，是由于不仅当齿的中央将光遮断时变暗，而且当齿的边缘遮断光时也是如此，因此不能精确地测定像消失的瞬时。旋转镜法的误差也较大，因为在该法中像的位移 Δs 太小，不易测准。迈克耳孙的旋转镜法克服了上述两种方法的缺点。他用一个正八面钢质棱镜代替了旋转镜法中的旋转平面镜，从而光路大大增长，并精确地测定棱镜的转动速度，代替测齿轮法中的齿轮转速测出光走完整个路程所需的时间，从而减少了测量误差。1926 年他给出的光速测定值

为 $c=(299\ 796\pm4)$ km/s。1929 年他利用该装置真空环境又做了实验，测得真空中光速 $c=$ 299 774 km/s（阐述迈克耳孙测定光速的旋转镜法，并分析其优缺点：**习题 9.6**），与目前定义值 $c_0=299\ 792\ 458$ m/s（表 9.1）差异约为 18 km/s（宁长春 等，2014）。

5）*微波谐振腔法*

1950 年埃森（Essen，1908—1997 年）最先采用测定微波波长和频率的方法来确定光速。在他的实验中，将微波输入圆柱形的谐振腔中，当微波波长和谐振腔的几何尺寸匹配时，谐振腔的圆周长 $2\pi R$（R 是谐振腔圆柱体横截面的半径）与波长之间有如下关系（沈乃澂，2012b）：

$$2\pi R = 2\ 404\ 825\lambda \tag{9.9}$$

因此可以通过测定谐振腔半径来确定波长，而半径则用干涉法测量获得；频率用逐级差频法测定，测量精度达 10^{-7} 量级。在埃森的实验中，所用微波的波长为 10 cm，所得光速为$(299\ 792.5\pm1)$ km/s。

1952 年，英国实验物理学家费罗姆用微波干涉仪法测量光速得 $c=(299\ 792.50\pm 0.10)$ km/s（沈乃澂，2012b）（阐述微波干涉仪法测量光速的原理及实验过程：**习题 9.7**）。该值于 1957 年被定为国际推荐值使用，直到 1973 年。

6）*激光测速法*

1970 年美国国家标准局和美国国立物理实验室最先利用激光测定光速，这个方法的原理是同时测定激光的波长 λ 和频率 ν，利用如下公式：

$$c=\nu\lambda \tag{9.10}$$

确定光速。由于激光的频率和波长的测量精确度已大幅度提高，用激光测速法的测量精度可达 10^{-9}，比以前已有最精密的实验方法提高了两个数量级。

1973 年，美国科学家埃文森（Evenson，1972）直接测量激光频率 ν 和真空中的波长λ，计算得到光速值为（阐述激光测定光速的原理及实验过程：**习题 9.8**）

$$c=299\ 792\ 458(\pm1.2)\text{m/s} \tag{9.11}$$

该值的相对精度达到了 4×10^{-9}。随后的测量，精度略有提高，但提高的幅度有限（Blaney et al.，1974）。近代测量真空中光速的实验结果列于表 9.3。

表 9.3　光速测定值

年份	实验者	方式	光速/（km/s）	不确定度/（km/s）
1926	阿尔伯特	旋转八面镜	299 798	—
1928	卡娄拉斯等	克尔盒	299 786	15
1933	迈克尔孙等	旋转反射镜	299 774	2
1947	埃森等	谐振腔	299 792	4
1949	阿斯拉克森	雷达	299 792.4	2.4

续表

年份	实验者	方式	光速/（km/s）	不确定度/（km/s）
1951	贝塔斯特兰德	光电测距仪	299 793.1	0.26
1954	费罗姆	微波干涉仪	299 792.75	0.3
1964	兰克等	带光谱	299 792.8	0.4
1972	巴伊等	稳频氦氖雷射器	299 792.462	0.018
1973	埃文森	平差	299 792.458 0	0.001 2
1974	布莱尼	稳频 CO_2 雷射器	299 792.459 0	0.000 6
1976	伍德等	激光	299 792.458 8	0.000 2
1980	贝尔德等	稳频氦氖雷射器	299 792.458 1	0.001 9
1983	国际协议	（规定）	299 792.458	（精确值）

注：自 1983 年，由于光速已成为一定义值，它的不确定度为 0，不需要再进行任何测量。

1983 年第十七届国际计量大会通过了米的新定义，规定光速 c 严格等于 299 792 458 m/s，该数值与当时的米的定义和秒的定义保持一致（在光速测定精度范围之内），而国际长度单位米由光速值定义（见第 8 章）。于是，通过光速定义的国际单位米取代了保存在巴黎国际计量局的由 90%铂和 10%铱合金制成的米原器所定义的原器米。既然真空中的光速已成为定义值，以后就无须对光速进行任何测量，除非有特殊需求或为了理论研究目的（试论证：**习题 9.9**）。但将光速作为恒定值来定义国际单位米，由此可能会带来致命的缺陷，见第 8 章。

贝勒大学物理学教授克利弗尔（Cleaver）认为，在量子纠缠现象中，信息的传播速度似乎比光速快。2007 年和 2008 年的两次实验表明，量子纠缠的速度至少是光速的 1 万倍（试论证：**习题 9.10**）。未来实现超光速的方法可能是想办法进入多维空间。美国宇航局科学家米利斯（Millis，2005）致力于研究星际旅行，他认为肯定还有人类没有发现的物理学领域，如暗物质和暗能量也许能给人类带来新发现。

2011 年，欧洲研究人员发现了一个无法解释的现象（Adam et al.，2011），探测到了比光速快 60 ns 的中微子（阐述实验原理、结果及其可信度：**习题 9.11**）。一旦被证实，将颠覆支撑现代物理学的相对论。但 2012 年，经过数月的反复检查，欧洲核子中心宣布（Adam et al.，2012），卫星定位系统同步接收器可能存在“调校”问题，并高估了中微子运行时间，而把卫星定位系统信号传送到原子时钟的光缆可能出现连接“松动”并导致低估了粒子包飞行时间。随后，《科学》杂志刊文指出，连接原子钟的光缆出现松动，可能导致计算中微子运行时间的原子钟产生了错误结果（查阅文献详细论证其合理性：**习题 9.12**）。后来欧洲核子中心经过证实，该实验结论是实验电缆出错造成的，并没有颠覆相对论。一个值得关注的研究领域是利用全球导航卫星系统时频信号传递，全面检验相对论，包括光速恒定性、引力红移、等效原理等。

但测定光速的进程并没有结束。科学家一直在致力于测定单程光速（Philip et al.，

2013；Iyer et al.，2010；董晋曦，2006），这具有极大挑战性。如果单程光速并非不变，则直接动摇了狭义相对论基础（试论证：**习题 9.13**）。

3. 双程光速和单程光速

目前测定光速较准确的方法，实际上均为双程光速或回路光速。至于单程光速，其测定难度较大，精度较低（Gift，2020）。双程光速可以直接测量并已经被实验证明是个常数（在精度范围内）；单程光速只能假设而不能直接测量，这是因为迄今为止没有发现其他的对钟方法，而实验室都是使用爱因斯坦同时性定义。需要指出，双程光速不变而单向光速可变的爱德华兹（Edwards）狭义相对论在物理上等价于爱因斯坦狭义相对论（Edwards，1963）；也就是说，在物理上互相等价的同时性定义有无穷多种，而单向光速不变的爱因斯坦同时性定义只是其中最简单的一种（Cordin，2021；Catania，2016；Cahill，2012；Zhang，1997；张元仲，1979；Winnie，1970a，1970b；Edwards，1963）。关于上述结论，还有待深入研究，因为还涉及空间性质。

9.2.2 牛顿万有引力常数

基于开普勒定律，牛顿于 1687 年提出了万有引力定律[式（2.30）]

$$F_{AB} = G\frac{m_A m_B}{l^2}$$

其中：比例系数 G 称为牛顿万有引力常量，简称引力常数，需要利用实验确定。只要测出了两个物体的质量，测出两个物体间的距离，再测出物体间的引力，代入式（2.30），即可测出这个常量。但一般物体的质量太小了，它们之间的引力难以测出；而天体的质量事先又无法得知，因此无法基于天体之间的引力测定 G。虽然牛顿尝试过测定 G，但没有成功。直到 100 多年后，英国科学家卡文迪什（Cavendish，1731—1810 年）利用扭秤方法，才测出这个比例系数，即万有引力常数。

卡文迪什在对一些物体间的引力进行测量并算出引力常量 G 后，又测量了多种物体间的引力，所得结果与利用引力常量 G 按万有引力定律计算得到的结果相同（Clotfelter，1987）。因此，引力常量的普适性成为万有引力定律正确的见证。

两个大球及连接杆固定，两个小球和连接杆悬挂于石英丝可自由转动。两个大球对两个小球施加两个大小相等、方向相反的力，石英丝就会扭转一个角度。只要测出旋转角，即可确定大球对小球的吸引力。

根据万有引力定律，大球对小球产生引力，导致石英丝扭转一个角度。根据胡克（Hooke，1635—1703 年）定律

$$T = k\theta \tag{9.12}$$

可确定力矩的大小，其中 k 是扭丝的弹性（抵抗）系数，不同的材质其弹性系数不同。测定了力矩的大小，即可确定引力。由于两边的对称性（4 个球），力矩是每一边的两倍。但在实验时，由于引力很小，这个扭转的角度会很小。为了准确测定扭转角，卡

文迪什在扭丝上固结了一面小镜子，用一束光射向镜子，经镜子反射后的光射向远处的刻度尺，刻度尺上的光斑会发生较大的移动。通过测定光斑的移动，即可精确测定扭转角。卡文迪什用该扭秤验证了牛顿万有引力定律，并测定出引力常量 G 的数值为 $(6.754\pm0.041)\times10\ \mathrm{N\cdot m^2/kg^2}$，与现代值 $(6.673\,2\pm0.003\,1)\times10\ \mathrm{N\cdot m^2/kg^2}$（表 9.1）只相差 1.2%。有了引力常数，便可计算出地球的质量。卡文迪什也被誉为第一个称量地球的人，他确定的地球的平均密度是 5.448 $\mathrm{g/cm^3}$（阐述测定地球质量的原理：**习题 9.14**），与目前公认的值 5.507 85 $\mathrm{g/cm^3}$ 有 1%的差异。

近百年来，很多科学家致力于提高测定 G 的精度，每提高一个数量级，都付出了巨大代价。目前，精度最高的值也只精确到小数点后 5 位（表 9.1）。至今为止，除了卡文迪什的实验（有各种各样的变型，参见相关文献），还没有发现任何其他实验方法能以更高的精度测定 G。

狄拉克曾经提出大数假说（Dirac，1937），认为 G 是随着宇宙年龄的增长而逐渐变小的；如此，导致的一个直接后果就是地月距离会以 2 cm/a 的速率不断增大（试论证：**习题 9.15**）。目前的激光测月观测结果是 3.8 cm/a。但潮汐摩擦也有部分贡献，因为它使月球绕地球的轨道不断扩张。但现在的难题是，很难精确估算潮汐摩擦的贡献。此外，如果 G 不断衰变，由此得出的另一个推论是地球不断膨胀（试论证：**习题 9.16**），但很难估计由此导致的地球膨胀率。关于地球膨胀，基于空间大地测量数据的研究结果表明，地球膨胀率为 0.2～0.4 mm/a（Shen et al.，2015，2011）。

还有几个需要思考的问题。如果万有引力定律不成立或只是近似成立（例如不完全符合距离的平方反比关系），那么目前利用卡文迪什实验确定的 G 就有误差，因为目前确定的 G，都是基于万有引力定律[式（2.30）]确定的。此外，根据广义相对论，万有引力定律是近似成立的。那么在相对论框架下，引力常数有什么变化呢？理论上，按照相对论理论，是否应该修正万有引力常数？（请分析讨论：**习题 9.17**）

9.2.3　阿伏伽德罗常数

阿伏伽德罗常数是指 1 摩尔物质所含的微粒（可以是分子、原子、离子、电子等）的数目，取值为 $6.022\,140\,76\times10^{23}$/mol，记为 N_A，它实际上是 12 g ^{12}C 所含原子的数目。包含阿伏伽德罗常数 N_A 个微粒的物质的量是 1 mol，它表示 1 mol 的任何物质所含的分子数（或原子数，或其他全同粒子数）。例如：1 mol 铁原子质量为 55.847 g，其中含 $6.022\,140\,76\times10^{23}$ 个铁原子；1 mol 水分子的质量为 18.010 g，其中含 $6.022\,140\,76\times10^{23}$ 个水分子；1 mol 钠离子含 $6.022\,140\,76\times10^{23}$ 个钠离子；1 mol 电子含 $6.022\,140\,76\times10^{23}$ 个电子。

以气体为例，在同一温度、同一压强下，体积相同的任何气体所含的分子数都相等，这一定律是意大利物理学家阿伏伽德罗于 1811 年提出的，称为阿伏伽德罗定律。在 19 世纪，当它没有得到科学实验的验证之前，人们通常把它称为阿伏伽德罗的分子假说。得到科学验证之后，人们改称它为阿伏伽德罗定律。科学家证实，在温度、压强都相同的情况下，1 mol 的任何气体所占的体积都相等。例如在 0 ℃、压强为 760 mmHg（1 mmHg=0.133 kPa）时，1 mol 任何气体的体积都接近于 22.4 L，人们由此换算出：1 mol 任何物质都含有 $6.022\ 140\ 76\times10^{23}$ 个分子，这一常数被命名为阿伏伽德罗常数，以纪念这位杰出的科学家。

气体的体积是指所含分子占据的空间。在通常条件下，气体分子间的平均距离约为分子直径的 10 倍，因此当气体所含分子数确定后，气体的体积主要取决于分子间的平均距离而不是分子本身的大小。分子间的平均距离又取决于外界的温度和压强。当温度、压强相同时，任何气体分子间的平均距离几乎相等（气体分子间的作用很微弱，可忽略），故定律成立（葛红艳，2015）。该定律在有气体参加的化学反应、推断未知气体的分子式等方面有广泛的应用。例如，用阿伏伽德罗常数表述，可计算在空中自由漂浮的一个水滴（假定水滴的直径为 2 mm）所含有的水分子的数目（试计算：**习题 9.18**）。

这个常数可用多种不同的方法进行测定，例如电化当量法、布朗运动法、油滴法、X 射线衍射法、黑体辐射法、光散射法等。这些方法的理论依据各不相同，但结果却几乎一样，差异在实验误差范围之内。这说明阿伏伽德罗常数是客观存在的重要常数。公认的数值就是取多种方法测定的平均值。由于实验值的不断更新，这个数值随之略有变化。20 世纪 50 年代公认的数值是 6.023×10^{23}，1986 年修订为 $N_A=6.022\ 136\ 7\times10^{23}$，2018 年最新数值为（CODATA，2018）$N_A=6.022\ 140\ 76\times10^{23}$（该值已规定为精确值，见表 9.1）。

例如，测定阿伏伽德罗常数 N_A 的一种方法（Bower et al.，1980），将含 Ag^+的溶液电解析出 1 mol 的银，需要通过 96 485.3 C 的电量。已知每个电子的电荷是 $1.602\ 177\ 33\times10^{-19}$ C，则可计算出 $N_A=96\ 485.3/1.602\ 177\ 33\times10^{-19}=6.022\ 136\times10^{23}$。

9.2.4 玻尔兹曼常数和普适摩尔气体常数

1. 玻尔兹曼常数

玻尔兹曼常数 k_B 是关于温度及能量的一个物理常数，因奥地利物理学家玻尔兹曼而得名。玻尔兹曼常数为导出的物理常数，其值由其他物理常数及热力学温度单位的定义所决定（王吉有 等，2006；曹正东 等，1991）：

$$R = k_B \cdot N_A \tag{9.13}$$

其中：R 为理想气体常数，或称普适摩尔气体常数。

根据 $R=8.314\ 462\ 618$（精确值）和 $N_A=6.022\ 140\ 76\times10^{23}$（精确值），计算得到玻尔兹曼常数 $k_B=1.380\ 649\times10^{-23}$（精确值）。实际上，给定精确值 N_A 和 k_B 后，可按式(9.13)计算出 R 的精确值（表 9.1）。

最新的热力学单位开尔文，是用玻尔兹曼常数定义的（见第 8 章）。

2. 普适摩尔气体常数

普适摩尔气体常数 R，又称理想气体常数，简称摩尔气体常数（见表 9.1），是一个在物态方程式中联系各个热力学函数的物理常数（参见第 4 章）。理想气体状态方程：

$$pV = nRT \tag{9.14}$$

其中：p 为压强；V 为体积；n 为物质的量；T 为热力学温度。p、V、n、T 的单位分别采用 Pa、m^3、mol、K。该方程严格意义上来说只适用于理想气体，但近似可用于非极端情况（低温或高压）的真实气体（包括常温常压）。通过实验，可测定 R（试阐述测定普适摩尔气体常数 R 的方法：**习题 9.19**）。

9.2.5　其他物理常数

1. 理想气体摩尔体积

单位物质的量的气体所占的体积，这个体积称为该气体摩尔体积，单位是 L/mol。在标准状况下（0 ℃，101.33 kPa），1 mol 任何理想气体所占的体积都约为 22.4 L，即气体摩尔体积为 22.4 L/mol。在 25 ℃、1.01×10^5 Pa 时气体摩尔体积约为 24.5 L/mol。摩尔体积是指单位物质的量的某种物质的体积，也就是 1 mol 物质的体积。摩尔体积可表述为（明立峰，2014；孙海祥，1995；刘德胜，1994）

$$V_{\mathrm{m}} = V/n \tag{9.15}$$

其中：V 为物质体积；n 为物质的量。

2. 基本电荷（元电荷）

基本电荷又称基本电量或元电荷（elementary charge）。在各种带电微粒中，电子电荷量的大小是最小的，人们把最小电荷称为元电荷，也是物理学的基本常数之一，用符号 e 表示，其量值为 e=1.602 176 634×10^{-19} C（精确值，见表 9.1）（试阐述精确测定电子电量的方法：**习题 9.20**）。基本电荷是一个电子或一个质子所带的电荷量。通常，带电体所带电荷都是 e 的整数倍，呈现量子化特征。但构成质子和中子的夸克属于特例，夸克带有非整数倍的基本电荷的电量（王振德，2006）。

3. 原子质量常数

为准确计量微小分子的重量，国际协议采用一个原子的质量单位为基准，定义为 ^{12}C 原子质量的 1/12 为一个原子质量单位，记为 amu 或 u 或道尔顿（Dalton，简记为 Da），以英国化学家、物理学家道尔顿的名字命名（苏宗涤 等，1992）

$$1u = \frac{1}{N_{\mathrm{A}}}\mathrm{g} = 1/(1\,000N_{\mathrm{A}})\mathrm{kg} = 1.660\,539\,07\times10^{-27}\ \mathrm{kg} \tag{9.16}$$

其中：N_{A} 是阿伏伽德罗常数，取值为 N_{A}=6.022 140 76×10^{23}（精确值，见表 9.1）。12 g 物质含有 N_{A}=6.022 140 76×10^{23} 个 ^{12}C 原子，假定每个 ^{12}C 原子的质量是 $m_{^{12}\mathrm{C}}$，那么

$$12\,\mathrm{g} = 6.022\,136\,7 \times 10^{23} m_{^{12}\mathrm{C}} = N_{\mathrm{A}} m_{^{12}\mathrm{C}} \tag{9.17}$$

原子质量单位 u 定义为 $m_{^{12}\mathrm{C}}$ 的 1/12，即 $u = m_{^{12}\mathrm{C}}/12$，因此，有

$$u = m_{^{12}\mathrm{C}}/12 = 12/(N_{\mathrm{A}}12) = (1/N_{\mathrm{A}})\mathrm{g}$$

也即式（9.17）。

4. 电子质量

电子是 1897 年由汤姆森（Thomson，1856—1940 年）在研究阴极射线时发现的，这是人类发现的第一个基本粒子，为研究原子内部结构奠定了基础。汤姆森因此获得了 1906 年的诺贝尔物理学奖。

汤姆森将一块涂有硫化锌的小玻璃片放在阴极射线所经过的路线上，看到硫化锌会发闪光。这说明硫化锌能显示出阴极射线的轨迹。在一般情况下，阴极射线是直线行进的，但在射击线管的外面施加电场或磁场时，阴极射线都会发生偏折，其偏转方向与所施加磁场的方向有关。根据其偏折的方向，可判断带电的正负性。汤姆森的实验表明：这些射线是由带负电的粒子组成。由于当时还不知道比原子更小的粒子，汤姆森假定这是一种被电离的原子，即带负电的离子。为了测量这种离子的质量，他设计了如下实验。首先，单独的电场或磁场都能使带电粒子偏转，而磁场对粒子施加的力是与粒子的速度有关的。汤姆森对粒子同时施加一个电场和磁场，并调节到电场和磁场所造成的粒子的偏转互相抵消，使粒子做直线运动。如此，根据电场和磁场的强度比值就能算出粒子运动速度。电场对带电粒子的作用由库仑定律支配，而磁场对带电粒子的作用则由洛伦兹力公式确定。确定了速度之后，根据磁偏转或电偏转就可以测出粒子的电荷与质量的比值，称为荷质比或比荷。实验结果表明，该粒子的比荷比利用电解质方法确定的氢离子的比荷（这是当时已知的最大量）大得多。这说明该粒子的质量比氢原子的质量小得多。这一结果证实了阴极射线是由电子组成的。为此，汤姆森提出了著名的葡萄干面包模型（或称汤姆森模型），电子如同葡萄干镶嵌于蛋糕之中。但由于氦核散射实验不支持汤姆森模型，导致了卢瑟福（Rutherford，1871—1937 年）模型的诞生，该模型中原子的几乎所有质量集中在中心区，电子绕核旋转，如同太阳系中的行星绕太阳旋转。卢瑟福模型开启了揭示原子内部奥秘的大门，由于其卓越的研究，卢瑟福获得了 1908 年诺贝尔化学奖。

美国实验物理学家密立根（Millikan，1868—1953 年）在 1913～1917 年的油滴实验中，更精确地测出了电子的质量和电量。为此，密立根获得了 1923 年诺贝尔物理学奖。密立根和助手前后共做了近 150 次实验，但他公布的结果只用到了大约 50 次实验结果（Tipler et al.，2007）。随后，测量电子的质量和电量的精度不断提高（设计一种实验，可精确测定电子的质量：**习题 9.21**）。目前，电子的电量已被定义为精确值，但电子的质量还不是定义值（有待进一步提高测量精度）。

电子可以是自由的（不属于任何原子），也可以被原子核束缚。按经典图像，原子中的电子在各种各样的半径和描述能量级别的球形壳里存在。球形壳越大，包含在其中的

电子的能量越高。

电子属于轻子类，具有 1/2 的自旋，是费米子，服从费米-狄拉克统计规律。电子通常被表示为 e^-，或简记为 e。电子的反粒子是正电子。德布罗意（de Broglie，1892—1987 年）于 1924 年提出假设，任何粒子具有波动性，因而具有波粒二象性。1925 年戴维孙和盖革的电子与镍晶体的散射实验偶然发现了这一衍射现象，但当时他们并不知道德布罗意的工作，因此对实验结果无法解释。得知德布罗意的工作之后，1927 年他们重新做了实验，验证了电子的波动性，支持德布罗意假说。

正电子是电子的反粒子，除带正电荷外，其他性质与电子相同。正电子是狄拉克理论预言结果，该理论基于著名的相对论性波动方程，即狄拉克方程，由此预言存在反物质。由于这一卓越贡献，狄拉克和薛定谔（Schrödinger，1887—1961 年）共享 1933 年诺贝尔物理学奖。由于正电子是不稳定粒子，遇到电子会发生湮灭，放出两个伽马光子，每个能量为 0.511 MeV。当正电子与原子接触时，就会与核外电子发生湮灭。正电子不是地球上物质的基本成分。正电子虽然比较稳定，但一碰到电子就会很快湮灭而转变为光子，因此很难在实验中观测。正电子的发现支持了狄拉克理论，因此预示反质子、反中子等反物质的存在。后来的理论和实验证实，每种粒子都存在一种与它对应的反粒子。

物质的基本构成单位是原子，而原子是由电子、中子和质子组成的。中子不带电，质子带正电，原子对外不显电性。相对于中子和质子组成的原子核，电子的质量极小。质子的质量大约是电子的 1 840 倍。中子和质子是由夸克构成的，后者也不是最小的粒子。由于电子具有自旋，电子也有内部结构，应该是由更小的微小物质组成的。

电荷的最终携带者是组成原子的微小电子。在运动的原子中，每个绕原子核运动的电子都带有一个单位的负电荷，而原子核中的质子带有一个单位的正电荷。在正常情况下，物质中电子和质子的数目是相等的，它们携带的电荷相平衡，物质呈中性。物质在经过摩擦后，要么会失去电子，留下更多的正电荷 （质子比电子多）；要么增加电子，获得更多的负电荷（电子比质子多）。这个过程称为摩擦生电。

电子与质子之间的吸引力是库仑力（引力作用是库仑力的 $1/10^{39}$），使电子被束缚于原子之中，称为束缚电子。两个以上的原子会交换或分享它们的束缚电子，这是化学键的主要成因。各种原子束缚电子的能力不一样，由于失去电子而变成正离子，得到电子而变成负离子。电子脱离原子核的束缚，能够自由移动时，则称为自由电子。许多自由电子一起移动所产生的净流动现象即为电流。在许多物理现象里，像电传导、磁性或热传导，电子都扮演了重要的角色。移动的电子会产生磁场，也会受外磁场作用而偏转（洛伦兹力）。加速运动的电子会产生电磁辐射。

静电是指当物体带有的电子多于或少于原子核的电量，导致正负电量不平衡的情况。物体带有的电子过剩时，物体带负电；而电子不足时，物体带正电；当正负电量平衡时，则物体是电中性的（Gupta et al.，1946）。

2018 年 11 月 16 日，国际计量大会通过决议，1 A 被定义为 1 s 内通过 $(1.602\ 176\ 634)^{-1}\times10^{18}$ 个电子电荷所对应的电流（参见第 8 章）。由于电子电荷是定义值（表 9.1），国际单位安培也变为定义值了。不过，这一定义存在缺陷，见第 8 章。

严格意义上讲，电子并非基本粒子。100 多年前，当密立根首次通过实验测出电子所带的电荷为 1.602×10^{-19} C 后，这一电荷值便被广泛看作电荷基本单元。然而如果按照经典理论，将电子看作整体或者基本粒子，对电子呈现出的某些表现难以解释，如当电子被置入强磁场后出现的非整量子霍尔效应，该效应是德国物理学家霍斯特·施托默（Horst Störmer）和美籍华人崔琦于 1982 年发现的，当时他们无法解释实验结果。1983 年，美国物理学家劳克林（Laughlin）为了解释上述现象，提出一个新的理论，认为电流实际上是由 1/3 电子电荷（甚至其他分数电荷）组成的。由于发现并解释了电子在强磁场中的分数量子化的霍尔效应（即非整量子霍尔效应），劳克林、施托默和崔琦共享 1998 年诺贝尔物理学奖。此外，1981 年有物理学家提出在某些特殊条件下电子可分裂为带磁的自旋子和带电的空穴子。

原子基本图像如下。

（1）电子在原子核外距核由近及远、能量由低至高的不同电子层上分层排布。

（2）每层最多容纳的电子数为 $2n^2$ 个（n 代表电子层数）。

（3）第一层不超过 2 个，次外层不超过 18 个，倒数第三层不超过 32 个。

（4）电子一般总是先排在能量最低的电子层里，即先排第一层，当第一层排满后，再排第二层，第二层排满后，再排第三层。

电子云是电子在原子核外空间概率密度分布的形象描述，电子在原子核外空间的某区域内出现，好像带负电荷的云笼罩在原子核的周围。奥地利物理学家薛定谔于 1926 年提出了描述微观粒子运动的波函数所满足的波动方程（Schrödinger，1926a，1926b，1926c），即著名的薛定谔方程，该方程的解用三维坐标以图像形式表述，就是电子云，实际上是三维空间中的驻波，如同地球体中的自由振荡，形成了各种各样的驻波（至今，科学家还没有观测到独立的电子。请分析可能的原因：**习题 9.22**）。

5. 电子荷质比

前面已提到，荷质比（比荷）是带电粒子的电荷量与其质量的比值，是基本粒子的重要数据之一。近代公认的慢速电子荷质比为 $e/m=(1.758\,802\pm0.000\,005)\times10^{11}$ C/kg。由于相对论效应，荷质比将随粒子速度的增大而减小（质量随速度的增加而增大）。当速度达到光速的一半时，电子的荷质比为 $e/m=1.523\,165\,480\,176\,071\times10^{11}$ C/kg。

电子究竟有多大？历史上争议很大。有不少科学家认为，电子是没有大小的。但电子携带电荷，同时有质量，又有结构（如带有自旋），因此最合理的推理就是电子应该是有大小的。丁肇中认为，电子的半径小于 10^{-18} m（原子的尺度为 1 Å，即 0.1 nm）。1966 年丁肇中重新做了当时世界上最重要的一个实验，就是测量电子的半径。他得到的实验结果与理论物理学家推导出的理论结果几乎一致（实验结果给出了上限）。早在 1948 年，理论物理学家根据量子电动力学理论，得出电子没有体积的结论。但到了 1964 年，实验物理学家经过实验得到电子半径为 10^{-15} m 的实验结果。随后，多个物理学家得到类似的结果，即电子半径为 10^{-15} m，实验结果与理论不符。1966 年，丁肇中重新做了这个实验，表明电子半径不超过 10^{-18} m，证明以前的很多科学家做的实验结果都是错误的。但问题是，即便电子有大小，能保证它是圆球状的吗？既然电子有自旋、有磁矩，它就未必是球状的。总之，电子究竟是什么形状，体积究竟有多大，尚未最终定论，值得深入研究。

6. 质子质量

质子的质量是电子质量的 1 840 倍，记为 m_{p}=938 MeV/c^2，即 1.672 623 1×10^{-27} kg。

质子和中子组成原子核，而质子则是由夸克构成的。胶子传递强相互作用，并不是组成物质的成分，其质量为 0。而夸克的质量只占到质子的 5%，那么另 95%的质量来自哪里呢？物理学家自 1989 年前后发现质子的存在后，对这个问题一直感到困惑。后来的研究表明，这 95%的质量来源于夸克和胶子的相互作用和各自的运动。换言之，能量与质量在其中是可以互相转换的，这正是基于狭义相对论的质能公式 $E=mc^2$，表明能量和质量可以互相转换，而光速是恒定不变的常数。迄今为止，质能公式的唯一应用应该是认为它为制造原子弹提供了理论基础。但有人认为实际上原子弹是由原子核裂变连锁反应而集中释放出大量的能量所致，与质能方程没有关系。

质子的质量大约是电子质量的 1 836.5 倍。电子属于亚原子粒子中的轻子类。质子带有 1/2 自旋，是一种费米子（按照费米-狄拉克统计），能量为 5.11×10^5 eV。科学家一直认为，电子-质子质量比是物理学中的一个恒定值，不随时间和宇宙空间的变化而改变。2006 年，有科学家宣称，该质量比在过去 120 亿年中减少了 0.002%。但随后的一项研究表明，电子-质子质量比在过去 60 亿年中并没有什么显著变化。科学家一直在寻找电子-质子质量比的变化或不变的证据。

7. 中子质量

中子是组成原子核的核子之一，原子核由英国物理学家卢瑟福（获 1908 年诺贝尔物理学奖）提出。中子于 1932 年由查德威克（Chadwick，1891—1974 年）用 a 粒子轰击实验证实。中子是组成原子核构成化学元素不可缺少的成分，虽然原子的化学性质是由核内的质子数目确定的，但是如果没有中子，由于带正电荷质子间的排斥力（质子带正电，中子不带电），就不可能构成除只有一个质子的氢之外的其他元素。

中子的质量为 1.674 928 6×10^{-27} kg（939.565 63 MeV），比质子的质量稍大（质子的质量为 1.672 621 637(83)×10^{-27} kg），自旋为 1/2。中子以聚集态存在于中子星中，中子星是恒星演化到末期，经由重力坍塌发生超新星爆炸之后的产物。太阳系里的中子主要存在于各种原子核中，元素的 β 衰变就是该元素中的中子释放一个电子从而转变成一个质子的过程。

带电粒子（如质子、电子或离子）和电磁波（如伽马射线）都会在穿透物质时消耗能量，将所穿透物质离子化。带电粒子会因此而慢下来，电磁波则会被所穿透物质吸收。中子的情况截然不同，它只会在与原子核近距离接触时受强相互作用或弱相互作用影响：结果是一个自由中子在与原子核直接碰撞前不受任何外力影响。因为原子核太小，碰撞机会极少，因此自由中子会在一段较长的距离保持不变。

自由中子和原子核的碰撞是弹性碰撞，遵循宏观下两小球弹性碰撞时的动量法则。

当被碰撞的原子核很重时，原子核只会有很小的速度；但是，若被碰撞的对象是与中子质量差不多的质子，则质子和中子会以几乎相同的速度飞出。这类碰撞将会使离子能够被探测到。

中子的电中性让它不仅很难探测，也很难被控制。电中性使人们无法以电磁场来加速、减速或是束缚中子。自由中子仅对磁场有很微弱的作用（因为中子存在磁矩）。中子既然存在磁矩，其内部必然有电结构，除非有磁单极子。真正能有效控制中子的只有核作用力。唯一能控制自由中子运动的方式是将原子核堆放置在它们的运动路径上，让中子和原子核碰撞以被吸收。这种以中子撞击原子核的反应在核反应中扮演重要角色，也是核武器运作的原理。自由中子则可由核衰变、核反应或高能反应等产生。

1）中子的β衰变

经由一个 W 玻色子，中子衰变为一个质子，同时释放出一个电子和一个反中微子（参见第 3 章）。中子由三个夸克构成。根据标准模型，为了保持中子数守恒，中子唯一可能的衰变途径是其中一个夸克通过弱相互作用改变其性质。组成中子的三个夸克中，两个是下夸克（电荷为$-e/3$），另外一个是上夸克（电荷为$+2e/3$）。一个下夸克可以衰变成一个较轻的上夸克，并释放出一个 W 玻色子。

2）自由中子的衰变

自由中子不稳定，据此估计其半衰期为(611.0±1.0) s（大概 10 min 11 s）。中子的衰变可描述为：中子⟶质子+电子+反中微子。

根据中微子、质子和电子的质量，上述反应的衰变能为 0.782 343 MeV。如果该反应中的中微子的动能可忽略不计的话，则测得电子的最大能量为(0.782±0.13) MeV。这一实验结果误差太大，无法用于估计中微子的静止质量。

有千分之一的自由中子会在生成质子、电子和中微子的同时，释放出γ射线：这种γ射线是韧致辐射的结果。当反应中释放出的电子在质子产生的电磁场中运动时，高速运动的电子骤然减速发出辐射。有时原子核中束缚态的中子衰变时，也会产生γ射线。

有极少量的自由中子（大概一百万分之四）会发生所谓的双体衰变。在该反应中，电子在产生后未能获得足够的能量脱离质子（估计为 13.6 eV），于是和质子生成一个中性的氢原子。反应的所有能量皆转化为反中微子的动能（聂玉昕，2009）。

正是由于自由中子容易衰变为质子，用中子定义质量单位时需要特别小心（参见第 8 章）。

3）束缚态中子的衰变

不稳定原子核里的中子可以像自由中子一样衰变。但是，中子衰变的逆过程也可以发生，即逆β衰变。质子可以转变为一个中子，同时放出一个正电子和一个中微子。质子还可以通过电子俘获转变成一个中子，同时放出一个中微子。理论上，核内中子俘获正电子生成质子也是有可能的，但概率很小。一方面原子核带正电荷，因此同正电子同性相斥。另一方面正电子与电子相遇会发生湮灭。

4）电偶极矩

标准模型预言中子具有微小但非零的电偶极矩。但是测量其数值所需的精度远远超过实验条件。标准模型不可能是对物理现实的最终和最完整的描述。超越标准模型的新理论得到的数值一般要比标准模型大得多。目前，至少有 4 组实验力图测量中子的电偶极矩。虽然中子是电中性粒子，但是中子具有微小的磁矩。

反中子是中子的反粒子，由考克（Cork）于 1956 年发现，比反质子的发现晚一年时间。电荷共轭时空反演（charge conjugation-parity-time reversal，CPT）对称理论对粒子和反粒子的性质有严格的限制，因此观测中子-反中子可以对 CPT 对称进行检验。中子和反中子相对质量差异约为$(9\pm6)\times10^{-5}$，不足以证明 CPT 对称破缺（Nakamura et al.，2010）。

5）中子结构和电荷的几何分布

中子的外壳带负电荷，中间层带正电荷，而中心带有负电荷。因此，中子的电负性外壳同质子相互吸引。但在原子核中，质子和中子之间最主要的作用力为核力。这种力与是否带电荷无关。

8. 法拉第常数

法拉第常数（F）是近代科学研究中重要的物理常数，代表每摩尔电子所携带的电荷，单位 C/mol，它是摩尔阿伏伽德罗常数 $N_A=6.022\ 140\ 76\times10^{23}\ mol^{-1}$（粒子数 N 与物质量 n 的比值）与元电荷 $e=1.602\ 176\ 634\ 10\times10^{-19}$ C（电子电荷的基本电荷或大小）的积：

$$F = eN_A \tag{9.18}$$

在确定一个物质带有多少离子或者电子时法拉第常数非常重要。

早期，法拉第常数是在推导阿伏伽德罗常数时通过测量电镀时的电流强度和电镀沉积下来的银的量计算出来的（Cardarelli，2003）。由于阿伏伽德罗常数 N_A 是物理学基本单位，是人为规定的常数，电子电量也是精密测量的常数，因此，基于式（9.18）可以计算出法拉第常数，无须再次测量。如果重新测量 F，则意味着需要重新确定 N_A 和 e 的数值，参见表 9.1。

9. 真空电容率（介电常数）

真空电容率，又称真空介电系数，或简称介电常数，是电磁学中引入的一个有量纲的常量，记为 ε_0。在国际单位制中，$\varepsilon_0=8.854\ 187\ 812\ 8\times10^{-12}$ F/m（表 9.1）。真空介电常数 ε_0 和真空磁导率 μ_0 及真空中光速 c 之间的关系为

$$c^2 = \frac{1}{\varepsilon_0\mu_0} \tag{9.19}$$

真空平行板电容器的电容为（Cardarelli，2004）

$$C = \varepsilon S / d \tag{9.20}$$

若取 S 为单位面积（S=1 m^2），d 为单位距离（d=1 m），则 $C=\varepsilon=\varepsilon_0$，真空电容率的名称即源于此。但 C 与 ε_0 的单位并不一致，前者的单位是 F，后者的单位是 F/m。

既然 ε_0 是真空介电常数，其测量应该在真空中进行。真空是一个理想的参考状态，可以趋近，但是在物理上是永远无法达到的状态。可实现的真空实际上并非真正的真空（先按通常的意义理解，也即空无一物的空间），而是部分真空（partial vacuum），或准真空，意指逼近真空的状态。

与经典物理的真空不同，现今物理真空指的是真空态（vacuum state），或量子真空。这种真空并非简单的空无一物的空间。因此，现代物理学宁愿采用自由空间而不是真空。自由空间中虽然没有人们能看到的东西，但可能存在暗物质暗能量，并非真正意义上的真空。

既然只能实现部分真空，那么在该空间中测定的 ε_0 值（或其他相关物理量），能否被当作自由空间中的结果呢？通常的做法是修正测量结果。例如，按真空的含义，真空中的气压应该为 0。在准真空中测量，为了弥补气压高于 0 而造成的误差，科学家可以根据理论计算作出相应的修正。

不过，如果给定了光速和真空磁导率，则可根据式（9.19）计算 ε_0 值，无须再测量它，这就是目前国际协议值，它是由真空中光速和真空磁导率的定义值而衍生出来的（Cardarelli，2003）。真空磁导率是定义值，恒等于 $4\pi\times10^{-7}$ N/A；由于光速也是定义值，恒等于 299 792 458 m/s，因此，介电常数也变成定义值了。

如何独立地测定 ε_0 呢？（阐述测定真空介电常数 ε_0 的方法：**习题 9.23**）。以后再讨论它的测量问题。

10. 真空磁导率（磁常量）

真空磁导率（又称磁常量）是国际单位制中引入的一个有量纲的常量，常用符号 μ_0 表示，定义式为

$$F = \frac{\mu_0 I^2 h}{2\pi a} \tag{9.21}$$

该方程反映的是真空中两根通过电流相等的无限长平行细导线之间的相互作用力，其中：I 为导线中的电流强度；a 为平行导线的间距；F 为长度为 h 的导线所受到的力；μ_0 为真空磁导率，在国际单位制中其值为 $\mu_0=4\pi\times10^{-7}$ N/A^2，或者 $\mu_0=4\pi\times10^{-7}$ T·m/A，或者 $\mu_0=4\pi\times10^{-7}$ H/m［在高斯单位制（centimeter-gram-second system，CGS）中，真空磁导率的量纲为 1］（阐述将真空磁导率 μ_0 取为常数的理由：**习题 9.24**）。

实验测得这个数值是一个普适常数。因此，可将真空磁导率定义为一个基础的不变量。真空磁导率是由运动的带电粒子或电流产生磁场的公式中产生的，是真空中麦克斯韦方程组出现的常数之一，它将力学与电磁学联系了起来。在经典力学中，自由空间是电磁理论中的一个概念，对应于理论上真正的真空，有时称为“自由空间真空”或“经典真空”（Rosen et al.，2009）。

11. 磁偶极矩

磁偶极矩是描述载流线圈或微观粒子磁性的物理量。平面载流线圈的磁矩定义为

$$\boldsymbol{m} = I\boldsymbol{S} \tag{9.22}$$

其中：I 为电流强度；$\boldsymbol{S}$ 为有向线圈面积，其指向与电流方向符合右手螺旋定则。在均匀外磁场中，平面载流线圈所受合力为 0 而所受力矩不为 0，该力矩使线圈的磁矩 $\boldsymbol{m}$ 转向与外磁场 $\boldsymbol{B}$ 的方向相同的方向；在均匀径向分布外磁场中，平面载流线圈受力矩偏转。磁矩处于外磁场中，会感受到力矩，促使其磁矩沿外磁场的磁场方向排列。

科学家至今尚未发现宇宙中存在磁单极子。一般磁性物质的磁场，其泰勒展开的多极展开式，由于磁单极子项（零阶项）恒等于零，第一项是磁偶极子，第二项是磁四极子（quadrupole），以此类推。磁矩也分为磁偶极矩、磁四极矩等部分。从磁的磁偶极矩、磁四极矩等，可以分别计算出磁场的磁偶极子项、磁四极子项等。随着距离的增加，磁偶极矩部分所占比例越来越大，成为主项。

在任何物理系统中，磁矩最基本的源头有两种。

电荷的运动，像电流，会产生磁矩。只要知道物理系统内全部的电流密度分布（或者所有的电荷的位置和速度），理论上就可以计算出磁矩。

像电子、质子一类带有自旋的基本粒子都具有磁矩（表 9.4）。每一种基本粒子的内禀磁矩的大小都是常数，可以用理论推导出来，得到的结果也已经过高精度实验检验。例如，电子磁矩的测量值是−9.284 764×10 J/T。电子磁矩的测量值是负值，这意味着电子的磁矩与自旋呈相反方向。

表 9.4　一些基本粒子的内禀磁矩和自旋

粒子	内禀磁矩/（10 J/T）	自旋量子数
电子	−9 284.764	1/2
质子	+14.106 067	1/2
中子	−9.662 36	1/2
μ 子	−44.904 478	1/2
重氢	+4.330 734 6	1
氢-3	+15.046 094	1/2

整个物理系统的净磁矩是所有磁矩的矢量和。例如，氢原子的磁场是几种磁矩的矢量和：电子的内禀磁矩、电子环绕原子核运动产生的磁矩，以及氢原子核的磁矩。氢有三种（也只有三种）同位素：氕（P）原子核内有 1 个质子、无中子，丰度为 99.98%；氘（D，又称重氢）原子核有 1 个质子、1 个中子，丰度为 0.016%；氚（T，又称超重氢）原子核有 1 个质子、2 个中子，丰度为 0.004%。

在原子中，电子因绕原子核运动而具有轨道磁矩；电子因自旋具有内禀磁矩；原子核、质子、中子及其他基本粒子也都具有各自的内禀磁矩，表明基本粒子也有复杂的结

构。电子内禀磁矩与其轨道磁矩相互作用，在外磁场作用下产生塞曼（Zeeman，1865—1943 年）效应，在外电场作用下，产生斯塔克（Stark，1874—1957 年）效应，统称原子能级的精细结构；电子内禀磁矩及轨道磁矩与核磁矩相互作用，导致超精细结构，构成制造原子钟的理论基础。质子和中子具有磁矩，它们是原子核磁矩的来源。核磁矩通常以核磁子 N 为单位，核磁子的数值约为玻尔磁子的 1/1 836，实际核磁子值 $N=(5.050\ 824\pm0.000\ 020)\times10^{-27}$ J/T。

粒子的内禀属性。每种粒子都有确定的内禀磁矩。自旋为 s 的点粒子的磁矩 $\boldsymbol{\mu}$ 由以下公式给出（张昌文 等，2005）：

$$\boldsymbol{\mu}=-\frac{e}{2m}g\boldsymbol{P} \tag{9.23}$$

其中：e 和 m 分别为该粒子的电荷和质量；g 为一个数值因子（朗德因子）；$\boldsymbol{P}$ 为自旋角动量。自旋为零的粒子的磁矩为零。自旋为 1/2 的粒子，$g=2$；自旋为 1 的粒子，$g=1$；自旋为 3/2 的粒子，$g=2/3$。理论上普遍给出 $g=1/s$，s 是自旋量子数。

粒子磁矩可通过实验测定。但实验测定结果不完全符合表达式（9.23），其差别称为反常磁矩。对于自旋均为 1/2 的电子、μ 子、质子和中子，精确测定 g 因子分别为：电子 $g=1.001\ 159\ 652\ 193(10)$；μ 子 $g=1.001\ 165\ 923(8)$；质子 $g=2.792\ 847\ 386(63)$；中子 $g=-1.913\ 042\ 75(45)$。

粒子反常磁矩的原因有两点：其一是由于量子电动力学的辐射修正，电子、μ 子属于这种情形，即使是点粒子，粒子产生的电磁场对其自身的作用导致自旋磁矩的微小变化，这一改变可以严格地用量子电动力学精确计算，结果与实验测定结果吻合得很好。其二是由于粒子有内部结构和强相互作用的影响，质子和中子属于这种情形，质子和中子的反常磁矩用于分析其内部结构。

12. 电子磁矩

在原子中，电子绕原子核运动，具有相应的轨道磁矩；电子本身还具有自旋磁矩。无论轨道磁矩还是自旋磁矩都是量子化的，它们在空间任意方向的投影值也是量子化的，经常用的却是后者。电子磁矩为

$$\boldsymbol{\mu}_{\mathrm{e}}=-2\pi g_{\mathrm{e}}\mu_{\mathrm{B}}\frac{\boldsymbol{S}}{h} \tag{9.24}$$

其中：g_{e} 为电子的朗德因子；μ_{B} 为玻尔磁子；$\boldsymbol{S}$ 为电子的自旋角动量；h 为普朗克常数（徐翠艳，2004）。按照经典结果，$g_{\mathrm{e}}=1$。但在狄拉克理论中，$g_{\mathrm{e}}=2$。在量子电动力学中，它的实际值稍微大些，$g_{\mathrm{e}}=2.002\ 319\ 304\ 36$。

根据式（9.24），电子磁矩与自旋呈相反方向。经典电磁学的解释为：假想自旋角动量是由电子绕着某旋转轴而产生的。因为电子带有负电荷，旋转所产生的电流的方向是相反的方向，这种载流回路产生的磁矩与自旋呈相反方向。同样的推理，带有正电荷的正子（电子的反粒子），其磁矩与自旋呈相同方向（陈文俊 等，2001）。

13. 玻尔磁子

玻尔磁子或称玻尔磁元，是与电子相关的磁矩基本单位，是一常数。在国际标准公制下，玻尔磁子的定义为

$$\mu_B = \frac{eh}{4\pi m_e} \tag{9.25}$$

其中：m_e 为电子质量；e 为电子电量的绝对值。玻尔磁子的值

$$\mu_B = 9.274\,009\,49(80)\times 10^{-24}\ \text{J/T}$$

14. 质子磁矩

一个由多国科学家组成的国际团队采用高精度的方法得到了质子磁矩的当前最精确的测量数值：2.792 847 344 62(82)个核磁子（它的典型单位）。磁矩是粒子的一个属性，是磁性存在的先决条件，也适用于质子；它体现了原子结构的基本性质。

15. 原子核的磁矩

核子系统是一种由核子（质子和中子）组成的精密物理系统。自旋是核子的量子性质之一。由于原子核的磁矩与其核子成员有关，从核磁偶极矩的测量数据，可以研究其量子性质。

虽然有些同位素原子核的激发态的衰变期超长，但大多数常见的原子核的自然存在状态是基态。每一个同位素原子核的能态都有一个独特的、明显的核磁偶极矩，其大小是一个常数，通过精密设计的实验，可以测量至非常高的精确度。这一数值对原子核内每个核子的独自贡献非常敏感。若能够测量或预测出这一数值，就可以揭示核子波函数的内涵。现今，有很多理论模型能够预测核磁偶极矩的数值，也有多种实验技术能够进行原子核测试。

在原子内部，可能会有很多电子。多电子原子的总角动量计算，必须先将每一个电子的自旋总和，得到总自旋，再求每一个电子的轨角动量总和，得到总轨角动量，最后用角动量耦合（angular momentum coupling）方法确定总自旋和总轨角动量总和，即可得到原子的总角动量。详细讨论参见原子物理学相关文献。

16. 玻尔半径

玻尔于 1913 年通过引入量子化条件，提出了玻尔模型来解释氢原子光谱。基于玻尔模型，电子在确定的轨道环绕着原子核运转。最简单的氢原子只有一个电子轨道，该轨道也是电子可运行的最小轨道，其能量是最小的，从原子核向外找到该轨道的最可能距离就被称为玻尔半径（Bohr radius）。电子处于这一轨道时，氢原子处于基态。玻尔半径是原子物理学中的一种长度单位，用以衡量原子的大小，用符号 a_0 表示（其数值参见表 9.1）。

玻尔半径是基态时电子所在轨道半径。电子在任意轨道的半径为

$$r_n = \frac{4\pi\varepsilon_0\hbar^2}{m_e e^2} \cdot n^2 \tag{9.26}$$

其中：$\hbar$ 为约化普朗克常数。取 $n=1$，则得到玻尔半径：

$$a_0 = \frac{4\pi\varepsilon_0\hbar^2}{m_e e^2} = \frac{\hbar}{m_e c\alpha} \tag{9.27}$$

其中，引入了一个重要常数，精细结构常数（参见 9.2.6 节）：

$$\alpha \equiv \frac{e^2}{4\pi\varepsilon_0\hbar c} \approx \frac{1}{137} \tag{9.28}$$

其精确数值见表 9.2。

玻尔半径并没有包括约化质量的效应，因此在其他包括了约化质量的模型中，并不能准确地等于氢原子电子的轨道半径。这是为了方便而设的：上述方程定义的玻尔半径适用于氢原子以外的其他原子，而它们的约化质量修正值都不同。如果玻尔半径包括了氢原子的约化质量，就需要加入一个修正值来使方程适用于其他原子。

玻尔倡导互补原理，是哥本哈根学派的创始人，与爱因斯坦之间的 27 年之争对 20 世纪物理学的发展有深远的影响。

17. 普朗克常数

为了解决紫外灾难问题，普朗克假设在光波的发射和吸收过程中，能量是不连续的，能量值只能取某个最小能量元的整数倍（Planck，1900）。为此，普朗克引入了一个自然常数 $h = 6.626\,196\times10^{-34}$ J·s（即 $6.626\,196\times10^{-27}$ erg·s）。这一假设后来被称为能量量子化假设，其中最小能量元被称为能量量子，而常数 h 被称为普朗克常数（阐述一种精确测定普朗克常数的方法：**习题 9.25**）。n 个能量子的能量可表示为

$$E = nh\nu \tag{9.29}$$

其中：ν 为辐射电磁波的频率；$h\nu$ 是最小能量子。基于这一假设，普朗克导出了如下方程（Planck，1900）：

$$E(\nu,T)\mathrm{d}\nu = \frac{8\pi h\nu^3}{c^3}\frac{\mathrm{d}\nu}{e^{h\nu/kT}-1} \tag{9.30}$$

其中：T 为温度；k 为玻尔兹曼常数。

方程（9.30）将维恩公式（不适合低频部分）（Wien，1896）

$$E(\nu,T)\mathrm{d}\nu = C_1\nu^3 e^{-C_2\nu/T}\mathrm{d}\nu \tag{9.31}$$

其中：C_1、C_2 为待定常数，$C_1 = \frac{8\pi h}{c^3}$，$C_2 = \frac{h}{k}$。

与瑞利-金斯公式（不适合高频部分）（Jeans，1905；Rayleigh，1900）

$$E(\nu,T)\mathrm{d}\nu = \frac{8\pi}{c^3}kT\nu^2\mathrm{d}\nu \tag{9.32}$$

统一了起来（证明维恩公式和瑞利-金斯公式是普朗克公式的特例：**习题 9.26**）。

千克的定义由普朗克常数决定，其原理是将移动质量 1 kg 物体所需机械力换算成可用普朗克常数表达的电磁力，再通过质能转换公式算出质量（参见第 8 章）。

自然界出现了普朗克常数，可能有本质原因，因为这表示了最小能量份额。有的科学家认为，带电粒子做圆周运动时，只要向心力与该粒子到原子核中心的距离三次方成反比，就能产生一个常数，这个常数乘以圆周运动频率等于带电粒子的动能（试证明：**习题 9.27**）。如果电子受到这种向心力，那么这个常数就是普朗克常数。通过对电荷群的研究证实，电子是受到这种向心力的。

但问题在于，按照量子力学的观点，电子并没有确定的轨道。此外，电子受到的向心力与电子到原子核中心的距离的三次方成正比这一假定，也与人们的经验相距甚远。

关于普朗克常数的本质，有待进一步研究。

18. 里德伯常量

里德伯常量是原子物理学中的基本物理常量之一，为一经验常数，一般取 $R=1.097\ 373\ 157\times10^{7}\ \mathrm{m}^{-1}$。里德伯常量起初是为表示氢原子光谱的里德伯公式中引入的，$1/\lambda=R(1/n^2-1/m^2)$，其中：λ为波长；$n=1,2,3,\cdots$；$m=n+1,n+2,n+3,\cdots$。实验测得的数值为：$R=1.096\ 775\ 8\times10^{7}\ \mathrm{m}^{-1}$。

1913 年玻尔推导出其理论值，为 $R=1.097\ 373\ 156\ 893\ 96\times10^{7}\ \mathrm{m}^{-1}$，与实验值吻合得很好。计算公式可表述为（Condon et al.，1935）

$$R=\frac{2\pi^2e^4m_\mathrm{e}}{(4\pi\varepsilon_0)^2ch^3} \tag{9.33}$$

其中出现的量均为已知常数。因此，里德伯常量已经不再是经验常数了，它可以根据基本常数精确计算。后来，玻尔引入了约化质量（或折合质量），将式（9.33）修改为

$$R_\mathrm{A}=\frac{2\pi^2e^4}{(4\pi\varepsilon_0)^2ch^3}m_\mu=\frac{2\pi^2e^4}{(4\pi\varepsilon_0)^2ch^3}m_\mathrm{e}\frac{1}{1+\dfrac{m_\mathrm{e}}{m_\mathrm{A}}}=R\frac{1}{1+\dfrac{m_\mathrm{e}}{m_\mathrm{A}}} \tag{9.34}$$

其中：m_A为氢原子核的质量，由此计算出理论值 $R=10\ 967\ 757.8\ \mathrm{m}^{-1}$。

19. 康普顿波长

在考虑量子力学与狭义相对论的前提下，康普顿波长（Compton wavelength）被认为是测量粒子位置的基本限制，其大小取决于该粒子的质量 m。康普顿波长能够与德布罗意波长作对比，后者大小视粒子的动量而定，它同时也决定量子力学中粒子的原子性与相干性的分界线。对于任意一个粒子，德布罗意波可表述为

$$\lambda=\frac{h}{p} \tag{9.35}$$

其中：p 为粒子的动量。

粒子的康普顿波长λ可表示为（聂玉昕，2009）

$$\lambda=\frac{h}{mc} \tag{9.36}$$

显然，给定了粒子的静止质量 m，即可计算出该粒子的康普顿波长。根据 CODATA（2018）的数值，电子的康普顿波长是 $2.426\ 310\ 236\ 7(11)\times10^{-12}$ m。不同的粒子，有不同的康普顿波长。

20. 静电力常量

静电力常量（库仑常数）表示真空中两个电荷量均为 1 C 的点电荷，它们相距 1 m 时，它们之间的作用力的大小为 9×10^{9} N，属于没有误差的理论计算值。

9.2.6 精细结构常数

精细结构常数是物理学中一个重要的无量纲数，用希腊字母 α 表示。精细结构常数表示电子在第一玻尔轨道上的运动速度和真空中光速的比值，计算公式为

$$\alpha=\frac{e^2}{4\pi\varepsilon_0 c\hbar} \tag{9.37}$$

其中：e 为电子的电荷；ε_0 为真空介电常数；$\hbar$ 为约化普朗克常数；c 为真空中的光速。精细结构常数是一个数字，无量纲量，$1/\alpha\approx137$（更近似值为 137.035 999 76）。但问题是，电子在第一玻尔轨道上的运动速度究竟是多少呢？有什么办法能测量出来呢？

1859 年德国物理学家基尔霍夫（Kirchhoff，1824—1887 年）发现，把某些物质放在火焰中灼烧时，火焰会呈现特定的颜色。如果把这种色光也用三棱镜进行分解，就会发现它的光谱仅由几条特定的亮线条组成，而这些亮线条的位置与太阳光谱中暗线条的位置完全重合。基尔霍夫据此断定，这些光谱线的位置是组成物质的原子的基本性质。基于这一原理，他在 1861 年与德国化学家本生（Bunsen，1811—1899 年）合作，第一次对太阳大气的化学组成进行了系统化的研究。这些光谱中暗线和亮线，被称为原子吸收光谱和发射光谱。利用光谱理论来确定物质的化学组成的方法，发展成了现今的光谱分析学（曾谨言，2000；从守民 等，1995）。

到了 19 世纪下半叶，物理学家精确地研究了各种元素的光谱，积累了大量的光谱数据。1891 年，迈克耳孙（Michelson）通过更精确的实验发现，原子光谱的每一条谱线，实际上是由两条或多条靠得很近的谱线组成的。这种细微的结构称为光谱线的精细结构。当时的物理学理论无法解释光谱为什么是分离谱线，而不是连续的谱带，更不能解释光谱的精细结构（曾谨言，2000）。

第一个对氢原子光谱作出成功解释的，是玻尔于 1913 年发表的氢原子模型。在这个模型中，玻尔大胆地假设，电子只在一些具有特定能量的轨道上绕核做圆周运动，这些特定的能量称为电子的能级。当电子从一个能级跃迁到另一个能级时，会吸收或发射与能级差相对应的光量子。玻尔从这两个假设出发，成功地解释了氢原子光谱线的分布规律（曾谨言，2000）。

在玻尔之后，索末菲（Sommerfeld，1868—1951年）对他的氢原子模型作了几方面的改进。首先，索末菲认为原子核的质量并非无穷大，因此电子并不是绕固定不动的原子核转动，而应该是原子核和电子绕着它们的共同质心转动。其次，电子绕核运行的轨道与行星绕日运行的轨道相似，不必是一个正圆，也可以是椭圆。最后，因为核外电子的运动速度很快，有必要考虑质量随速度变化的相对论效应。在经过这些改进之后，索末菲发现电子的轨道能级除了跟原来玻尔模型中的轨道主量子数 n 有关，还与另一个角量子数 m 有关。对于某个主量子数 n，可以取 m 个不同的角量子数。这些具有相同主量子数但不同角量子数的轨道之间的能级有一个微小的差别。索末菲认为，正是这个微小的差别造成了原子光谱的精细结构。这一点，被随后对氦离子光谱的精确测定所证实。另外，考虑电子与原子核的相对运动之后，轨道能级的数值也变成与原子核的质量有关，这也解释了氢原子光谱与氘原子光谱之间的细微差别（曾谨言，2000）。

在索末菲模型中，不同角量子数的轨道之间的能级差正比于某个无量纲常数的平方。这个常数来源于电子的质量随速度变化的相对论效应。事实上，它就是基态轨道上电子的线速度与光速之比。根据玻尔模型，很容易推算出基态轨道上电子的速度为 $v=e^2/(2\varepsilon_0 h)$。它与光速之比，正是前面看到的精细结构常数的公式。因为它首先由索末菲在解释原子光谱的精细结构时出现，所以这个常数被称为（索末菲）精细结构常数（曾谨言，2000）。

从表面看来，精细结构常数 α 只不过是另外一些物理常数的简单组合。然而，量子理论以后的发展表明，精细结构常数其实具有更为深刻的物理意义。无论是玻尔模型还是索末菲模型，它们都只是量子理论发展早期的一些半经典半量子的理论。它们虽然成功地解释了氢原子光谱及其精细结构，但是在处理稍微复杂一些的具有两个电子的氦原子时就遇到了困难，由此也开启了构建量子力学“大厦”的创造工程。先是德布罗意提出物质波概念，继而是薛定谔为了描述物质波而建立薛定谔波动方程，可更好地描述氢原子系统。狄拉克又进一步把量子波动力学与相对论结合起来，提出了电子的相对论性量子力学方程，即狄拉克方程。狄拉克方程不仅更好地解释了光谱的精细结构，认为它是电子的自旋磁矩与电子绕核运行形成的磁场耦合的结果，而且还成功地预言了正电子的存在（许国顺 等，1999）。

描述光与电磁相互作用更完善的理论是量子电动力学。量子电动力学认为，两个带电粒子（如两个电子）是通过互相交换光子而相互作用的。这种交换可以有很多种不同的方式。最简单的是，其中一个电子发射出一个光子，另一个电子吸收这个光子。稍微复杂一点的是，一个电子发射出一个光子之后，该光子又可以变成由电子和正电子构成的电子对，随后这个正负电子对可以一起湮灭为光子，也可以由其中的那个正电子与原先的一个电子一起湮灭，使得结果看起来像是原先的电子运动到了新产生的那个电子的位置。更复杂的情形是，产生出来的正负电子对还可以进一步发射光子，光子可以再变成正负电子对，有点像惠更斯原理。所有这些复杂的过程，最终表现为两个电子之间的相互作用。量子电动力学的计算表明，不同复杂程度的交换方式，对最终作用的贡献是不一样的。它们的贡献随着过程中光子的吸收或发射次数呈指数式下降，而这个指数的底，正好就是精细结构常数。或者说，在量子电动力学中，任何电磁现象都可以用精细结构常数的幂级数来表达。这样一来，精细结构常数就具有了全新的含义：它是电磁相互作用中电荷之间耦合强度的一种度量，或者说，它就是电磁相互作用的强度（许国顺 等，1999）。

特勒等（Teller et al.，1948）提出精细结构常数与万有引力常数之间可能有一定的联系，再加上狄拉克大数猜想（Dirac，1937），他们推测，精细结构常数正以约每年三万亿分之一的速度在增大（黄志洵，2002）。然而，广义相对论却不允许精细结构常数随时间改变。因为广义相对论（以及一切几何化的引力理论）的基础是等效原理，它要求在引力场中作自由落体的局部参照系中所做的任何非引力实验都有完全相同的结果，而与实验进行的时间地点无关。如果精细结构常数随时间变化，则广义相对论就有必要修正。因此，长期以来物理学家一直在致力于测量精细结构常数是否随时间而变。

用来检验精细结构常数随时间变化情况的实验手段有很多（请设计一种实验，可检验精细结构常数是否随时间变化：**习题 9.28**）。从检验的时间段来分，可以区分为测量精细结构常数在现阶段的变化情况和测量数十亿乃至百亿年尺度的变化情况。

原子钟或光原子钟是人类具备的最准确的计时工具。它是利用原子基态两个超精细能级之间的跃迁辐射所对应的频率，通过共振技术获得极其稳定的振荡频率，其稳定度已达到 10^{-18}，这相当于可感应 1 cm 的高程变化。原子钟的振荡频率可以表示为精细结构常数的幂级数形式。如果精细结构常数随时间发生变化，原子钟的振荡频率也将随着时间而发生漂移。精细结构常数对原子钟频率的影响，还与原子核的带电量，即原子序数有关。原子序数越大，精细结构常数的变化对频率的影响也越大。这样，通过比较不同性能的原子钟频率，即可探测出精细结构常数的变化。

美国喷气推进实验室和频率标准实验室的科学家精确地测量了铯原子钟、汞离子钟和氢原子微波激射器的频率在 140 天内的相对频率漂移。结果发现，精细结构常数如果变化，其变化率不会超过每年三十万亿分之一。中国空间站于 2022 年在轨运行，搭载了光原子钟和原子钟，为检验引力红移、精细结构常数提供了有利条件。

1997 年，澳大利亚科学家韦伯等人利用位于夏威夷天文台的全世界最大的光学望远镜，观测了 17 个极亮的类星体，通过光谱分析，得出 120 亿年前精细结构常数比当前小约十万分之一。另一组澳大利亚科学家在韦伯等人的研究基础上，分析了精细结构常数变化的原因，排除了电子电荷变化的因素。

精细结构常数的增大会使元素周期表中稳定元素减少，当 $\alpha>0.1$ 时，碳原子将不复存在，到那时所有的生物都将面临彻底的毁灭。当然，精细结构常数的增长是十分缓慢的，而且趋于恒定，这表明精细结构常数可能在几百亿年后停止变化。

既然精细结构常数对电磁相互作用如此重要，物理学家希望通过纯理论的手段计算出这个常数，但始终没有成功。注意式（9.37）只是表明，它是其他常数的组合，但这些常数也是需要测量得到的，尽管有些常数已被人为地定义为恒定值（如光速 c）。费曼（Feynman，1918—1988 年）曾指出："这个数字自 50 多年前发现以来一直是个谜。优秀的理论物理学家都将这个数贴在墙上，为它大伤脑筋……它是物理学中最大的谜之一，一个神奇的谜：一个魔数来到我们身边，可是没人能理解它。你也许会说‘上帝之手’写下了这个数字，而‘我们不知道他是怎样下的笔’。”（刘云，2014）

英国物理学家爱丁顿（他去非洲观测日全食验证了广义相对论）是最早一位尝试用纯理论方法计算精细结构常数的科学家。他用纯理论方法证明精细结构常数应当等于（曾谨言，2000）

$$1/\alpha^2 = (16^2 - 16)/2 + 16 \tag{9.38}$$

这与当时的实验结果相符合。后来，更精确的实验结果发现精细结构常数更接近于 1/137，于是爱丁顿发现他原先的计算中有个小错误，改正了那个错误之后，他又断定 $1/\alpha$ 等于整数 137（曾谨言，2000）。但爱丁顿的尝试是失败的，因为后来的实验数据表明，$1/\alpha$ 并不是一个整数（设计一种实验，可精确测量精细结构常数：**习题 9.29**）。

关于精细结构常数，物理学家极为关注的几个问题如下。

（1）如何精确测定精细结构常数？

（2）是否能基于现有理论推演出精细结构常数？

（3）精细结构常数是否随时间演变？

精细结构常数的存在揭示了自然界微观尺度上电磁相互作用的强度，它在量子电动力学中起着关键的作用。精细结构常数的微小值反映了电子在原子中运动的相对强度，进一步揭示了原子和分子内部的微观结构，是理解原子和分子内部相互作用的一个关键因素，对于解释光谱、电子运动以及其他量子现象具有重要作用。

如果精细结构常数发生变化，将对许多物理过程和现象产生深远影响。可能影响不仅限于以下几个方面。

（1）原子光谱：精细结构常数的变化会直接影响原子的能级结构和光谱线的位置。这将导致观测到的光谱线发生偏移，可能影响到我们对远处星体的观测和解释。

（2）化学反应：化学反应的速率和性质可能会受到精细结构常数变化的影响。原子和分子的电子结构直接与精细结构相联系，因此任何变化都可能对化学键的形成和断裂产生影响。

（3）宇宙演化：精细结构常数的变化可能对宇宙的演化产生影响。在宇宙学中，这可能表现为宇宙的膨胀速率、大尺度结构的形成等方面的变化。

（4）基本粒子的性质：精细结构常数的变化可能对基本粒子的质量和相互作用强度产生影响，从而影响粒子物理学的实验和理论预测。

（5）自然定律的一致性：精细结构常数的恒定性与自然定律的一致性有关。如果它变化，可能需要重新审视我们对物理学基本定律的理解，这可能导致对整个物理学框架的重大调整。

因此，精细结构常数的精密测量及其本源性理解对于深入研究量子物理学和粒子物理学的基本原理至关重要。

练 习 题

9.1 如果光速不恒定，指出国际单位米定义的缺陷。

9.2 设计一种测定单程光速的实验，并给出模型。

9.3 试根据卫星双向时频信号传递实验，设计一种测定单程光速的实验。[**提示**：利用武汉大学时频地测研究团队的卫星双向实验数据]

9.4 详细阐述布莱德雷测定光速的恒星光行差法，并分析误差源。

9.5 详细阐述菲索测定光速的旋转齿轮法，并分析误差源。

9.6 阐述迈克耳孙测定光速的旋转镜法，并分析其优缺点。

9.7 阐述微波干涉仪法测量光速的原理及实验过程。

9.8 阐述激光测定光速的原理及实验过程。

9.9 试论证：既然真空中的光速已成为定义值，以后就无须对光速进行任何测量，除非有特殊需求或为了理论研究目的。

9.10 查阅文献，试论证：2007 年和 2008 年的两次实验表明，量子纠缠的速度至少是光速的 1 万倍。

9.11 欧洲研究人员发现了一个无法解释的现象（Adam et al.，2012），探测到了比光速快 60 ns 的中微子。请阐述实验原理、结果及其可信度。

9.12 《科学》杂志刊文指出，超光速中微子，实际上是连接原子钟的光缆出现松动，可能导致计算中微子运行时间的原子钟产生了错误结果。查阅相关文献详细论证其合理性。

9.13 试论证：如果单程光速并非不变，则直接动摇了狭义相对论基础。

9.14 阐述测定地球质量的原理。

9.15 试论证：如果认为牛顿引力常数 G 是随着宇宙年龄的增长而逐渐减小的，那么导致地月距离会以 2 cm/a 的速率不断增大。

9.16 试论证：如果牛顿引力常数 G 不断衰变，由此得出的一个推论是地球会不断膨胀。

9.17 请分析讨论：在相对论框架下，引力常数有什么变化呢？理论上，按照相对论理论，是否应该修正万有引力常数？

9.18 用阿伏伽德罗常数表述，计算在空中自由漂浮的一个水滴（假定水滴的直径为 2 mm）所含有的水分子的数目。

9.19 试阐述测定普适摩尔气体常数 R 的方法。

9.20 试阐述精确测定电子电量的方法。

9.21 设计一种实验，可精确测定电子的质量。

9.22 至今，科学家还没有观测到独立的电子。请分析可能的原因。

9.23 阐述测定真空介电常数 ε_0 的方法。

9.24 阐述将真空磁导率 μ_0 取为常数的理由。

9.25　阐述一种精确测定普朗克常数的方法。

9.26　证明维恩公式和瑞利-金斯公式是普朗克公式的特例。

9.27　试证明：自然界出现了普朗克常数，可能有本质原因，因为这表示了最小能量份额。有的科学家认为，带电粒子做圆周运动时，只要向心力与该粒子到原子核中心的距离三次方成反比，就能产生一个常数，这个常数乘以圆周运动频率等于带电粒子的动能。

9.28　设计一种实验，可检验精细结构常数是否随时间变化。

9.29　设计一种实验，可精确测量精细结构常数。

参考文献

曹正东, 陆申龙, 金浩明, 1991. 玻尔兹曼常数测定装置的制作与应用. 实验室研究与探索, 2: 81-82.

陈文俊, 李康, 2001. 电磁对偶的经典电动力学与电荷量子化. 浙江大学学报(理学版), 28(6): 626.

从守民, 杨一军, 1995. 精细结构常数. 淮北师范大学学报(自然科学版)(1) : 61-63.

董晋曦, 2006. 单程光速测量原理及其实验方法. 北京石油化工学院学报, 14(4): 21-27.

葛红艳, 2015. 阿伏伽德罗定律的推论及其应用. 中学化学(6): 21-22.

黄志洵, 2002. 精细结构常数的测量和光速的变化. 中国传媒大学学报(自然科学版), 9(4) : 1-6.

刘德胜, 1994. 理想气体及其状态方程. 曲阜师范大学学报(自然科学版) (s2): 75-76.

刘云, 2014. 精细结构常数的理论值. 河南科技(10): 172-173.

明立峰, 2014. 气体摩尔体积疑点解惑. 试题与研究: 教学论坛(19): 56.

聂玉昕, 2009. 基本物理常数//中国大百科全书(74 卷): 物理学. 北京: 中国大百科全书出版社.

宁长春, 冯有亮, 文豪, 等, 2014. 光速测定的历史概述. 大学物理, 33(10): 26.

沈乃澂, 1987. 基本物理常数的 1986 年国际推荐值. 物理教师, 6: 2.

沈乃澂, 2012a. 普朗克常数与基本电荷. 中国计量, 7: 54-57.

沈乃澂, 2012.b 真空中光速的精密测量(一): 长度单位米定义的基础. 江苏现代计量, 2: 28-31.

苏宗涤, 马丽珍, 周春梅, 等, 1992. 原子质量和核的基态特征常数库. 核物理动态, 10(2): 70-72.

孙海祥, 1995. 理想气体状态方程综述. 冀东学刊, 5: 15-16.

王吉有, 王丽香, 原安娟, 2006. 常温下玻尔兹曼常数的测量. 大学物理实验, 19(2): 30-32.

王振德, 2006. 现代科技百科全书. 桂林: 广西师范大学出版社.

徐翠艳, 2004. 关于玻尔磁子 μ_B 的讨论. 渤海大学学报(自然科学版), 25(1): 67-68.

许国顺, 白福林, 1999. 精细结构常数 α 的意义及其实验测定方法. 阴山学刊, 5: 18-21.

尹世忠, 赵喜梅, 2001. 光速的测量史. 现代物理知识, 13(3): 56-57.

曾谨言, 2000. 量子力学(卷 I). 北京: 科学出版社.

张昌文, 李华, 董建敏, 等, 2005. 化合物 $SmCo_5$ 的电子结构、自旋和轨道磁矩及其交换作用分析. 物理学报, 4: 1814-1820.

张元仲, 1979. 狭义相对论实验基础. 自然杂志(2): 14-16.

Adam T, Agafonova N, Aleksandrov A, et al., 2012. Measurement of the neutrino velocity with the OPERA detector in the CNGS beam. Journal of High Energy Physics(10): 1-37.

Adam T, Agafonova N, Aleksandrov A, et al., 2011. Measurement of the neutrino velocity with the OPERA detector in the CNGS beam preprint. Journal of High Energy Physics(10): 1-37.

Blaney T G, Bradley C C, Edwards G J, et al., 1974. Measurement of the speed of light. Nature, 251(5470): 46.

Bower V E, Davis R S, 1980. The electrochemical equivalent of pure silver: A value of the Faraday. Journal of Research of the National Bureau of Standards, 85(3): 175-192.

Cahill R T, 2012. One-way speed of light measurements without clock synchronization. Progress in Physics, 8(3): 43-45.

Cardarelli F, 2003. Encyclopaedia of scientific units, weights and measures: Their SI equivalences and origins. New York: Springer.

Catania J, 2016. The Roland De Witte Experiment, RT Cahill, and the one-way speed of light. Progress in Physics, 12(1): 70.

Cheng P, Shen W B, Sun X, et al., 2022. Measuring height difference using two-waysatellite time and frequency transfer. Remote Sensing, 14(3): 451.

Clotfelter B E, 1987. The Cavendish experiment as Cavendish knew it. American Journal of Physics, 55(3): 210-213.

CODATA, 2018. Recommended values of the fundamental physical constants. http://physics.nist.gov/constants.

Condon E U, Condon E U, Shortley G H, 1935. The theory of atomic spectra. Cambridge: Cambridge University Press.

Cordin M, 2021. A justification of the invariance of the speed of light by quantum theoretical considerations. Scientific Reports, 11(1): 1-3.

Croca J R, Moreira R N, Gatta M, et al., 2018. A possible experimental way to measure the one-way speed of light. Theoretical Physics, 3(4): 112-116.

Curl R F et al, 1972. Laser magnetic resonance spectrum of no2 at 337 μm and 311 μm. Journal of Chemical Physics, 56(10):5143-5151.

DeNiverville P, Pospelov M, Ritz A, 2011. Observing a light dark matter beam with neutrino experiments. Physical Review D, 84(7): 075020.

Dirac P A M, 1937. The cosmological constants. Nature, 139(3512): 323.

Edwards W F, 1963. Special relativity in anisotropic space. American Journal of Physiology-Cell Physiology, 31: 482-489.

Evenson K M, Wells J S, Petersen F R, et al., 1972. Speed of light from direct frequency and wavelength measurements of the methane-stabilized laser. Physical Review Letters, 29(19): 1346-1349.

Fizeau M H, 1851. On the hypotheses relating to the luminous aether, and an experiment which appears to demonstrate that the motion of bodies alters the velociety with which light propagates itself in their interior. The London, Edinburgh, and Dublin Philosophical Magazine and Journal of Science, 2(14): 568-573.

Gift S J G, 2020. Tests of the one-way speed of light relative to a moving observer. Physics Essays, 33(3): 348-354.

Grotti J, Koller S, Vogt S, et al., 2018. Geodesy and metrology with a transportable optical clock. Nature Physics, 14(5): 437-441.

Gupta N N D, Ghosh S K, 1946. A report on the Wilson cloud chamber and its applications in physics. Reviews of Modern Physics, 18(2): 225-290.

Iyer C, Prabhu G M, 2010. A constructive formulation of the one-way speed of light. American Journal of Physics, 78(2): 195-203.

Jeans J H, 1905. On the laws of radiation. Proceedings of the Royal Society of London. Series A, Containing Papers of a Mathematical and Physical Character, 76(513): 545-552.

Karol S, Roman S, 2017. Derivation of transformation and one-way speed of light in kinematics of special theory of ether. American Journal of Modern Physics, 6(6): 140-147.

Keeports D, 2006. Estimating the speed of light from Earth-Moon communication. The Physics Teacher, 44(7): 414-415.

Lewis G F, Barnes L A, 2021. The one-way speed of light and the Milne universe. Publications of the Astronomical Society of Australia, 38: E007.

Lisdat C, Grosche G, Quintin N, et al., 2016. A clock network for geodesy and fundamental science. Nature Communications, 7(1): 1-7.

Millis M G, 2005. Assessing potential propulsion breakthroughs. Annals of the New York Academy of Sciences, 1065(1): 441-461.

Mohr P J, Taylor B N, 2000. CODATA recommended values of the fundamental physical constants: 1998. Reviews of Modern Physics, 72(2): 351-495.

Nakamura K, 2010. Review of particle physics. Journal of Physics G: Nuclear and Particle Physics, 37(7A): 075021.

Philip E J, 2013. Analysis of the circular track experiment measuring the one-way speed of light. Current Science, 104(5): 582-583.

Planck M, 1900. On an improvement of Wien's equation for the spectrum. Annalen der Physik, 1: 719-721.

Rayleigh L, 1900. Remarks upon the law of complete radiation. Philosophical Magazine, 49: 539-540.

Rosen J, Gothard L Q, 2009. Encyclopedia of physical science. America: Facts on File.

Schrödinger E, 1926a. Quantisierung als eigenwertproblem. Annalen der Physik, 79: 361-376.

Schrödinger E, 1926b. Quantisierung als eigenwertproblem II. Annalen der Physik, 79: 489-527.

Schrödinger E, 1926c. Quantisierung als eigenwertproblem IV. Annalen der Physik, 81: 109.

Shen Z, Shen W, Peng Z, et al., 2019. Formulation of determining the gravity potential difference using ultra-high precise clocks via optical fiber frequency transfer technique. Journal of Earth Science, 30: 422-428.

Shen W B, Shen Z, Sun R, et al., 2015. Evidences of the expanding Earth from space-geodetic data over solid land and sea level rise in recent two decades. Geodesy and Geodynamics, 6(4): 248-252.

Shen W B, Sun R, Chen W, et al., 2011. The expanding Earth at present: Evidence from temporal gravity field and space-geodetic data. Annals of Geophysics, 54(4): 436-453.

Shen W B, Sun X, Cai C, et al., 2019a. Geopotential determination based on a direct clock comparison using two-way satellite time and frequency transfer. Terrestrial, Atmospheric and Oceanic Sciences, 30(1): 21-31.

Shen Z, Shen W B, Peng Z, et al., 2019b. Formulation of determining the gravity potential difference using ultra-high precise clocks via optical fiber frequency transfer technique. Journal of Earth Science, 30(2): 422-428.

Steele J M A, Markowitz W, Lidback C A, 1964. Telstar time synchronization. IEEE Transactions on Instrumentation and Measurement, 4: 164-170.

Stephan J G, 2014. One-way speed of light using interplanetary tracking technology. Physical Science International Journal, 4(6): 780-796.

Takamoto M, Ushijima I, Ohmae N, et al., 2020. Test of general relativity by a pair of transportable optical lattice clocks. Nature Photonics, 14(7): 411-415.

Teller E, 1948. On the change of physical constants. Physical Review, 73(7): 801-802.

Tiesinga E, Mohr P J, Newell D B, et al., 2021. CODATA recommended values of the fundamental physical constants: 2018. Journal of Physical and Chemical Reference Data, 50(3): 033105.

Tipler P A, Mosca G, 2007. Physics for scientists and engineers. Macmillan: W. H. Freeman.

Weiss B, 1988. Die Widerlegung der Theorie der molécules puppiformes. Eine verschollene Abhandlung von Augustin Jean Fresnel. Centaurus, 31(3): 222-258.

Wien W, 1896. Ueber die Energievertheilung im Emissionsspectrum eines schwarzen Körpers. Annalen der Physik, 294(8): 662-669.

Winnie J, 1970a. Special relativity without one-way velocity assumptions: Part I. Philosophy of Science, 37: 81-99.

Winnie J, 1970b. Special relativity without one-way velocity assumptions: Part II. Philosophy of Science, 37: 223-238.

Wu K, Shen Z, Shen W, et al., 2020. A preliminary experiment of determining the geopotential difference using two hydrogen atomic clocks and TWSTFT technique. Geodesy and Geodynamics, 11(4): 229-241.

Zhang Y Z, 1997. Special relativity and its experimental foundations. Singapore City: World Scientific Publishing Co Pte Ltd.

索　引

A

阿贝尔群　131
阿伏伽德罗定律　99
阿伏伽德罗常数　257
爱因斯坦求和约定　5
爱因斯坦质能公式　210
奥斯特罗格拉德斯基-高斯定理　187

B

保守力场　33
比热　96
毕奥-萨伐尔定律　63
边值条件　68
标量　139
玻尔兹曼常数　258
玻尔兹曼定理　117
玻意耳-马里奥特定律　89

C

参考系　1
长度收缩效应　202
场　1
冲量定理　22
磁场　63
磁场的能量　70
磁场的矢势　69
磁偶极矩　267
磁通量　64

D

导出单位　228
道尔顿分压定律　114
狄拉克方程　261
点列　128
电场　57
电荷守恒定律　60
电量　55
电偶极矩　70
电位场　57
电子　55
动量定理　21
动量矩定理　22
度规张量　144
多普勒效应　205
横向多普勒频移　207
经典多普勒频移公式　206

E

二体问题　27

F

法拉第常数　265
法拉第电磁感应定律　64
范数公理　131
飞行时钟变慢效应　201
分子　73
赋范空间　128

G

感生电动势　64
刚体　34
刚体的平动　35
刚体的转动　36
刚体的转动能定理　37
刚体旋转角　159
高斯定理　59
各向同性弹性体　177
功　23
惯性参考系　4
惯性力　24

惯性质量 28
惯性质量方程 209
光滑流形 133
光谱 77
光行差公式 207
广义胡克定律 173
广义相对论 250

H

焓 97
亥姆霍兹自由能 109
互换定理 190
胡克定律 152

J

伽利略变换 9
精细结构常数 272
基本单位 228
基本物理常数 246
基向量（基底） 137
吉布斯函数 109
吉布斯佯谬 114
极化电流 75
集合 127
焦耳定律 98
角动量定理 22
介质 73
解析流形 133
绝对导数法则 11
绝热过程 96
均匀形变 159

K

喀拉氏定理 91
卡诺循环 98
卡诺定理 104
开尔文 117
开普勒 26
柯西方程 184
空间群（群） 131
库仑定律 55
夸克 73

L

拉梅方程 185
拉普拉斯方程 33
量子化原理 76
刘维尔方程 42
流形 132
龙格定理 130
洛伦兹变换 198
洛伦兹力公式 64
洛伦兹力密度公式 63

M

麦克斯韦方程组 65
麦克斯韦关系式 109
面力 166
闵可夫斯基空间 211

N

n 维欧几里得空间 128
纳维方程 184
内禀运动方程 6
内能 95
能量动量方程 215
能流密度 66
逆变矢量 153
逆变向量 139
牛顿 1
牛顿第三定律 23
牛顿万有引力常数 256

O

欧几里得范数 131
欧拉动力学方程 38
欧拉角 13
欧拉运动学方程 13
欧姆定律 66

P

平衡方程 169
泊松方程 59
普朗克常数 270
普适常数 246
普适摩尔气体常数 259

Q

强等效原理 29
切向量（向量） 136
群 131

R

热动平衡原理 88
热功当量 96
热寂说 115
热力学第二定律 101
热力学第零定律 123
热力学第三定律 116
热力学第一定律 93
热力学基本函数 110
热量 95
热容量 96
弱等效原理 28

S

SI（国际单位制） 228
熵函数 105
熵增加原理 115
伸长度 156
时间间隔 232
时间膨胀 200
矢量 153
衰变 78
衰变常数 79
速度变换公式 198

T

弹性体域 166
体力 165
体膨胀系数 161
拓扑处理 127

W

完全反对称张量 145
万有引力定律 25
唯一性定理 188
维里系数 90
位函数 32
温标 89
温度 88
温度计 92
物态方程 89

X

相对论力 214
相对性假设 58
向心力 30
协变矢量 153
协变向量 139
谐和条件 164
虚拟压缩恢复法 33

Y

赝标量 144
一般洛伦兹变换 213
一次形式 137
引力质量 28
应变 156
应变能 175
应变能定理 187
应力 165
应力矢量 167
应力张量 167
应力张量密度 220
映射 128
诱导基 138
原子 73
原子质量常数 259

Z

张量　139

真空磁导率（磁常量）　266

真空电容率（介电常数）　265

质量　230

质量的定义　20

质心　35

中子衰变方程　78

主应变　162

主应力　172

转动惯量　37

准静态过程　93

自旋　221

自由落体定律　28

最小势能定理　190

其他

α衰变　78

β衰变　78

β^{+}衰变　78

γ衰变　78

$({}^{l}{}_{m})$型张量　139

（等温）压缩系数　90

（定体）压强系数　90